高等职业教育本科新形态系列教材

电气控制与 PLC 应用（FX$_{5U}$）

姚晓宁　郭　琼　编著

机械工业出版社

本书由3篇组成。第1篇为继电器控制技术，由第1章~第3章组成，介绍电气控制中常用的低压电器、基本电气控制电路、继电器电路分析与设计。第2篇为PLC控制技术，由第4章~第6章组成，介绍PLC基础及基本应用，以三菱FX_{5U}系列PLC为载体介绍其结构、工作原理、指令系统及其PLC控制系统程序设计方法。第3篇为电气控制系统应用案例，由第7章~第9章组成，介绍PLC的运动控制、模拟量控制、PID控制及应用。

本书从实例分析及程序设计着手，制定相应的学习目标，在分析和解决实际问题的过程中，帮助读者学习理论知识和提升专业技能。本书讲解由简到繁、循序渐进，注重读者逻辑思维训练和应用能力的培养，通过案例分析及技能训练等环节来帮助读者完成知识的理解和吸收。

本书可作为高等职业院校职业本科和专科电气工程及其自动化、机电一体化等相关专业的教材，也可作为相关的职业技能培训教材或相关技术人员的参考书。

本书配有二维码微课视频，还包括电子课件、习题解答、源程序，需要的教师可登录 www.cmpedu.com 免费注册、审核通过后下载，或联系编辑索取（微信：13261377872；电话：010-88379739）。

图书在版编目（CIP）数据

电气控制与PLC应用：FX5U / 姚晓宁，郭琼编著. 北京：机械工业出版社，2024.10. --（高等职业教育本科新形态系列教材）. --ISBN 978-7-111-76811-1

Ⅰ．TM571

中国国家版本馆CIP数据核字第2024RF9831号

机械工业出版社（北京市百万庄大街22号　邮政编码100037）
策划编辑：李文轶　　　　　责任编辑：李文轶　赵晓峰
责任校对：潘　蕊　张　薇　责任印制：邰　敏
北京富资园科技发展有限公司印刷
2025年1月第1版第1次印刷
184mm×260mm・17.75印张・461千字
标准书号：ISBN 978-7-111-76811-1
定价：69.00元

电话服务　　　　　　　　网络服务
客服电话：010-88361066　机　工　官　网：www.cmpbook.com
　　　　　010-88379833　机　工　官　博：weibo.com/cmp1952
　　　　　010-68326294　金　书　网：www.golden-book.com
封底无防伪标均为盗版　机工教育服务网：www.cmpedu.com

Preface 前 言

党的二十大报告指出，"坚持把发展经济的着力点放在实体经济上，推进新型工业化，加快建设制造强国、质量强国、航天强国、交通强国、网络强国、数字中国。实施产业基础再造工程和重大技术装备攻关工程，支持专精特新企业发展，推动制造业高端化、智能化、绿色化发展。"

随着科学技术的发展，电气控制与 PLC 应用技术在各个领域的应用越来越广泛，掌握电气控制与 PLC 应用技术对提高我国工业自动化水平和生产率、降低能源损耗等具有重要的意义。

电气控制技术涉及的知识面较宽，本书从应用角度出发，以培养读者对电气控制系统的分析能力和设计能力为主要目的，介绍电气控制技术领域内的新技术、新设备和相关应用。

本书从高等教育工科应用型人才特点和培养目标出发，采用淡化理论、突出应用的写法，介绍目前国内外电气控制技术领域的新技术和新产品。

第 1 篇为继电器控制技术，由第 1 章~第 3 章组成，主要包括电气控制中常用的低压电器、基本电气控制电路、继电器电路分析与设计。

第 2 篇为 PLC 控制技术，由第 4 章~第 6 章组成，以三菱 FX_{5U} 系列 PLC 为载体，介绍 PLC 的结构、工作原理、指令系统及应用、PLC 控制系统程序设计方法。

第 3 篇为电气控制系统应用案例，由第 7 章~第 9 章组成，每章为一个项目，介绍基于 PLC 的拓展应用，即变频器控制、步进电动机控制、模拟量和 PID 的控制，包括硬件系统搭建、相关参数设置、指令应用和调试。

本书还增加了绿色电力、智能制造等方面的知识，使读者进一步了解相关的应用环境，同时融入了爱岗敬业、精益求精、职业规范等工匠精神内容，增强读者专业素养和社会责任感。

本书在讲解基本电气控制电路和 PLC 指令系统时，采用了大量的应用案例、技能训练和习题，以帮助读者理解和掌握基础电路和基础指令的应用，帮助其知识应用和技能的提升。为方便学习及提高学习效果，本书配有多种资源，包括知识点的微课视频、案例的源程序、电子课件和习题答案等，可在机械工业出版社教育服务网（www.cmpedu.com）注册后下载。

本书内容合理、层次分明、结构清晰、图文并茂、重在应用，可作为高等职业院校职业本科及专科电气工程及其自动化、机电一体化等相关专业的教材，也可作为相关的职业技能培训教材或相关技术人员的参考书。

本书由无锡职业技术学院的姚晓宁、郭琼编写。在编写过程中参考了大量的手册和相关书籍，在此向各位作者表示诚挚的感谢。同时，由于编者水平有限，书中难免有不妥之处，恳请读者批评指正。

编 者

目录 Contents

前言

第1篇 继电器控制技术

第1章 常用低压电器 ·· 2

1.1 低压电器的基础知识 ················ 2
    1.1.1 定义与分类 ···················· 2
    1.1.2 结构与工作原理 ················ 3
    1.1.3 电弧的产生及灭弧方式 ·········· 5
    1.1.4 低压电器的技术参数 ············ 5
    1.1.5 低压电器的选用要求 ············ 6
1.2 低压配电电器 ······················ 7
    1.2.1 低压开关 ······················ 7
    1.2.2 低压断路器 ···················· 9
    1.2.3 熔断器 ······················· 13
1.3 接触器 ··························· 15
    1.3.1 结构及工作原理 ··············· 15
    1.3.2 主要技术参数 ················· 16
    1.3.3 常用接触器和选用示例 ········· 17
    1.3.4 接触器的端子代号及电气符号 ··· 19
1.4 主令电器 ························· 19
    1.4.1 按钮 ························· 20
    1.4.2 行程开关 ····················· 21
    1.4.3 接近开关 ····················· 23
1.5 继电器 ··························· 25
    1.5.1 继电器概述 ··················· 25
    1.5.2 电磁式继电器 ················· 25
    1.5.3 时间继电器 ··················· 27
    1.5.4 热过载继电器 ················· 28
    1.5.5 固态继电器 ··················· 29
    1.5.6 速度继电器 ··················· 30
1.6 电磁铁 ··························· 31
1.7 电气安装附件 ····················· 31
    1.7.1 连接件 ······················· 31
    1.7.2 安装附件 ····················· 32
1.8 智能电器现状及发展 ··············· 32
    1.8.1 低压智能电器的发展现状 ······· 33
    1.8.2 低压智能电器的发展趋势 ······· 33
1.9 技能训练 ························· 34
    1.9.1 识读电器铭牌并标注端子代号 ··· 34
    1.9.2 时间继电器测试 ··············· 36
思考与练习 ···························· 37

第2章 基本电气控制电路 ·· 39

2.1 电气图的绘制 ····················· 39
    2.1.1 图形符号和文字符号 ··········· 39
    2.1.2 电气图的绘制 ················· 40
    2.1.3 电气原理图 ··················· 42
    2.1.4 明细表 ······················· 42
    2.1.5 布置图 ······················· 44
    2.1.6 接线图 ······················· 44
2.2 电动机直接起动主电路的
    设计 ····························· 45
2.3 三相异步电动机点动、连动
    控制电路 ························· 47
    2.3.1 电动机点动控制电路 ··········· 47
    2.3.2 电动机连动（起保停）控制电路 ·· 48
    2.3.3 电动机点动、连动复合控制电路 ·· 49
    2.3.4 电动机的多地控制电路 ········· 52
2.4 三相异步电动机正反转
    控制电路 ························· 53
    2.4.1 电动机单重联锁正反转

（正停反）控制电路 ·············· 53
2.4.2 电动机双重联锁正反转
（正反停）控制电路 ·············· 54
2.5 多台电动机的顺序控制电路 ······ 55
2.5.1 两台电动机顺序起动、同时停止
控制电路 ································ 56
2.5.2 两台电动机顺序起动、逆序停止
控制电路 ································ 57
2.6 行程控制电路 ·············· 58
2.6.1 小车两点自动往返控制电路 ······ 59
2.6.2 小车两点延时返回控制电路 ······ 60
2.7 大容量异步电动机减压起动
控制电路 ·············· 62
2.7.1 定子绕组串电阻减压起动控制
电路 ······························ 62

2.7.2 电动机星形-三角形减压起动控制
电路 ······························ 63
2.7.3 自耦变压器减压起动控制电路 ·········· 65
2.7.4 异步电动机软起动控制电路 ·············· 66
2.8 异步电动机制动控制电路 ········· 68
2.8.1 电动机机械制动控制电路 ·············· 68
2.8.2 电动机反接制动控制电路 ·············· 69
2.8.3 电动机能耗制动控制电路 ·············· 70
2.9 技能训练 ················· 71
2.9.1 三相异步电动机点动、连动控制
电路接线及测试 ·············· 71
2.9.2 三相异步电动机星形-三角形减压
起动控制电路接线及测试 ·········· 73
思考与练习 ·················· 75

第 3 章 继电器电路分析与设计 ·············· 78

3.1 继电器电路的分析方法 ·········· 78
3.1.1 电气控制电路分析的主要内容 ········ 78
3.1.2 电路分析的方法与步骤 ·············· 78
3.2 铣床电气控制电路 ············ 79
3.2.1 铣床的结构及电气控制要求 ·········· 79
3.2.2 铣床电气控制电路分析 ·············· 80
3.2.3 铣床电路故障诊断及排除 ············ 83
3.3 继电器控制系统的设计 ·········· 86
3.3.1 设计内容 ························ 86
3.3.2 设计原则 ························ 86
3.3.3 设计应注意的问题 ·················· 87
3.4 指示灯控制电路设计 ············ 90
3.4.1 工作状态指示灯控制电路的设计 ······ 90
3.4.2 流水灯控制电路的设计 ·············· 91
3.5 小车多位置延时往返控制

电路设计 ·············· 93
3.5.1 小车三位置延时往返控制电路
（行程开关） ·············· 93
3.5.2 小车三位置延时往返控制电路
（接近开关） ·············· 94
3.6 机电设备电气控制电路设计 ·········· 99
3.6.1 控制要求 ························ 99
3.6.2 系统分析 ························ 99
3.6.3 电路设计 ······················ 100
3.6.4 元器件明细表 ···················· 102
3.6.5 元器件布置图设计 ················ 102
3.6.6 接线图设计 ···················· 102
3.7 技能训练——小车三位置延
时往返控制电路设计 ·············· 104
思考与练习 ···················· 105

第 2 篇 PLC 控制技术

第 4 章 PLC 概述 ·············· 108

4.1 PLC 的概念及发展 ············ 108
4.1.1 PLC 的定义 ···················· 108
4.1.2 PLC 的特点 ···················· 109

4.1.3 PLC 的应用领域 ················ 109
4.2 PLC 的分类与主要产品 ········· 110
4.2.1 PLC 的分类 ···················· 110

4.2.2 PLC 的主要产品及三菱 FX
系列产品 ·········· 111
4.3 PLC 的基本结构及工作原理 ··· 112
4.3.1 PLC 的基本结构 ·········· 112
4.3.2 PLC 的工作原理 ·········· 114
4.4 三菱 FX$_{5U}$ 系列 PLC 硬件及
接线 ·········· 115
4.4.1 FX$_{5U}$ PLC 型号 ·········· 115
4.4.2 FX$_{5U}$ 模块及系统组建要求 ·········· 116
4.4.3 FX$_{5U}$ 系列 PLC 的外部接线 ·········· 121
4.5 PLC 控制系统与继电器控制
系统的比较 ·········· 126
4.6 技能训练——PLC 外部接线图
绘制 ·········· 128
思考与练习 ·········· 129

第 5 章 FX$_{5U}$ PLC 的编程基础 ·········· 130

5.1 FX$_{5U}$ 系列 PLC 的编程资源 ······ 130
5.1.1 编程软元件 ·········· 130
5.1.2 PLC 的寻址方式 ·········· 135
5.1.3 标签及数据类型 ·········· 135
5.2 PLC 的编程语言 ·········· 139
5.2.1 梯形图（LD） ·········· 139
5.2.2 功能块图（FBD） ·········· 140
5.2.3 结构化文本（ST） ·········· 141
5.3 指令类型及顺序指令 ·········· 142
5.3.1 指令类型 ·········· 142
5.3.2 触点及线圈输出指令 ·········· 142
5.3.3 合并指令 ·········· 146
5.3.4 输出指令——定时器/计数器等 ······ 147
5.3.5 延时电路设计 ·········· 153
5.4 GX Works3 编程软件介绍 ······ 154
5.4.1 主要功能 ·········· 154
5.4.2 软件安装 ·········· 155
5.5 GX Works3 编程软件的使用 ··· 158
5.5.1 工程创建与编程界面 ·········· 158
5.5.2 模块配置与程序编辑 ·········· 160
5.5.3 程序下载与上传 ·········· 166
5.5.4 程序的运行及监控 ·········· 169
5.5.5 梯形图注释 ·········· 171
5.5.6 软件标签的应用 ·········· 172
5.6 技能训练 ·········· 175
5.6.1 程序分析 ·········· 175
5.6.2 传送带运动控制程序设计 ·········· 176
思考与练习 ·········· 177

第 6 章 FX$_{5U}$ PLC 的编程指令及应用 ·········· 179

6.1 数据传送指令 ·········· 179
6.1.1 数据及块数据传送指令 ·········· 179
6.1.2 数据取反传送指令 ·········· 181
6.1.3 位数据传送指令 ·········· 181
6.1.4 程序分析与设计 ·········· 183
6.2 比较计算指令 ·········· 185
6.2.1 触点型比较指令 ·········· 185
6.2.2 数据比较指令 ·········· 186
6.2.3 区域比较指令 ·········· 188
6.2.4 应用：交通灯控制系统设计 ·········· 188
6.3 算术运算与循环移位指令 ·········· 190
6.3.1 加法/减法指令 ·········· 190
6.3.2 增量/减量指令 ·········· 191
6.3.3 不带进位的循环移位指令 ·········· 193
6.3.4 带进位的循环移位指令 ·········· 195
6.3.5 应用：跑马灯控制系统设计 ·········· 197
6.4 程序流程控制指令 ·········· 199
6.4.1 程序分支指令 ·········· 199
6.4.2 程序执行控制指令 ·········· 200
6.4.3 子程序调用指令 ·········· 203
6.4.4 应用：开关状态监控 ·········· 205
6.5 程序设计方法及应用 ·········· 206
6.5.1 电路移植法 ·········· 206
6.5.2 经验设计法 ·········· 209
6.5.3 顺序控制设计法 ·········· 211
6.5.4 应用：台车呼叫控制系统设计 ··· 218
6.6 程序结构及程序部件 ·········· 220
6.6.1 程序结构介绍 ·········· 220

6.6.2 功能（FUN）及应用 …… 221
6.6.3 功能块（FB）及应用 …… 224
6.7 技能训练——液体混合搅拌器
　　控制系统程序设计 …… 226
思考与练习 …… 228

第3篇　电气控制系统应用案例

第7章　变频器多段速控制系统设计 …… 232

7.1 PLC控制系统设计思路 …… 232
　7.1.1 PLC控制系统设计的基本原则 …… 232
　7.1.2 PLC控制系统设计的步骤和内容 …… 233
7.2 系统硬件设计 …… 234
　7.2.1 设备及系统控制要求 …… 234
　7.2.2 PLC选型及控制电路设计 …… 235
　7.2.3 FR-D720S变频器接线及参数设置 …… 236
7.3 变频调速系统程序设计 …… 237
7.4 技能训练——基于外部开关控制的变频调速系统设计 …… 238
思考与练习 …… 240

第8章　步进电动机PLC控制系统设计 …… 241

8.1 系统介绍 …… 241
　8.1.1 系统硬件配置 …… 241
　8.1.2 系统接线 …… 242
8.2 触摸屏画面设计 …… 242
　8.2.1 组态软件中串口设备的配置 …… 243
　8.2.2 组态软件界面的设计 …… 245
8.3 PLC程序设计 …… 246
　8.3.1 脉冲输出指令介绍 …… 246
　8.3.2 基本参数设置 …… 249
　8.3.3 程序编写与调试 …… 250
8.4 技能训练——基于HMI监控的交通信号灯控制系统设计 …… 251
思考与练习 …… 253

第9章　基于PID的吹浮乒乓球位置控制系统设计 …… 254

9.1 PLC模拟量输入（A/D） …… 254
　9.1.1 模拟量输入（A/D）介绍 …… 254
　9.1.2 A/D参数设置与应用 …… 255
　9.1.3 A/D应用举例 …… 258
9.2 PLC模拟量输出（D/A） …… 260
　9.2.1 模拟量输出（D/A）介绍 …… 260
　9.2.2 D/A参数设置与应用 …… 261
　9.2.3 D/A应用举例 …… 264
9.3 PID控制 …… 266
　9.3.1 PID介绍 …… 266
　9.3.2 PID指令及应用 …… 267
9.4 乒乓球位置控制系统设计 …… 269
　9.4.1 系统介绍 …… 269
　9.4.2 系统接线 …… 270
9.5 程序设计与调试 …… 271
　9.5.1 PLC程序设计 …… 271
　9.5.2 系统调试和参数整定 …… 272
9.6 技能训练——基于PLC的PID温度控制系统设计 …… 272
思考与练习 …… 274

参考文献 …… 275

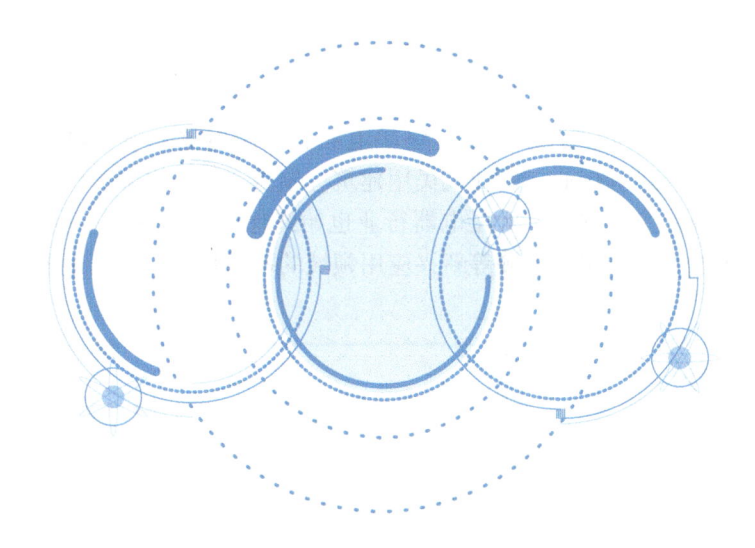

第1篇　继电器控制技术

　　电气控制是指将若干电器元件连接成电路，对生产设备中的各类电动机、电磁阀等执行元件进行控制，完成既定的工作任务且实现生产过程自动化的控制。电气控制系统的主要功能有：自动控制、保护、监视和测量。它的构成可分为三部分：输入部分，如传感器、开关、按钮等；逻辑部分，如各类线圈、触点构成的控制电路、PLC控制设备及程序等；执行部分，如电磁线圈、驱动器、电磁阀、指示灯等。

　　电气控制主要分为两大类，一类主要是以传统的继电器、接触器、主令电器等低压电器分立元件构建的逻辑控制电路，即继电器-接触器控制电路；另一类是基于计算机控制的，采用单片机、可编程序控制器（PLC）进行电路控制。目前工业控制中，因PLC控制具有通用性强、可靠性高、能适应恶劣的工业环境等一系列优点，正逐步取代传统的继电器-接触器控制系统，广泛应用于各个行业的自动化控制系统中。

　　继电器-接触器控制电路是电气控制的基础，其使用的各类低压电器元件及其所蕴涵的控制逻辑，仍然应用于各类机械设备的电气控制系统中。继电器-接触器控制电路是构成自动控制的基础，也是电气控制学习过程中必须掌握的内容。因此，本篇主要介绍继电器-接触器控制电路。

第 1 章 常用低压电器

低压电器种类繁多，可分为配电电器、控制电器、终端电器、电源电器、电子电器五大类，其广泛应用于电力、工业控制、建筑行业、商业及民用建筑等领域。低压电器是国民经济发展的基础性产品。随着我国经济的快速发展，低压电器行业也始终保持着高速增长的态势。未来，随着我国智能制造、智能电网、新能源领域等新兴应用领域的不断拓展，低压电器行业将面临更大的发展机遇。

1.1 低压电器的基础知识

1.1.1 定义与分类

1. 低压电器的定义

按照工作电压的不同，电器分为高压电器和低压电器。其中，低压电器通常是指工作电压在交流 1000 V 及以下、直流 1500 V 及以下，在电路中起控制、保护、检测、指示和报警等作用的元件或装置。

低压电器的主要作用有：

1）控制。控制负载按要求运行，如控制电动机起停、生产线左右移动、指示灯点亮等。
2）保护。对设备、人身安全提供保护，如电路的短路保护、过载保护、漏电保护等。
3）检测。利用仪表或检测电器，对电压、电流、功率、频率、电能等电参数，或对转速、温度、湿度、压力等其他非电参数进行检测。
4）指示和报警。反映设备运行状况与电路工作情况，如状态显示、绝缘监测、保护吊牌等。

2. 低压电器的分类

低压电器用途广泛、种类繁多，常用的分类方式有以下几种。

（1）按照操作方式分类

分为手动电器和自动电器两大类。手动电器是指由操作者直接操作而动作的电器，如刀开关、按钮、选择开关等；自动电器是指不需要操作者直接操作，而是按照电信号（电压、电流）或非电信号（如时间、速度、温度等物理量）进行工作的电器，如接触器、各类继电器、行程开关等。

（2）按照用途分类

分为配电电器、控制电器和执行电器。配电电器用于电能的分配和保护，保证控制系统安全、可靠的运行，如负荷开关、断路器、熔断器等；控制电器用于控制电路的通断和执行电器的工作状态，如接触器、继电器、主令电器等；执行电器用于完成某种动作或传动功能，如各类电动机、电磁铁、指示灯等。

（3）按照触点类型分类

分为有触点电器和无触点电器。有触点电器是指电器具有可分离的动、静触点，通过触点的接触和分离实现电路的接通和断开，如刀开关、按钮、接触器等；无触点电器没有可分离的触点，通常采用晶体管、晶闸管等半导体器件的开关效应，通过导通和截止实现电路的通断控制，如接近开关、固态继电器等。

1.1.2 结构与工作原理

低压电器的结构可以简单地划分为两部分，即感测部分和执行部分。

感测部分结构各异，主要用于检测外部输入的信号，并在处理后传递到执行部分使其做出相应的反馈。执行部分多为触点形式，主要是根据感测部分的输出结果，驱动触点去接通或断开电路。如手动电器的感测部分为操作手柄，感测操作人员施力的大小和方向；接触器、继电器的感测部分为线圈，感测电路是否有电压或电流通过；而行程开关的滚轮则用于感测运动机构是否到位。当动作条件满足，执行部分则会驱动触点动作完成电路的接通或分断。

在各类低压电器中，电磁式电器是最典型、应用最广泛的一种电器，如接触器、电磁式继电器就是两种最常用的电磁式电器。

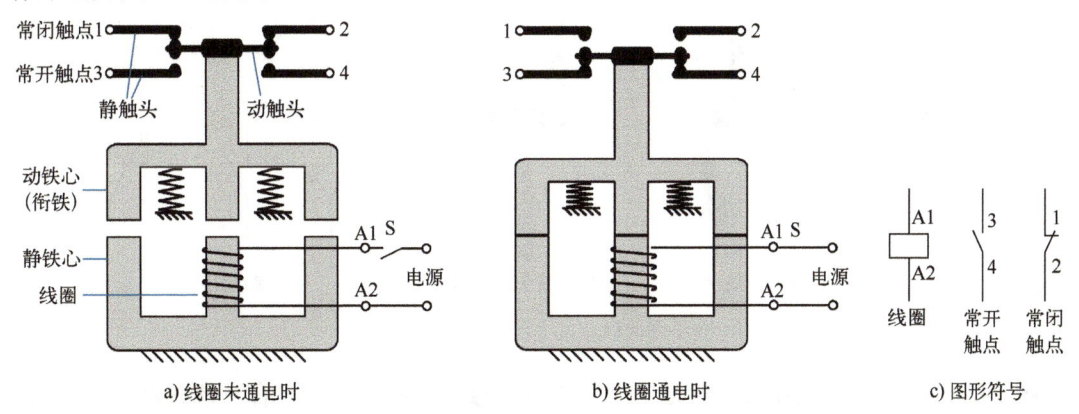

1. 电磁式电器的工作原理

电磁式电器的类型很多，但它们的工作原理和构造基本相同。其结构也多由两部分组成，即感测部分为电磁机构，执行部分为触点系统。

电磁机构由线圈、静铁心和动铁心（衔铁）组成。电磁机构的主要作用是通过电磁感应原理将电能转换成机械能，并带动触点动作，从而完成接通或分断电路的功能。电磁式电器的工作原理如图 1-1 所示。

图 1-1 电磁式电器的工作原理

a) 线圈未通电时　b) 线圈通电时　c) 图形符号

图 1-1a 为电磁式电器线圈未通电时的状态。此时，动、静铁心分离，触点系统中动触头连接 1、2 端子，构成常闭触点；3、4 端子触点断开，为常开触点。图 1-1b 为电磁式电器线圈通电时的状态。当外部电源接通，线圈得电，产生电磁引力，电磁引力带动动铁心克服复位弹簧的作用力，向下运动，与静铁心闭合，同时带动位于连接机构上的动触头运动，使常闭触点（1、2 端子）断开，常开触点（3、4 端子）接通。

图 1-1c 为电磁式电器在绘制电路图时使用的标准图形符号，后面章节会进行详细介绍。

通常情况下，为保证正确连接电器元件的导线，生产厂商都会给每个接线端子标注相应的端子代号。本例中，线圈的两个接线端子代号为 A1、A2，常开触点代号为 3、4，常闭触点代号为 1、2。

2. 触点系统

触点是电器的执行机构，低压电器通过触点的接通与分断来达到控制电路的目的。

电器的触点系统在工作时需要承担接通、承载和分断正常电流和故障电流的功能，故要求其具有接触电阻低、动作可靠、耐高温、耐磨、寿命长等特性。但由于各类电器的使用条件差别很大，对触头材料的性能要求也不一样，因此，需要根据电路电流的大小和使用场合，合理选用不同的触点材料。常用的触点材料有纯金属材料、合金材料和复合材料。

触头的接触形式有点接触、线接触和面接触 3 种，如图 1-2 所示。

点接触触头的接触面积小，过电流能力弱，通常用于控制电路或电器的辅助触点。

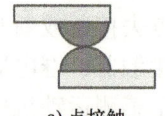

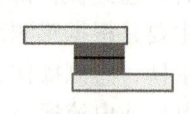

线接触触点的接触面为一条窄面，过电流能力强，且在触点闭合过程中两接触面有相对摩擦运动，具有较强的自洁作用（触头在接触时可通过摩擦消除金属氧化膜），因此广泛用于自动开关及高压开关电器的触点中。

a) 点接触　　b) 线接触　　c) 面接触

图 1-2　触头的接触形式

面接触触头的接触面为平面，过电流能力强，但需要较大的压力才能保证接触良好，自洁作用差，常用于电流较大的固定连接（如母线连接）和接触器主触点中。

3. 触点类型

触点按照无外力作用或未得电动作时的正常状态，分为常开触点、常闭触点和转换触点 3 种基本类型，各种类型结构如图 1-3 所示。

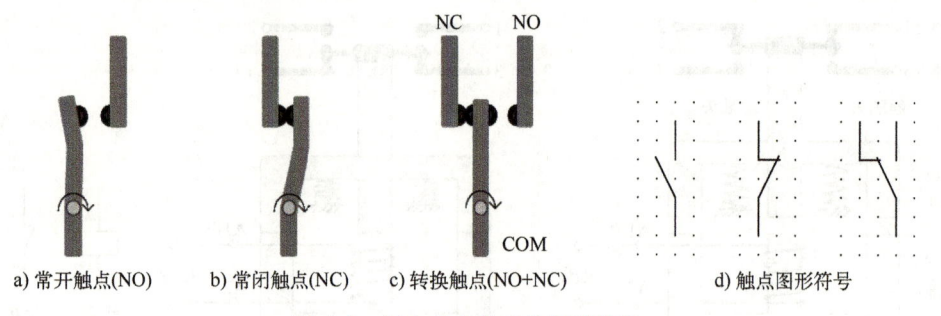

a) 常开触点(NO)　b) 常闭触点(NC)　c) 转换触点(NO+NC)　　d) 触点图形符号

图 1-3　触点基本类型及图形符号

图 1-3 中，常开触点在常态时处于断开状态，感测机构驱动后闭合。常开触点也称为 NO（Normal Open）触点，或动合触点，或 a 触点。

常闭触点在常态时处于闭合状态，感测机构驱动后断开。常闭触点也称为 NC（Normal Close）触点，或动断触点，或 b 触点。

转换触点为三端复合触点，有 3 个接线端子，分别为公共端子（COM）、常闭端子（NC）和常开端子（NO）。常态时 COM 端与 NC 端闭合，与 NO 端断开，当感测机构驱动后，COM 端与 NC 端断开，与 NO 端闭合。转换触点也称为常开常闭触点，或 c 触点。

图 1-3d 为 GB/T 4728《电气简图用图形符号》（2018—2022）中触点的图形符号。在绘

制电气图时，各类触点应采用标准图形符号，且在实际绘制时，应掌握好各类图形符号的比例关系。

1.1.3 电弧的产生及灭弧方式

1. 电弧的产生与特点

当开关电器断开电路时，如果电压或电流超过一定的数值（电压为 10~20 V 或电流为 80~100 mA），在分断的触点间就会产生强烈的火花，称为电弧。电弧实际上是触点间气体被电离后的放电现象，具有高温、强光、导电等特点。

电弧的强弱与电路分断时的电压、电流有关，电压越高、电流越大，则电弧越强。电弧产生的温度可达 3000℃，长时间燃烧，不仅会使电器触点表面的金属熔化，还会破坏周边的绝缘材料，损坏电器甚至引发事故。此外，电弧是气体电离后形成的电子流，具有导电性，会延长电器切断故障的时间。因此，电弧的产生对电器的各项性能指标是不利的，在使用时应根据不同的需求采取必要的措施进行灭弧。

2. 常用的灭弧方法

在低压开关电器中，为使电弧快速熄灭，通常采用不同的灭弧装置，通过将电弧拉长、冷却、分割为若干短弧等方法进行灭弧。常用的灭弧方法有以下几种。

1）拉长电弧灭弧法：通过机械装置使触点快速分离从而将电弧迅速拉长。双断点的桥式触点分断时，还可利用磁场作用，在法线方向拉长电弧，这种方法多用于开关电器中。

2）磁吹灭弧法：通过增加外部磁场对电弧施加电磁力进行灭弧。将磁吹线圈与触点串联，在触点断开时，磁吹线圈产生的磁场使电弧在电磁力的作用下迅速拉长，并被"吹入"灭弧罩内，与固体介质相接触，电弧被冷却而熄灭。磁吹灭弧装置是利用电弧电流本身灭弧的，故短路电流越大，灭弧的能力越强，广泛应用于直流接触器中。

3）灭弧罩灭弧法：采用陶土或耐弧塑料等材料制成耐高温的灭弧罩，置于触点上方；当电弧产生时，利用形成的磁场电动力的作用，使电弧拉长并进入灭弧罩的窄（纵）缝中，几条纵缝可将电弧分割成数段且与固体介质相接触，电弧冷却并迅速熄灭，多用于交流接触器中。

4）栅片灭弧法：当触头分断时，产生的电弧在电动力的作用下，进入金属栅片并被分割成数段，当交流电流过零时，所有短弧同时熄灭，因此交流电器常常采用此种方法灭弧。

1.1.4 低压电器的技术参数

由于各类低压电器的使用环境不同，如电压、电流等级不同，通断频繁程度不同，负载性质不同等原因，因此在生产和使用低压电器时，通过采用不同的技术参数进行区分，以便于经济、合理地使用低压电器。低压电器常用的技术参数有额定电压、额定电流、使用类别、通断能力、寿命等。

1. 额定电压

低压电器的额定电压分为额定工作电压、额定绝缘电压和额定脉冲耐受电压（峰值）3种。其中，额定工作电压指在规定条件下，保证电器正常工作的电压值，即电器标称的额定电压，此电压值应等于或略高于所连接电气线路工作的额定电压。额定绝缘电压和额定脉冲耐受电压反映的是电器的绝缘性能，代表电器能长期或短时承受的最高电压。

2. 额定电流

低压电器的额定电流主要分额定工作电流和约定发热电流两种。其中，额定工作电流是指在规定的条件下，保证电器正常工作的电流，一般按此电流选择电器，且应保证电器的额定电流值不小于负荷计算电流。而约定发热电流是指在规定的条件下实验，电器在 8 小时工作制下，各部件的温升不超过极限数值时所承载的最大电流。约定发热电流高于额定工作电流。

3. 使用类别

低压电器的使用类别用于标示低压电器的用途和使用环境，在产品使用说明书中，一般都会标明其使用类别。在选择低压电器时，必须根据其所控制的用电设备类型、用途，选择相应使用类别的低压电器。如交流接触器主触点，AC-3 类别代表可实现笼型感应电动机的起动、运转中的通断控制；AC-4 类别代表可实现笼型电动机的起动、反接制动或反向运转、点动的通断控制；控制电器的辅助触点，AC-12 类别代表可控制电阻类负载；AC-14 类别代表可控制小容量电磁铁负载。

4. 通断能力

通断能力是开关电器在规定的条件下，能在给定的电压下接通和分断的预期电流值，也是电器在非正常情况下，能够可靠接通或分断的极限电流值，又分为接通能力和断开能力。

接通能力是指开关闭合时，产生的热效应不会造成触点熔焊所对应的极限电流值。断开能力是指开关断开时，能够可靠灭弧的能力，也是能够分断的最大短路电流。接通能力和断开能力均用电流值表示。

5. 寿命

低压电器的寿命包括机械寿命和电寿命两项指标。机械寿命是指电器元件在无电流条件下，保证正常操作的总次数；电寿命是指电器在额定电压、额定电流下，可以正常操作的总次数。

1.1.5 低压电器的选用要求

在设计电气控制电路或系统，进行低压电器选用时，应该符合现行的有关标准和规范。低压电器主要根据以下几个条件进行选择。

1. 按正常工作条件选择

1）电器的额定电压应与所在回路的标称电压相适应，电器的额定频率应与所在回路的标称频率相适应。我国目前低压配电规定的三相交流电系统电压是 230 V/400 V（相电压/线电压），标称电压是 220 V/380 V，频率为 50 Hz。

2）电器的额定电流应不小于所在回路的负荷电流，需要切断负荷电流的电器（如刀开关、负荷开关），应校验分断电流。

3）保护电器（熔断器、断路器）应按保护特性选择，保证在规定时间内有选择地断开故障电路，并应进行通断能力和灵敏性校验。

4）低压电器的工作制有 8 小时工作制、不间断工作制、短时工作制和周期工作制等，应根据不同的工作要求选择其技术参数。

2. 按短路工作条件选择

1）可能通过短路电流的电器（如低压开关、熔断器、接触器、起动器等），应满足在短路条件下短时耐受电流的要求，即能承受从短路电流出现到分断时间内电流的冲击，而不影响电器的继续使用。

2）断开短路电流的保护电器（如低压熔断器、低压断路器），应满足在短路条件下分断能力的要求，即电器的分断电流值（分断能力）不低于线路出现的短路电流值。

3. 按使用环境选择

电器产品的选择应适应所在场所的环境条件。如多尘环境使用，宜采用防尘型（IP5X）电器；化工中的腐蚀环境，宜使用密闭型或防腐型电器；海拔超过 2000 m 的高原地区，宜采用相应的高原型电器；热带地区，宜根据气候特点选用湿热带型或干热带型电器。

易燃易爆和火灾危险场所，应按照 GB 50058—2014《爆炸危险环境电力装置设计规范》、GB/T 3836 系列爆炸性环境等标准的要求，进行场所、工艺的设计，并根据危险区域等级进行划分，选择适合的防爆型电器。

1.2 低压配电电器

1.2.1 低压开关

低压开关是手动切换电器，主要用于隔离、转换、接通和分断电路，多用于低压配电设备中，作为不频繁地手动接通和分断交、直流电路或隔离开关使用，也常用于电气设备的总电源开关。

低压开关可分为刀开关、隔离开关、负荷开关等类型。一般而言，刀开关与隔离开关的结构最为简单，没有或只有简单的灭弧装置，不能带负荷通断电路；主要作用是作为隔离开关使用，即在电源与设备间形成肉眼可见的明显断开点，从而保证检修安全。而负荷开关有简易的灭弧装置，可以用来接通、分断一定容量的负荷电流，但不能直接接通或分断短路电流，这几种类型在选择和使用时应加以区分。

1. 低压开关的结构与分类

低压开关通常由绝缘底板、动触头、静触头、灭弧装置和操作机构组成，可分为刀开关、转换开关、隔离开关、开启式负荷开关（胶盖瓷底刀开关）、封闭式负荷开关（铁壳开关）、熔断器式刀开关（刀熔开关）和组合开关等。图 1-4 为部分低压开关产品。

a) HD 开启式刀开关　　b) HD11B 保护型刀开关　　c) NH50D 隔离开关　　d) NH4 隔离开关

e) HK2 开启式负荷开关　　f) HH3 负荷开关

图 1-4　部分低压开关产品

根据触刀的极数和操作方式,低压开关可分为单极、双极和三极,通常,除特殊的大电流刀开关采用电动机操作,一般都采用手动操作方式。

2. 主要技术参数和选用示例

(1) NH4 型隔离开关

① 适用范围。NH4 型隔离开关适用于交流 50 Hz、额定电流为 125 A 及以下、额定电压小于或等于 400 V 的配电和控制电路中,主要作为终端组合电器中的总开关,也可用于不频繁控制各类小功率电器和照明,广泛应用于工矿企业、高层建筑、商业及家庭等场所。

② 主要参数及技术性能。NH4 型隔离开关按极数可分为单极、二极、三极、四极。其中,单极、二极隔离开关可用于单相 220 V、380 V 电路中;三极、四极隔离开关用于三相 380 V 电路。该系列隔离开关按额定电流 I_n 可分为 32 A、63 A、100 A、125 A 4 种规格。其主要技术参数见表 1-1。

表 1-1 NH4 隔离开关主要技术参数

额定工作电压 U_n/V	额定工作电流 I_n/A	额定冲击耐受电压/kV	额定短时耐受电流	额定接通与分断能力	额定短路接通能力	机械电气寿命
单极 230 多极 400	32、63、100、125	4	$12I_n$,通电时间 1 s	$3I_n$,$1.05U_n$	Icm: $20I_n$,通电时间 0.1 s	机械寿命 8500 次,电气寿命 1500 次

③ 选用示例。选择 NH4 隔离开关作为电源开关或控制电器使用时,需要满足以下几个要求。

a. 开关的额定电压应等于或略高于控制电路电压,额定电流应大于所控制负载的计算电流。

b. 需要核算短路电流,即控制电路的短路电流计算值应小于选择的隔离开关的短时耐受电流。

c. 作为电源开关使用时,应在负载切除后操作。作为控制电器使用时,阻性负载(如照明)可以直接通断操作。电动机负载,因电动机起动时有较大的起动电流,直接操作需要放大容量进行选择,一般按照 2~3 倍电动机额定电流选择。

如一台三相异步电动机,型号为 YX3-132S-2,额定功率为 7.5 kW,额定电压为 380 V,额定电流为 14.5 A,可选择 NH4 隔离开关进行直接起动控制。

三相异步电动机直接起动时,会产生 4~7 倍额定电流的起动电流,按照放大 3 倍选择 NH4 隔离开关,则计算电流为 $I_C = 3×14.5A = 43.5A$,而 NH4 隔离开关有 4 种规格,按照就近就高的原则,选择 63A 的隔离开关 NH4-63 作为电源开关。

(2) HK2 型负荷开关

HK2 型负荷开关又称为刀开关或开启式负荷开关,在每一极触刀的下方设有断点,可根据负载电流大小选择安装合适的铜质熔丝,所以这类开关实质上是刀开关与熔断器的组合电器。

① 适用范围:HK2 型负荷开关适用于交流 50 Hz,额定电压为单相 220 V,三相 380 V 及以下,额定电流小于或等于 100 A 的场合,可作为电路的总开关、支路开关,以及电灯、电热器等操作开关,可实现手动不频繁地接通和分断有负载电器及小容量线路的短路保护。

② 主要参数及技术性能。HK2 型负荷开关按极数分为二极和三极两种。其中二极负荷开

关可用于单相 220 V 电路中，三极负荷开关用于三相 380V 电路。其主要技术参数见表 1-2。

表 1-2　HK2 型负荷开关主要技术参数

额定电压/V	极　数	使用类别	额定电流/A	交流电动机功率（推荐值）/kW	铜熔丝线径不大于/mm
220	2	AC-22A	10	1.1	Φ0.25
			16	1.5	Φ0.41
			32	3.0	Φ0.55
			63	4.5	Φ0.81
380	3		16	2.2	Φ0.44
			32	4.0	Φ0.72
			63	5.5	Φ1.12
			100	7.5	Φ1.15

③ 选用示例：HK2 型负荷开关的选型要求，与 NH4 隔离开关的选型要求基本一致。生产厂家提供的 HK2 型负荷开关的技术参数表中，有厂商推荐的不同规格产品对应的交流电动机功率值、铜熔丝线径等参数，因此我们可以通过查询技术参数表的方式选择使用合适的规格。

3. 端子代号与电气符号

低压电器的接线端子主要用于连接导线，一般低压开关多采用螺栓连接方式。为方便正确连接导线，低压电器各个接线端子的生产厂家都按照电器规范的要求进行了编号，作为端子代号。

低压开关的端子代号及电气符号如图 1-5 所示。连接时注意电源进线连接至 1、3、5 端子，2、4、6 端子连接到负载侧。

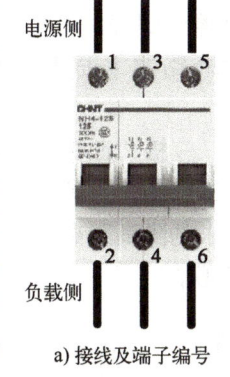

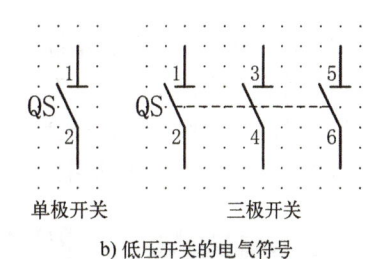

图 1-5　低压开关的端子代号及电气符号

电器的电气符号由图形符号和文字符号组合而成，需按照相应国标要求进行绘制。

1.2.2　低压断路器

低压断路器俗称空气开关，是一种既有手动开关功能又有自动进行失电压、欠电压、过载和短路保护功能的电器。低压断路器具有较强的灭弧能力，不仅可以接通和分断正常负荷电流和过负荷电流，还可以接通和分断短路电流。

低压断路器在电路中除了配电和控制作用，还具有保护功能，如过负荷、短路、欠电压和漏电保护等，即当所控制的电路或电动机等负载出现短路、过载及欠电压、失电压故障时，能够通过脱扣器自动切断电路。因此，低压断路器相当于熔断器、刀开关、热继电器和欠电压、失电压继电器的多功能组合电器。

低压断路器保护脱扣器的动作电流可按需要进行整定，动作后不需要更换元件，因此它被广泛应用于各种动力设备的电源开关或控制系统的总电源开关。

1. 低压断路器的结构与分类

① 低压断路器的结构。低压断路器由触点系统、灭弧装置、保护装置（脱扣器）、操作与

传动机构、绝缘壳体等构成。

低压断路器的主触点需要具有通断短路电流的能力，触点需要良好的导电接触和足够的压力，保证足够的动稳定和热稳定性能。触点通常采用导电性良好的银或银钨、银镍合金镶块材料。容量较大的断路器还会采用主触点、副触点和弧触点构成两档或三档并联式触点系统，保证足够的过电流能力。

低压断路器具有极强的灭弧能力，其灭弧装置多采用灭弧栅片加磁吹线圈结构，当出现过载、短路等故障时，脱扣器脱扣，触点分离。触点间产生的电弧，将灭弧栅片磁化，将电弧吸向灭弧室，通过栅片将电弧分割并冷却，快速熄灭电弧。

低压断路器的脱扣机构是一套连杆机构，当主触点闭合后将主触点锁定在合闸位置上。当电路发生故障，有关脱扣器作用到脱扣机构上实现触点快速分断。一般低压断路器的本体上，集成了过电流脱扣器（实现短路保护，瞬时断开）、过载脱扣器（过载保护，延时断开）。其他脱扣器，如失电压脱扣器、分励脱扣器等以附件形式提供，可选择装配。

② 低压断路器的分类。低压断路器按照使用类别分为 A、B 两类，A 类为非选择型，B 类为选择型（有短延时功能）。

按照设计形式分，有万能式断路器、塑壳式断路器、小型断路器和剩余电流动作断路器（俗称漏电保护器）等。其中万能式断路器主要用于大容量配电网络中的电能分配和线路保护。

按主电路极数分，有单极、两极、三极、四极断路器。

按照是否适合隔离分，有非隔离型断路器和隔离型断路器。其中，隔离型断路器的触点处于断开位置时，触点间有符合安全要求的隔离距离，并能显示主触头的位置。

图 1-6 为部分低压断路器产品外形。

a) 万能式断路器　　b) 塑壳外壳式断路器　　c) 小型断路器　　d) 剩余电流动作断路器

图 1-6　部分低压断路器外形

2. 主要技术参数和选用示例

（1）NM8 系列塑壳式断路器

① 适用范围。NM8 系列塑壳式断路器，适用于交流 50 Hz、额定电压为 690 V 及以下，和直流系统额定电压 500 V 及以下、额定电流 1250 A 及以下的电路，作接通、分断和承载额定电流，并在线路和用电设备发生过载、短路、欠电压时对线路和用电设备进行可靠的保护，也可以作为电动机的不频繁起动及过载、短路、欠电压的保护。本断路器具有隔离功能。

② 主要参数及技术性能。NM8 系列塑壳式断路器按极数分为二极、三极和四极 3 种，按用途分为配电用和电动机保护用，以 NM8-100 为例，其主要技术参数见表 1-3。

表 1-3 NM8-100 塑壳式断路器主要技术参数

极数	2, 3, 4	使用类别	A（非选择型）
额定电流/A	16, 20, 25, 32, 40, 50, 63, 80, 100	寿命	机械寿命 8500 次, 电气寿命 1500 次
额定电压/V	690	保护	过载、短路、欠电压保护
短路分断能力/kA	100	剩余电流保护	可选附加模块
隔离功能	有	辅助、报警触头	有

③ 选用示例。NM8-100 系列塑壳式断路器为配电保护用断路器（NM8-100/M 为电动机保护用），选用要求如下。

断路器额定电流应大于或等于线路的工作电流或负荷计算电流，即 $I_e \geq I_c$；反时限过电流脱扣器（过载脱扣器）的整定值 I_{set1} 大于或等于线路的负荷电流，即 $I_{set1} \geq I_c$；瞬时过电流脱扣器（短路脱扣器）的整定值 I_{set3} 应满足 $I_{set3} \geq K_{rel} I_c$，其中 K_{rel} 为可靠系数，一般照明电路为 4~7，动力电路为 10~14。

还需要根据计算的短路电流值，校验低压断路器的分断能力和脱扣器动作的灵敏性。

(2) NB1-63 小型断路器

① 适用范围。NB1-63 小型断路器适用于交流 50 Hz/60 Hz、额定电压为 230 V/400 V、额定电流不高于 63 A 的电路中作过载和短路保护之用，也可以在正常情况下作为线路的不频繁操作转换之用。

② 主要参数及技术性能。按极数分为单极、二极、三极、四极；按短路脱扣器的类型（负载类型）分为 B 型（3~5）In、C 型（5~10）In、D 型（10~14）In。其中 B 型与 C 型主要用于阻性或照明类负载，D 型用于电动机负载的控制和保护。其主要技术参数见表 1-4。

表 1-4 NB1-63 小型断路器主要技术参数

额定电流/A	极 数	额定电压/V	额定短路电流/A	电气寿命/次	机械寿命/次	保 护
1, 2, 3, 4, 6, 10, 16, 20, 25, 32, 40, 50, 63	1, 2, 3, 4	230/400, 400	6000	4000	20000	过载、短路保护

③ 选用示例。小型断路器的脱扣器无须手动整定，按照以下选用要求进行选择。

a. 根据控制负载类型，选择小型断路器极数；单相负载，选用 1、2 极；三相负载，选用 3、4 极。

b. 断路器额定电压应大于等于电路或设备额定电压。

c. 断路器额定电流应略大于或等于负载工作电流或负荷计算电流。

d. 照明类负载，选择 B 型或 C 型脱扣器；电动机负载，选择 D 型脱扣器。

e. 检验电路短路电流，即短路电流计算值应小于断路器的额定短路电流。

示例 1：一台三相异步电动机，型号为 Y3-112M-4，额定功率为 4 kW，额定电压为 380 V，额定电流为 8.8 A，选择 NB1-63 小型断路器进行直接起动控制。

因为负载为电动机，选择 3P（3 极），D 型脱扣器；电动机额定电流为 8.8A，查找断路器额定电流等级并就近就高选择，选择额定电流为 10 A，故选取的型号为 NB1-63 小型断路器，

3P，D10。同时计算电路的短路电流，小于 6000 A 则满足要求。

示例 2：一阶梯教室，采用荧光灯照明，灯具总功率为 1.3 kW，选择 NB1-63 小型断路器作为电源总开关。

教室照明电源为交流 220 V，选择 1P（单极），C 型脱扣器；其负荷电流为 I_c = 1300/220 A = 5.91 A；按照断路器额定电流等级就近就高选择额定电流为 6 A，故选取的型号为 NB1-63 小型断路器，1P，C6。

（3）NB7LE 系列剩余电流动作断路器

① 适用范围。剩余电流动作断路器俗称漏电开关、漏电断路器，其是在断路器功能的基础上，增加了漏电流防护。它能够迅速断开接地故障电路，防止间接电击伤亡和火灾事故的发生。

正泰电器生产的 NB7LE 系列剩余电流动作断路器，适用于交流 50 Hz、额定电压为 230 V/400 V，额定电流不高于 63 A 的电路。当人触电或电网泄漏电流超过规定值时，该剩余电流动作断路器能在极短的时间内迅速切断故障电源，保护人身及用电设备的安全。

剩余电流动作断路器具有过载和短路保护功能，可用来保护电路或电动机的过载和短路，亦可在正常情况下作为电路的不频繁操作转换之用。

② 主要参数及技术性能。按极数和电流回路分为单极两线（1P+N）、两极（2P）、三极（3P）、三极四线（3P+N）、四极（4P）；按瞬时脱扣器的类型分为 C 型（5~10）In、D 型（10~16）In。其中，C 型主要用于照明类负载；D 型用于电动机负载的控制和保护。其主要技术参数见表 1-5。

表 1-5　NB7LE 系列剩余电流动作断路器主要技术参数

额定电流/A	极　　数	额定电压/V	额定剩余动作电流/mA	额定短路电流/mA	电气寿命/次	保　　护
6、10、16、20、25、32	1P+N、2P、3P、3P+N、4P	230 400	30、100、300	6000A	2000	过载、短路、漏电保护

③ 选用示例。

示例 3：剩余电流动作断路器的选用要求，与小型断路器的基本一致。在剩余电流防护时，如果安装在插座或末端电路，应选择 30 mA 的剩余电流动作断路器；如果作为上一级保护，则其动作电流选择 100 mA 或 300 mA，延时后动作。

参照小型断路器选用示例 1、2，如选用 NB7LE 系列剩余电流动作断路器，因为都是终端用电设备，选择剩余动作电流为 30 mA。型号分别为：示例 1 对应为 NB7LE-32 剩余电流动作断路器，3P，0.03A，D10；示例 2 对应为 NB7LE-32 剩余电流动作断路器，1P+N，0.03A，C6。

3. 端子代号与电气符号

低压断路器的端子代号及电气符号如图 1-7 所示。连接时应注意，电源进

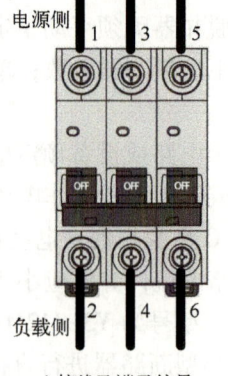

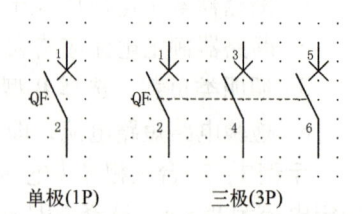

a) 接线及端子编号　　b) 低压断路器的电气符号

图 1-7　低压断路器的端子代号及电气符号

线连接至1、3、5端子，2、4、6端子连接到负载侧。

低压断路器的电气符号由图形符号和文字符号组合而成，使用时应按照相应国标要求进行绘制。

1.2.3 熔断器

熔断器是一种保护电器，可对连接在熔断器后的线路和用电设备提供短路和过载保护。熔断器一般采用金属材料作为熔体，串联于电路中，当电路出现严重过载或短路故障时，故障电流通过熔体，因远超过熔体的额定电流导致发热而使熔体快速熔断，从而分断电路，起到保护作用。

熔断器可与开关电器组合构成组合电器，如刀熔开关、负荷开关等。熔断器还可通过上下级配合或与其他开关电器的保护特性配合，实现选择性保护的要求，保证尽可能小的故障切除范围，同时保证非故障线路正常工作。熔断器熔断后，应及时排查故障并更换新的熔体。

熔断器广泛应用于高低压配电系统、控制系统以及用电设备中，作为短路和过电流保护，是应用最普遍的保护器件之一。

1. 低压熔断器的结构与分类

低压熔断器主要由熔体（或称熔管）和安装熔体的底座两部分构成。熔体是熔断器的核心部件，由特殊加工的金属材料制成，常作为丝状、带状、片状或笼状，放置到绝缘套管中构成。熔断器的管式结构，一是便于安装熔体和防止电弧外泄，二是可通过在套管内放置石英砂等填料，通过冷却作用，快速熄灭电弧，提高分断能力。熔断器的底座主要用于放置熔体和连接外部线路。

熔断器的种类较多，可根据不同的保护对象和使用场合选择适合的熔断器。一般工业场所常用的熔断器有螺旋式熔断器、刀形触头熔断器、圆筒形帽熔断器等。其外形与结构如图1-8所示。

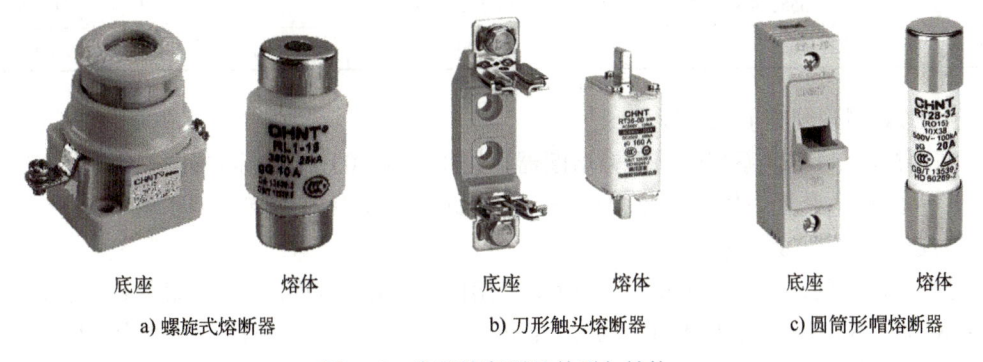

底座　　熔体　　　　　底座　　熔体　　　　　底座　　熔体

a) 螺旋式熔断器　　　b) 刀形触头熔断器　　　c) 圆筒形帽熔断器

图1-8 常用熔断器的外形与结构

熔断器按照结构形式，可分为专职人员使用和非熟练人员使用两大类。专职人员多使用开启式结构，如刀形触头熔断器、圆筒形帽熔断器等；非熟练人员使用时多考虑安全因素，故使用封闭式或半封闭式，如螺旋式、圆管式或瓷插式等。

按照用途，可分为工业用熔断器、半导体保护用熔断器、自复式熔断器等。其中，半导体保护用熔断器具有快速分断性能，主要用作电力半导体变流装置内部短路保护；自复式熔断器是一种新型限流组件，本身不能分断电流，可与低压断路器串联使用，这种熔断器在故障电流切除后可自动恢复到初始状态，故名自复熔断器。

按照工作类型，可分为g类和a类。g类为全范围分断，可以分断最小熔化电流（约为

1.6 倍的额定电流）至额定分断电流之间的电流；a 类为部分范围分断，只能分断约 6.3 倍额定电流至额定分断电流之间的电流。

按照使用类别，可分为 G 类、M 类、R 类、L 类和 Tr 类。G 类为一般用途熔断器，多用于保护配电电路及各类负载。M 类为电动机电路保护用熔断器。R 类为半导体保护用熔断器。L 类为电缆和导线保护用熔断器。Tr 类为保护变压器的熔断器。

工作类型和使用类别结合，可以产生不同的组合，如 gG、gM、aM、gL、aR 等。

2. 常用熔断器的主要技术参数

（1）RT36 系列刀形触头熔断器

① 适用范围。RT36 系列熔断器为有填料封闭管式熔断器，具有体积小、重量轻、功耗小、分断能力高等特点，广泛用于电气设备的过载保护和短路保护。该系列产品分为 gG 型和 aM 型，gG 型为常用的全范围分断能力熔断器，aM 型为部分分断能力电动机保护用熔断器。

RT36 系列熔断器符合 GB/T 13539.1—2015 和 IEC 60269 标准，其各项技术指标已达到国际先进水平。

② 主要参数及技术性能。RT36 系列熔断器主要技术参数见表 1-6。

表 1-6 RT36 系列熔断器主要技术参数

规　　格	额定电流/A	额定电压/V	分断能力/kA	质量/kg
RT36-0	4, 6, 10, 20, 25, 32, 36, 40, 50, 63, 80, 100, 125, 160	500/690	120/50	0.2
RT36-1	80, 100, 125, 160, 200, 224, 250	500/690	120/50	0.36
RT36-2	125, 160, 200, 224, 250, 300, 315, 355, 400	500/690	120/50	0.85
RT36-3	315, 355, 400, 425, 500, 630	500/690	120/50	0.85
RT36-4	800, 1000	500/690	120	1.95

（2）RT28 系列圆筒形帽熔断器

① 适用范围。RT28 系列圆筒形帽熔断器适用于交流 50 Hz，额定电压至 500 V，额定电流不高于 63 A 的配电装置中作为过载和短路保护。此系列熔断器不推荐用于电容柜中，若用于电容柜建议使用 RT36 系列替代。

型号中带有 X 的，如 RT28N-32X，表示具有熔体熔断信号装置，当熔体熔断后，指示灯点亮。RT28-32、RT28-63 熔断体可分为 gG 型和 aM 型。gG 型为全范围分断能力一般用熔断体。aM 型为部分范围分断电动机短路保护用熔断体。gG 型与 aM 型熔断体均可与 RT28 系列或 RT29 系列底座配合使用。

② 主要参数及技术性能。RT28 系列圆筒形帽熔断器主要技术参数见表 1-7。

表 1-7 RT28 系列圆筒形帽熔断器主要技术参数

熔断器底座型号	配用的熔体型号	熔体额定电流/A	额定电压/V	分断能力/kA
RT28N-32 RT28N-32X	RT28-32、RT14-20、RT29-32、R015	2, 4, 6, 8, 10, 16, 20, 25, 32	500	20
RT28-63 RT28-63X	RT28-63、RT14-32、RT29-63、R016	10, 16, 20, 25, 32, 40, 50, 63	500	20

3. 熔断器的选择

① 根据负载类型和熔断器适用范围,选择合适的熔断器类型。

② 熔断器的额定电压应不低于电路的额定电压。

③ 熔体的额定电流按以下条件选取:

a. 用于保护负载电流比较稳定的照明或电热设备、一般控制电路的熔断器,其熔体额定电流按照被保护电路的负载电流确定;

b. 用于保护电动机的熔断器,应考虑电动机起动电流的影响。

保护单台电动机时,aM 型熔断器按电动机额定电流的 1.05~1.1 倍选取;而 gG 型熔断器按电动机额定电流的 1.5~2.5 倍选取。

保护多台电动机或包含电动机配电电路时,选用 gG 型熔断器,按照最大一台电动机额定电流的 1.5~2.5 倍加上其他负载的计算电流之和选取。

④ 为保证熔断器的选择性,防止发生越级熔断,上下级熔断器应具有良好的协调配合,宜进行整定计算和校验,同时还需校验短路电流,保证熔断器额定分断能力高于电路可能出现的短路电流。详细内容可参阅《工业与民用配电设计手册》。

4. 端子代号与电气符号

低压熔断器的端子代号及电气符号如图 1-9 所示。连接时注意电源进线连接至 1、3、5 端子,2、4、6 端子连接到负载侧。

低压熔断器的电气符号由图形符号和文字符号组合而成,使用时应按照相应国标要求进行绘制。

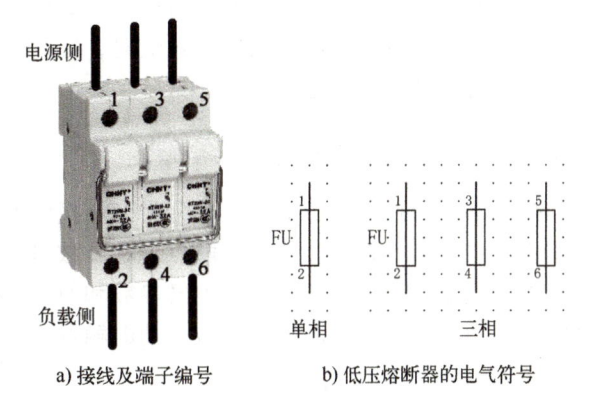

图 1-9 低压熔断器的端子代号及电气符号

1.3 接触器

接触器属于电磁式大功率控制电器,是一种适用于低压配电系统中进行远距离控制、频繁操作交直流主电路及大容量控制电路的低压断路器,主要应用于自动控制交直流电动机、电热设备、电容器组等电气设备中,应用十分广泛。

接触器具有强大的执行机构,大容量主触点配合快速灭弧能力。当出现故障时,能根据感测元件提供的动作信号,快速、可靠的切断电源,实现对设备的控制和保护。

1.3.1 结构及工作原理

接触器由电磁机构、触点系统(包括主触点和辅助触点)、灭弧机构、弹簧复位机构及基座等构成。

常用的交流接触器的触点系统包含主触点和辅助触点。主触点用于控制三相主电路的通断,通常由三对大容量常开主触点构成;辅助触点用于控制电路,触点容量小,数量也不尽相同,最少的仅有 1 对常开(NO)触点,多的可有 2 对常开(NO)和 2 对常闭(NC)触点。图 1-10 为交流接触器的结构和工作原理示意图。

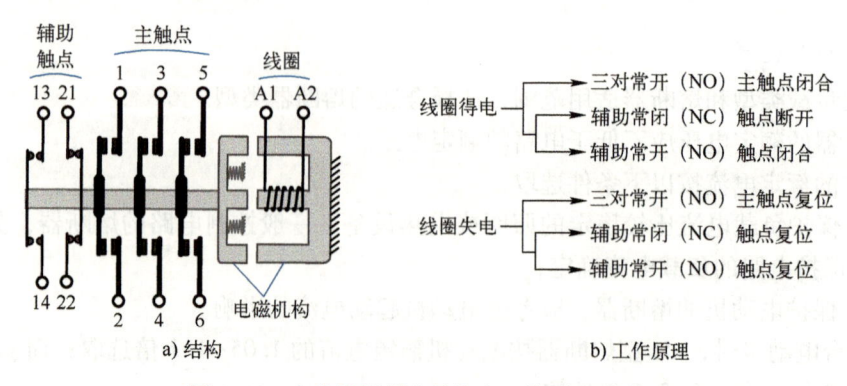

图 1-10 交流接触器的结构和工作原理示意图

如图 1-10 所示，当交流接触器线圈（A1，A2 端子）通入线圈标定的外部电源后，静铁心产生电磁引力，将动铁心吸合，安装于联动机构上的触点同步运动，三对常开主触点（1-2，3-4，5-6）闭合导通，常闭辅助触点（21-22）断开，常开辅助触点（13-14）闭合导通。当线圈与外部电源断开或电路电压过低时，在复位弹簧的作用下，动、静铁心分离复位，同时所有触点复位到初始状态。

1.3.2 主要技术参数

接触器按照控制负载的不同，分为交流接触器和直流接触器。两种接触器的结构和工作原理基本一致，只是在铁心类型、触点形状和数量、灭弧方式等方面有所不同。

本书主要介绍交流接触器的电气参数和使用方法。交流接触器的主要技术参数有额定值和极限值、使用类别、控制电路参数、辅助触点参数、机械寿命和电气寿命等。

1. 额定值和极限值

额定值包括额定电压、额定电流、额定绝缘电压、约定发热电流、额定工作制等。额定电压指主触点所在电路的电源电压。额定电流指主触点的额定工作电流。额定绝缘电压用于度量电器的绝缘强度，也是电器能够正常承受的最高电压。约定发热电流指电器在 8 小时工作制，热平衡状态下能承载的最大电流。

额定工作制：交流接触器有 8 小时工作制、不间断工作制、周期工作制、短时工作制，可根据不同的控制要求和控制对象进行选用。

极限值包括额定接通能力、额定分断能力等。

2. 使用类别

主触点使用类别为交流 AC-1 ~ AC-4，辅助触点为交流 AC-11 ~ AC-15。其主要应用场合见表 1-8。

表 1-8 交流接触器主触点、辅助触点使用类别

电流种类	使用类别	典型用途	电流种类	使用类别	典型用途
交流主电路	AC-1	无感或微感负载，电阻炉	交流控制电路	AC-11	控制交流电磁铁负载
	AC-2	绕线式电动机起动、分断		AC-12	控制阻性负载或光耦隔离的固态负载
	AC-3	笼型电动机的起动、分断		AC-13	控制变压器隔离的固态负载
	AC-4	笼型电动机的正反转、反接制动		AC-14	控制小型电磁铁负载（≤72V·A）
				AC-15	控制电磁铁负载（>72V·A）

3. 控制电路参数

控制电路参数主要标明控制电路的电流种类、额定频率、额定控制电路电压等；接触器的线圈参数应与控制电路参数匹配。一般交流接触器线圈电压可参考以下标准数据进行选择：

交流线圈：24 V、36 V、48 V、110 V、127 V、220 V、380 V；

直流线圈：24 V、48 V、110 V、125 V、220 V。

4. 辅助触点参数

辅助触点参数主要包括辅助触点额定电压、额定电流、辅助触点种类和数量等。当接触器本体提供的辅助触点数量不能满足控制需求时，可通过选配附件（顶挂或侧挂扩展模块）的方式扩展辅助触点数量。

5. 机械寿命和电气寿命

交流接触器需要对负载进行频繁通断控制，其机械寿命和电寿命远高于普通低压开关电器。一般交流接触器的机械寿命可达 500 万次以上，电寿命可达 20 万次以上。

1.3.3 常用接触器和选用示例

1. NC8 系列交流接触器

（1）适用范围

NC8 系列交流接触器主要用于交流 50 Hz（或 60 Hz），额定工作电压至 690 V，在 AC-3 使用类别下额定工作电流至 500 A 的电路中，供远距离接通和分断电路之用，并可与热过载继电器组成电磁起动器，为电路提供过载保护，该接触器适宜于频繁地起动和控制交流电动机。

该系列产品总共有 8 个壳架，20 个电流等级，包括 3 极产品和 4 极产品（100A 以上无 4 极产品）。100 A 以下可分为交流操作和直流操作两种。100 A 以上为交直流通用线圈，其体积小、结构紧凑、外观新颖；可带侧挂、顶挂辅助触头，及延时模块、机械联锁模块、浪涌抑制器模块，附件齐全、派生性强。

（2）产品技术参数和快速选型表

NC8 系列交流接触器主要技术参数（额定电流 50 A 及以下）见表 1-9；50 A 以上技术参数可查阅正泰产品手册。

表 1-9 NC8 系列交流接触器主要技术参数（50 A 以下）

接触器型号		NC8-06M	NC8-09M	NC8-12M	NC8-09	NC8-12	NC8-18	NC8-25	NC8-32	NC8-38	NC8-40	NC8-50
约定发热电流/A		20			25		32	40	50		60	80
额定绝缘电压/V		690										
额定冲击耐受电压/kV		6									8	
额定接通能力		接通电流：$10I_e$（AC-3）或 $12I_e$（AC-4）										
额定分断能力		分断电流：$8I_e$（AC-3）或 $10I_e$（AC-4）										
短时耐受电流/A（10 s）		48	72	96	72	96	144	200	256	304	320	400
额定工作电流/A（380 V/400 V）	AC-3	6	9	12	9	12	18	25	32	38	40	50
	AC-4			9						32		

（续）

操作频率/(次/时)	AC-3	1200		
	AC-4	300		120
电气寿命/万次	AC-3	120		
机械寿命/万次		1000		
主触点结构形式		3常开、4常开、2常开+2常闭		3常开、4常开
辅助触点数量		1常开或1常闭	1常开+1常闭或2常开+2常闭	1常开+1常闭

表 1-9 中，接触器型号中带有字母 M 的，代表小型接触器；参数后的 AC-3（使用类别），代表该接触器用于不频繁起动笼型异步电动机，AC-4 代表该接触器用于频繁通断、反接制动或正反向运行的笼型异步电动机的控制。辅助触点一般额定电压为 690 V，额定电流为 2.5 A；当辅助触点数目不够时，可通过选择侧挂或顶挂辅助触点附件进行拓展。

交流接触器产品手册中，也提供了快速选型表，方便用户快速、准确地根据负载选取对应的接触器。表 1-10 为 NC8 系列交流接触器快速选型。

表 1-10　NC8 系列交流接触器快速选型（50 A 以下）

接触器型号		NC8-06M	NC8-09M	NC8-12M	NC8-09	NC8-12	NC8-18	NC8-25	NC8-32	NC8-38	NC8-40	NC8-50
额定工作电流/A		6	9	12	9	12	18	25	32	38	40	50
推荐的电动机功率/kW	AC-3 380 V	2.2	4	5.5	4	5.5	7.5	11	15	18.5	18.5	22
	AC-3 660 V	3	4	4	5.5	7.5	9	15	18.5	18.5	30	33
线圈电压/V	交流	24、36、48、110、127、220、230、240、380、400、415 可选										
	直流	24、48、110、125、220、250 可选										

示例 4：选择 NC8 系列交流接触器，控制一台三相异步电动机的直接起动，电动机型号为 YX3-132S-2，额定功率为 7.5 kW，额定电压为 380V，额定电流为 14.5 A。

直接查阅快速选型表，三相异步电动机的直接起动为 AC-3 类负载，该电动机的额定电压为 380 V，额定功率为 7.5 kW，因此选择型号为 NC8-18 的接触器进行控制。如果电动机为正反转运行，选择时需要升一级规格使用，即选择 NC8-25 型号的接触器进行控制。

2. CJ20 系列交流接触器

（1）适用范围

CJ20 系列交流接触器主要用于交流 50 Hz（或 60 Hz），额定工作电压至 660 V，额定工作电流至 630 A 的电路中，供远距离接通和分断电路之用，并可与适当的热过载继电器组合，电路提供过载保护。

（2）主要参数和技术性能

CJ20 系列交流接触器的主要参数和技术性能见表 1-11，详细数据可查阅正泰产品手册或登录正泰电器官网查询。

表 1-11 CJ20 系列交流接触器的主要参数和技术性能

接触器型号	额定绝缘电压/A	额定电流/A	约定发热电流/A	AC-3 类别下可控制三相异步电动机的最大功率/kW 220 V	AC-3 类别下可控制三相异步电动机的最大功率/kW 380 V	AC-3 类别下可控制三相异步电动机的最大功率/kW 660 V	操作频率/(次/时)	电寿命/万次	机械寿命/万次
CJ20-10	690	10	10	2.2	4	4	1200	100	1000
CJ20-16		16	16	4	7.5	11			
CJ20-25		25	32	5.5	11	13			
CJ20-40		40	55	11	22	22			
CJ20-63		63	80	18	30	35			
CJ20-100		100	125	28	50	50		120	
CJ20-160		160	200	48	85	85			
CJ20-250		250	315	80	132	132	600	60	600
CJ20-400		400	400	115	200	220			
CJ20-630		630	630	175	300	300			

其他参数：可根据控制电路的额定电压选择交流接触器线圈，可选线圈的额定电压为交流（50 Hz/60 Hz）、电压等级为 110 V、127 V、220 V、380 V。

1.3.4 接触器的端子代号及电气符号

交流接触器的端子代号及电气符号如图 1-11 所示。连接时应注意：主电路电源进线连接至 1、3、5 端子，2、4、6 端子连接到负载侧。接触器线圈的电气参数应与控制电路保持一致，辅助触点连接到对应的控制或辅助电路中。

交流接触器的电气符号由主触点、线圈、辅助触点构成。接触器辅助触点的端子代号一般由两位数字构成，第一位代表组别，第二位代表状态（1-2 为常闭，3-4 为常开），使用时应按照相应国标要求进行绘制。

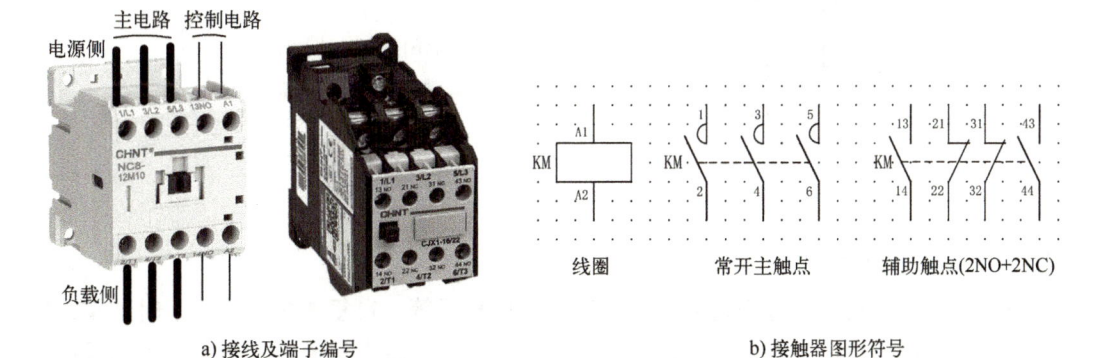

a) 接线及端子编号　　　　　　　　b) 接触器图形符号

图 1-11 交流接触器的端子代号及电气符号

1.4 主令电器

主令电器是电气控制系统中用于发送或转换控制指令的电器，是一种用于控制电路或辅助电路的控制电器。主令电器应用广泛，种类繁多，常用的有按钮、行程开关、接近开关、万能转换开关、主令控制器等。

1.4.1 按钮

按钮是一种结构简单、使用广泛的主令电器。在电气控制电路中，通过手动操作按钮发出控制信号，控制电磁起动器、接触器、继电器及其他电气电路。

按钮的结构及种类很多，可分为自复式按钮、蘑菇头按钮（一般均为自锁钮）、自锁式按钮、旋转式按钮、钥匙式按钮等，常用的按钮外观如图 1-12 所示。

a) 自复式按钮　　b) 蘑菇头自锁钮　　c) 两位置旋钮　　d) 带钥匙旋钮

图 1-12　常用的按钮外观

1. 按钮结构及动作原理

常用的自复式按钮一般由按钮帽、复位弹簧、桥式触点、静触点、外壳等组成，触点通常做成单联常开（1NO）、单联常闭（1NC）或复合式（1NO+1NC），而复合式触点由一对常开触点和一对常闭触点构成，其结构如图 1-13 所示。其动作机理为，操作者按压按钮帽，连杆带动桥式动触点运动，使常闭触点断开，常开触点闭合；松开按钮，在复位弹簧的作用下，闭合的常开触点断开，断开的常闭触点闭合，按钮恢复到初始位置。其他类型的按钮与其结构类似，不再逐一释义。

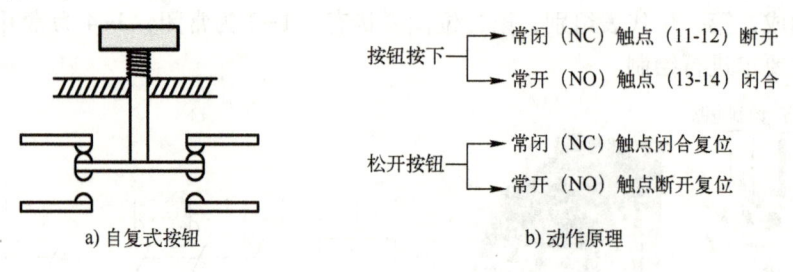

按钮按下 → 常闭（NC）触点（11-12）断开
　　　　→ 常开（NO）触点（13-14）闭合

松开按钮 → 常闭（NC）触点闭合复位
　　　　→ 常开（NO）触点断开复位

a) 自复式按钮　　　　　　　　b) 动作原理

图 1-13　自复式按钮结构释义及动作原理

2. 常用按钮种类及用途

按钮按照操作方式，可分为自复式、自锁式、旋转式等。自复式按钮是按下时动作，松开后自动复位。自锁式按钮具有机械锁定机构，按下时动作，触点被锁定，松开后状态保持；再次按下，触点解除锁定恢复到初始状态（相当于开关操作）。急停按钮也是自锁式按钮，但操作后需要顺时针转动按钮帽才能复位。旋转式按钮俗称钮子开关，按锁定位置有两位、三位两种，可用于电路通断控制或切换开关。

按照基础组件构成，按钮可分为单联常开触点（1NO）、单联常闭触点（1NC）、复合按钮（1NO+1NC）。目前很多型号的按钮，都可通过选用不同的基础组件以积木式组合结构，增加按钮触点数量，最多可增加到 8 对。

为了避免误操作，通常会将按钮帽做成不同的颜色加以区分。一般红色用于急停、停止或断开；绿色用于起动或接通；黄色代表干预，优先级高于其他操作；蓝色可用于复位；黑色可用于点动等。

按照特殊构造形式，按钮有不同的形状，如圆形、方形；还可通过按钮盒组合，如双钮、三钮、多钮等；还有如紧急式按钮，按钮帽为突出式蘑菇形，便于紧急操作；带灯按钮，指示灯安装在透明按钮帽下，可作为信号显示；钥匙式按钮，便于专人操作，保证安全。

3. 按钮的主要参数与选用要求

目前使用较多的按钮有 LAY39、NP2、NP4、NP8、NPM8（金属）、Ex9P2 等系列，可应用于不同的控制电路中。

按钮的主要参数有操作方式、尺寸、形状、防护等级，触点的额定电压、额定电流，触点数量等。适用场合举例：LAY39 系列按钮适用于交流 50 Hz 或 60 Hz，额定工作电压 380 V 及以下或直流工作电压 220 V 及以下的工业控制电路中，指示灯式按钮还适用于灯光信号指示的场合；NPM8 系列按钮适用于交流 50 Hz（60 Hz），额定工作电压 AC 220 V 及以下，或直流工作电压 DC 110 V 及以下的工业控制、仪器仪表、家用电器中。LAY39 系列按钮技术参数见表 1-12。

表 1-12　LAY39 系列按钮技术参数

额定绝缘电压/V	约定发热电流/A	额定工作电压/V	额定工作电流/A AC-15	额定工作电流/A DC-13	触点电阻/mΩ	电寿命/万次	防护等级
380	10	380	2.5	—	≤50	瞬动型 AC：100 瞬动型 DC：30 自锁式、旋钮式：10	IP40
		220	4	0.3			
		110	—	0.7			

在选择按钮时，基本要求是按钮触点的额定电压应不低于控制电路电压，额定电流不小于控制回路工作电流，还需要考虑按钮动作要求（自复式、自锁式）、控制功能（按钮帽颜色）、触点数量（控制电路数量）、是否带指示灯、安装尺寸等。

4. 端子代号及电气符号

自复式按钮的端子代号及电气符号如图 1-14 所示。急停按钮和旋钮的端子代号及电气符号如图 1-15 所示。按钮的电气参数应与控制电路保持一致，即触点的额定电压应不低于控制电路的额定电压，额定电流不小于控制回路的电流。

按钮触点用于辅助回路，其端子代号一般由两位数字构成，第一位代表组别，第二位代表状态（1-2 为常闭，3-4 为常开）。复合按钮的常开常闭触点为同一组别。

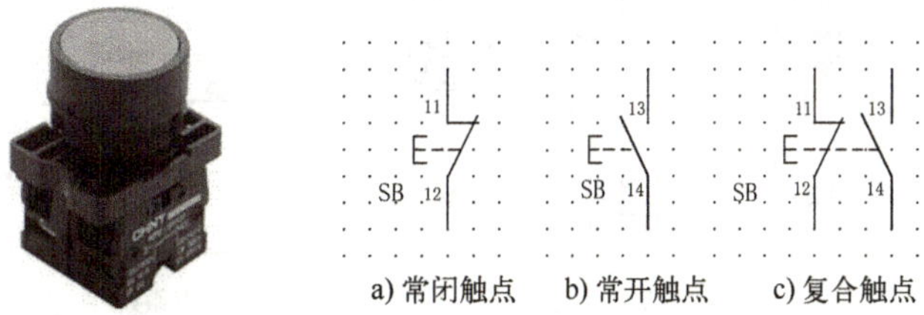

a) 常闭触点　b) 常开触点　c) 复合触点

图 1-14　自复式按钮的端子代号及电气符号

1.4.2　行程开关

行程开关又称为位置开关、限位开关，是一种通过与运动部件的接触和碰撞来发出控制指令的主令电器，主要用于检测运动机构的实际位置，是控制生产机械的运动方向、速度、行程范围的一种自动控制电器，广泛应用于各类机床、起重机械中，用于控制运动状态和限制行程。

常闭触点　　复合触点　　　　　　　　　常闭触点　　常开触点
　　　a)　　　　　　　　　　　　　　　　　b)

图 1-15　急停按钮和旋钮的端子代号及电气符号

1. 行程开关的结构及动作原理

常用的行程开关一般由摆杆（感测机构）、触点系统、外壳等组成。摆杆种类较多，常见的有直动式、杠杆式、万向式三种；触点类型通常有一常开一常闭（1NO+1NC）、一常开二常闭（1NO+2NC）、二常开一常闭（2NO+1NC）、二常开二常闭（2NO+2NC）等类型。常用的行程开关如图 1-16 所示。

a) 直动式行程开关　　　b) 杠杆式行程开关　　　c) 万向式行程开关

图 1-16　常用的行程开关外观

行程开关的动作机理与按钮的类似，但其感测机构检测的是运动部件的碰撞。图 1-17 为直动式行程开关的结构和动作原理示意图。其他类型的行程开关主要是感测机构的构造形式不同，触点系统的动作原理都是一致的。

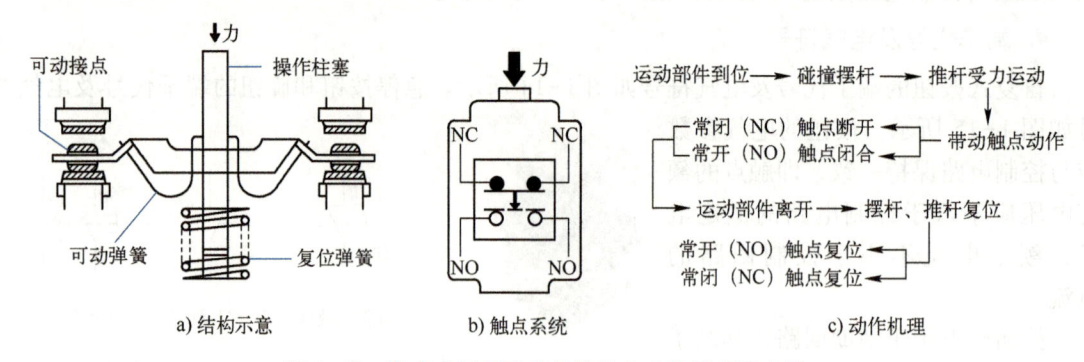

a) 结构示意　　　b) 触点系统　　　c) 动作机理

图 1-17　直动式行程开关的结构和动作原理示意图

2. 行程开关的主要参数与选用要求

目前国内生产的行程开关有 LXK、LX、LXW 等系列；如 YBLX-HL 型号的行程开关适用于交流 50 Hz/60 Hz、380 V 及以下、直流 220 V 及以下的电气电路中，作为运动机构的行程控制、运动方向或速度的变换、机床的自动控制、运动机构的限位动作及控制行程或程序之用。其技术参数见表 1-13。

表 1-13　YBLX-HL/5000 系列行程开关的技术参数

防 护 等 级	操作频率/(次/分)	操作速度/(m/s)	电气寿命/万次	额定电压/V	额定电流/A
IP52	30	0.005~0.05	30	AC 380 DC 220	AC 0.79 DC 0.15

行程开关的主要参数有动作形式、动作行程、触点的额定电压、额定电流、触点的数量等。选择行程开关时，应根据控制要求，选择所采用行程开关的类型，如直动式、杠杆式、万向式；安装位置、尺寸和行程范围等；电气方面，主要是触点数量和容量，需要满足所在控制电路的电气参数，一般要求触点额定电压应不低于控制电路电压，额定电流不小于控制回路电流。

3. 行程开关的端子代号及电气符号

行程开关的端子代号及电气符号如图 1-18 所示。

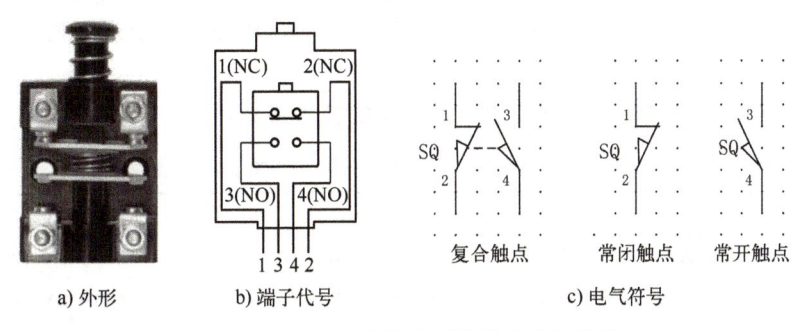

a) 外形　　b) 端子代号　　c) 电气符号

图 1-18　行程开关的端子代号及电气符号

1.4.3　接近开关

接近开关又称无触点行程开关，它不仅能代替有触点行程开关来完成行程控制和限位保护，还可以用于高频计数、测速、零件尺寸测量、材料检测等。

接近开关是一种非接触式检测元件，当物体进入接近开关感应面的检测范围内，不需要相互接触即可使接近开关动作，从而驱动直流电器（如中间继电器）或给控制装置（如 PLC）提供控制信号。接近开关的种类很多，有电感式、电容式、霍尔式、光电式、超声波式、永磁式等，其中电感式接近开关的性价比较高，应用最为广泛。

1. 内部电路及工作原理

接近开关的工作电源一般为直流，需要外部选配直流电源驱动，输出形式有两线式、三线式和四线式三种，按照晶体管输出类型有 NPN 型和 PNP 型两种。以常用的三线式电感式接近开关为例，其内部电路及工作原理示意图如图 1-19 所示。

图 1-19 中，VT 为输出晶体管，左侧为 NPN 型输出，右侧为 PNP 型输出；V 为齐纳二极管，用于吸收电涌电压；VD 为二极管，用于电源逆接保护，部分接近开关没有电源保护，因此在电源接线时应注意极性不能接反，否则会损坏器件。

接近开关的工作原理为，当检测物体（铁质金属）靠近开关感应面时，金属物体产生涡流并吸收内部振荡器的能量，使输出晶体管饱和导通，输出端子电平变化，外部电路接通；当检测物体（铁质金属）远离感应面时，输出晶体管截止，外部电路断开。

使用接近开关时，其输出端子采用不同颜色的导线进行区分，常用的三线式接近开关导线

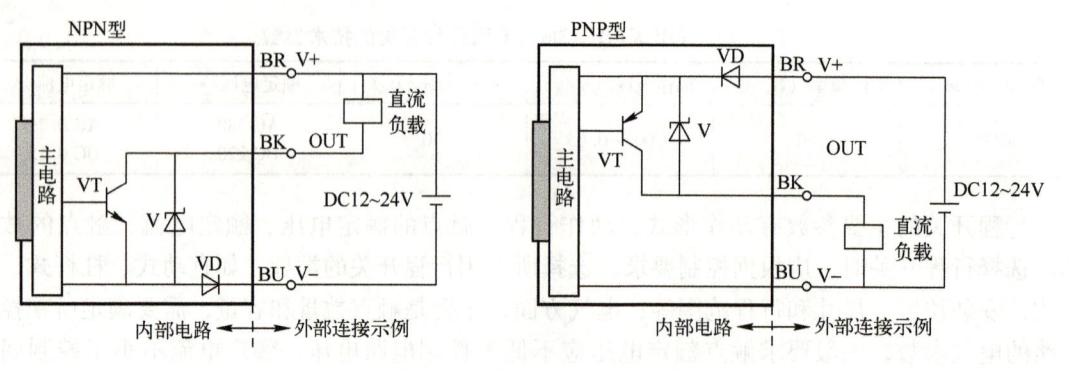

图 1-19 接近开关内部电路及工作原理示意图

线色分别为棕色（BR）、蓝色（BU）、黑色（BK）。和外部电路连接时，棕线、蓝线连接外部直流电源，棕线连接正极，蓝线连接负极，黑线为输出线。NPN 型接近开关连接外部直流负载时，其接线规则为：棕+蓝-，棕黑接负载；PNP 型接近开关的接线规则为：棕+蓝-，黑蓝接负载。

表 1-14 为松下 GX-100 系列圆柱形接近开关的技术参数。

表 1-14 GX-100 系列圆柱形接近开关技术参数

类 型		NPN 型				PNP 型			
型号	接近时 ON	GX-108MA	GX-112MA	GX-118MA	GX-130MA	GX-108MA-P	GX-112MA-P	GX-118MA-P	GX-130MA-P
	离开时 ON	GX-108MB	GX-112MB	GX-118MB	GX-130MB	GX-108MB-P	GX-112MB-P	GX-118MB-P	GX-130MB-P
电源电压/V || DC 12~24 ±10%								
消耗电流/mA		15		20		15		20	
输出参数 || 最大输出电流 200 mA，最高电压 DC 30 V 以下								
最大工作距离/mm		1.5	2	5	10	1.5	2	5	10
稳定检测范围/mm		0~1.2	0~1.6	0~4	0~8	0~1.2	0~1.6	0~4	0~8
标准检测物体（保证厚度为 1 mm 以上对应的检测面积）		铁片 8 mm×8 mm	铁片 12 mm×12 mm	铁片 18 mm×18 mm	铁片 30 mm×30 mm	铁片 8 mm×8 mm	铁片 12 mm×12 mm	铁片 18 mm×18 mm	铁片 30 mm×30 mm
状态指示灯 || 橙色 LED 指示灯（输出 ON 时点亮）								

2. 电气符号与转换电路

接近开关的端子代号及电气符号如图 1-20 所示。

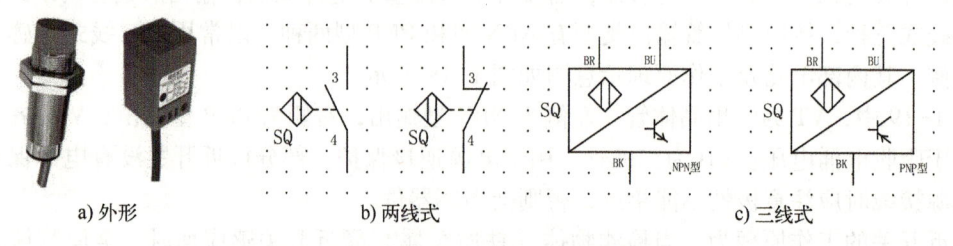

a) 外形   b) 两线式   c) 三线式

图 1-20 接近开关的端子代号及电气符号

接近开关使用直流电源驱动，当与继电器-接触器控制系统的交流控制电路连接时，通常采用中间继电器进行转换，其常用的转换电路接线如图 1-21 所示。

a) 两线式 b) 三线式

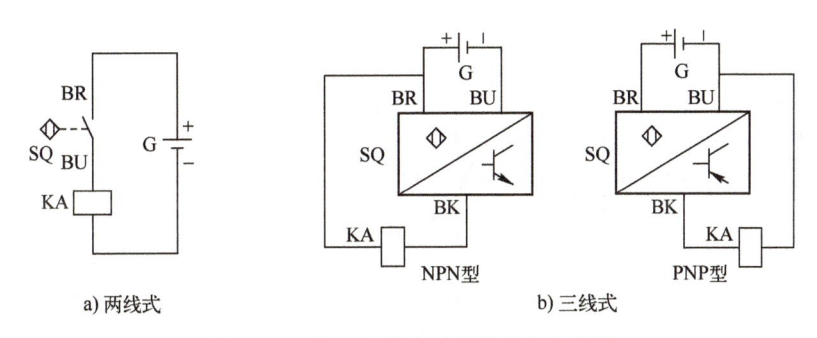

图 1-21 接近开关常用的转换电路接线

1.5 继电器

1.5.1 继电器概述

继电器是一种将外部物理量的变化转换为触点动作,并通过触点控制电路通断的电器。其输入信号可以是电量,如电压、电流;也可以是非电量,如温度、压力、时间、流量等。根据转换的物理量的不同,可以构成各种不同功能的继电器,如电磁式继电器、时间继电器、速度继电器、温度继电器等。

通过应用不同类型的继电器,对外部信号进行检测并通过触点系统反映到控制电路,从而控制主电路或辅助电路中的器件按照预定的动作或程序进行工作,以实现自动控制或保护的目的。

1.5.2 电磁式继电器

电磁式继电器主要由电磁机构和触点系统组成。电磁式继电器的触点容量较小、数量较多,因为触点没有设置专门的灭弧装置,所以体积小、重量轻、动作灵敏,但其触点只能用于控制电路。电磁式继电器的输入信号是电量信号,当线圈检测的是电压信号时,称为电压继电器;检测的是电流信号时,称为电流继电器。

常见的电磁式继电器有电压继电器、电流继电器和中间继电器。

1. 电压继电器

电压继电器是根据线圈两端电压的大小,通过触点动作实现通断电路的继电器,一般可分为过电压继电器和欠电压继电器,主要用于发电机、变压器和输电线的继电保护装置,作为过电压或低电压保护的控制元件。

过电压继电器在电路电压达到额定电压的 110%~120% 时动作,对电路进行过电压保护;欠电压继电器在电路电压正常时吸合,当电路电压低于额定电压(整定值为额定值的 40%~70%)时释放,对电路进行欠电压保护。

电压继电器的端子代号及电气符号如图 1-22 所示。

2. 电流继电器

电流继电器是将线圈串联在检测电路中,根据流过线圈电流的大小,实现通断电路的继电器,一般可分为过电流继电器和欠电流继电器,主要用于电动机、变压器与输电电路的过载和短路保护,作为过电流或欠电流保护的控制元件。

a) 外形　　　　　b) 过电压继电器　　　　　c) 欠电压继电器

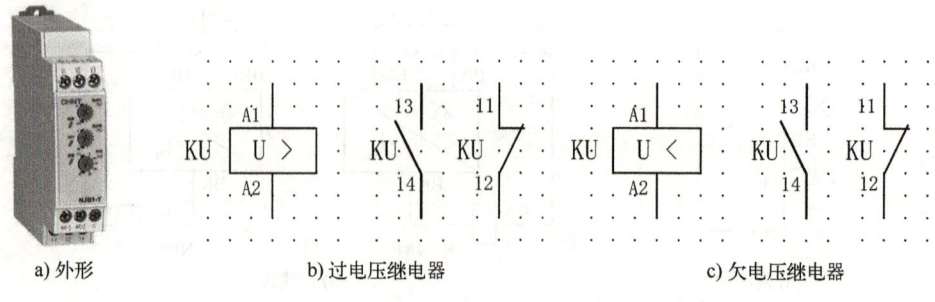

图 1-22　电压继电器的端子代号及电气符号

过电流继电器在电路电流达到额定电流的 1.1~3.5 倍时动作，对电路进行过电流保护；欠电流继电器在电路电流正常时吸合，当电路电流低于额定电流（整定值为额定值的 30%~70%）时释放，对电路进行欠电流保护。

电流继电器的端子代号及电气符号如图 1-23 所示。

a) 外形　　　　　b) 过电流继电器　　　　　c) 欠电流继电器

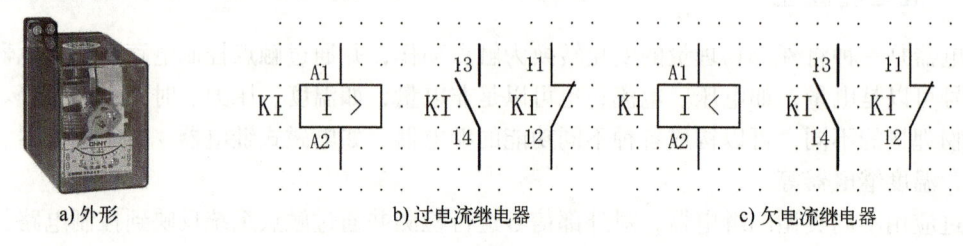

图 1-23　电流继电器的端子代号及电气符号

3. 中间继电器

中间继电器实际上也是电压继电器。中间继电器的触点数量多、容量小，主要用来传递系统的控制信号，一般多用于实现不同电压等级的线路之间的信号转换，或用于扩展其他电器的辅助触点数量，故称中间继电器。中间继电器在控制系统中的应用非常普遍。

中间继电器的主要参数有线圈电压，触点额定电压、额定电流，常开常闭触点数量等。以正泰电器 JZX-22F 小型中功率电磁继电器为例，该继电器交、直流线圈规格齐全，触点额定电压交流为 AC 220 V，直流为 DC 28 V；额定电流可达 3~5 A；有 2 组、3 组、4 组三种规格的转换触点，采用直插式引脚，如需要接线安装，可选配相应的转换底座。表 1-15 为 JZX-22F 小型中功率电磁继电器技术参数。

表 1-15　JZX-22F 小型中功率电磁继电器技术参数

线圈 额定电压	直流线圈/V	DC 5、6、12、24、36、48、110、127、220 可选
	交流线圈/V	AC 6、12、24、36、48、110、127、220、380 可选
触点参数	类型	直插式引脚，银合金触点，有 2 组、3 组、4 组复合触点可选
	额定电压	交流 AC 220 V 及以下，直流 DC 28 V 及以下
	额定电流	2 组、3 组：5 A；4 组：3 A
寿命		电寿命：10 万次；机械寿命 1000 万次

中间继电器的端子代号及电气符号如图 1-24 所示。中间继电器的端子代号经常采用两种编号规则，图中示例为具有 4 组转换触点的中间继电器，其第一排为各组的常闭端（NC 端），第二排为各组的常开端（NO 端），第三排为各组的公共端（COM 端），最下面的两个端子为

线圈端子。第一种编号方式为1~14连续编号，如1、5、9为1组，9-1构成1对常闭触点，9-5构成1对常开触点；13，14为线圈端子。第二种编号采用两位数的组别方式，如11、12、14为一组，11-12构成1对常闭触点，11-14构成1对常开触点；A1，A2为线圈端子。

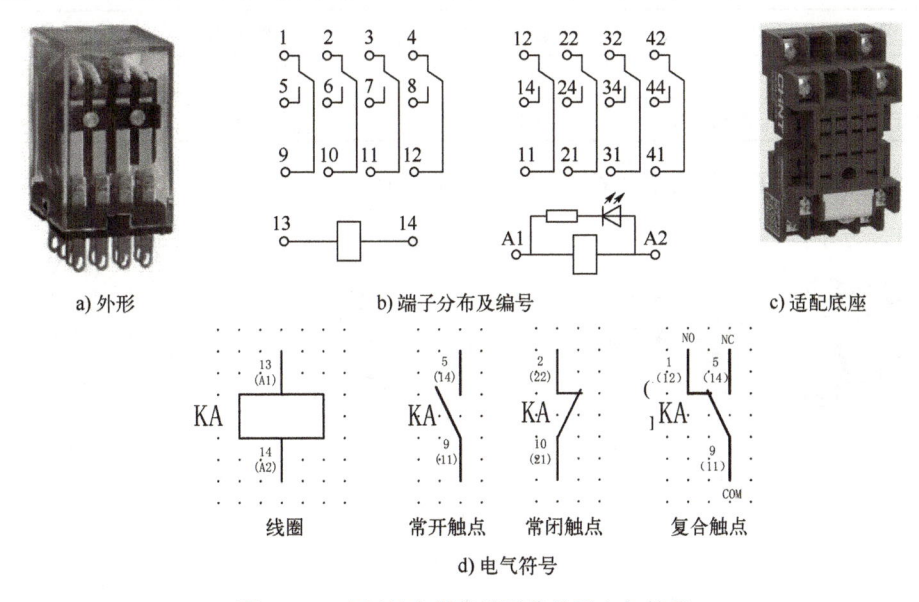

a) 外形　　b) 端子分布及编号　　c) 适配底座

d) 电气符号

图1-24　中间继电器的端子代号及电气符号

1.5.3　时间继电器

时间继电器是一种实现触点延时接通或延时断开的自动控制电器。在电气控制系统中，通过时间继电器可以控制相应的组件延时动作，实现各级线路的选择性切换、配合或保护等，其应用十分广泛。时间继电器按其延时原理有电磁式、空气阻尼式、电动机式、电子式、数字式等。

随着半导体、数字技术的发展，目前应用较多的时间继电器为电子式和数字式时间继电器。如晶体管式时间继电器采用RC电路，通过电容充放电作为延时基础，因此改变充电电路的时间常数（如调整电阻），即可整定延时时间。数字式时间继电器采用单片机或时钟芯片计时，定时精度更高，延时范围更广，功能更为强大。

时间继电器主要由线圈和触点构成，常用的时间继电器按照触点延时动作方式分为通电延时型和断电延时型两种。通电延时型时间继电器的动作过程为：在线圈得电时，其触点在延迟设定时间后动作，当线圈断电时，触点瞬时复位，即触点只在线圈通电时具有延时功能，断电时无延时功能，瞬时动作。

断电延时型时间继电器的动作过程为：在线圈得电时，其触点瞬时动作，当线圈断电时，触点在延迟设定时间后复位，即触点在线圈通电时无延时功能，瞬时动作，而在线圈断电时具有延时功能。

时间继电器的主要参数有延时方式、延时范围、线圈电压、触点额定电压、额定电流、触点数量等。以正泰电器JSZ3系列时间继电器为例，该继电器线圈可使用交、直流电驱动，延时范围采用多档位加电位器调节定时，触点采用2组延时、1组延时，或1组延时+1组瞬动的转换触点，引脚为直插式，如需要接线安装，可选配相应的底座。表 1-16 为 JSZ3 系列时间继电器的技术参数。

表 1-16 JSZ3 系列时间继电器的技术参数

型 号	工作方式	延时范围	线圈电压	触点容量 U_e/I_e
JSZ3A	通电延时	0.05 s~24 h	DC 24 V AC 36 V, 110 V, 127 V, 220 V, 380 V	AC 220V/0.75 A AC 380V/0.47 A DC 220V/0.27 A
JSZ3F	断电延时	0.1~180 s		

时间继电器的端子代号及电气符号如图 1-25 所示。

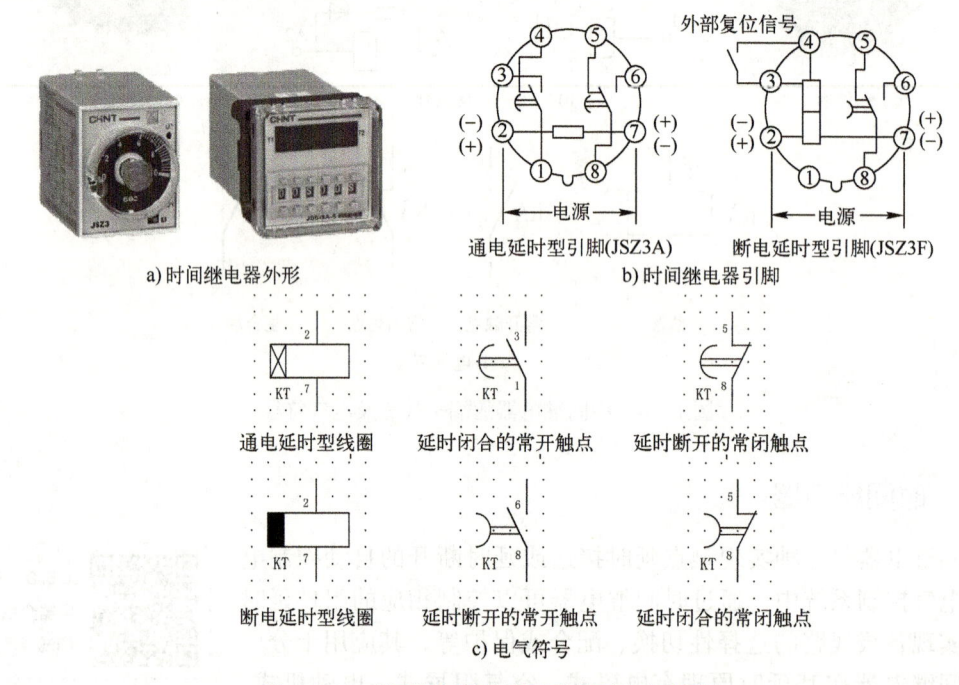

a) 时间继电器外形

b) 时间继电器引脚

通电延时型引脚(JSZ3A)　　断电延时型引脚(JSZ3F)

通电延时型线圈　　延时闭合的常开触点　　延时断开的常闭触点

断电延时型线圈　　延时断开的常开触点　　延时闭合的常闭触点

c) 电气符号

图 1-25 时间继电器的端子代号及电气符号

1.5.4 热过载继电器

三相异步电动机在实际运行时，常会遇到因电气或机械等原因引起的过载或缺相现象，出现电动机运行电流高于额定电流的情况，如果持续时间长，可能会使电动机温升过高，导致绕组老化甚至烧毁电动机。因此，为避免以上现象，需要在电动机回路中设置电动机保护装置。电动机保护装置种类较多，但使用较为普遍的是双金属片式热过载继电器。

双金属片式热过载继电器是利用电流热效应原理工作的电器，由热组件、双金属片、触点系统等构成。热组件为合金电阻丝，缠绕在双金属片上。双金属片是将两种膨胀系数不同的金属采用碾压方式制成一体的金属片，当串接在主电路上的热组件通过超过额定值的电流时，产生热积累效应，温升提高，使得双金属片向膨胀系数小的一侧弯曲，并通过弯曲产生位移带动触点动作。热过载继电器具有与电动机容许过载特性相近的反时限动作特性，一般与接触器配合使用，用以实现对三相异步电动机的过载和缺相保护。

目前，也有许多新型电子式热过载继电器产品，该类产品采用微控制器检测主电路电流波形和电流大小，判断电动机是否过载或缺相，并通过过载电流倍数进行延时计算，达到延时时间后，触发触点动作。该类电器是一种新型节能的高科技产品，也是双金属片式热继电器的理想替换产品。

热过载继电器感测部分为电流检测元件,感测主电路电流时需将其串接到电动机主电路中,其执行机构一般为两对触点(1NO+1NC)。过载继电器常与接触器配合使用。当电动机满足过载或缺相条件时,驱动触点机构动作,其常闭触点断开,使接触器线圈失电,从而断开控制电动机主电路的接触器主触点,实现对电动机的保护。

热过载继电器的主要参数有主电路额定电压、可整定电流范围,触点的使用类别、额定电压、额定电流、复位方式等。以正泰电器 NR8 系列过载继电器为例,该热过载继电器是一种应用微控制器的、新型节能的高科技电器,对应于相同规格双金属片式热继电器可节能 80% 以上,适用于主电路交流 50 Hz/60 Hz,额定工作电压 690 V 以下,电流为机壳标定的整定电流(最大可达 630 A)范围内的电路中,作三相电动机过载、断相保护。本产品采用接插安装方式,可与对应的交流接触器直接连接使用。表 1-17 为 NR8 系列热过载继电器的主要参数。

表 1-17 NR8 系列热过载继电器的主要参数

型　号	主电路参数		辅助电路(触点)参数		其他参数
	额定电压/V	可整定电流范围/A	额定电压/V	额定电流/A	
NRE8-25	690	0.6~32,9 个规格	AC 230 AC 400 DC 220	2.5 1.5 0.2	一对常开和一对常闭触点具有手动测试机构及自动/手动复位
NRE8-40		2~40,5 个规格			
NRE8-100		30~100,2 个规格			
NRE8-200		85~200,3 个规格			
NRE8-630		170~630,5 个规格			

热过载继电器的端子代号及电气符号如图 1-26 所示。

a) 外形　　b) 端子代号　　c) 电气符号

图 1-26　热过载继电器的端子代号及电气符号

1.5.5　固态继电器

固态继电器(Solid State Relay,SSR),是一种无触点通断的新型电子开关元器件,由微电子电路和电力电子功率器件组成,可替代传统的电磁式继电器,具有开关速度快、无噪声、无电弧、可靠性高等特点,已广泛应用于各类控制系统中。

固态继电器的突出特点是驱动电压、电流很小,也就是给输入端一个很小的电信号,就能完成对大功率、大电流回路的控制。当输入端无信号时,其主电路呈阻断状态;当施加控制信号时,其主电路呈导通状态;控制电路与主电路间采用光电耦合方式,实现电气隔离。

按照输出端电路类型,固态继电器可分为直流固态继电器和交流固态继电器两类。直流固态继电器能够控制直流负载电源的接通与断开,其输出开关组件为大功率晶体管。交流固态继电器能够控制交流负载电源的接通与断开,其输出开关组件为双向晶闸管。

固态继电器的主要参数有输入电压、输入电流、输出电压、输出电流、散热方式等。以正泰 NJG2 系列固态继电器为例，该固态继电器适用于输入控制电压为直流 DC 3~32 V、交流 AC 90~250 V，输出电压范围为 AC 480 V 以下或 DC 250 V 以下，输出电流不超过 120A 的自动化控制领域，适合阻性、感性和容性负载。其主要技术参数见表 1-18。

表 1-18 NJG2 系列固态继电器的主要技术参数

型号		输入参数				输出参数			冷却方式
		控制电压/V	控制电流/mA	关断电压/V	指示灯	输出电压/V	输出电流/A	介质耐压/V	
单相	NJG2-SD	DC 5~32	<46	DC 3	LED	DC 12~250	10~20	≥1500	10~100A 配散热器；温度超过 60℃，可加风扇进行强制冷却
	NJG2-SA	DC 3~32	<25	<DC 1.5		AC 24~240	10~120	≥2500	
		AC 90~250	<16	AC 10					
三相	NJG2-TA	DC 3~32	<25	<DC 1.5		AC 40~480			
		AC 90~250	<30	AC 10					

固态继电器的外形、端子代号及电气符号如图 1-27 所示。在单相固态继电器中，一对接线端子（图中 1、2 端子）接输入控制电源，另一对接线端子接控制负载（图中 3、4 端子）。在三相固态继电器中，1、2 为输入控制电源，A1、B1、C1 为三相电源输入端，A2、B2、C2 为三相电源输出端。

a) 外形

b) 端子代号及电气符号

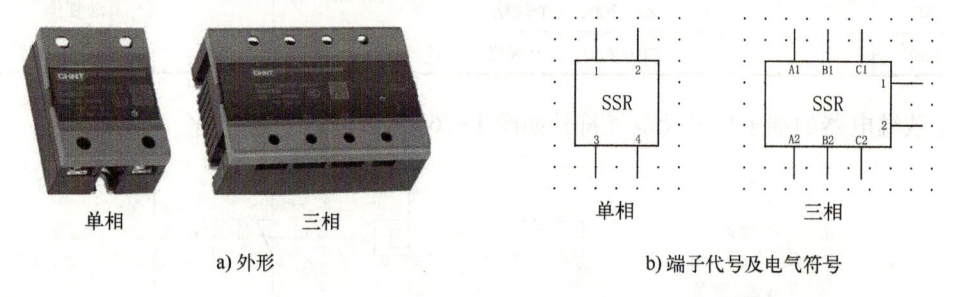

图 1-27 固态继电器的外形、端子代号及电气符号

1.5.6 速度继电器

速度继电器是将电动机的转速转换为触点动作信号的器件，常用于三相异步电动机的反接制动控制电路中，又被称为反接制动继电器。

速度继电器主要由转子、定子、摆锤和触点构成，其结构示意图如图 1-28 所示。其中转子为永久磁铁，与外部电动机转轴相连，定子为一矽钢片制成的笼型圆环。当电动机转动时，速度继电器的转子与电动机同步转动，其产生的旋转磁场切割定子绕组，产生感应电流并形成转矩，使定子随着转子的旋转方向摆动一定的角度。定子的旋转方向与电动机转向一致，旋转的角度与电动机的转速相关，转速越高，旋转角度越大。

在定子上装有同步运动的摆锤，当摆锤摆动到一定角度时，推动同方向的触点机构动作。速度继电器多装有两组转换触点，可分别检测电动机正反向运行转速。一般情况下，速度继电器

图 1-28 速度继电器结构示意图

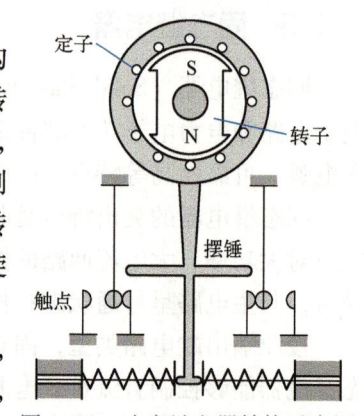

在转速高于 120 r/min 时动作，在转速低于 100 r/min 时复位。

速度继电器的外观及电气符号如图 1-29 所示。

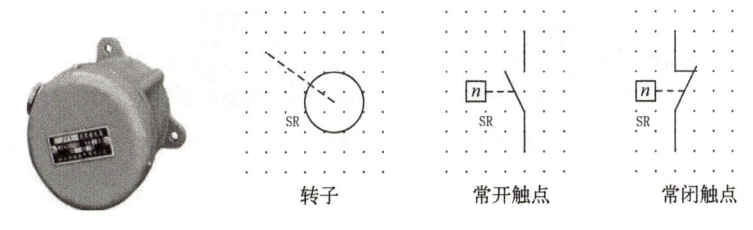

图 1-29　速度继电器的外观及电气符号

1.6　电磁铁

电磁铁是一种将电磁能转换为机械能的执行机构，在电气控制系统中应用广泛，如阀用电磁铁，用于控制电控阀门的开启和关闭，或配合气动、液压电磁阀使用，控制流体的路径和方向；牵引电磁铁，用于牵引机械装置以执行自动控制任务；制动电磁铁，在电气传动装置中用作电动机的机械制动，以达到准确迅速停车的目的；起重电磁铁，用作起重装置来吊运钢材等导磁材料，或用作电磁机械手夹持钢铁等导磁材料。

电磁铁由励磁线圈、铁心和衔铁 3 个基本部分构成。当线圈通电后产生磁场，磁场将铁心磁化，形成叠加磁场，从而带动磁性物体做位移运动。电磁铁按照励磁电流的性质，分为直流电磁铁和交流电磁铁。直流电磁铁的铁心选用整块的铸钢或工程纯铁制成，交流电磁铁的铁心用相互绝缘的矽钢片叠压而成。

电磁铁的外形和电气符号如图 1-30 所示。

图 1-30　电磁铁的外形和电气符号

1.7　电气安装附件

电气安装附件是保证电气安装质量和电气安全必需的工艺材料，在电路中起接续、连接、固定和防护等作用，是正确实现设计功能的必备材料。正确选择和使用电气安装附件，对提高产品质量和控制性能十分重要。

1.7.1　连接件

连接件主要用于电路的电气连接和导线的线端接续，包括接线座、连接插头、插座、接线端子和连接器等，广泛应用于电气设备内部、电气设备之间和各类电线电缆端头的连接，根据不同的应用场合、不同的用途具有多种结构形式。

图 1-31 为几种常用的冷压接线端头（管形、O 形、U 形）和接线端子排（螺钉式、插拔式）外形，以及接线端子的图形符号和文字符号。

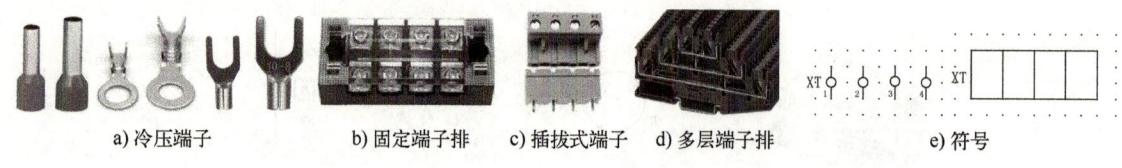

a) 冷压端子　　b) 固定端子排　　c) 插拔式端子　　d) 多层端子排　　e) 符号

图 1-31　端子外形及电气符号

1.7.2　安装附件

安装附件主要用于电器柜内电器元件、导线线缆的固定和安装。采用安装附件可使元器件装卸方便、导线走向有序美观、便于维修且更为安全，安装附件是电气工程中必需的工艺材料。常用的安装附件有以下几类。

1）电气安装导轨。多采用钢质或铝质材料，长度可任意切割，安装便捷，用于快速安装及固定各类低压电器和接线端子排。

2）走线槽。也称为电气配线槽、行线槽等，采用 PVC 材料制造而成，具有绝缘、防弧、阻燃自熄等特点。它主要用于电气设备内部布线，对敷设其中的导线起机械防护和电气保护作用。使用走线槽进行配线，布线整齐，安装可靠，便于查找、维修和调换线路。

3）线号管。线号管简称套管，又称线号套管，是一种 PVC 材质的软质套管，一般有内齿，可以牢固地套在线缆上，用于导线标识。可采用专用线号印字机打印或用记号笔对线号进行标记。

4）波纹管、缠绕管。多为 PVC 材质，波纹管用于配电箱柜及电气成套设备活动部分的线路保护。缠绕管可用于捆绑和保护导线，也可用于过门导线的保护。

5）线夹、扎带。线夹用于设备活动部分导线及其他配线的固定。扎带用于配线线束的固定。

图 1-32 为以上介绍的几种常用的电气安装附件外形图。

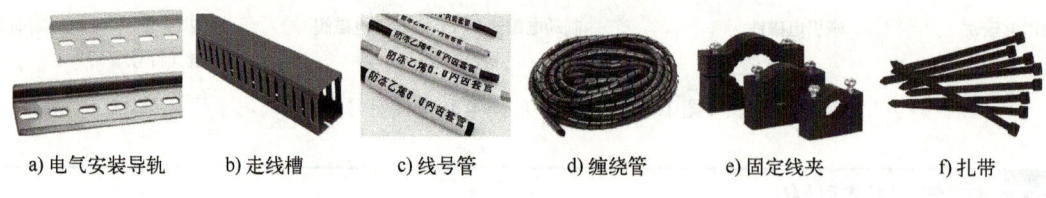

a) 电气安装导轨　　b) 走线槽　　c) 线号管　　d) 缠绕管　　e) 固定线夹　　f) 扎带

图 1-32　几种常用的电气安装附件外形图

1.8　智能电器现状及发展

随着电子技术、微电子技术和计算机技术的快速发展，对低压电器产品的生产和应用都提出了新的需求，尤其是在监控、控制、云端计算能力等方面。低压电器与新技术，尤其是与通信技术和计算机技术的不断融合，推动着低压电器的"智能化"发展，也推动着智能控制技术的不断进步。

1.8.1 低压智能电器的发展现状

智能电器目前业内尚没有统一的定义，一般认为，智能化低压电器应该具有以下功能：保护与控制功能；能够测量、显示和记录电气参数，如电压、电流、功率、电能等；具备故障自诊断和显示、报警功能；系统运行状态监控；具备联网和远程控制等。简单地说，智能低压电器是实现电参数测量的同时具有齐全的保护功能，并且可以记录、显示以及自我诊断故障的新型低压电器。

智能电器是将信息技术融合到传统电器中，以数字化信息的获取、处理、利用和传递为基础，在开放和互联的信息模式基础上，进一步提高电器的性能指标及自身的可靠性和安全性。随着智能电网、智能城市、智能家居的不断普及，智能低压电器也越来越受到人们的重视，纵观低压电器的最新发展，高性能、小体积、高可靠性及使用绿色环保材料已成热点，越来越多的高新技术的融入，不仅使低压电器产品整体性能有了大幅度提高，而且衍生出一些功能高度集成的智能化低压电器的新产品。

我国从1990年就开始了智能化电器的研究工作，第一个智能化低压电器DW45型万能式断路器产生于1997年。在智能化低压电器的研发过程中，我国科研人员不断关注国外新产品、新技术的发展动态，从满足不同层次市场需求以及建设智能配电网络出发，在配电系统过电流保护技术、低压电器模块化与小型化技术、低压电器研发手段与设计技术等方面都取得了重大突破，使我国低压电器的产品设计彻底摆脱了以仿制为主的研发模式，进入了以改进和创新为主的自主创新设计阶段，这是我国低压电器智能化发展的里程碑。

2022年，我国低压电器市场规模达到985亿元，已成为全球低压电器最大制造国。以智能化、模块化、可通信为特征的智能电器逐步成为市场主流，通过30余年的发展与积累，中国的智能电器及相关产品已基本达到世界平均水平。但是在很多方面，尤其是新材料、新技术的使用，国际性大企业的培育及研发经费的投入等方面，与国际先进水平相比仍有一定的差距。

低压电器智能化技术由网络化技术（多介质、多协议）、智能控制技术（系统、供电设备、用电设备）、电力设备在线监测技术、专用新型传感器技术、智能化电器元件设计技术等构成。随着智能电网和分布式电源，如光伏发电、风力发电的建设，以及智能小区、智能家居的不断扩展和发展，低压智能电器的需求也会大幅增长，这对企业开发适应终端市场的智能化低压电器产品是一次巨大的机遇与挑战。以节能、节材、高性能为特点的智能电器的大面积使用，也将对我国智能电网的建设、产业结构调整、绿色低碳经济的发展起到巨大的推进作用。

1.8.2 低压智能电器的发展趋势

据统计，约80%的电能是通过低压电器元件进行分配和使用的。作为电力系统中需求量大和使用范围广的低压电器元件已列为"中国制造2025"十大发展领域中电力装备的重点发展方向。低压电器经过多年的发展，通过研发技术的不断革新、试验检测能力的逐渐提高，产品的性能得到了大幅的提升；同时产品尺寸的逐步缩小，能耗降低，使节能效果更加显著。

随着新技术的投入，市场产品更新速度不断加快，低压电器产品所能呈现的特点也是多种多样。组合模块化、零件通用化、电子智能化、数字通信化、绿色可靠化等都是产品发展的热点方向。例如，施耐德电气公司于2017年推出的Masterpact MTZ空气断路器就是一个物联网的产品，通过安全、非接触式的无线蓝牙和 NFC 近场通信技术实现与智能手机互联，提升运维效率；ABB 公司的 AF 系列接触器是一个典型智能化产品的代表，采用电子控制线圈，可处理电压跌落和中断，以确保设备持续运行；正泰电器公司的 Z9 系列智能开关针对会客、阅读等多种情景模式设置，通过 APP 联动相关设备，省时省力。

未来，随着微电子技术的高速发展，数字信号处理芯片性价比不断提高，智能控制器可实现数据采集、处理、运算、决策、判断、执行、显示、通信等多种功能。低压电器产品向着模块化、智能化、物联网化的方向飞速发展，使得低压电器的功能更加完善、性能更加优良、可靠性更高、管理更加高效。

电器工业是电力工业的基础，智能电器和现场总线局域网是电力系统自动化的基础。随着智能电网建设的不断深入，高电压、大容量、西电东送、南北互供、全国联网为我国的智能电器行业迎来了前所未有的机遇。

1.9 技能训练

1.9.1 识读电器铭牌并标注端子代号

[任务描述]

找出实训室中的各类低压电器元件，观察低压电器的基本结构、铭牌参数、接线端子的端子代号，将参数填写到参数表中，并将端子代号标注在器件接线图上。

[任务实施]

1) 找出以下器件：低压断路器、交流接触器、熔断器、热继电器、复合按钮、时间继电器。

2) 识读电器铭牌：电器铭牌上标注了电器产品的重要技术参数，是用户使用电器产品必须掌握的必要信息。理解电器主要参数，是正确使用电器的前提。请同学们查看各低压电器的铭牌，理解各个技术参数的含义，并将参数填写到对应图表中。

3) 标注端子代号：掌握电器的接线端子代号：是正确接线的基础。大部分电器会将接线端子代号标注在器件上，请同学们在器件上找出端子代号，并在器件接线图上填写器件的文字符号和接线端子代号。

（1）低压断路器（见表 1-19）

表 1-19 低压断路器简介

外　　观	铭牌参数	器件名称及端子代号
	型号	端子代号 文字符号
	额定电压	
	额定电流	
	短路分断能力	

(2) 熔断器（见表1-20）

表1-20 熔断器简介

外 观	铭 牌 参 数		器件名称及端子代号
	熔座型号规格		
	熔座额定电压		
	熔座额定电流		端子代号
	熔管型号规格		
	熔管额定电压		文字符号
	熔管额定电流		
	分断能力		
	适用范围		

(3) 交流接触器（见表1-21）

表1-21 交流接触器简介

外 观	铭 牌 参 数		器件名称及端子代号
	接触器型号		
	主触点额定电压		
	主触点额定电流		
	使用类别		
	可带电动机功率	380 V 时	
	线圈电压		
	辅助触点数量	NO+NC	

(4) 热过载继电器（见表1-22）

表1-22 热过载继电器简介

外 观	铭 牌 参 数		器件名称及端子代号
	型号		
	额定电压		
	额定电流等级		
	有无断相保护		
	手动与自动复位		
	辅助触点数量	NO+ NC	

(5) 复合按钮（见表 1-23）

表 1-23 复合按钮简介

外　观	铭 牌 参 数		器件名称及端子代号
	型号		
	额定电压		
	额定电流		
	使用类别		
	按钮帽颜色		
	触点数量	NO+NC	
	是否带灯		

(6) 时间继电器（见表 1-24）

表 1-24 时间继电器简介

外　观	铭 牌 参 数		器件名称及端子代号
	型号		
	工作方式		
	延时范围		
	控制电源电压		
	触点数量		
	触点容量		

1.9.2 时间继电器测试

[任务描述]

观察时间继电器的结构、端子分配及代号，掌握时间继电器延时时间设置方法，并通电测试，观察时间继电器触点动作情况（也可通过仿真软件测试时间继电器触点动作情况）。

[任务实施]

1）时间继电器分为通电延时型和断电延时型两种。

2）通电延时型时间继电器，其触点在线圈接通时，开始计时，达到设定时间后，触点延时后动作。线圈失电后，立即复位，即触点仅在线圈通电时延时后动作，线圈断电时立即复位。

断电延时型时间继电器，其触点在线圈接通时，立即动作，线圈失电后，开始计时，达到设定时间后，触点延时后复位，即触点在线圈通电时立即动作，线圈断电时，触点在延时后复位。

3）可按照以下参考电路进行连接，完成后，设置不同的延时时间，观察触点动作情况。

注意：控制电路电源电压应与时间继电器线圈电压一致。如图 1-33 所示，分别闭合 SA1、SA2，观察指示灯点亮情况；调整时间继电器 KT1、KT2 延时时间，再次观察指示灯点亮情况。

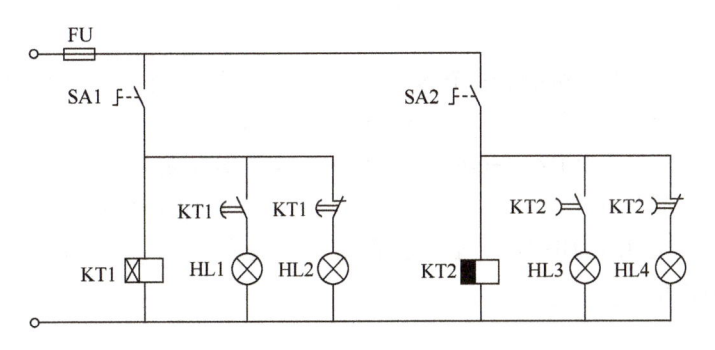

图 1-33　实训项目 2 时间继电器检测参考电路

绿色电力——还地球碧水蓝天

无论承认与否，我们确实生活在一个高能耗的时代，以前的奢望——"楼上楼下电灯电话"，今天不但都已变成现实，而且现在的我们所拥有的更多——汽车、彩电、冰箱、微波炉等。我们所能想到的一切可以用电、用油的东西都已成为我们的日常用品，但随着"理想"的实现，人们对能源的需求越来越大，而我们的生存环境却遭到了前所未有的破坏……

"绿色电力"的概念就在这样的背景下诞生了。所谓"绿色电力"，就是利用特定的发电设备，如风机、太阳能、光伏电池等，将风能、太阳能等转化成电能，通过这种方式产生的电力因其发电过程中不产生或很少产生对环境有害的排放物，且无须消耗化石燃料，节省了有限的资源储备，相对于常规的火力发电（即通过燃烧煤、石油、天然气等化石燃料的方式来获得电力），来自于可再生能源的电力更有利于环境保护和可持续发展，因此被称为绿色电力。绿色电力包括风电、太阳能光伏发电、地热发电、生物质能汽化发电、小水电等。

使用常规电力，意味着排放更多的温室气体和污水。

使用绿色电力，意味着享受清新的空气和清洁的水。

——引自于人民网（WWW.PEOPLE.COM.CN）

思考与练习

1. 填空题

1）低压电器通常是指电压等级在交流_____及以下、直流_____及以下的，在电路中起_____、_____、_____、指示和报警等作用的元件或装置。

2）熔断器是由_____和_____两部分组成的。

3）电磁式电器的感测部分为_____；执行部分为_____；电磁机构由_____、_____和_____组成。

4）行程开关主要用于检测_____的实际位置；接近开关是一种_____检测元件。

5）通常电压继电器_____连接在电路中，电流继电器_____连接在电路中。

6）时间继电器分为_____型时间继电器和_____型时间继电器。

7）热继电器是利用_____来工作的电器；固态继电器是一种_____通断的电子

开关。

8）速度继电器是将电动机的转速转换为_____信号的器件，一般速度继电器的动作转速为_____r/min，复位转速为_____r/min。

9）低压断路器的型号为 DZ47-60-C20，代表框架等级额定电流为_____，脱扣器的额定电流为_____，适用于_____，如为 D20，代表额定电流是 20 A，适用于_____。

10）接触器的型号为 CJ10-160，表示其额定电流是_____A；铭牌中的 AC-3，AC-4 等字样，代表主触点的_____。

2. 简答题

1）电弧产生的原因和常用的灭弧方式有哪些？

2）什么是继电器？在电路中有什么作用？

3）比较接近开关与行程开关的异同点？

4）低压断路器的工作原理？可起到哪些保护作用？

5）电器的安装附件有哪些？分别起到什么样的作用？

6）简述熔断器的保护原理？如何选用熔断器？

7）自复式按钮与自锁式按钮有何不同？

8）一台三相异步电动机，型号为 Y3-132M-4，额定功率为 7.5 kW，额定电压 380 V，额定电流 15.6 A。现采用按钮直接起动电动机并连续运行，要求有必要的短路保护和过载保护。试选择合适型号的低压开关、熔断器、接触器、热过载继电器、按钮等电器。

第 2 章　基本电气控制电路

电动机的电气控制就是实现对电动机的起停、正反转、调速、制动等运行方式的控制，以满足生产工艺的具体要求，并实现生产过程自动化。电气控制的本质是一种逻辑思维，只要符合逻辑控制规律，能保证电路安全、可靠的运行，满足实际生产需求的电气控制电路就是一个好的电路。

本章介绍电动机的基本电气控制电路，这些电路是符合控制逻辑规律，并经过长期实践证明有效、实用的典型控制电路，是继电器控制电路的基本组成环节。掌握了基本电气控制电路，对正确地理解和识读电气图，以及电气控制系统的设计都是十分有益的。

2.1　电气图的绘制

电气图是指用电气图形符号、文字符号、线条等来表示系统或设备中各组成部分之间相互关系及其连接关系的一种图，是技术人员用于电气项目交流的最好表达方式。为了无歧义地表达设计者的设计意图，也便于使用电气图表达和分析系统构成、工作原理，进行设备安装、调试和维修，人们通过制定标准的方式来统一图中各类元素的含义。

2.1　电气图绘制原则

电气图的绘制需要遵循国家标准 GB/T 6988.1—2008《电气技术用文件的编制 第一部分：规则》的要求，新标准代替了原标准 GB/T 6988.1~3—1997 以及 GB/T 6988.4—2002，等同于国际电工委员会的 IEC 61082—1:2006 标准。GB/T 6988《电气技术用文件的编制》的发布和实施使我国在电气制图领域的工程语言及规则得到统一，并使我国与国际上通用的电气制图领域的工程语言和规则协调一致。该标准适用范围为编制电气技术文件时信息的表述提供了一般规则，并为用于电气技术的简图、图和表格的编制提供了专门的规则。

2.1.1　图形符号和文字符号

1. 图形符号

在绘制电气项目简图和安装图时，其中图形符号的使用应遵照国家标准 GB/T 4728《电气简图用图形符号》（2018~2022）的要求，该标准包含有 13 个部分，其采用数据库的结构，包含了约 1750 个图形符号，规定了用于电气简图的国际"图示语言"，可应用于概略图、功能图、电路图、接线图、安装图、网络图的绘制。

本书中，在进行电气项目简图绘制时，使用的图形符号主要来源于 GB/T 4728《电气简图用图形符号》（2018~2022）中以下几个标准。

① GB/T 4728.3—2018 电气简图用图形符号 第 3 部分：导体和连接件。

② GB/T 4728.6—2022 电气简图用图形符号 第 6 部分：电能的发生与转换。

③ GB/T 4728.7—2022 电气简图用图形符号 第 7 部分：开关、控制和保护器件。

④ GB/T 4728.8—2022 电气简图用图形符号 第 8 部分：测量仪表、灯和信号器件。

⑤ GB/T 4728《电气简图用图形符号》中的图形符号是绘制在等距（最小单位 M）网格上，按照一定的比例关系进行定义的。使用时，图形中的符号可同比例放大或缩小，但形状与比例关系应保持不变，符号还可进行旋转或镜像，保持与简图的流程方向一致。图 2-1 为 GB/T 4728《电气简图用图形符号》中部分图形符号示例。

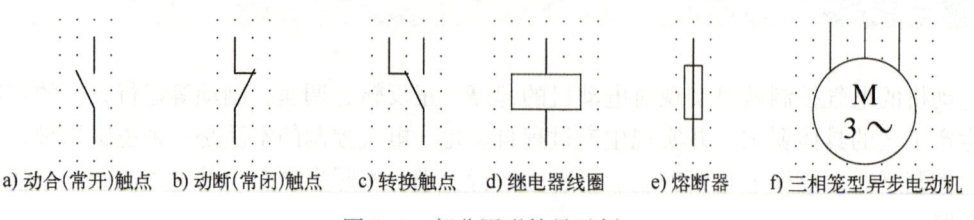

a) 动合(常开)触点　b) 动断(常闭)触点　c) 转换触点　d) 继电器线圈　e) 熔断器　f) 三相笼型异步电动机

图 2-1　部分图形符号示例

2. 文字符号

文字符号适用于电气技术文件的编制，用于标明电气设备、装置和元器件的名称、功能、状态和特征。文字符号原来采用的标准是 GB/T 7159—1987《电气技术中文字符号制订通则》，但该标准已于 2005 年 10 月作废，目前没有替代标准，推荐的参考标准为 GB/T 20939—2007《技术产品及技术产品文件结构原则 字母代码 按项目用途和任务划分的主类和子类》。

新旧两个标准中，表示低压电器符号的字母代码相差较大，尤其子类字母代码（第二个字母）差异更大，如新标准中热过载继电器为 BB，旧标准为 FR；新标准中接触器为 QA，旧标准为 KM；新标准中指示灯为 PG，旧标准为 HL；新标准中时间继电器为 KF，旧标准为 KT 等。考虑到原标准 GB/T 7159—1987《电气技术中文字符号制订通则》已经广泛采用，涉及面甚广，因此考虑在制定出符合我国国情的新标准或在实施宣贯 GB/T 20939—2007 标准方案之前，本书仍然暂时沿用原标准 GB/T 7159—1987 中规定的文字符号（《电气传动自动化技术手册》中也有相同描述）。

文字符号分为基本文字符号和辅助文字符号。基本文字符号有单字母符号和双字母符号两种。单字母符号是按拉丁字母将各种电气设备、装置和元器件划分为 23 大类，每大类用一个专用单字母符号表示：如 K 表示继电接触器类，F 表示保护器件类，Q 表示电力电路的开关器件类，R 表示电阻器类等，单字母符号应优先采用。双字母符号是由一个表示种类的单字母符号与另一字母组成，表示大类中的子项，其组合形式应以单字母符号在前，另一字母在后的次序列出，如 GB 表示蓄电池，FU 表示熔断器，KM 表示接触器等。

辅助文字符号是用以表示电气设备、装置和元器件以及线路的功能、状态和特征的。如 AC 表示交流，DC 表示直流；IN 表示输入，OUT 表示输出；ON 表示闭合，OFF 表示断开；PE 表示保护接地等。

2.1.2　电气图的绘制

电气图的主要表达方式是简图，绘制时并不考虑器件的几何尺寸和精确位置，而是用标准的图形和文字符号表达系统的组成和相互关系。因此，电气图的主要绘制对象就是构成系统的各类电器元件和用于连接器件的各类导线。在图中，各类不同的电器元件使用标准对应的图形符号和文字符号来表示，导线统一采用线条来表示。

在电气控制电路中，经常使用的电气图有电气原理图、元器件明细表（明细表）、元器件布置图（布置图）、接线图，常称为"三图一表"。在绘制电气图时，需要掌握以下原则。

1. 图纸尺寸

按照标准图纸尺寸，电气简图常用的有 A2 幅面（420 mm×594 mm）、A3 幅面（297 mm×420 mm）、A4 幅面（210 mm×297 mm），一般多推荐采用 A3 幅面。

2. 页面布局

图纸页面可划分为一个或多个标识区和一个内容区。一个文件的每页都至少有一个与内容区明确分开的标识区。其中标识区用来表示与图纸设计相关的技术信息，如图纸编号、设计单位、人员等信息；内容区进行电气简图绘制，器件、导线、文字应保持水平或竖直方向，视图方向为由下至上或从右到左阅读。用文字符号表示的器件名称或技术数据，应显示于该符号附近，水平方向时，应位于图形符号上方，垂直方向时，应位于符号左边。

为便于定位，可设置参考网格，网格的行可用字母 A，B，C，…区分（字母 I、O 除外），网格的列可用数字区分。页面视图及布局示例如图 2-2 所示。

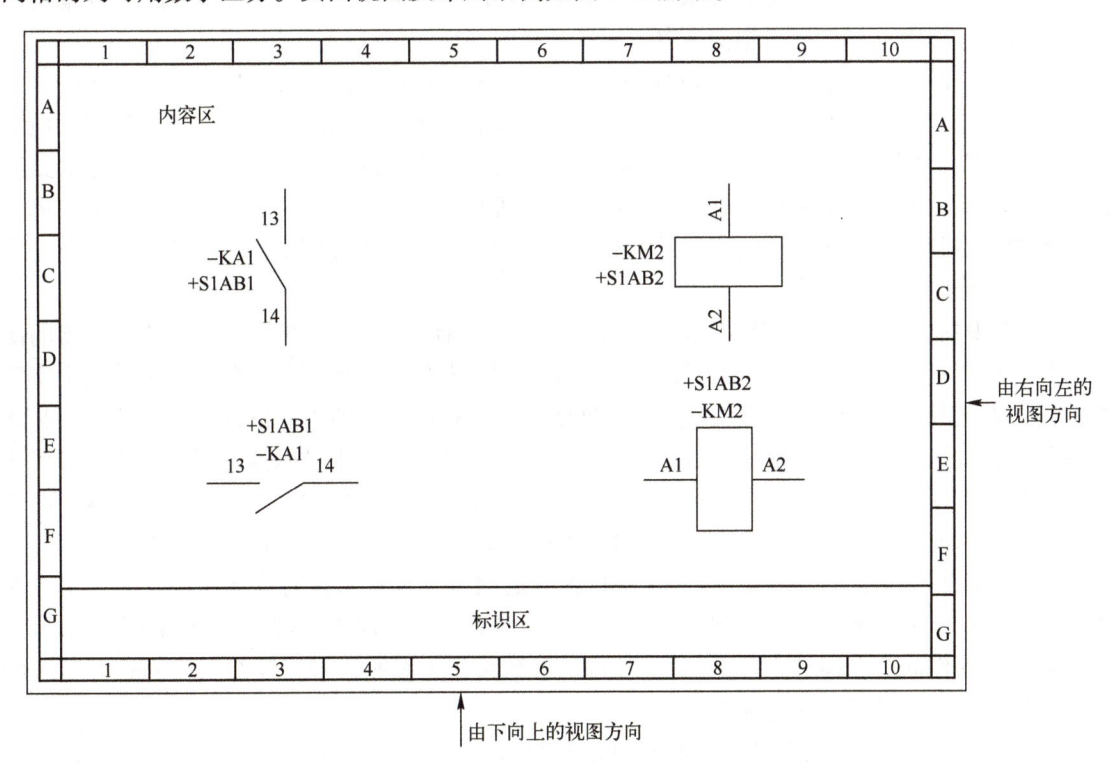

图 2-2 页面视图及布局示例

3. 连接线

连接线表示导线相互连接，有 T 形连接和十字连接两种。T 形连接的后两种图例除了表示连接关系，还表示电线的实际走向。导线连接和电路连接示例如图 2-3 所示。

其他电气简图绘制的具体要求，可查阅相关电气制图标准。

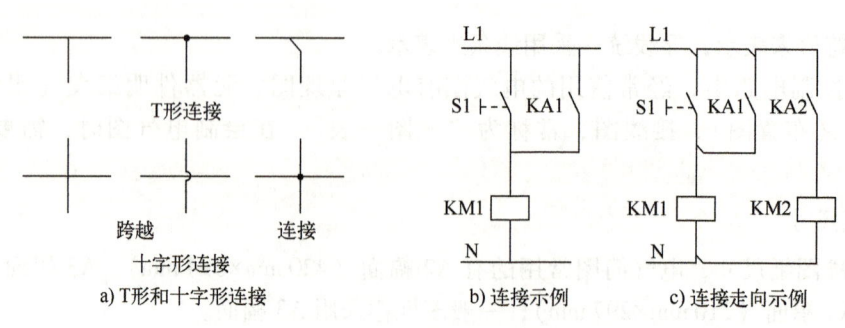

图 2-3 导线连接和电路连接示例

2.1.3 电气原理图

电气原理图是用图形、文字符号及线条连接，来表明系统组成、各电器元件的作用与相互关系的示意图，是说明电气设备工作原理的电路图。电气原理图主要反映电器元件接线端子之间的相互连接和作用关系，正确理解和识读电气设备的电气原理图，对于分析电气电路工作状态和功能、排查电路故障等是十分有益的。

下面以某一车床控制系统电气原理图为例，如图 2-4 所示，讲解电气原理图的基本构成和绘制原则。图中，3AC 指三相交流电。

1）电气原理图一般分为主电路和辅助电路两部分。主电路是指从电源到电动机或终端电器、承担电能传输的大电流流过的路径，如图 2-4 中由三相电源端子 L1、L2、L3 到主轴电动机 M1 和冷却泵电动机 M2 之间的连接电路。辅助电路包括控制电路、照明电路、信号电路和保护电路等，主要用于实现控制、测量、信号传送等功能，是为系统正常工作、主电路正确动作服务的、控制信号传递的小电流流过的路径。通常主电路绘制在图纸的左边或上边，辅助电路绘制在图纸的右边或下边。

2）图中的所有电器元件都应采用国家标准规定的图形符号和文字符号来表达。电器的图形符号应按照电器未通电或未受力时的状态绘制。同一器件的不同部分，要采用一致的文字符号标注，如接触器 KM 的线圈和主触点、辅助触点，虽在原理图的不同位置，但器件名称必须是一致的。接触器线圈下方标注了触点索引表，是为了便于技术人员阅读图纸放置的，按照主触点、辅助常开、辅助常闭分栏指示相应触点的绘制位置。电路中同一类型的多个电器，应使用文字符号加数字编号的方式进行区分，如图中的 FU1、FU2，SB1、SB2，M1、M2 等。

3）文字符号标注时，应标注在对应图形符号的附近，竖直布置时应标注在左侧，水平布置时应标注在上方。触点符号绘制时，垂直连接的触点，动作向右，即"左开右闭"；水平连接的触点，动作向上，即"下开上闭"。器件的参数可作为参照代号标注在器件附近。导线的规格、线径，可用指引线进行标注。

4）为避免导线弯曲或交叉，绘制时可断开导线，断开的线端应互相参照。如图 2-4 中 110 V 控制电路电源线，线端采用 A/.4 和 A/.5 标注，表示连接到同一页上的某一列。

2.1.4 明细表

明细表是用来注明电气成套装置或设备中主要电器元件的代号（符号）、数量、单位、名称、型号、规格或技术参数、生产厂家、质量等信息，一般列成表格，供准备材料及维修使用。明细表可以做成单独的明细表文件，也可以作为其他图纸的一部分，如常在电气原理图中

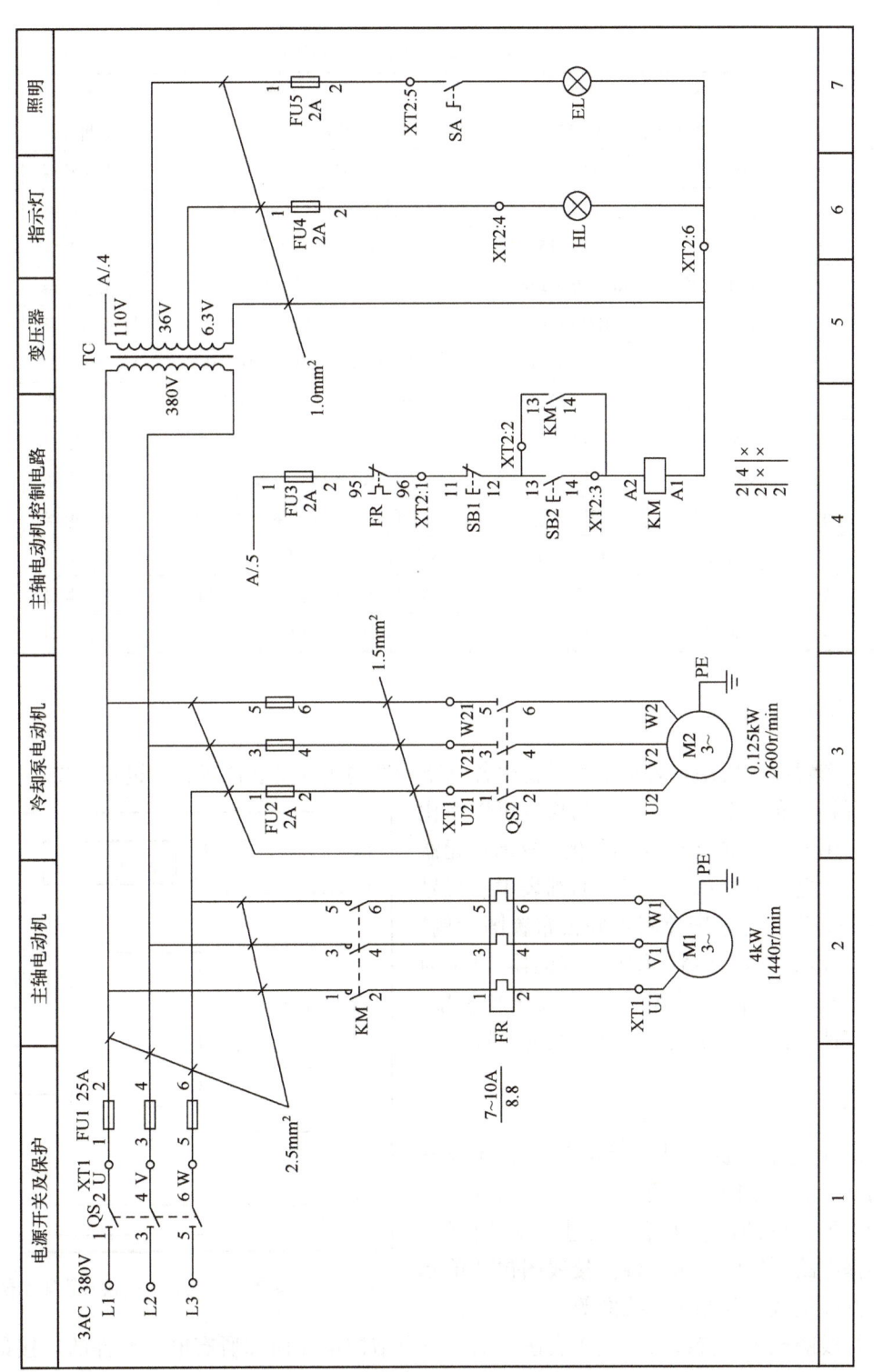

图 2-4 某一车床控制系统电气原理图

绘制明细表，紧接在标题栏上方，由下而上逐项列出。普通车床电气部分元器件明细见表 2-1。

表 2-1 普通车床电气部分元器件明细

符号	数量	单位	名称	型号	技术参数	生产厂家	备注
M1	1	台	三相异步电动机	Y2-112M-4	380 V, 8.8 A	郑州方圆	
M2	1	台	机床冷却泵	AYB-25	380 V, 0.29 A	上海欧德	
FU1	1	套	熔断器	RL1-60	三相, 380 V, 熔管 25 A	正泰电器	
FU2	1	套	熔断器	RL1-15	三相, 380 V, 熔管 2 A	正泰电器	
FR	1	台	热继电器	JRS1-09～25/Z	690 V, 25 A, 整定电流 7～10 A	正泰电器	
QS2	1	个	转换开关	HZ2-10/3	380 V, 10 A, 3 极	乐清顺通	
KM	1	个	接触器	CJX2-0910	660 V, 9 A, 线圈电压 AC 110 V	正泰电器	1NO
TC	1	个	机床控制变压器	JBK1-250	初级 380 V, 次级 110 V, 36 V, 6 V	正泰电器	
FU3	1	个	熔断器	RL1-15	单相, 380 V, 熔管 2 A	正泰电器	
FU4	1	个	熔断器	RL1-15	单相, 380 V, 熔管 2 A	正泰电器	
FU5	1	个	熔断器	RL1-15	单相, 380 V, 熔管 2 A	正泰电器	
SB1	1	个	停止按钮	LA19-11	380 V, 2.5 A, 红色 1NO+1NC	正泰电器	
SB2	1	个	起动按钮	LA19-11	380 V, 2.5 A, 绿色 1NO+1NC	正泰电器	
SA	1	个	旋钮	NP4-10	660 V, 10 A 1NO	正泰电器	

2.1.5 布置图

元器件布置图主要用来表示电气设备中各电器元件的实际安装位置，为设备制造、安装提供必要的资料。布置图中各元器件的形状可以简化外形，如采用方形、圆形或器件的投影轮廓；元器件的代号应与电气原理图、元器件明细表中的代号相同。图 2-5 为普通车床控制柜底板布置图示例，图中：FU1～FU5 为熔断器，KM 为接触器，FR 为热继电器，TC 为控制变压器，XT 为接线端子排。未列出的其他电器安装在控制板外的其他位置。

2.1.6 接线图

接线图（或接线表）是表示电气装置或设备各单元内部元器件之间、不同单元之间、与外部器件之间的电器元件的连接关系，是进行安装接线、检查与维修电路必需的技术文件。接线图包括单元接线图、互连接线图和端子接线图等。

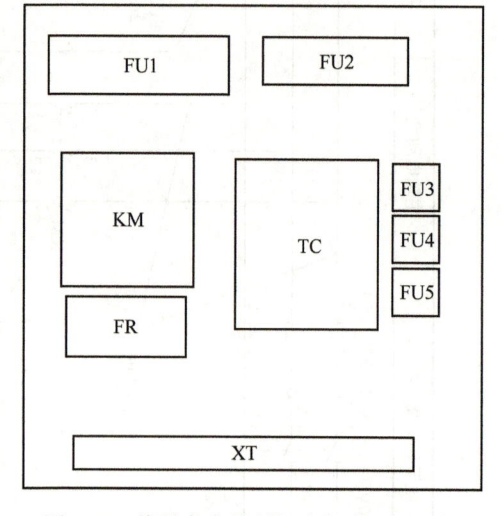

图 2-5 普通车床控制柜底板布置图示例

单元接线图或单元接线表，用于表达系统中一个结构单元内部所有电器元件的连接信息，与外部器件的连接信息无须表示。互连接线图和互连接线表，用于表达系统中不同结构单元之间的连接信息，无须包括各结构单元内部的连接信息。

绘制接线图时，需要注意以下几点。

1) 接线图是根据电气原理图进行绘制的，绘制时应该保证器件型号、代号、导线标记等与原理图一致。同一电器元件的各个部件应绘制在一起，如接触器的线圈与触点。电器元件上的端子应使用标记在元件上的端子代号表示，或按照厂家、规范给定的端子代号。

2) 按照电器元件的实际安装位置分别绘制各部分的单元接线图，同一单元内的器件可直接连接，与外部器件或各单元之间的连接需要通过接线端子排进行。

3) 接线图绘制时，连接关系可采用连续线、中断线或线束表示。连续线表示用一根线段直接连接器件上的两个接线端子，如FU1的2、4、6端子分别连接到KM的1、3、5端子。中断线表示时，需要将导线分断，在分断的两个端头标注需要连接的目标器件的端子代号（格式为器件符号：端子代号），如TC:11与FU2:5，KM:13与XT2:2等。集中线束表示是指将同一走向的导线，集中为一条线束，如XT1的U、V、W端子连线集成为线束后连接到FU1的1、3、5端子。

普通车床控制板单元接线图如图2-6所示。

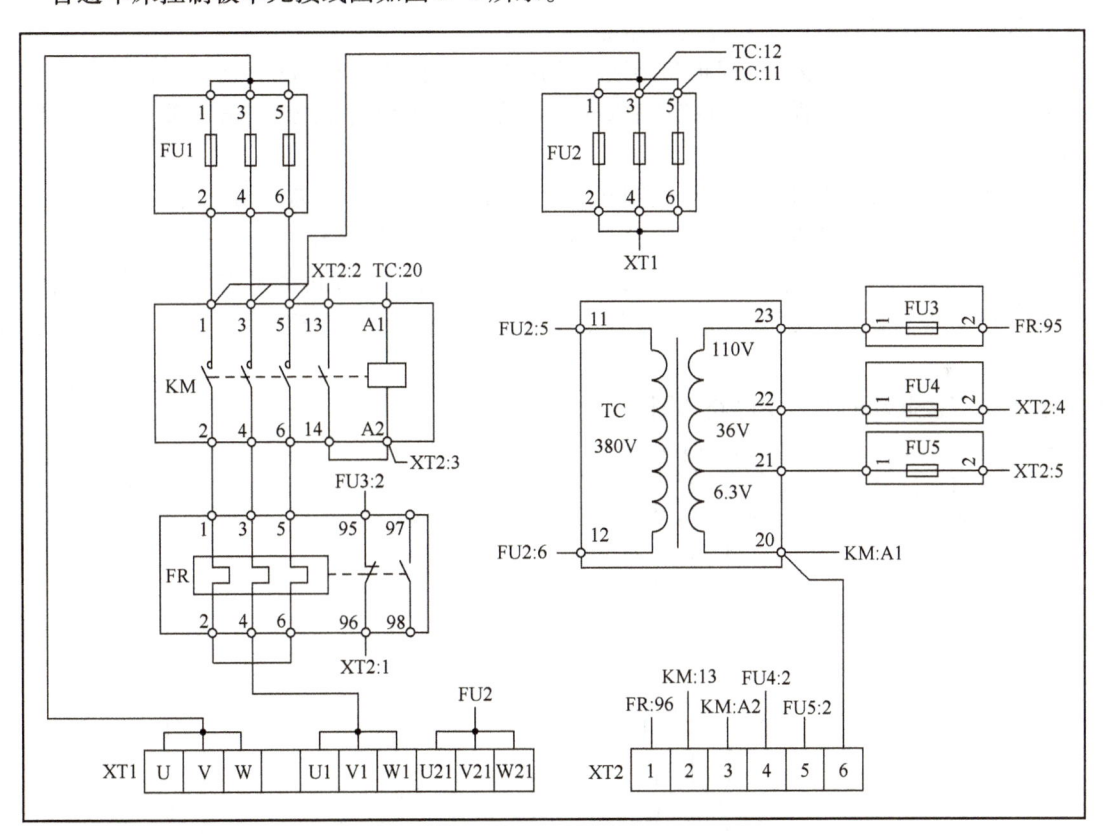

图2-6 普通车床控制板单元接线图

2.2 电动机直接起动主电路的设计

电动机的起动一般分为直接起动、减压起动和软起动等方式。直接起动又称全电压起动，即起动时将电源电压全部施加在电动机定子绕组上。减压起动为分阶段起动，即起动时首先将电源电压降低一定的数值后施加到电动机定子绕组上，待电动机转速上升到接近额定转速后，再使电动机在全电压下运行。软起动采用专用的起动设备，如软起动器、变频器等，使施加到电动机定子绕组上的电压按照预设的函数关系连续上升，直至起动过程结束，再使电动机在全电压下运行。

三相异步电动机在直接起动时，会产生较大的起动电流，会引起配电系统的电压下降。一般情况下，当电动机全电压起动时，如果能保证被拖动机械要求的起动转矩，且在配电系统引起的电压下降不妨碍其他用电设备的工作，就可以进行全压直接起动；不满足，则采取减压起动或软起动方式。

所以电动机可否直接起动的具体要求为：电动机频繁起动时，电路实际电压值不低于系统标称电压值的90%；不频繁起动时，不低于标称电压值的85%。满足以上条件，就可以进行全电压直接起动。

在设计电动机直接起动电路的主电路时，需要满足电气规范中的相应规定，具体如下：

1) 每套系统或每台电动机的主回路上应安装隔离电器，且电动机与控制电路宜共用一套隔离电器，可用于手动断开系统电路，并与电源间形成明显断开点，便于维护、检修。隔离电器可选择负荷开关或具有隔离功能的断路器。

2) 交流电动机应装设短路保护和接地故障保护，并根据具体情况分别装设过载保护、断相保护和低电压保护。短路保护和接地故障保护一般可选择熔断器或断路器、剩余电流断路器实现。

运行中容易过载的电动机、需要限制起动时间的电动机，以及额定功率大于3kW的连续运行的电动机宜装设过载保护。过载保护一般可选择热过载继电器。

3) 每台电动机应分别装设控制电器，控制电器用于控制电动机的工作状态，如电路中的接触器，可实现远距离、频繁控制，或其他手动控制电器，可实现本地、不频繁操作负载工作。

电动机直接起动的典型主电路如图2-7所示。

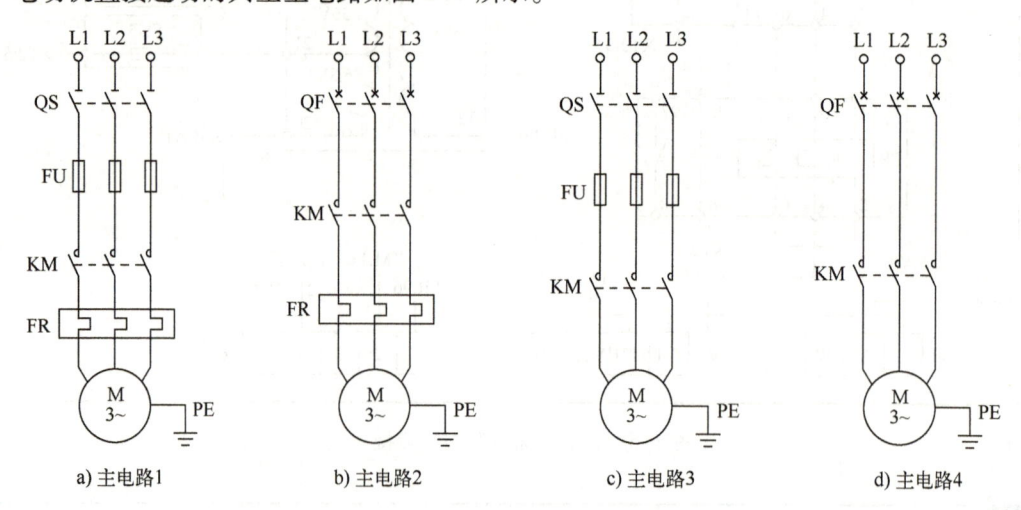

a) 主电路1　　　b) 主电路2　　　c) 主电路3　　　d) 主电路4

图2-7　电动机直接起动的典型主电路

这4种常用主电路中，图2-7a采用负荷开关QS作为隔离电器，熔断器FU作为短路和接地故障保护，热继电器FR作为过载保护，接触器KM作为控制电器。图2-7b与图2-7a功能类似，但采用断路器QF兼隔离电器，这2个电路多用于长期运行、需装设过载保护的电动机。图 2-7c 与图 2-7d 未装设过载保护电器，多用于短时或周期工作的电动机。

2.3 三相异步电动机点动、连动控制电路

2.3.1 电动机点动控制电路

1. 电路介绍

三相异步电动机点动控制电路如图 2-8 所示。点动控制电路主要实现电动机单向短时运行，多用于手动控制电动机运行以调整拖动机械的工作位置，如起重机械吊钩或机床工作台位置调整。

主电路中，断路器 QF 为电路提供短路和接地故障保护，并兼作隔离电器（总电源开关）使用。接触器 KM 为控制电器，KM 主触点控制电动机的运行状态，因电动机短时运行，无须装设过载保护。

本例中，控制电路电源选择交流 220 V，相线由断路器 QF 负载侧引出，熔断器 FU 为控制电路提供短路保护，起动按钮 SB 控制接触器 KM 线圈得电与失电。

2. 操作过程分析

三相异步电动机点动控制电路工作过程分析如下：首先手动闭合断路器 QF，系统上电。

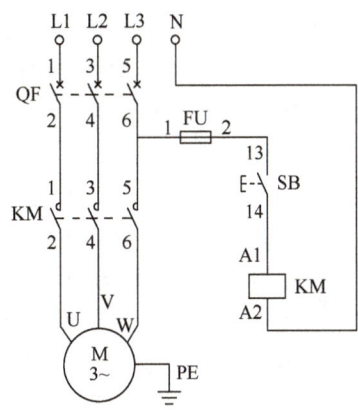

图 2-8 三相异步电动机点动控制电路

起动过程：当按钮 SB 按下，其常开触点闭合，控制电路中接触器 KM 线圈得电，触点动作，其 3 对常开主触点闭合；主电路中，电动机 M 的定子绕组接入三相电源，电动机起动。

停止过程：当松开按钮 SB 后，其常开触点断开，接触器 KM 线圈失电，触点复位，其 3 对主触点断开，电动机 M 脱离三相电源，电动机自由停车。

电路分析就是分析电路的动作过程，就是当电路接收到某个触发信号后，根据控制要求，通过电器之间的配合动作，电路从一个稳态到另一个稳态过渡的过程。本书后面进行电路分析时，为了简洁、清晰表述动作过程，减少文字描述，采用符号和箭头配合的方式，来表达动作过程以及元器件之间的时序和逻辑关系。

起动： SB↓ ─→KM(+) ─→KM主触点闭合 ─→电动机M得电运行

停止： SB↑ ─→KM(−) ─→KM主触点断开复位 ─→电动机M失电停车

3. 控制逻辑

继电器-接触器控制电路中的电器元件都是开关量元件，只反映电路"通"或"断"两种状态，因此，继电器-接触器控制电路的基本规律可以用逻辑代数的方法加以分析和表达。

电路的连接关系，对应的逻辑表达为，电路中的触点串联用逻辑"与"表示；触点并联用逻辑"或"表示；常闭（NC）触点用逻辑"非"表示。线圈的状态，为 1 时，表示处于通电状态。为 0 时，表示处于断电状态。

例如，图 2-8 的点动控制电路，KM 的线圈可表达为 $f(KM) = SB$。

点动控制的逻辑表达式为：$f(KM) = SB$，式中，$f(KM)$ 代表 KM 线圈是否得电；SB 代表起动按钮（常开）。逻辑表达式的含义为，当 SB 按下，其值为 1，则 $f(KM) = 1$，线圈得电；SB

松开，其值为 0，则 $f(KM)=0$，线圈失电。

2.3.2 电动机连动（起保停）控制电路

1. 电路介绍

三相异步电动机连续运行控制电路，也称为连动或起保停控制电路，如图 2-9 所示。连动控制电路主要实现电动机单向连续运行，多用于连续运行电动机的起动和停止控制，如水泵、生产线的起停控制。

主电路中，断路器 QF 为电路提供短路和接地故障保护，并兼作隔离电器（总电源开关）使用。接触器 KM 为控制电器，KM 主触点控制电动机的运行状态。热继电器 FR 为过载保护电器，当电动机出现过载，其运行电流长期超过整定电流时，其常闭触点断开，通过控制电路断开接触器线圈，达到断开电动机电源的目的。

控制电路电源选择交流 220 V，熔断器 FU 为控制电路提供短路保护。SB1 为停止按钮，SB2 为起动按钮，在 SB2 两端并联有接触器 KM 的辅助常开触点，称为自锁触点（SB2 按钮松开后，通过该触点保持线圈得电状态）。

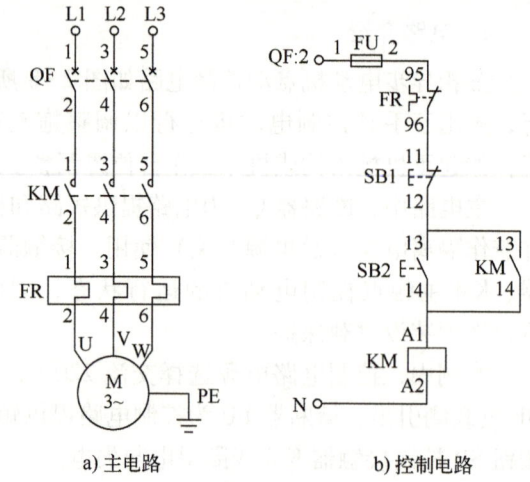

图 2-9 三相异步电动机连续运行控制电路

2. 操作过程分析

三相异步电动机连动控制电路工作过程分析如下：首先手动闭合断路器 QF，系统上电。

起动：SB2↓──→KM(+)──┬──→KM主触点闭合──→电动机M得电运行
　　　　　　　　　　　└──→KM辅助触点闭合──→自锁（短接SB2，此时按钮松开，状态仍然保持）

停止：SB1↓──→KM(-)──┬──→KM主触点复位──→电动机M停车
　　　　　　　　　　　└──→KM辅助触点复位──→解除自锁

3. 电路特点

起保停电路采用自复式按钮实现连续运行控制，能够通过"短信号"（自复式按钮通断时间短），实现"长输出"（电动机连续运行），最主要的原因是该电路具有自锁功能。当起动按钮按下，接触器线圈得电，接触器的辅助常开触点闭合，短接起动按钮两端，这时松开按钮，接触器 KM 的线圈仍可通过自身的触点保持得电状态，从而保证了电动机负载的持续运行。该电路称为自锁电路，该触点也称为自锁触点。

在实际工作环境中，对于电动机拖动的运动机构，如机床、流水线、传送带等，从安全角度出发均要求采用具有自锁功能的电路进行控制。这是因为自锁电路还有一个重要的特性，就是具有断电保护功能，也就是在设备运行过程中，如果遇到停电或其他电压过低的情况，接触器会自行释放，自锁触点复位，电动机停止运行，而恢复供电后，电动机不会自行起动，这样的电路可以有效防止设备断电后因突然来电，造成的可能的人身伤害与设备损坏。

长期运行的电动机，还需要进行过载保护，电路中的热继电器就是用来实现过载保护的。当电动机出现过载时，主电路中的热元件驱动执行机构，使触点动作，串接在控制电路中的

FR 常闭触点（95-96）断开，切断控制回路，使接触器线圈失电，其主触点断开，电动机停止，实现了电动机的过载保护。

4. 控制逻辑

起保停（连动）控制的逻辑表达式为：$f(KM) = (SB2+KM) \cdot \overline{SB1}$。式中，$\overline{SB1}$（"非"关系）表示常闭触点，常态为1；"+"号代表 SB2 与 KM 常开触点并联（"或"关系），逻辑表达式含义为，SB2 与 KM 相或，即其中任意一个为 1 时，则 $f(KM)=1$，线圈得电，即 SB2 按下后，$f(KM)=1$，线圈得电；SB2 松开复位为 0 后，因 KM=1，所以 $f(KM)$ 仍为 1；当 SB1 按下，$\overline{SB1}=0$，则 $f(KM)=0$，线圈失电。

2.3.3 电动机点动、连动复合控制电路

1. 电路介绍

三相异步电动机点动、连动控制电路，是对同一台电动机实现 2 种控制功能，既能点动操作运行，也可实现连续运转，如图 2-10 所示。图 2-10 为 3 种常用控制电路，均可单独与主电路配合，实现点动、连动的复合控制。点动、连动复合控制电路常用于机床对刀控制、产线设备调试等场合。

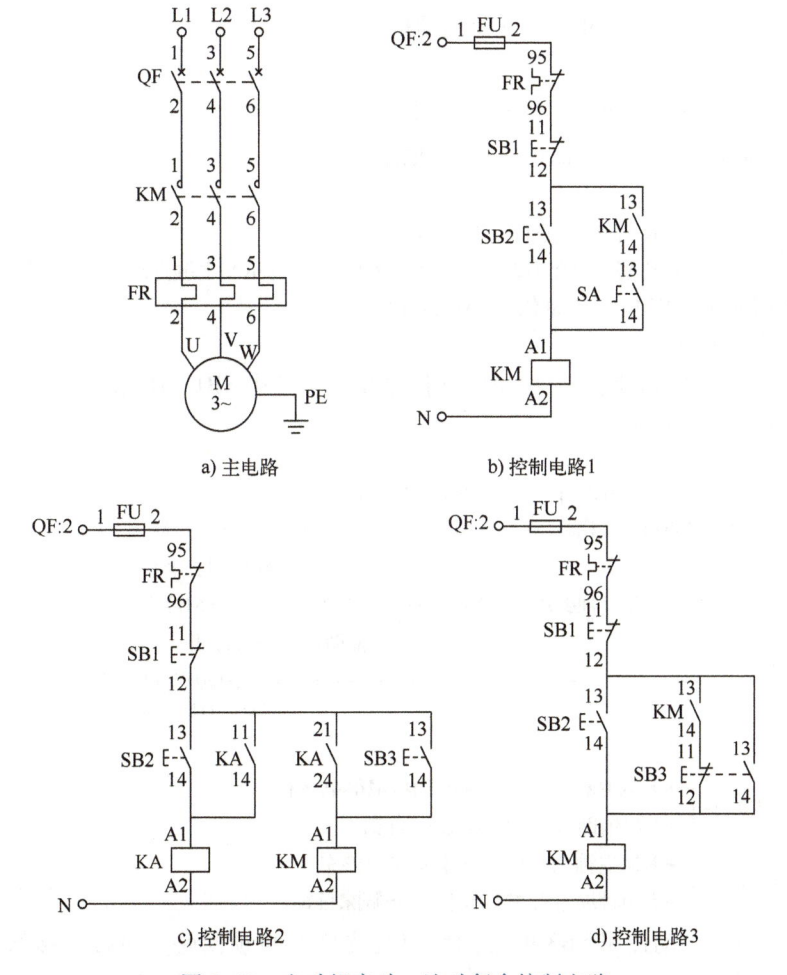

图 2-10 电动机点动、连动复合控制电路

3个控制电路中，控制电路1采用选择开关（旋钮）实现，通过开关预选控制方式。控制电路2采用中间继电器实现，通过中间继电器回路自锁实现连续运行，点动按钮SB3控制点动功能。控制电路3使用双联的复合按钮SB3作为点动按钮，当点动操作时，常闭触点会先断开自锁回路，再接通接触器线圈，松开按钮时，会先断开线圈，后恢复自锁。

2. 操作过程与控制逻辑

控制电路1中，需要先通过选择开关SA预选状态，OFF时为点动，ON时为连动。SB1为停止按钮，SB2为起动按钮。

点动：SA置为OFF状态

SB2↓ ⟶ KM(+) ⟶ KM主触点闭合 ⟶ M得电运行

SB2↑ ⟶ KM(−) ⟶ KM主触点断开复位 ⟶ M失电停车

连动：SA置为ON状态

SB2↓ ⟶ KM(+) ┬⟶ KM主触点闭合 ⟶ 电动机M得电运行
              └⟶ KM辅助常开触点闭合 ⟶ 自锁

SB1↓ ⟶ KM(−) ┬⟶ KM主触点复位 ⟶ 电动机M停车
              └⟶ KM辅助常开触点复位 ⟶ 解除自锁

控制电路2中，采用3个按钮，配合中间继电器KA实现复合控制功能，其中SB1为停止按钮，SB2为连动起动按钮，SB3为点动起动按钮。

点动：

SB3↓ ⟶ KM(+) ⟶ KM主触点闭合 ⟶ M得电运行

SB3↑ ⟶ KM(−) ⟶ KM主触点断开 ⟶ M失电停车

连动：

SB2↓ ⟶ KA(+) ┬⟶ KA常开触点(11−14)闭合 ⟶ 自锁
              └⟶ KA常开触点(21−24)闭合 ⟶ KM(+) ⟶ KM主触点闭合 ⟶ M得电运行

SB1↓ ┬⟶ KM(−) ⟶ KM主触点复位 ⟶ M失电停车
     └⟶ KA(−) ⟶ 触点复位

控制电路3中，采用双联复合按钮实现控制功能，其中SB1为停止按钮，SB2为连动起动按钮，SB3为点动起动按钮。

点动：

SB3↓ ┬⟶ SB3常闭触点(11−12)断开 ⟶ 断开自锁回路
     └⟶ SB3常开触点(13−14)闭合 ⟶ KM(+) ┬⟶ 主触点闭合 ⟶ M得电运行
                                         └⟶ 辅助常开触点闭合（因SB3的NC触点已断开，并未自锁）

SB3↑ ┬⟶ SB3常开触点(13−14)断开 ⟶ KM(−) ┬⟶ 主触点断开 ⟶ M停车
     │   └⟶ 辅助常开触点断开
     └⟶ SB3常闭触点(11−12)闭合
        （在KM的辅助常开触点断开后动作）

连动：

SB2↓ ⟶ KM(+) ┬⟶ KM主触点闭合 ⟶ 电动机M得电运行
              └⟶ KM辅助常开触点闭合 ⟶ 自锁

SB1↓ ⟶ KM(−) ┬⟶ KM主触点复位 ⟶ 电动机M停车
              └⟶ KM辅助常开触点复位 ⟶ 解除自锁

当点动操作时，点动按钮SB3的常闭触点会先断开自锁回路，再接通接触器线圈，所以当自锁触点闭合时，自锁回路并未接通，此时电路通过SB3的常开触点闭合保持线圈得电。

松开点动按钮 SB3 时，会先断开 KM 线圈，当 KM 触点复位后，SB3 的常闭触点才恢复接通状态。这个电路在实际应用时，需要选择复合按钮，如选择单联组合式按钮，可能因为触点动作配合问题，出现点动失效的情况。

3. 复合按钮的操作特性

如图 2-11 所示，复合按钮为一体式按钮，有一个常开触点和一个常闭触点，两对按钮有公共的动触头。在按压和释放操作时，两个触点的动作会有先后次序，即闭合的触点会先断开，断开的触点后闭合，且有一段中间状态，如图中的 ΔT_1 与 ΔT_2，这段时间两个触点都处于断开状态。保证在按钮操作过程中，不会出现两对触点同时接通的情况。

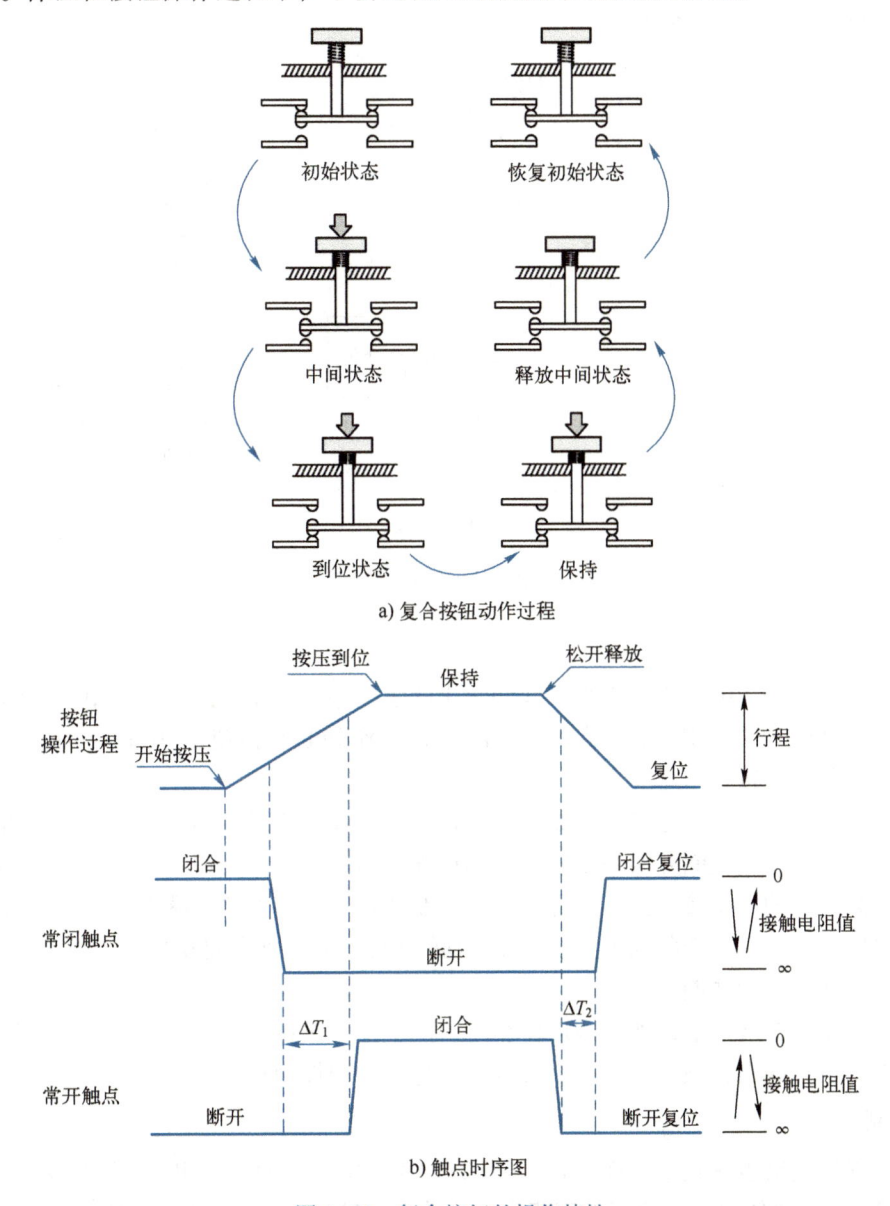

a) 复合按钮动作过程

b) 触点时序图

图 2-11 复合按钮的操作特性

单联组合式按钮中，可选单联常开或常闭触点模块，通过模块拼接方式，组合出具有多个触点的按钮开关。每个触点模块都是独立的，在按压操作时，各个模块的动作时序不能保证完全一致，如在点动、连动复合控制电路中使用，可能出现触点动作时序不配合，导致功能无法实现，在实际使用时需要注意。后续电路分析时，电磁式电器的触点、三端转换式触点的动作均与复合按钮动作情况相似。

2.3.4 电动机的多地控制电路

1. 电路介绍

能在两个或多个地点对同一台电动机进行控制，称为多地控制。例如电梯的呼叫按钮、机床多个加工工位的控制按钮，都是对控制对象在不同地点进行相同的控制操作。三相异步电动机的两地控制电路如图 2-12 所示。

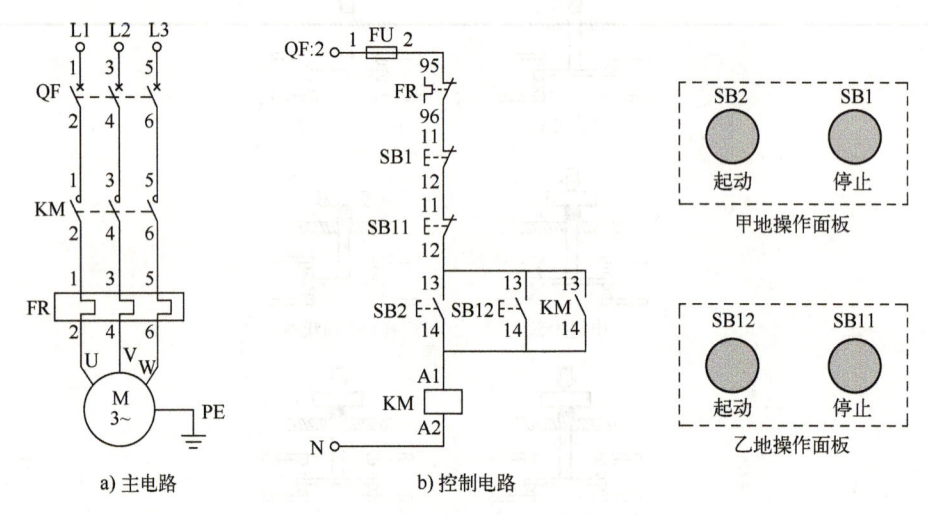

a) 主电路　　b) 控制电路

图 2-12　三相异步电动机的两地控制电路

2. 操作过程分析

电路中，主电路为电动机单向直接起动常用的主电路。控制电路中，在甲、乙两地分别安装控制按钮，其中 SB1、SB2 为安装在甲地的停止按钮和起动按钮，SB11、SB12 为安装在乙地的停止按钮和起动按钮。

该电路实质上是扩大的起保停电路，起动按钮并联在自锁触点两端，任意一处的起动按钮按下，都会接通接触器线圈并实现自锁，电动机连续运行。停止按钮以串联的方式连接在控制回路上，任意一处的停止按钮按下，都会断开控制回路，使接触器线圈失电并解除自锁，电动机停止。多地控制时，只需将所有停止按钮串联到电路中，所有起动按钮并联在自锁触点两端，就可以实现需要的功能。

同样的思路再扩展一下，如果两地控制时，两个停止按钮并联后串接在控制回路上，两个起动按钮串联后并联在自锁触点两端，可以实现什么样的控制功能？

3. 控制逻辑

两地控制的逻辑表达式为：$f(KM) = (SB2+SB12+KM) \cdot \overline{SB1} \cdot \overline{SB11}$。逻辑表达式的含义为：当 SB2 或 SB12 任何一个按下，其值为 1，则 $f(KM) = 1$，线圈得电；当 SB1 或 SB11 任何一个按下，$f(KM) = 0$，线圈失电。

2.4 三相异步电动机正反转控制电路

电动机正反转控制电路主要是对电动机进行正、反两个方向的控制。我们知道,通过调整接入电动机定子绕组的电源的相序,就可以改变电动机的旋转方向。电动机正反转运行也称为电动机的可逆运行。在生产过程中,许多的生产机械是需要拖动电动机进行正反转运行的,如生产线或工作台的前后移动、起重机的上下移动、机床主轴的正反向转动等。

电动机正反转控制的主电路采用两台接触器来调整电源相序,控制时两台接触器不能同时得电吸合,否则会造成电源相间短路,因此必须采用两台接触器间加装连锁机构(可逆接触器),或控制电路电气联锁的方式避免出现同时吸合的情况。

2.4.1 电动机单重联锁正反转(正停反)控制电路

1. 电路介绍

单重联锁正反转控制电路,是在控制电路中加入了两台接触器的互锁功能,即一台接触器工作时,断开另一台接触器线圈的控制支路,保证在同一时间只允许一台接触器工作,这种控制方式称为互锁或联锁控制,电路如图2-13所示。

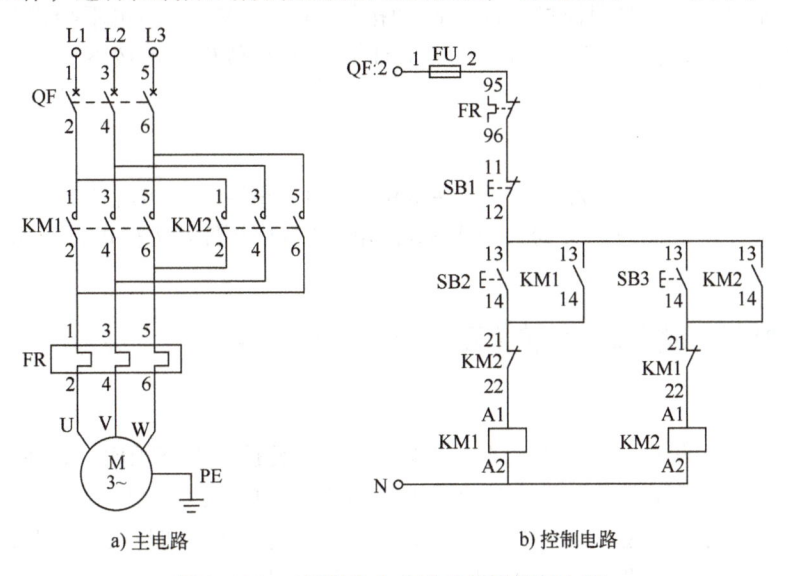

a) 主电路 b) 控制电路

图 2-13 三相异步电动机正停反控制电路

图中,主电路采用两台接触器KM1、KM2形成两条控制路径,KM1为正转接触器,动作后将电源L1、L2、L3以正相序接入电动机U、V、W端子(L1-U,L2-V,L3-W);KM2为反转接触器,将电源L1、L2、L3中任意两相对调后以逆相序接入电动机U、V、W端子(L1-W,L2-V,L3-U),图中为L1、L3相对调。控制电路是在正反转两台接触器起保停电路的基础上,在每台接触器线圈的控制支路上,互相串入另一台接触器的常闭触点,目的在于当某一台接触器工作时,其动作后的常闭触点打开,从而断开另一台接触器的控制线路。两条支路,互相串入对方的触点,这种控制方式称为互锁。

该电路还有一个特点,即当电动机正转或反转运行时,如果想切换运行方向,必须先通过停止按钮停止当前的运行状态,然后通过另外一个方向的起动按钮起动运行,直接按下起动按钮是不能切换运行方向的。故该电路也简称为正停反控制电路。

2. 操作过程分析

电路中，主电路为电动机正反转控制常用的主电路。控制电路中，SB1 为停止按钮，SB2 为正转起动按钮，SB3 为反转起动按钮；KM1 与 KM2 支路中分别串入了对方接触器的常闭触点构成互锁电路。

三相异步电动机正停反控制电路工作过程分析如下：首先手动闭合断路器 QF，系统上电。

正向起动：

SB2↓ → KM1(+) → KM1常闭触点(21-22)断开 → 互锁KM2支路
　　　　　　　　→ KM1常开触点(13-14)闭合 → 自锁
　　　　　　　　→ KM1主触点闭合 → M正向起动

停止：

SB1↓ → KM1(-) → KM1常闭触点(21-22)闭合 → 解除KM2互锁
　　　　　　　　→ KM1常开触点(13-14)断开 → 解除自锁
　　　　　　　　→ KM1主触点断开 → M停止

反向起动：

SB3↓ → KM2(+) → KM2常闭触点(21-22)断开 → 互锁KM1支路
　　　　　　　　→ KM2常开触点(13-14)闭合 → 自锁
　　　　　　　　→ KM2主触点闭合 → M反向起动

当电动机正向起动后，由于 KM1 线圈得电，其常闭触点断开，切断了反向运行接触器 KM2 线圈的控制支路，此时即使按下反向起动按钮 SB3，KM2 线圈也不会得电。如需要反向起动运行，必须首先按下停止按钮 SB1，待 KM1 接触器复位后，再按下反向起动按钮 SB2 才可以反向起动运行。

3. 控制逻辑

正停反控制的逻辑表达式为：$f(KM1) = \overline{KM2} \cdot (SB2+KM1) \cdot \overline{SB1}$；$f(KM2) = \overline{KM1} \cdot (SB3+KM2) \cdot \overline{SB1}$。逻辑表达式的含义为：当 KM1 得电，KM2 线圈无法得电；当 KM2 得电，KM1 线圈无法得电。

2.4.2 电动机双重联锁正反转（正反停）控制电路

1. 电路介绍

电动机双重联锁的正反转控制电路与单重联锁正反转控制电路相比，它在控制电路中既有接触器的互锁，又有双联复式按钮构成的互锁，如图 2-14 所示。该电路中，两个起动按钮的常闭触点互相串入对方的起动回路中，可以实现，当电动机正转或反转运行时，如果想切换运行方向，不必按下停止按钮，直接通过另外一个方向的起动按钮停止当前的运行状态，并起动另外一个方向的运行，故该电路也简称为正反停控制电路。

2. 操作过程分析

电路中，主电路为电动机正反转控制常用的主电路。控制电路中，SB1 为停止按钮，双联复式按钮 SB2 为正转起动按钮，SB3 为反转起动按钮。电路中，既有接触器触点的互锁，也有起动按钮的互锁。

三相异步电动机正反停控制电路工作过程分析如下：首先手动闭合断路器 QF，系统上电。

正向起动：

SB2↓ → SB2常闭触点(11-12)断开
　　　→ SB2常开触点(13-14)闭合 → KM(+) → KM1常闭触点(21-22)断开 → 互锁KM2支路
　　　　　　　　　　　　　　　　　　　　→ KM1常开触点(13-14)闭合 → 自锁
　　　　　　　　　　　　　　　　　　　　→ KM1主触点闭合 → M正向起动

a) 主电路

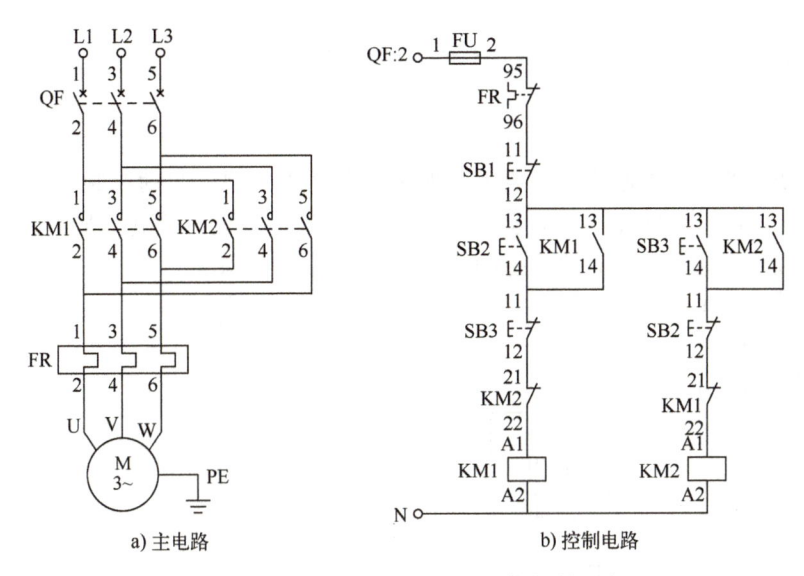

b) 控制电路

图 2-14 三相异步电动机正反停控制电路

正转时反向起动：

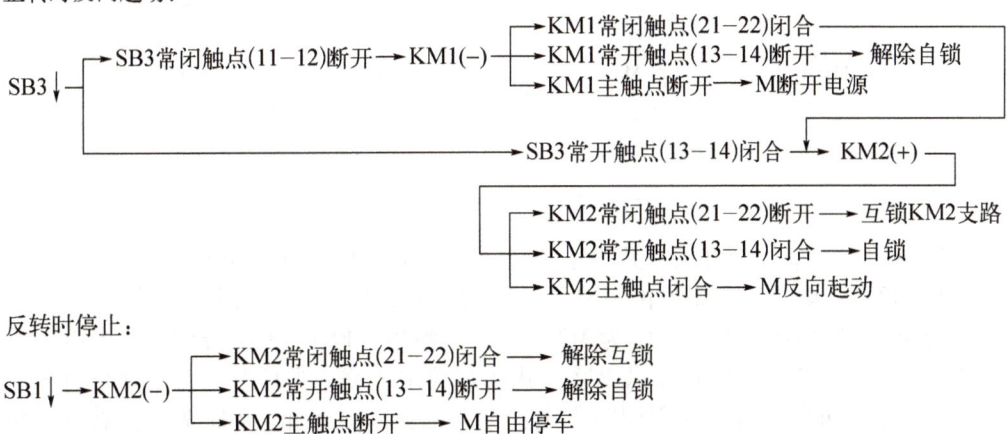

SB3↓ → SB3常闭触点(11-12)断开 → KM1(-) → KM1常闭触点(21-22)闭合
　　　　　　　　　　　　　　　　　　　　→ KM1常开触点(13-14)断开 → 解除自锁
　　　　　　　　　　　　　　　　　　　　→ KM1主触点断开 → M断开电源

　　　　　　　　　　　　　　　　→ SB3常开触点(13-14)闭合 → KM2(+)
　　　　　　　　　　　　　　　　　　　　　→ KM2常闭触点(21-22)断开 → 互锁KM2支路
　　　　　　　　　　　　　　　　　　　　　→ KM2常开触点(13-14)闭合 → 自锁
　　　　　　　　　　　　　　　　　　　　　→ KM2主触点闭合 → M反向起动

反转时停止：

SB1↓ → KM2(-) → KM2常闭触点(21-22)闭合 → 解除互锁
　　　　　　　　→ KM2常开触点(13-14)断开 → 解除自锁
　　　　　　　　→ KM2主触点断开 → M自由停车

当电动机正向起动后，由于 KM1 线圈得电，其常闭触点切断了反向运行接触器 KM2 线圈的控制支路，此时按下反向起动按钮 SB3，其常闭触点会首先断开 KM1 线圈支路，待 KM1 触点复位后，反向起动按钮 SB3 的常开触点接通 KM2 线圈，使电动机直接反向起动运行。

3. 控制逻辑

正反停控制的逻辑表达式为：$f(KM1) = \overline{KM2} \cdot \overline{SB3} \cdot (SB2+KM1) \cdot \overline{SB1}$；$f(KM2) = \overline{KM1} \cdot \overline{SB2} \cdot (SB3+KM2) \cdot \overline{SB1}$。逻辑表达式的含义为：当 KM1 得电，KM2 线圈支路断开，SB3 操作时，先断开 KM1 线圈，待 KM1 复位后接通 KM2 线圈；反向同理。

2.5 多台电动机的顺序控制电路

在电气控制中，经常要求对多台电动机按照一定的顺序起动或停止，称为电动机的顺序控制。如机床中主轴电机必须在油泵电机起动后才能起动；燃煤锅炉的鼓、引风机，起动时要求先起动引风机，后起动鼓风机，停止时要求先停止鼓风机，再停止引风机。

2.5.1 两台电动机顺序起动、同时停止控制电路

1. 电路介绍

以两台电动机的顺序控制为例，要求实现两台电动机的顺序起动控制，即先起动 M1，当 M1 起动后才允许 M2 的起动；M1 未起动时，M2 是无法起动的；停止为同时停止。这个电路称为两台电动机顺序起动、同时停止控制电路，如图 2-15 所示。

a) 主电路

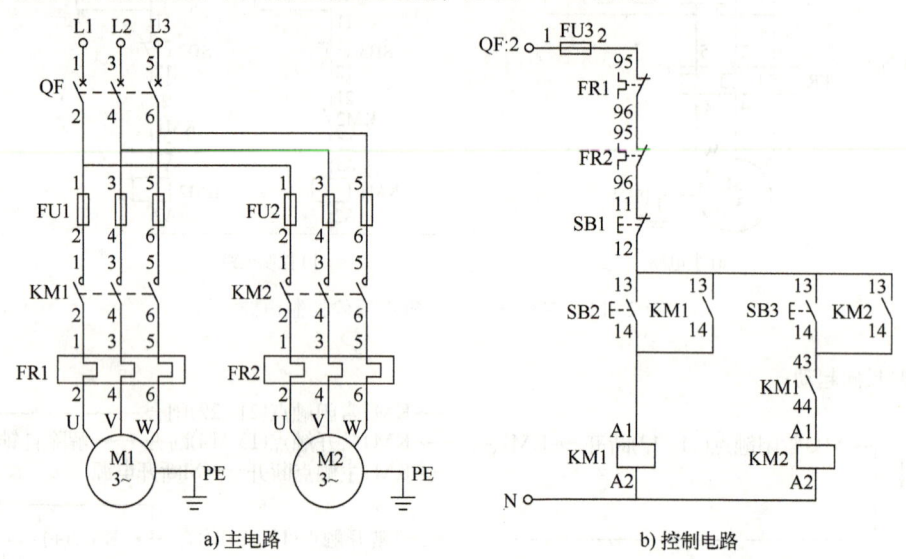

b) 控制电路

图 2-15 两台电动机顺序起动、同时停止控制电路

该电路中，QF 为总电源开关，并为系统提供过电流保护；FU1 为电动机 M1 提供短路及过电流保护，FU2 为电动机 M2 提供短路及过电流保护，FU3 为控制电路提供短路及过载保护。KM1 为 M1 控制用接触器，KM2 为 M2 控制用接触器，FR1、FR2 分别为两台电动机提供过载保护。FR1 和 FR2 的常闭触点以串联方式接到控制电路，当任意一台电动机过载时，将会断开控制电路，两台接触器线圈同时失电，电动机会同时停止。SB1 为停止按钮，SB2 为 M1 起动按钮，SB3 为 M2 起动按钮。

2. 操作过程分析

两台电动机顺序起动、同时停止控制电路工作过程分析如下：首先手动闭合断路器 QF，系统上电。

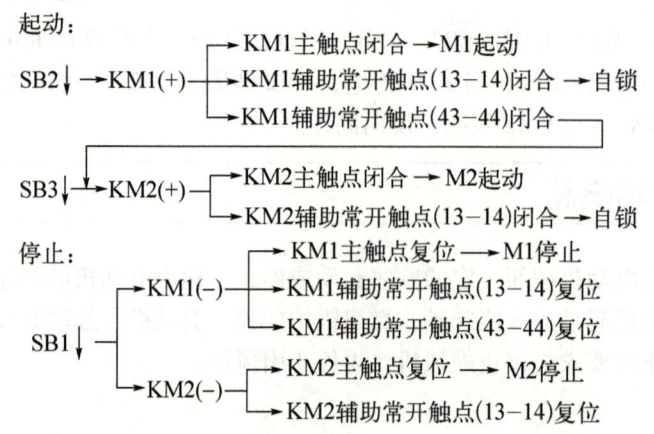

起动：
SB2↓ → KM1(+) → KM1 主触点闭合 → M1 起动
　　　　　　　 → KM1 辅助常开触点(13-14)闭合 → 自锁
　　　　　　　 → KM1 辅助常开触点(43-44)闭合 ┐
　　　　　　　　　　　　　　　　　　　　　　　　│
SB3↓ → KM2(+) → KM2 主触点闭合 → M2 起动　　　│
　　　　　　　 → KM2 辅助常开触点(13-14)闭合 → 自锁

停止：
　　　　┌→ KM1(-) → KM1 主触点复位 → M1 停止
　　　　│　　　　　→ KM1 辅助常开触点(13-14)复位
SB1↓ ─┤　　　　　→ KM1 辅助常开触点(43-44)复位
　　　　│
　　　　└→ KM2(-) → KM2 主触点复位 → M2 停止
　　　　　　　　　→ KM2 辅助常开触点(13-14)复位

3. 控制逻辑

顺序控制的逻辑表达式为：$f(KM2) = KM1 \cdot (SB3 + KM2) \cdot \overline{SB1}$。逻辑表达式的含义为：只有当 KM1 得电后，才能通过 SB3，使 KM2 线圈得电。

2.5.2 两台电动机顺序起动、逆序停止控制电路

1. 电路介绍

两台电动机的顺序起动、逆序停止电路：要求实现两台电动机（M1、M2）的顺序起动控制，即先起动 M1，当 M1 起动后才允许 M2 的起动；停止时，先停止 M2，再停止 M1，M2 未停止时，M1 是不能通过停止按钮 SB11 停止的。两台电动机顺序起动、逆序停止控制电路可简称为顺起逆停控制电路，如图 2-16 所示。

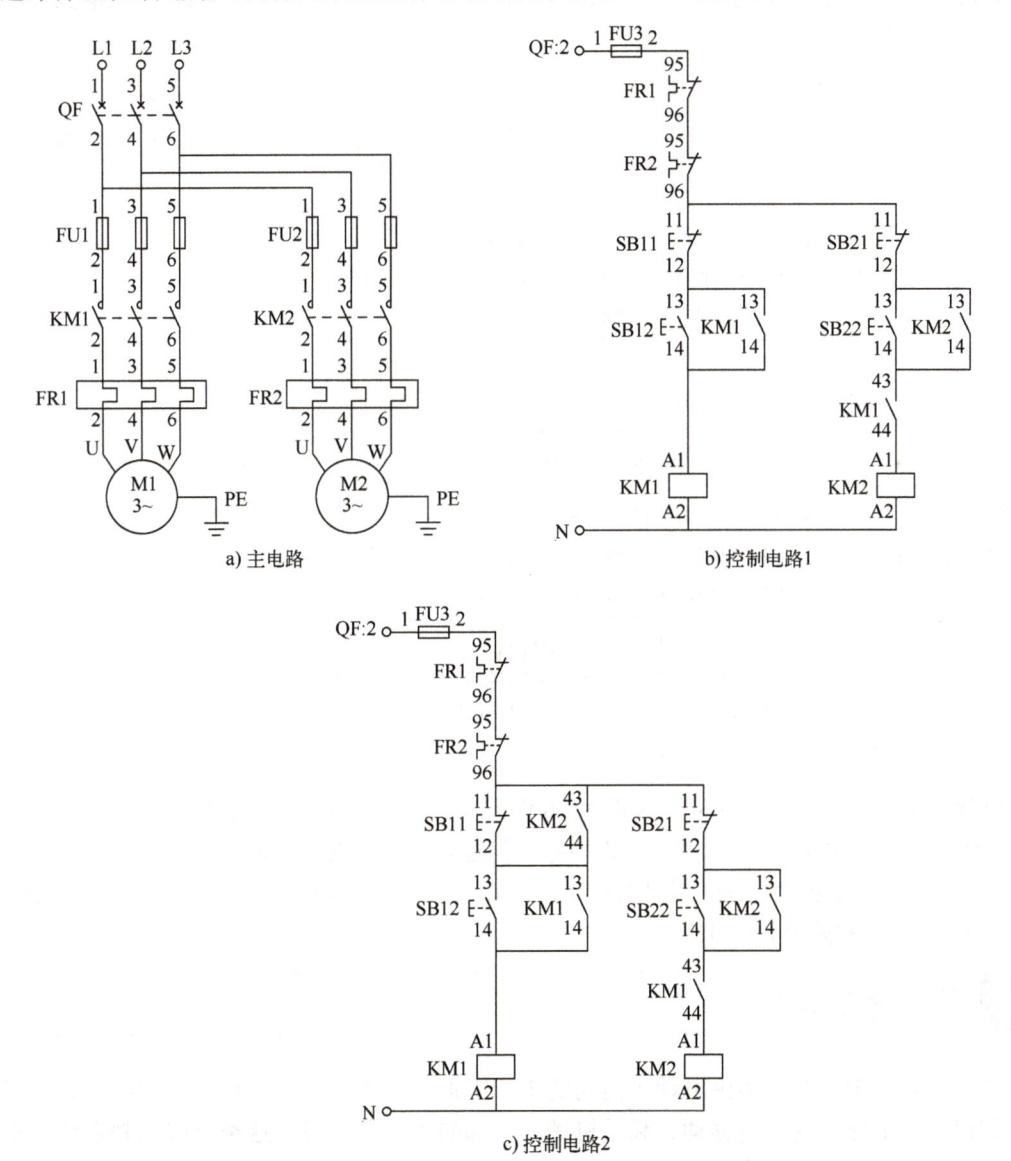

图 2-16 两台电动机顺序起动、逆序停止控制电路

该电路中，主电路同顺序起动控制电路。控制电路中，FR1、FR2 的常闭触点以串联方式接到控制电路，当任意一台电动机过载时，都将断开控制电路，电动机会同时停止。SB11 为 M1 停止按钮，SB12 为 M1 起动按钮；SB21 为 M2 停止按钮，SB22 为 M2 起动按钮。

图 2-16 中列出了两种常用控制电路，均可单独与主电路配合，实现顺序起动、逆序停止控制。其中，控制电路 1，在 KM2 支路中串联了 KM1 的常开触点（43-44）作为顺序控制触点，实现顺序起动功能；停止时，如果 M1、M2 都已经起动，可通过先按下停止按钮 SB21，停止 M2，然后按下停止按钮 SB11，停止 M1，也可在两台电动机运行时，通过直接按下停止按钮 SB11，同时停止 M1、M2，故该电路也可称为顺起逆停（或同停）控制电路。

相比于控制电路 1，控制电路 2 只是在 M1 停止按钮 SB11 两端并联了 KM2 的常开触点（43-44），可以实现当 M2 运行时，因为 KM2 常开触点（43-44）闭合，此时按下 M1 停止按钮 SB11，是不能停止 M1 的，只有 M2 先停止后，才可以通过 SB11 停止 M1，该电路又称为顺起逆停控制电路。

2. 操作过程分析

两台电动机顺起逆停控制电路（控制电路 2）工作过程分析如下：首先手动闭合断路器 QF，系统上电。

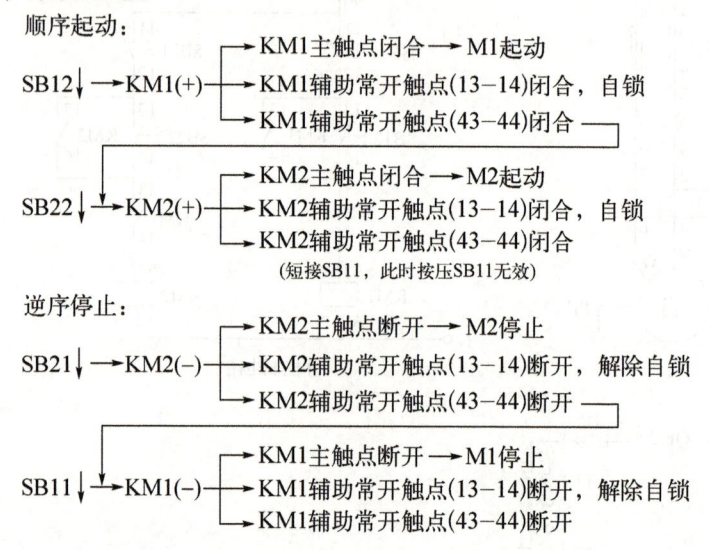

顺序起动：

SB12↓ → KM1(+) → KM1主触点闭合 → M1起动
　　　　　　　　→ KM1辅助常开触点(13-14)闭合，自锁
　　　　　　　　→ KM1辅助常开触点(43-44)闭合 ─┐
　　　　　　　　　　　　　　　　　　　　　　　　│
SB22↓ → KM2(+) → KM2主触点闭合 → M2起动
　　　　　　　　→ KM2辅助常开触点(13-14)闭合，自锁
　　　　　　　　→ KM2辅助常开触点(43-44)闭合
　　　　　　　　　（短接SB11，此时按压SB11无效）

逆序停止：

SB21↓ → KM2(-) → KM2主触点断开 → M2停止
　　　　　　　　→ KM2辅助常开触点(13-14)断开，解除自锁
　　　　　　　　→ KM2辅助常开触点(43-44)断开 ─┐
　　　　　　　　　　　　　　　　　　　　　　　　│
SB11↓ → KM1(-) → KM1主触点断开 → M1停止
　　　　　　　　→ KM1辅助常开触点(13-14)断开，解除自锁
　　　　　　　　→ KM1辅助常开触点(43-44)断开

3. 控制逻辑

顺序起动的逻辑表达式为：$f(KM2) = KM1 \cdot (\times \times \times \times)$，其逻辑表达式的含义为：只有当 KM1 动作后，KM2 线圈才可能得电。逆序停止的逻辑表达式为：$f(KM1) = (\overline{SB11} + KM2) \cdot (\times \times \times \times)$，其逻辑表达式的含义为：当 KM1 = 1，且 KM2 = 1 时，SB11 是无效的；只有当 KM2 复位后，SB11 才可以有效停止 KM1。

2.6　行程控制电路

在工业生产中，有许多由电动机拖动的生产机械，需要在一定的行程范围内做有规律的运动，如机床中工作台的左右移动，起重机械、电梯的上下移动等。这类行程控制电路是根据运动部件的行程位置进行工作状态的切换。位置检测元件是行程控制电路的核心，一般多选择使用行程开关或接近开关。行程控制电路在机床、行车、起重装置等自动化场景中广泛应用。

2.6.1 小车两点自动往返控制电路

1. 控制要求

有一小车由三相异步电动机拖动，要求在 A、B 两点间进行往复运动。系统示意图如图 2-17 所示。

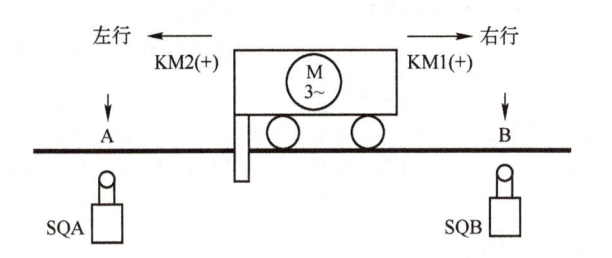

图 2-17 小车两点自动往返示意图

图中，小车的左右移动是通过拖动电动机的正反转控制实现的，在行进轨道的 A、B 两点安装行程开关 SQA、SQB 进行位置检测。具体要求为，按下右行起动按钮，小车右行，到 B 点后立刻左行，返回到 A 点后再次右行；往复运行，直至按下停止按钮；也可左行起动。

2. 电路介绍

小车两点间往返运行控制电路如图 2-18 所示。电路中，主电路为电动机正反转控制主电路，通过电动机的正反转控制，实现小车的右行和左行控制。控制电路中，SB1 是停止按钮，SB2 是右行起动按钮，SB3 是左行起动按钮。

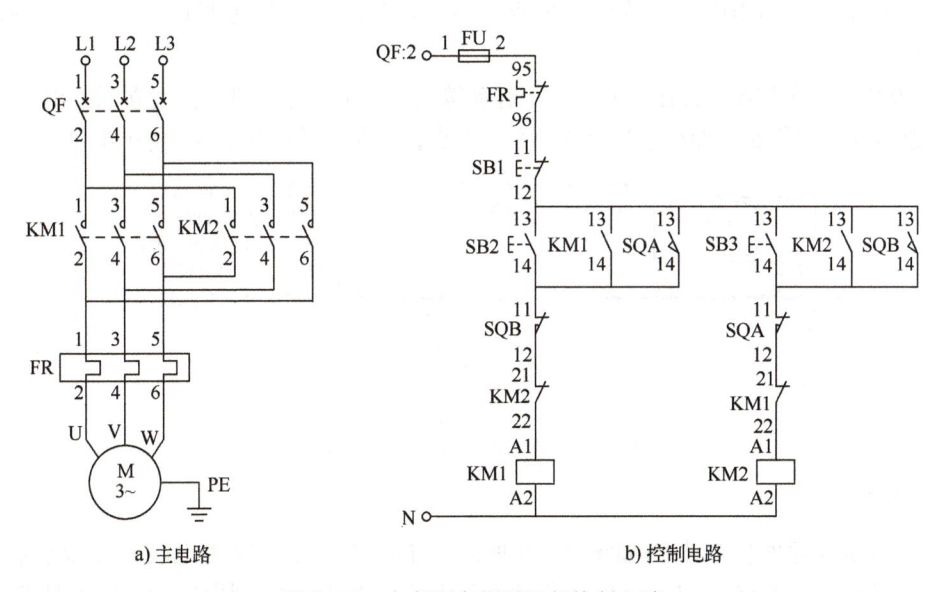

图 2-18 小车两点往返运行控制电路

3. 操作过程分析

小车两点自动往返控制电路工作过程分析如下：首先手动闭合断路器 QF，系统上电。

右行起动：

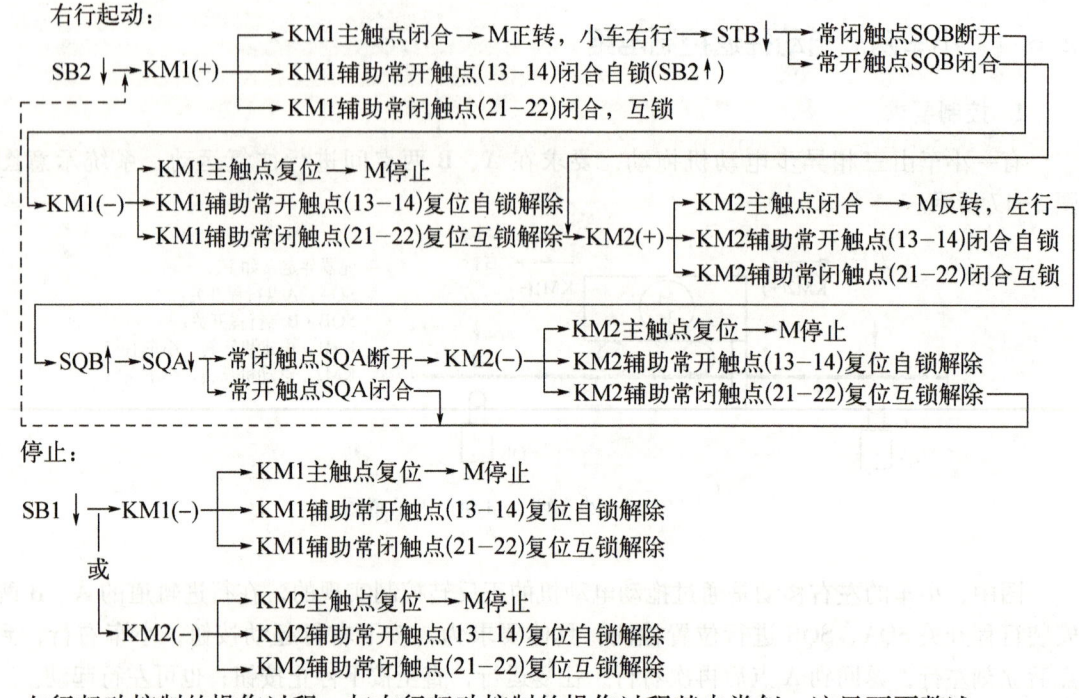

SB2↓→KM1(+)→
- →KM1主触点闭合→M正转，小车右行→STB↓→常闭触点SQB断开
- →KM1辅助常开触点(13-14)闭合自锁(SB2↑)   →常开触点SQB闭合
- →KM1辅助常闭触点(21-22)闭合，互锁

→KM1(-)→
- →KM1主触点复位→M停止
- →KM1辅助常开触点(13-14)复位自锁解除
- →KM1辅助常闭触点(21-22)复位互锁解除→KM2(+)→
  - →KM2主触点闭合→M反转，左行
  - →KM2辅助常开触点(13-14)闭合自锁
  - →KM2辅助常闭触点(21-22)闭合互锁

→SQB↑→SQA↓→
- →常闭触点SQA断开→KM2(-)→
  - →KM2主触点复位→M停止
  - →KM2辅助常开触点(13-14)复位自锁解除
  - →KM2辅助常闭触点(21-22)复位互锁解除
- →常开触点SQA闭合

停止：

SB1↓→KM1(-)→
- →KM1主触点复位→M停止
- →KM1辅助常开触点(13-14)复位自锁解除
- →KM1辅助常闭触点(21-22)复位互锁解除

或

→KM2(-)→
- →KM2主触点复位→M停止
- →KM2辅助常开触点(13-14)复位自锁解除
- →KM2辅助常闭触点(21-22)复位互锁解除

左行起动控制的操作过程，与右行起动控制的操作过程基本类似，这里不再赘述。

2.6.2 小车两点延时返回控制电路

1. 控制要求

有一小车由三相异步电动机拖动，要求在 A、B 两点间进行延时返回运动，其示意图如图 2-19 所示。

图 2-19 中，小车初始位置在 A 点，按下起动按钮，小车右行，到 B 点后立刻停止，延时一定时间后，返回到 A 点停止。如小车初始位置不在 A 点，可通过回原点按钮，将小车召唤返回 A 点。

元器件定义如下。
SQA：A 点行程开关；
SQB：B 点行程开关；
KM1：电动机正转，小车右行；
KM2：电动机反转，小车左行；

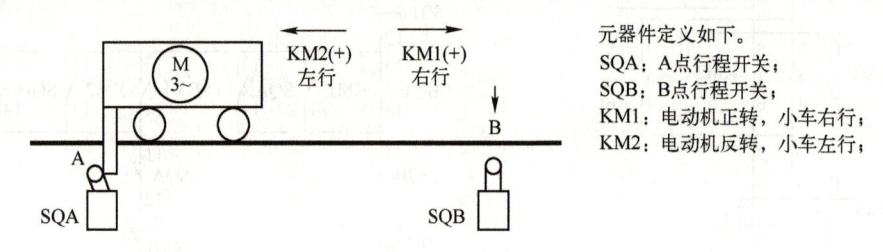

图 2-19 小车两点延时返回示意图

2. 电路介绍

小车两点延时返回控制电路如图 2-20 所示。电路中，主电路为电动机正反转控制主电路，通过电动机的正反转控制，实现小车的右行和左行控制。控制电路中，SB1 是停止按钮，SB2 是起动按钮，SB3 是返回 A 点按钮。时间继电器 KT 用于设置小车在 B 点的停留时间。

3. 操作过程分析

小车两点延时返回控制电路工作过程分析如下：首先手动闭合断路器 QF，系统上电。如果小车不在 A 点，按下回 A 点按钮 SB3，动作过程如下。

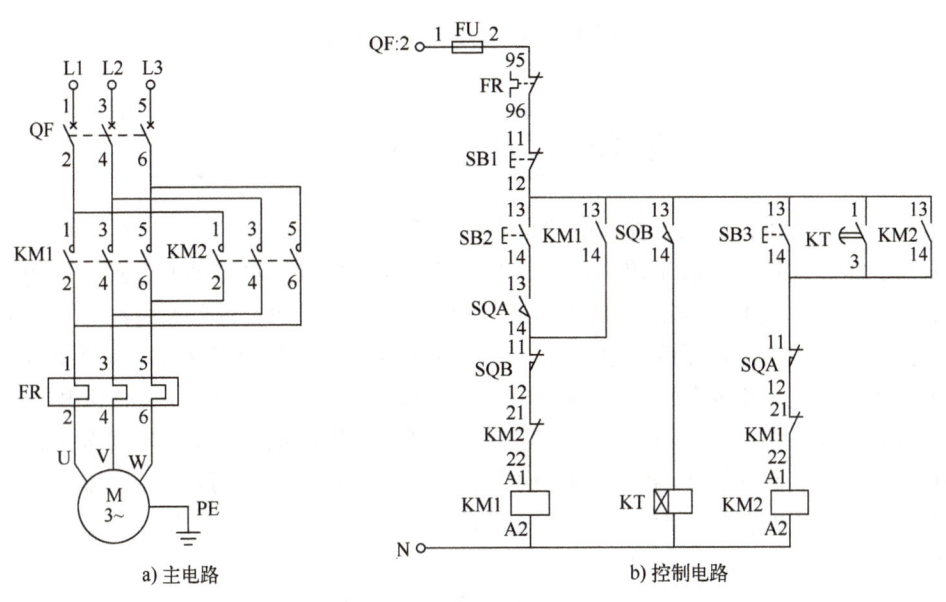

图 2-20 小车两点延时返回控制电路

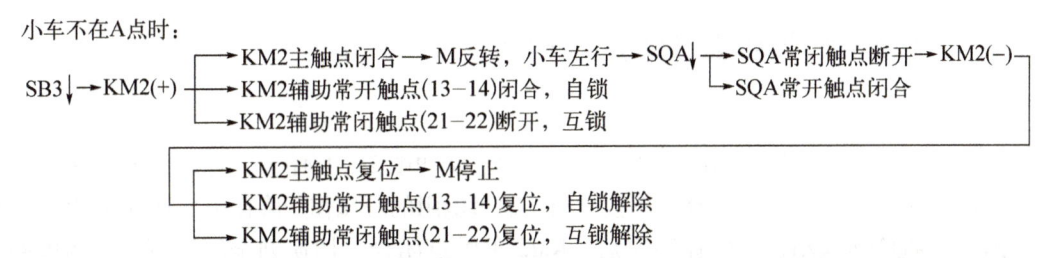

小车不在A点时：

SB3↓→KM2(+)→┬→KM2主触点闭合→M反转，小车左行→SQA↓→┬→SQA常闭触点断开→KM2(-)
　　　　　　├→KM2辅助常开触点(13-14)闭合，自锁　　　　　└→SQA常开触点闭合
　　　　　　└→KM2辅助常闭触点(21-22)断开，互锁

→┬→KM2主触点复位→M停止
　├→KM2辅助常开触点(13-14)复位，自锁解除
　└→KM2辅助常闭触点(21-22)复位，互锁解除

返回 A 点后，行程开关 SQA 动作，其常开触点闭合，此时可按下起动按钮 SB2，小车起动运行。

小车在A点时：

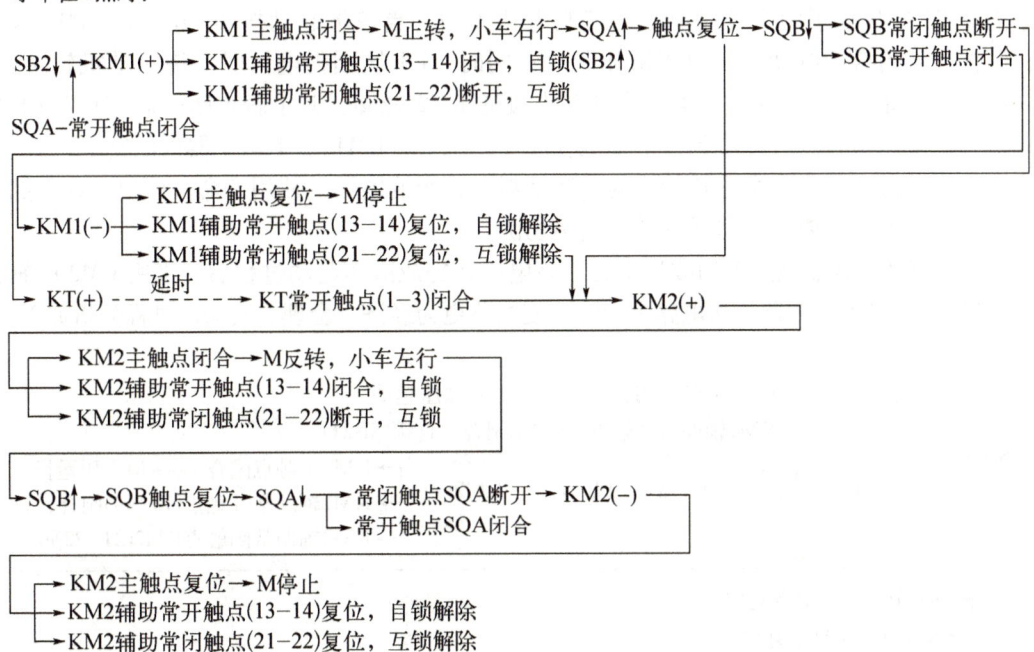

SB2↓→KM1(+)→┬→KM1主触点闭合→M正转，小车右行→SQA↑触点复位→SQB↓→┬→SQB常闭触点断开
　　　↑　　 ├→KM1辅助常开触点(13-14)闭合，自锁(SB2↑)　　　　　　 └→SQB常开触点闭合
SQA-常开触点闭合└→KM1辅助常闭触点(21-22)断开，互锁

→┬→KM1(-)→┬→KM1主触点复位→M停止
　│　　　　├→KM1辅助常开触点(13-14)复位，自锁解除
　│　　　　└→KM1辅助常闭触点(21-22)复位，互锁解除
　└→KT(+)------延时--→KT常开触点(1-3)闭合────→KM2(+)─┐

┌───┘
├→KM2主触点闭合→M反转，小车左行
├→KM2辅助常开触点(13-14)闭合，自锁
└→KM2辅助常闭触点(21-22)断开，互锁

→SQB↑→SQB触点复位→SQA↓→┬→常闭触点SQA断开→KM2(-)
　　　　　　　　　　　　　└→常开触点SQA闭合

→┬→KM2主触点复位→M停止
　├→KM2辅助常开触点(13-14)复位，自锁解除
　└→KM2辅助常闭触点(21-22)复位，互锁解除

小车在运行过程中，任何时刻都可以通过按压停止按钮 SB1 停止小车运行，此处不再进行分析。

2.7 大容量异步电动机减压起动控制电路

三相异步电动机直接起动的控制电路具有结构简单、操作方便的优点，但一般多用于较小功率的电动机的起动控制。对于较大功率的电动机，如果采取直接起动的方式，会造成供电线路电压下降，影响其他电器的正常使用。所以按照电气配电手册上的判断标准，如果电动机直接起动时，造成线路实际电压降超过 10%，就必须采取减压或其他起动方式起动电动机。

减压起动，就是采用外部降压设备将电源电压降低到一定的数值后，加到电动机定子绕组，待电动机起动平稳后，再将电源电压直接施加到电动机的定子绕组，实现全压运行。因为电动机的起动电流和起动转矩与电压的二次方成正比，降低电压后可以大幅度降低起动电流，从而减少对线路电压的影响。但需注意，减压后，起动转矩也会降低，故采取减压起动时还需要进行起动转矩校验。

笼型异步电动机传统的减压起动方式有定子绕组串电阻减压起动、星形-三角形减压起动、自耦变压器减压起动等，也可采用新型的减压起动方式，如软起动器或变频器减压起动。

2.7.1 定子绕组串电阻减压起动控制电路

1. 电路介绍

三相异步电动机定子绕组串电阻减压起动控制电路如图 2-21 所示。主电路有两条路径，起动时，KM1 主触点闭合，在主电路中串接电阻，通过电阻的分压作用降低施加到电动机定子绕组上的电压，实现降压起动，待转速稳定后，KM2 主触点闭合，切换到全压运行。控制电路中，SB1 是停止按钮，SB2 是起动按钮，时间继电器 KT 用于设置电动机减压起动运行时间。

2. 操作过程分析

图 2-21 中提供了两个控制电路，控制电路 1 中，当按下起动按钮 SB2 后，KM1 线圈得电，其主触点闭合后电动机串电阻减压起动；同时，KT 线圈得电计时，待电动机转速稳定，且 KT 定时时间到达后，通过 KT 的常开触点接通 KM2 线圈，其主触点闭合后短接起动电阻，电动机开始全压运行。可以看到，电动机在起动结束后，KM1、KT 两个器件的功能已经完成，但线圈始终是得电的，这会导致相应的电能消耗，且影响电器的使用寿命。所以，在电路设计时，一般需要把不必要的电器元件从电路中切除。

控制电路 2 是控制电路 1 的改进电路，该电路在完成减压起动过程后，采用 KM2 的辅助常闭触点将 KM1、KT 两个器件从电路中切除，使电路更为经济、合理。其动作过程分析如下。

起动：

```
        ┌→ KM1(+) ┬→ KM1主触点闭合 ──→ M串电阻减压起动
        │         └→ KM1辅助常开触点(13-14)闭合，自锁(SB2↑)
SB2↓ ───┤
        │         延时                                    ┌→ KM2主触点闭合 ──→ M全压运行
        └→ KT(+) ┈┈┈┈┈→ KT常开触点闭合 ──→ KM2(+) ┼→ KM2辅助常开触点(13-14)闭合，自锁
                                                         └→ KM2辅助常闭触点KM2(21-22)断开 ┐
        ┌──────────────────────────────────────────────────────────────────────────────┘
        ├→ KM1(-) ──→ 触点复位
        └→ KT(-) ──→ 触点复位
```

停止：

SB1↓→KM2(-)→ KM2主触点复位 → M停止
→ KM2辅助常开触点(13-14)复位，自锁解除
→ KM2辅助常闭触点(21-22)复位

a) 主电路

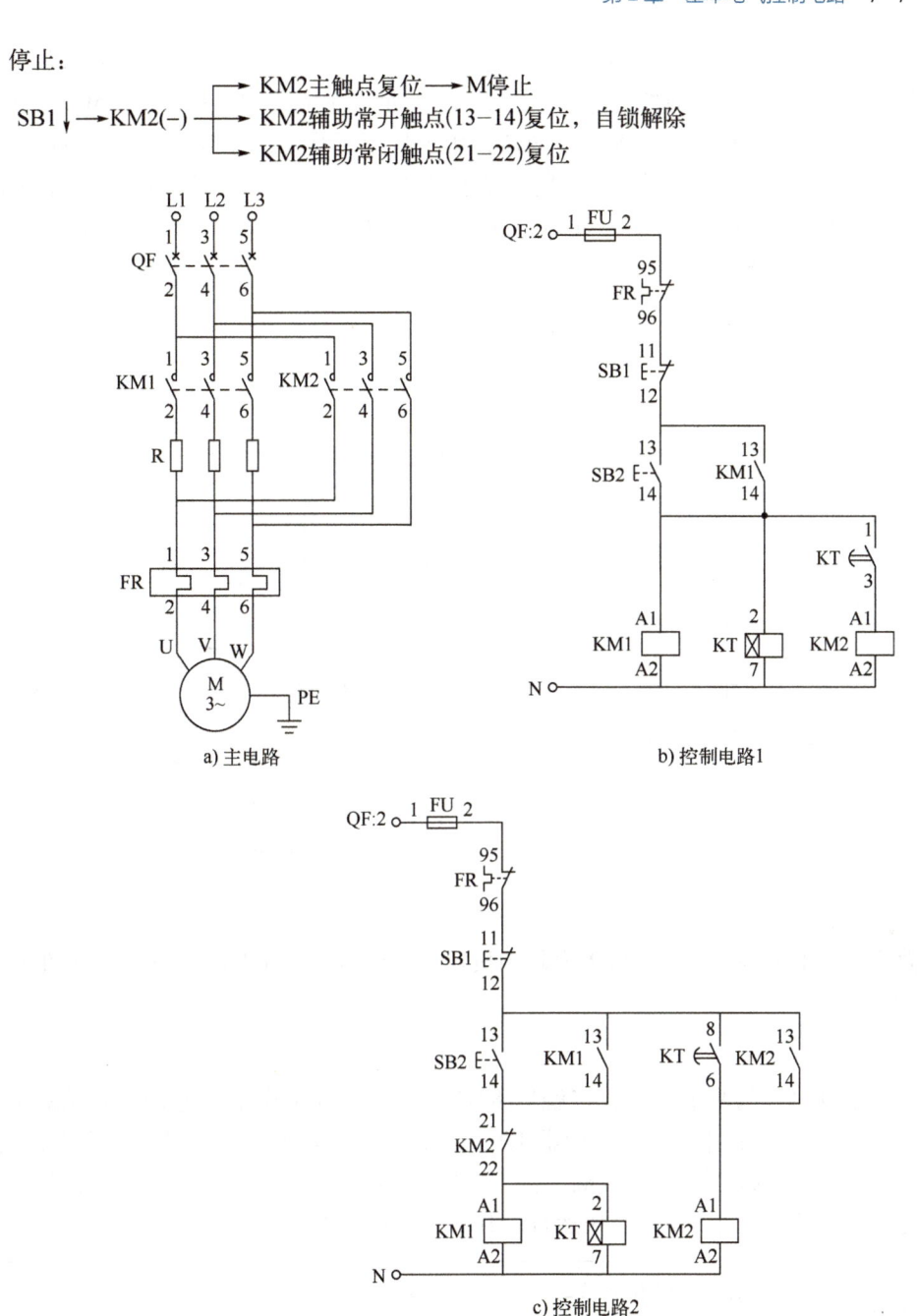

b) 控制电路1

c) 控制电路2

图 2-21 定子绕组串电阻减压起动控制电路

2.7.2 电动机星形-三角形减压起动控制电路

1. 电路介绍

星形-三角形减压起动主要适用于正常运行时定子绕组为角接的电动机，在起动时先将绕组连接为星形，则其绕组电压为 220 V；待起动平稳后，将绕组接线调整为三角形，则绕组电压为 380 V，全压运行。星形-三角形减压起动方式，不需要外部的专用降压设备，仅通过调整定子绕组的接线方式完成减压起动，投资少，应用广。但其起动电

压不能调整，起动转矩仅为全压起动时的 1/3，多应用于空载或轻载场合电动机的起动。

电动机星形-三角形减压起动控制电路如图 2-22 所示。主电路中，接触器 KM1 为电源控制用接触器；KMY 为电动机星形连接用接触器，用于将定子绕组的 U2、V2、W2 端子短接；KM△ 为电动机三角形连接用接触器，用于将定子绕组的 U1-W2、V1-U2、W1-V2 端子依次连接，形成定子绕组的三角形连接。需注意，在控制时，KMY 与 KM△ 两台接触器不能同时得电吸合，否则会出现三相短路。

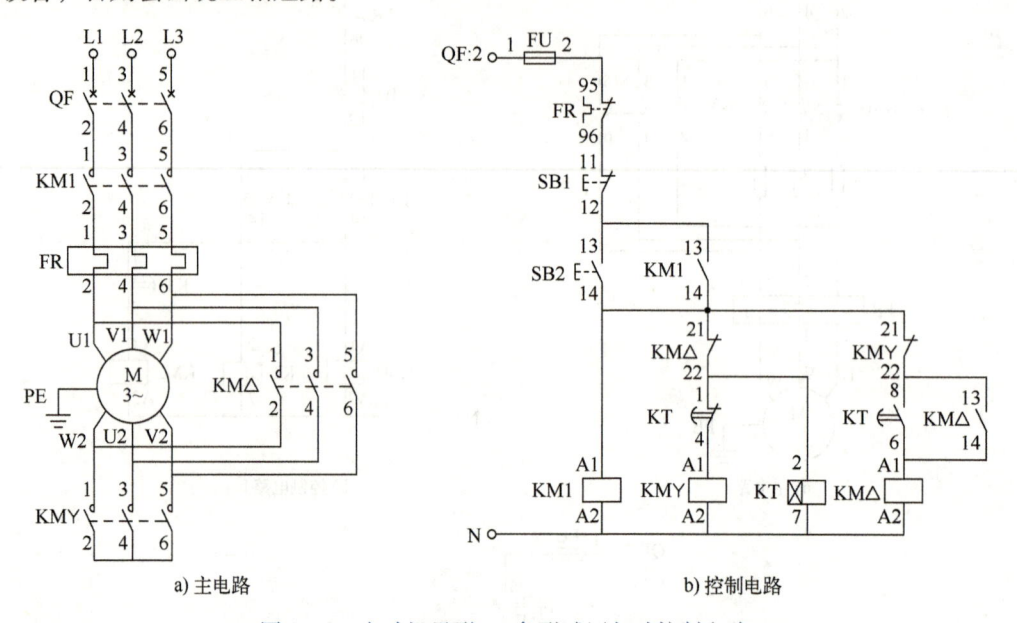

a) 主电路　　　　b) 控制电路

图 2-22　电动机星形-三角形减压起动控制电路

控制电路中，SB1 为停止按钮，SB2 为起动按钮，时间继电器 KT 用于设置电动机星形连接起动的运行时间。

2. 操作过程分析

在控制时，起动过程的两个状态，接触器 KM1+KMY 配合实现星形连接，接触器 KM1+KM△ 配合实现三角形连接；采用时间继电器 KT 触点进行状态切换，当计时时间到后，用 KT 的常闭触点（NC）切断 KMY 接触器线圈，待 KMY 互锁恢复后，再用 KT 的常开触点（NO）接通 KM△ 接触器线圈，实现三角形全压运行。其动作过程分析如下。

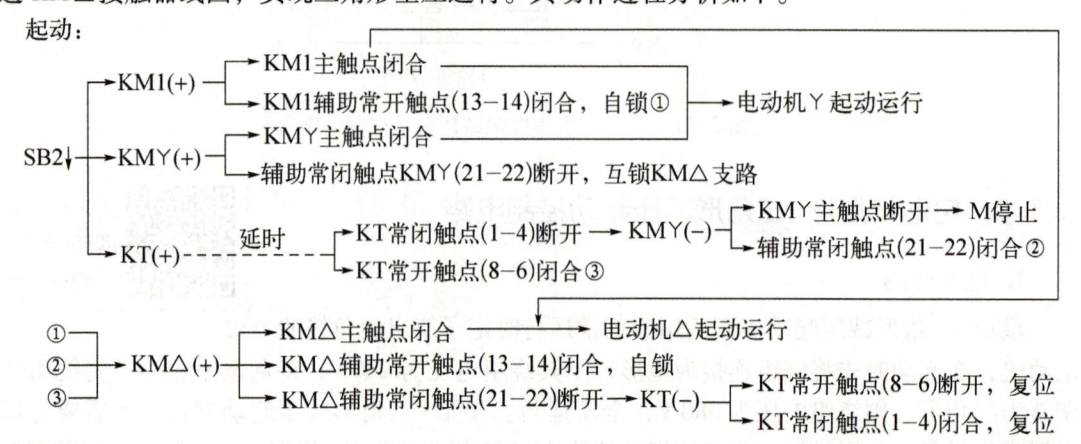

起动：

电动机起动后，仅 KM1 与 KM△ 两台接触器线圈得电吸合，KMY 与 KT 线圈从线路中切除。停止时，按下停止按钮 SB1，其动作过程如下。

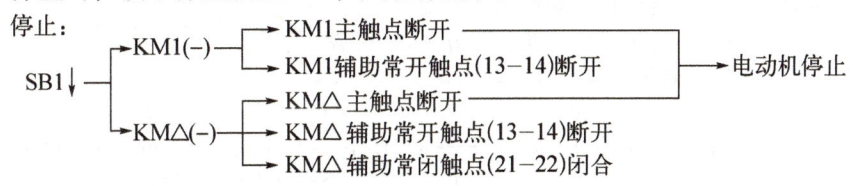

停止：
SB1↓ → KM1(-) → KM1主触点断开
　　　　　　　→ KM1辅助常开触点(13-14)断开 → 电动机停止
　　　→ KM△(-) → KM△主触点断开
　　　　　　　　→ KM△辅助常开触点(13-14)断开
　　　　　　　　→ KM△辅助常闭触点(21-22)闭合

2.7.3 自耦变压器减压起动控制电路

1. 电路介绍

自耦变压器减压起动采用自耦变压器作为专用降压设备，起动时，先经自耦变压器低电压起动，待转速平稳后，切除自耦变压器转为全压运行。自耦变压器具有多组抽头，可以根据拖动负载需要起动转矩的大小选择不同的起动电压，这在传统减压起动方式中应用较多。

电动机自耦变压器减压起动控制电路如图 2-23 所示。主电路中，接触器 KM1、KM2 为串入自耦变压器的减压起动控制回路用接触器；KM3 为全压运行控制回路用接触器。在控制时，两条回路因电压等级不同，需加互锁避免同时得电。

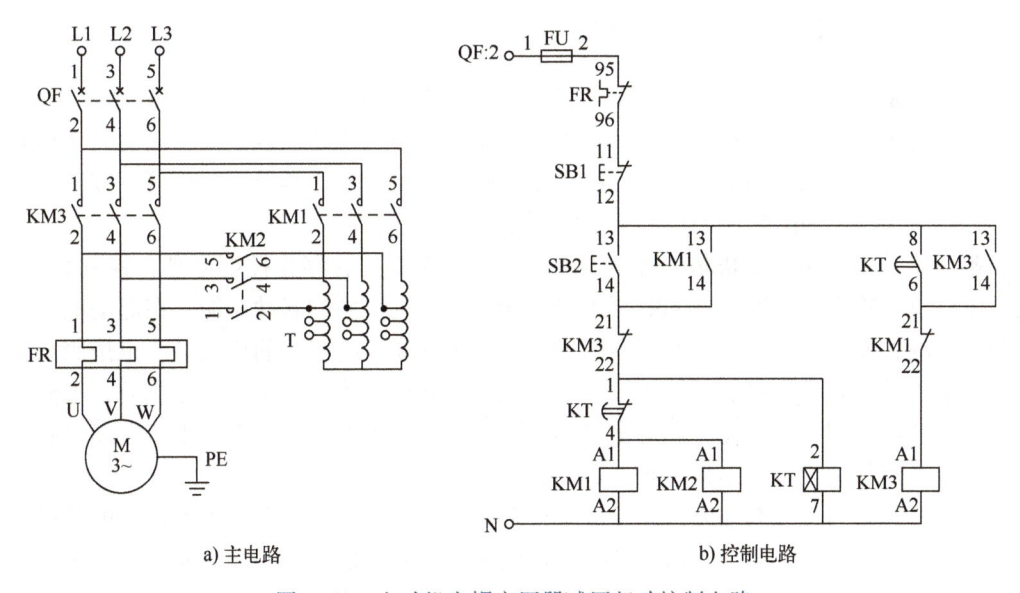

图 2-23　电动机自耦变压器减压起动控制电路

a) 主电路　　b) 控制电路

控制电路中，SB1 为停止按钮，SB2 为起动按钮，时间继电器 KT 用于设置电动机低电压起动的运行时间。

2. 操作过程分析

在控制时，起动过程的两个状态，接触器 KM1+KM2 配合实现低电压起动，接触器 KM3 实现全压运行。采用时间继电器 KT 触点进行状态切换，当计时时间到后，用 KT 的常闭触点（NC）切断 KM1 和 KM2 接触器线圈，待 KM1 互锁恢复后，经 KT 的常开触点（NO）接通 KM3 接触器线圈，实现全压运行。其动作过程分析如下。

起动：

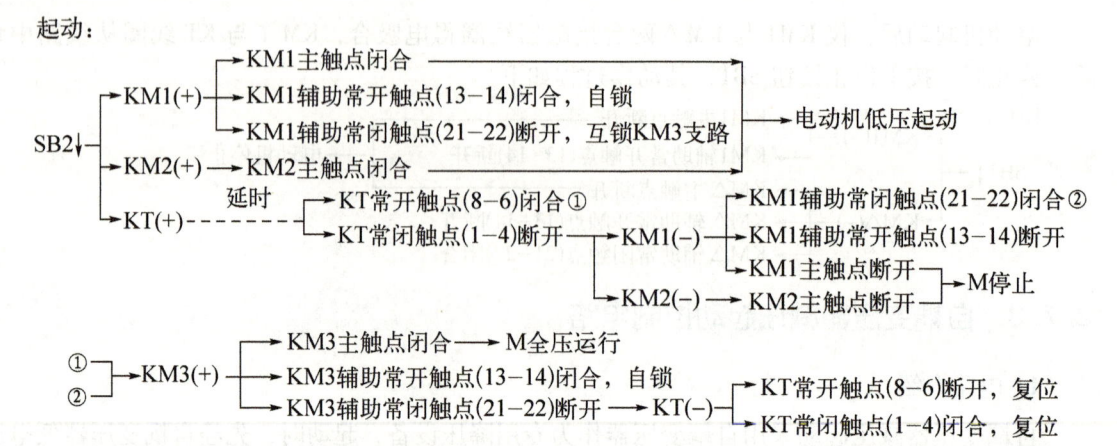

```
SB2↓ ┬→ KM1(+) ┬→ KM1主触点闭合
      │         ├→ KM1辅助常开触点(13-14)闭合，自锁
      │         └→ KM1辅助常闭触点(21-22)断开，互锁KM3支路 ──→ 电动机低压起动
      ├→ KM2(+) ──→ KM2主触点闭合
      └→ KT(+) ---延时--┬→ KT常开触点(8-6)闭合 ①
                        └→ KT常闭触点(1-4)断开 ─→ KM1(-) ┬→ KM1辅助常闭触点(21-22)闭合 ②
                                                          ├→ KM1辅助常开触点(13-14)断开
                                                          └→ KM1主触点断开 ──→ M停止
                                                 └→ KM2(-) ─→ KM2主触点断开

①②→ KM3(+) ┬→ KM3主触点闭合 ──→ M全压运行
            ├→ KM3辅助常开触点(13-14)闭合，自锁
            └→ KM3辅助常闭触点(21-22)断开 ─→ KT(-) ┬→ KT常开触点(8-6)断开，复位
                                                    └→ KT常闭触点(1-4)闭合，复位
```

电动机起动后，仅 KM3 接触器线圈得电吸合，KM1、KM2 与 KT 线圈从线路中切除。停止时，按下停止按钮 SB1，其动作过程如下。

停止：

```
SB1↓ ─→ KM3(-) ┬→ KM3主触点断开 ─→ M停止
               ├→ KM3辅助常开触点(13-14)断开
               └→ KM3辅助常闭触点(21-22)闭合
```

2.7.4　异步电动机软起动控制电路

软起动器是一种集软起动、软停车、轻载节能和多种保护功能于一体的电动机控制装置，是采用电力电子技术、微处理技术等新技术设计生产的新型起动设备。该产品能有效地限制交流异步电动机起动时的起动电流，广泛应用于风机、水泵、输送类及压缩机等负载，是传统的星-三角减压起动、自耦减压起动装置的理想换代产品。

软起动器采用三相反并联晶闸管作为调压器，利用晶闸管移相控制原理，控制其导通角，使被控电动机的输入电压按照不同的要求进行变化，实现不同的起动功能。在起动电动机运行时，晶闸管的触发延迟角从零开始逐渐增加，直至全导通，电动机的绕组电压也按照预设的函数关系逐渐上升，直到满足起动转矩而使电动机平滑起动，待电动机起动完成后，再使电动机全压运行，从而实现电动机在起动的全过程中不会产生冲击电流，有效减小了电动机起动对电网的冲击以及对相关设备的不良影响。

软起动器起动与传统起动方式相比，有许多优点。第一，软起动技术可根据电动机负载情况选择相应的起动方式。第二，软起动技术可以提供更完善的保护，如故障保护、过载保护以及电压保护等。第三，通过使用软起动技术可以保证电动机的平稳运行，减少维护、维修工作量。第四，采用软起动技术可以有效地节约能源。

1. NJR2-D 系列软起动器介绍

NJR2-D 系列软起动器是正泰电器公司生产的，以先进的双 CPU 控制技术为核心，控制可控硅模块，实现三相交流异步电动机的软起动、软停止功能，同时具有过载、输入缺相、输出缺相、负载短路、起动限流超时、过电压、欠电压等多项保护功能。

NJR2-D 系列软起动器需外置旁路接触器，适用于电压系列为 380 V，功率规格为 7.5～500 kW 的三相异步电动机的起动控制，具有负载适应性强、运行稳定可靠等特点。

NJR2-D 系列软起动器外观及外部接线端子如图 2-24 所示。

图 2-24 NJR2-D 系列软起动器外观及外部接线端子

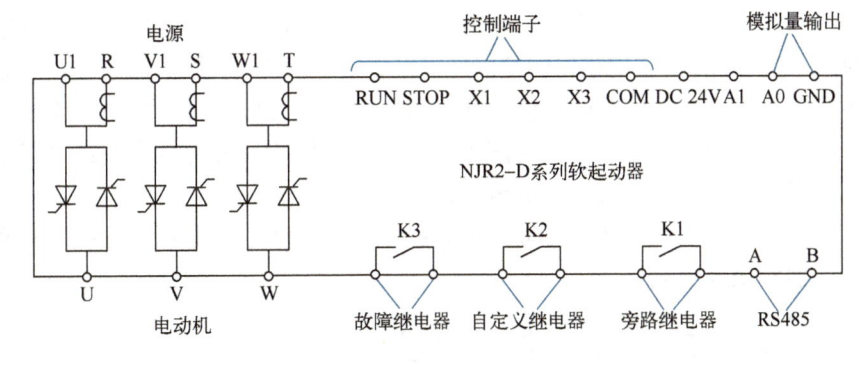

图 2-24 中，主电路接线端子 R、S、T 连接外部三相电源，U、V、W 连接电动机负载。U1、V1、W1 端子与 U、V、W 端子间可连接旁路接触器，当起动完成后，通过旁路接触器实现全压运行。控制端子中，RUN、STOP 端子连接外部起动、停止控制按钮，X3 端子连接急停按钮；AO、GND 端子为电动机工作电流的模拟量输出端子。该电路还提供故障、旁路控制等继电器输出端子，以及 RS485 通信端子等，更详细的内容可查阅产品说明书。

2. 软起动器控制电路

三相异步电动机软起动控制电路典型接线如图 2-25 所示。图中左侧为主电路部分，三相电源连接至 R、S、T 端子，U、V、W 端子连接电动机；U1、V1、W1 端子与 U、V、W 端子间连接旁路接触器 KM。控制电路中，起动按钮 SB1 连接至 RUN 端子，停止按钮 SB2 连接至 STOP 端子，急停按钮 SB3 连接至 X3 端子，X1、X2 端子为备用端子。K1 触点为旁路继电器输出端子，可控制旁路接触器线圈。

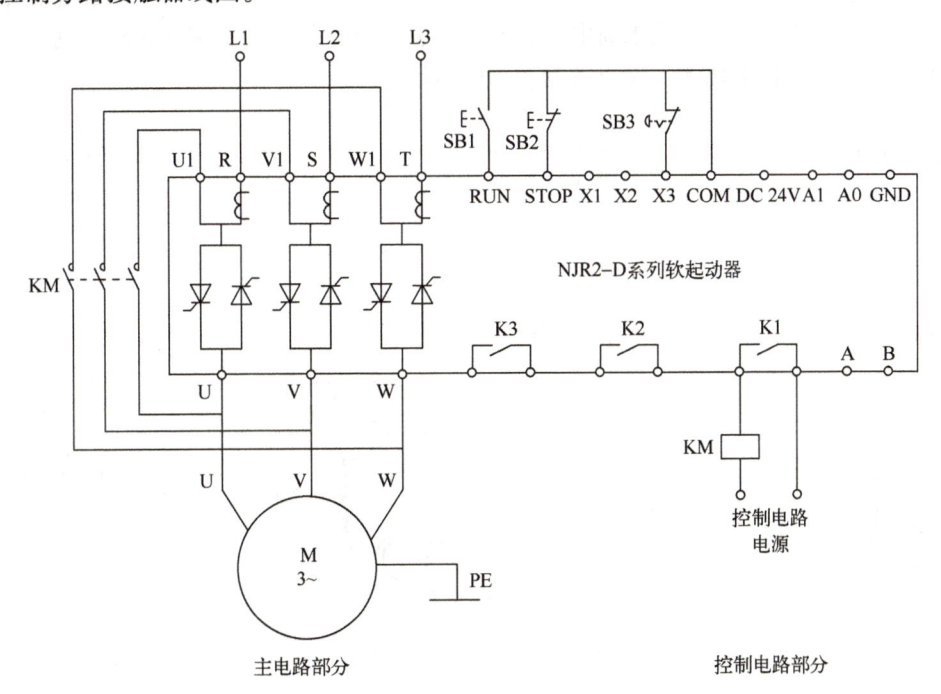

图 2-25 三相异步电动机软起动控制电路典型接线

软起动器使用时,需要首先通过操作面板进行功能和参数设置,如起动起始电压、软起动时间、起动模式、起动限制电流等。NJR2-D 系列软起动器可选择 4 种起动模式,分别为限流模式、电压模式、斜坡电流模式和双闭环模式,用户可根据拖动负载类型进行选择;操作方式也可选择键盘、外部端子或通信控制方式,本例选择外部端子三线式控制方式。设置完成后,就可通过外部主令电器进行试运行操作。

按下起动按钮 SB1,电动机开始起动,待起动时间到达后,旁路接触器 KM 得电,短接软起动器实现全压运行。

2.8 异步电动机制动控制电路

三相异步电动机正常停止时,在断开与三相电源的连接后,由于惯性作用,转子需要运转一段时间才能停止转动,这个过程称为自由停车。但在实际生产和应用过程中,有许多拖动机构要求电动机在脱离三相电源后,能够快速停止,这时就需要采取外部措施对电动机进行强制制动。常用的制动方式有机械制动和电气制动两类。

机械制动是采用外部机械装置,通过外力作用到转动机构上,使电动机减速、停止。它是一种无功制动方式,大多通过摩擦的方式将制动转矩传递到转动轴上,通常采用摩擦制动器、电磁抱闸机构、制动片、刹车片等方式。常用的电磁抱闸装置由制动电磁铁和闸瓦制动器构成,分为断电制动型和通电制动型。

电气制动是在电动机切断电源后,通过电路调整产生一个和电动机实际转向相反的电磁力矩(制动力矩),以使电动机迅速停转。常用的方法有反接制动、能耗制动、回馈制动等。

2.8.1 电动机机械制动控制电路

三相异步电动机机械制动原理与控制电路如图 2-26 所示。机械制动部分由电磁铁、闸瓦、复位弹簧等组成。在电磁铁未通电时,闸瓦在复位弹簧的作用下抱死转轴,通电后,电磁铁拉起闸瓦,转轴可自由转动。该机械制动为断电制动型。

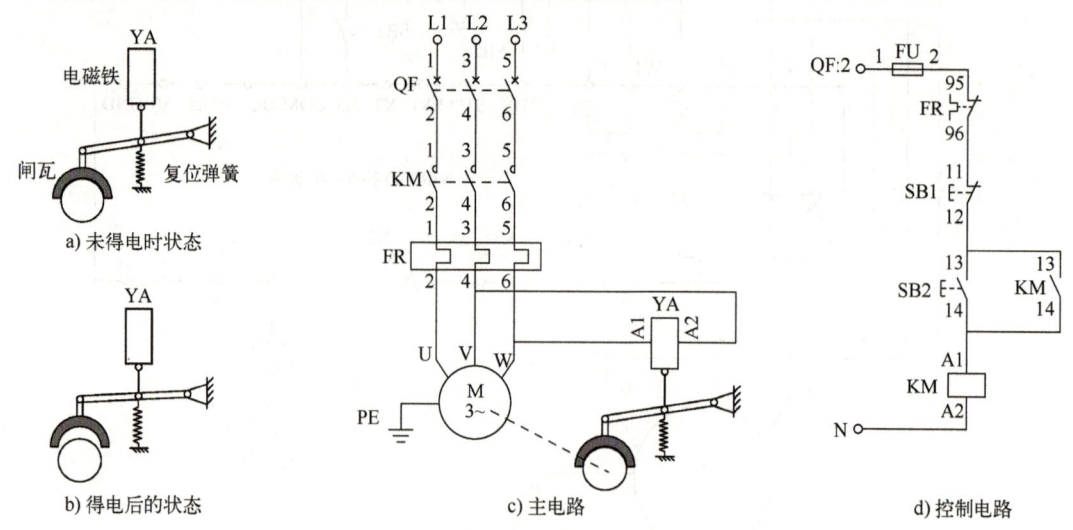

图 2-26 三相异步电动机机械制动原理与控制电路

控制电路采用典型的起保停电路示例。系统运行时,闭合断路器 QF;当起动按钮 SB2 按下后，接触器线圈 KM 得电并通过辅助常开触点自锁；KM 主触点闭合后，电磁铁 YA 得电，将闸瓦与转轴分离，电动机正常起动并运行；停止时，按下停止按钮 SB1，接触器 KM 线圈失电，主触点释放；电动机脱离三相电源，同时电磁铁 YA 失电，闸瓦在复位弹簧的作用下复位并抱紧电动机转轴实现快速制动。

2.8.2 电动机反接制动控制电路

电动机的反接制动是指电动机在断开三相电源后，立即接通与原电源相序相反的三相电源，通过产生的反向转矩使电动机快速停转。由于电动机制动时接入了反相序电源，为避免电动机反向旋转，当转速下降至接近零速时必须及时切除电源，一般采用速度继电器配合实现。

1. 电路介绍

三相异步电动机反接制动控制电路如图 2-27 所示。主电路中，KM1 为电动机直接起动运行控制接触器；KM2 为反接制动控制用接触器，该路径实现相序调整（1，3 两相对调），并在电路中串联了制动电阻，用来限制和调整反接制动时的冲击电流和制动转矩。电动机转轴连接有速度继电器 SR，用于检测电动机转向和转速的变化。注意，KM、KM2 不能同时吸合，否则会出现电源短路，控制时应进行互锁。

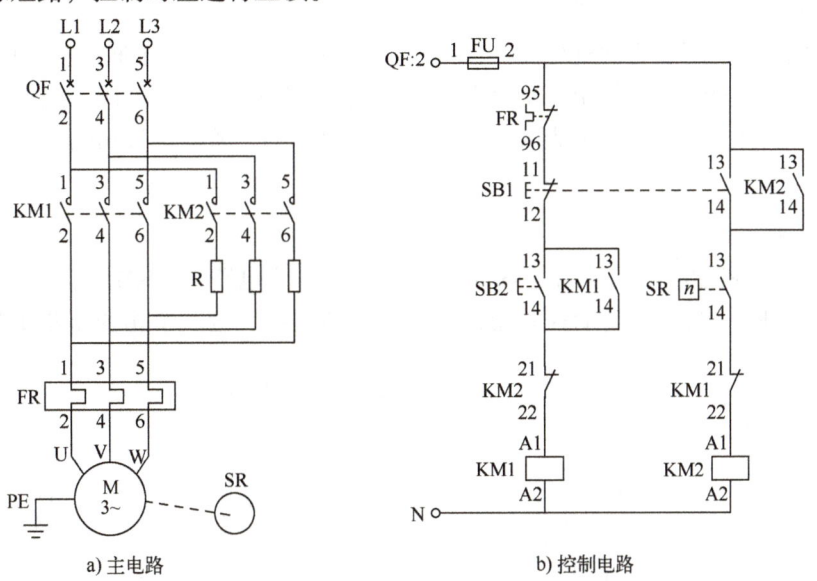

图 2-27 三相异步电动机反接制动控制电路

控制电路中，SB1 为停止与制动按钮，即常开+常闭（1NO+1NC）双联按钮，SB2 为起动按钮。

2. 操作过程分析

在控制时，接触器 KM1 实现电动机全压起动运行，接触器 KM2 调整相序后串电阻实现反接制动。其动作过程分析如下。

电动机起动：

SB2↓→KM1(+)→┬→KM1辅助常闭触点(21-21)断开，互锁KM2
　　　　　　　├→KM1辅助常开触点(13-14)闭合，自锁
　　　　　　　└→KM1主触点闭合→M起动→转速>120r/min后，SR的常开触点闭合①

电动机起动后，与电动机同轴连接的速度继电器同步转动。当转速提升到 120 r/min 以上

时，速度继电器 RS 的常开触点闭合，为反接制动回路的运行做好准备。

反接制动：

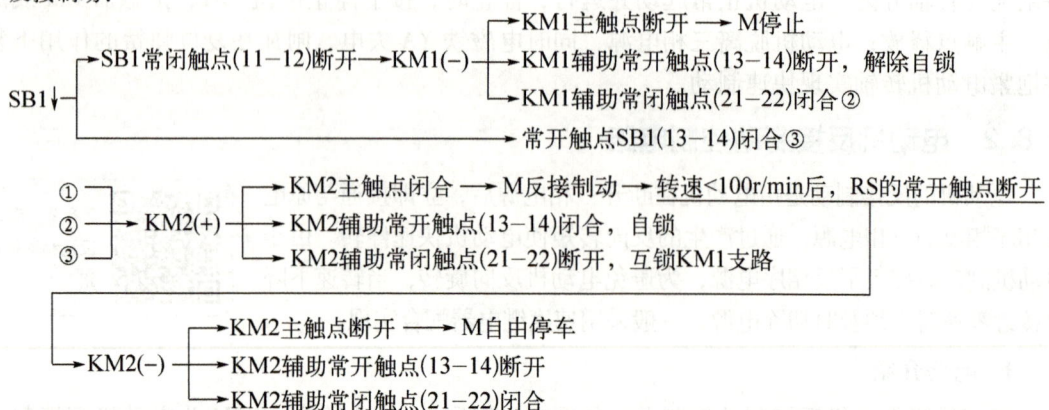

```
          ┌→SB1常闭触点(11-12)断开→KM1(-)─┬→KM1主触点断开──→M停止
SB1↓──────┤                              ├→KM1辅助常开触点(13-14)断开，解除自锁
          │                              └→KM1辅助常闭触点(21-22)闭合②
          └──────────────────────────→常开触点SB1(13-14)闭合③

  ①─┐                    ┌→KM2主触点闭合──→M反接制动─→转速<100r/min后，RS的常开触点断开
  ②─┼→KM2(+)─────────────┼→KM2辅助常开触点(13-14)闭合，自锁
  ③─┘                    └→KM2辅助常闭触点(21-22)断开，互锁KM1支路

                          ┌→KM2主触点断开──→M自由停车
      └──→KM2(-)──────────┼→KM2辅助常开触点(13-14)断开
                          └→KM2辅助常闭触点(21-22)闭合
```

电动机接入串电阻降压后的逆相序电源后，在制动转矩的作用下，转速迅速降低，当转速值低于 100r/min 时，速度继电器 RS 的常开触点断开复位，此时电动机脱离三相电源，低转速自由停车。

2.8.3 电动机能耗制动控制电路

电动机的能耗制动是指电动机在断开三相电源后，立即在定子绕组上通入直流电源，在静止磁场的作用下，继续旋转的转子绕组切割磁力线，产生感应电流，并形成与转动方向相反的制动力矩，使电动机转速迅速降低，达到制动目的。当转子静止后，需要尽快切断定子绕组中的直流电源。

1. 电路介绍

三相异步电动机能耗制动控制电路如图 2-28 所示。主电路中，KM1 为电动机直接起动运行控制接触器；KM2 为能耗制动控制用接触器，该路径中，接入单相变压器 T 和桥式整流电

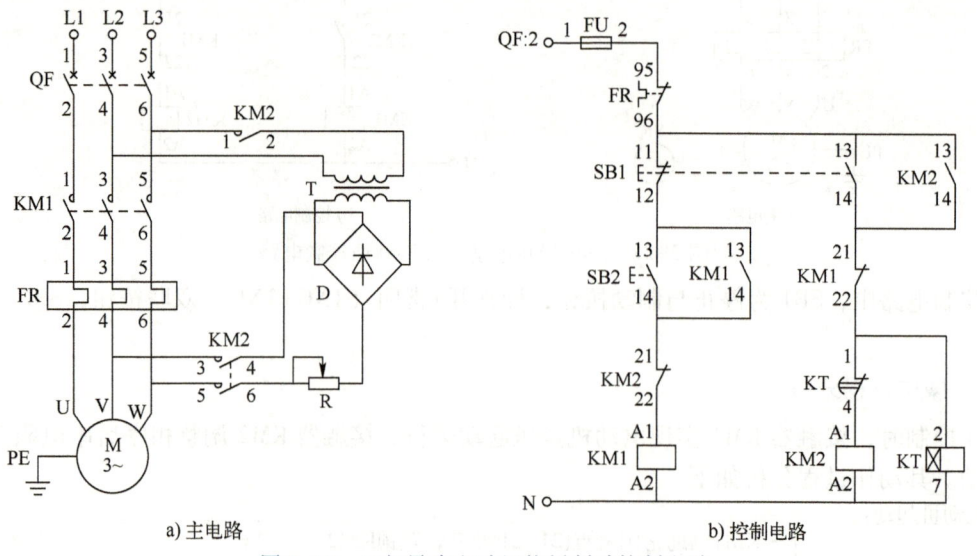

图 2-28 三相异步电动机能耗制动控制电路

路 D，将交流电变压后整流为直流电；R 为可调电阻，用于调节制动电流的大小。为防止交直流电源同时接入电动机绕组，KM1、KM2 不能同时吸合，控制时应进行互锁。

控制电路中，SB1 为停止与制动按钮，即常开+常闭（1NO+1NC）双联按钮，SB2 为起动按钮；时间继电器 KT 用于设置制动电路工作的时间。

2. 操作过程分析

在控制时，接触器 KM1 实现电动机全压起动运行，接触器 KM2 实现能耗制动。其动作过程分析如下。

电动机起动：

```
                  ┌─→ KM1辅助常闭触点(21-22)断开，互锁KM2支路
SB2↓ ─→ KM1(+) ──┼─→ KM1辅助常开触点(13-14)闭合，自锁
                  └─→ KM1主触点闭合 ─→ M起动
```

停止时，按下停止与制动按钮 SB1，其常闭触点断开 KM1 运行回路。其常开触点接通能耗制动电路，待电动机转速下降到零时，时间继电器 KT 动作，切断制动回路并复位各电器元件。

能耗制动：

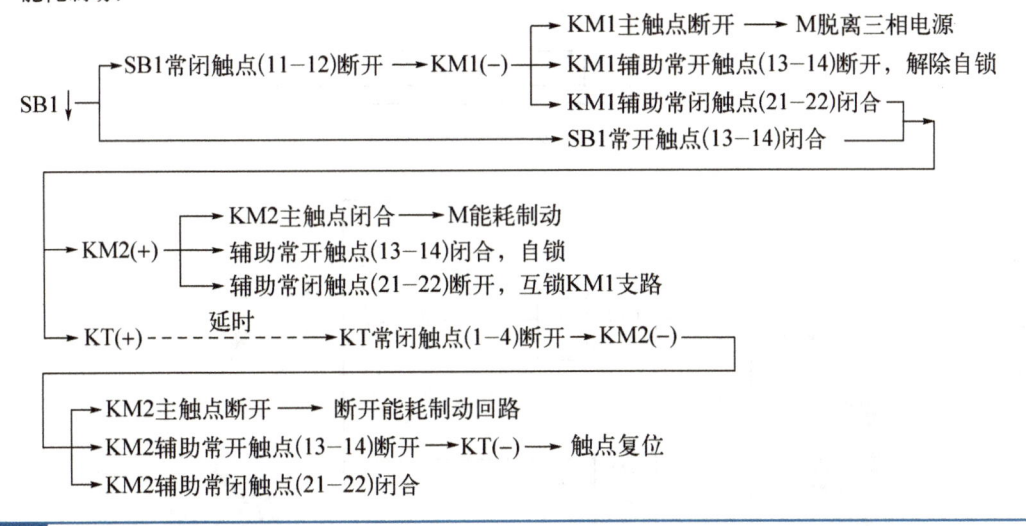

```
                                          ┌─→ KM1主触点断开 ─→ M脱离三相电源
     ┌─→ SB1常闭触点(11-12)断开 ─→ KM1(-) ─┼─→ KM1辅助常开触点(13-14)断开，解除自锁
SB1↓─┤                                    └─→ KM1辅助常闭触点(21-22)闭合 ─┐
     └─────────────────→ SB1常开触点(13-14)闭合 ────────────────────────────┤
                                                                            │
   ┌────────────────────────────────────────────────────────────────────────┘
   │         ┌─→ KM2主触点闭合 ─→ M能耗制动
   ├─→ KM2(+)├─→ 辅助常开触点(13-14)闭合，自锁
   │         └─→ 辅助常闭触点(21-22)断开，互锁KM1支路
   │                延时
   └─→ KT(+) ----------→ KT常闭触点(1-4)断开 ─→ KM2(-) ─┐
   ┌────────────────────────────────────────────────────┘
   ├─→ KM2主触点断开 ─→ 断开能耗制动回路
   ├─→ KM2辅助常开触点(13-14)断开 ─→ KT(-) ─→ 触点复位
   └─→ KM2辅助常闭触点(21-22)闭合
```

2.9 技能训练

2.9.1 三相异步电动机点动、连动控制电路接线及测试

[任务描述]

按照三相异步电动机点动、连动控制电路电气原理图，完成器件安装、导线连接、电路检查、通电测试等任务。

[任务实施]

1）准备安装底板：适合尺寸的网孔板 1 张，走线槽（25 mm×25 mm）、导轨（35mm 钢制）若干，接线端子排若干、螺杆、螺帽、垫片若干。安装工具为钢锯、螺钉旋具、剥线钳、压线钳、尖嘴钳、偏口钳、扳手等。

按照"日"字形或"目"字形布局，截取适合长度的线槽与导轨，固定安装在网孔板上，示意图如图 2-29 所示。

2）器件安装：底板需要安装的器件有 3P（或称 3 极）低压断路器 1 台（总电源开关）、2P（或称 2 极）低压断路器 1 台（控制电路）、交流接触器 1 台、热继电器 1 台、端子排若干（分为 2 组，主电路端子排与控制电路端子排），示意图如图 2-30 所示。按钮安装在按钮盒里。

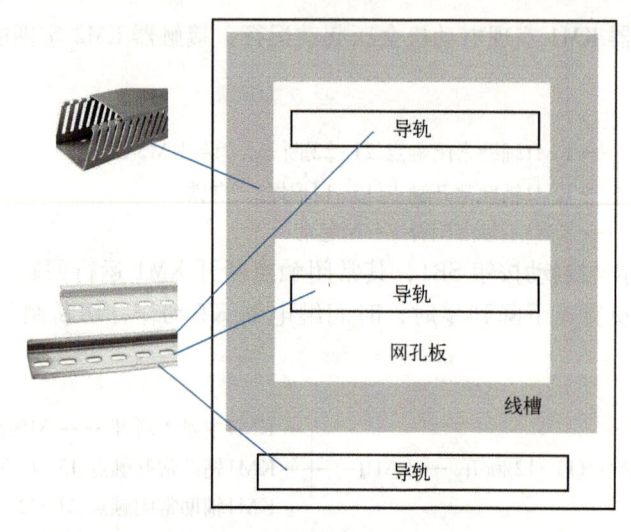

图 2-29　安装底板布局示意图

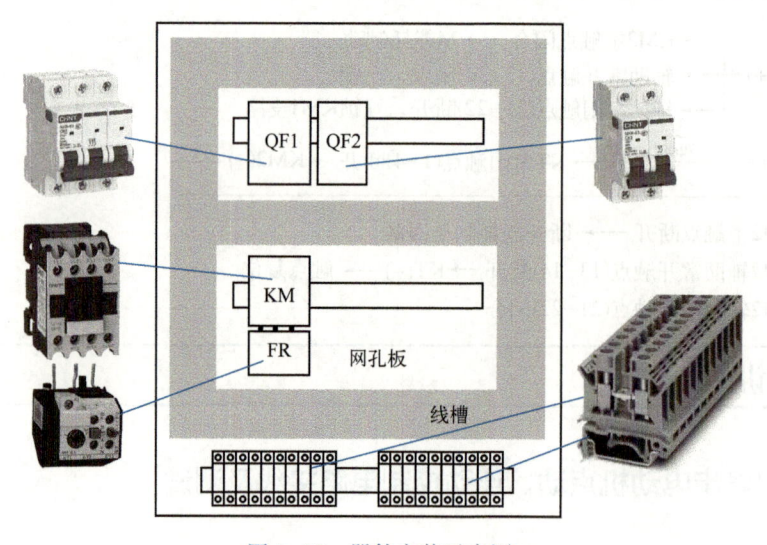

图 2-30　器件安装示意图

3）根据元器件布置情况，结合电气原理图，在电气原理图上分配器件端子代号，规划路径，计算端子排使用数量，即可将原理图转换为接线图。转换后的电气原理图如图 2-31 所示。注意：热继电器与接触器直接连接，一体化安装。控制电路电压应与接触器线圈电压一致，本例选择 AC 220V，由总电源开关 QF1 出线侧引出相线，中性线 N 从电源端子排引入。

板内器件通过导线直接连接，与外部电源、电动机、按钮的连线，需要通过端子排连接。将端子排分为两部分，主电路端子排 XT1 和控制电路端子排 XT2。主电路端子排包括电源进

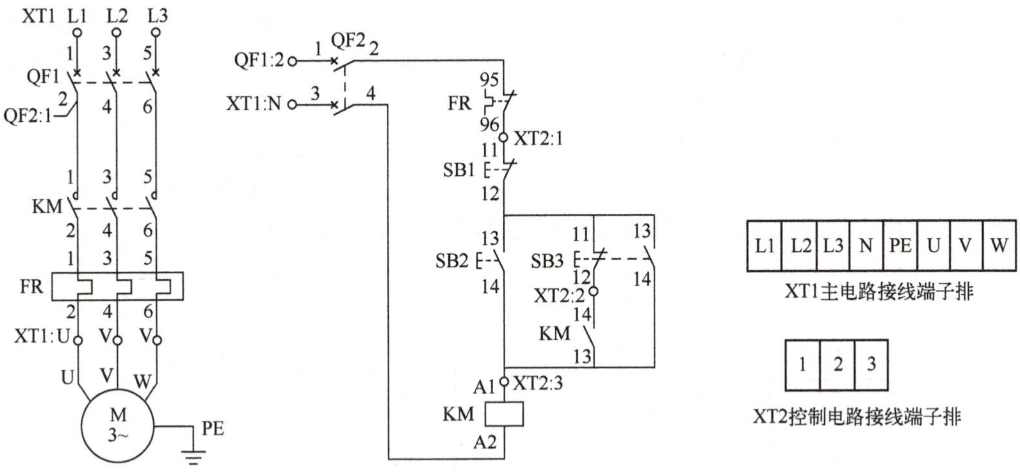

图 2-31 转换后的电气原理图

线的 5 个端子，分别为 L1、L2、L3、N、PE；电动机引出线 3 个端子，分别为 U、V、W；共计 8 个端子。控制电路需要连接 3 个按钮，按照电气原理图计算，需要使用 3 个端子；3 个按钮可安装到按钮盒中。

布线要求：导线应选择软线；剥离绝缘层时，不得损伤线芯；导线需要先压接或焊接接线端子。每根导线，应顺着器件端子接线方向直线进入线槽，沿较短路径走线并连接到下一个端子上。导线要完全放置在线槽内，避免交叉打结。端子接线必须保证连接牢靠，不能松动。器件的每个端子，最多可连接两根导线。

4) 通电前的检查：分为两步，第一步，接线完成后，按照接线图检查接线是否正确；第二步，用万用表检查主电路，控制电路各条支路器件动作情况。

5) 通电测试：检查动作情况是否正确，如不能按照要求正确动作，根据故障现象，分析可能的问题并排除。

2.9.2 三相异步电动机星形-三角形减压起动控制电路接线及测试

[任务描述]

按照三相异步电动机星形-三角形减压起动控制电路电气原理图，完成器件安装、导线连接、电路检查、通电测试等任务。

[任务实施]

1) 在网孔板上安装所需器件；需要安装的器件有 3P 低压断路器 1 台（总电源开关）、2P 低压断路器 1 台（控制电路）、交流接触器 3 台、热继电器 1 台、时间继电器 1 台、端子排若干（分为 2 组，主电路端子排与控制电路端子排）。器件布置如图 2-32a 所示。按钮 2 只，安装在按钮盒里。

2) 电动机接线：星形-三角形减压起动的电动机需从电动机接线盒中引出 6 根导线，所以需要拆除原接线盒中的短接片；引出时应注意电动机端子编号的对应关系，以保证星形—三角形连接的接线正确。连接方法如图 2-32b 所示。

3) 与外部器件连接的端子排分为两部分，主电路端子排 XT1 和控制电路端子排 XT2。主电路端子排包括电源进线的 5 个端子，分别为 L1、L2、L3、N、PE，以及电动机引出线的 6 个端子，分别为 U1、V1、W1、U2、V2、W2，共计 11 个端子。控制电路需要连接 2 个按钮，按照电气原理图计算，需要使用 3 个端子，如图 2-32c 所示。

4）自行分配器件端子，设计接线图，或参考图 2-33 完成电路连接。

5）进行通电前的检查：分为两步，第一步，接线完成后，按照接线图检查接线是否正确；第二步，用万用表检查主电路以及控制电路各条支路器件的动作情况。

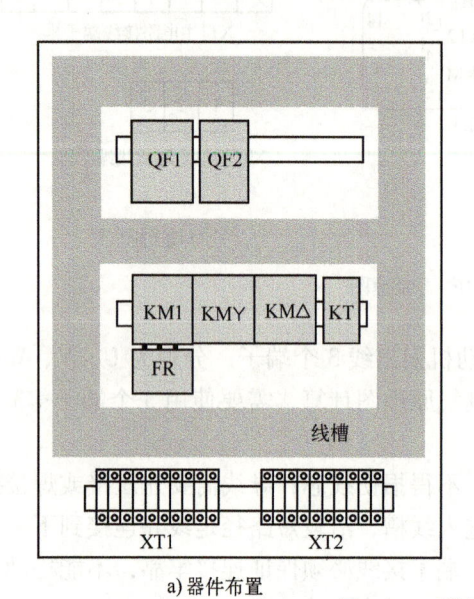

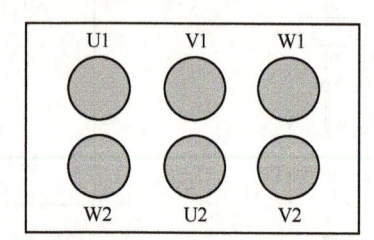

①电动机Y接时，U2、V2、W2短接，U1、V1、W1接三相电源。

②电动机△接时，U1-W2、V1-U2、W1-V2短接，U1、V1、W1接三相电源。

b) 电动机接线

XT1主电路接线端子排

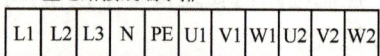

XT2控制电路接线端子排

a) 器件布置　　c) 端子排布置

图 2-32　器件布置及电动机接线

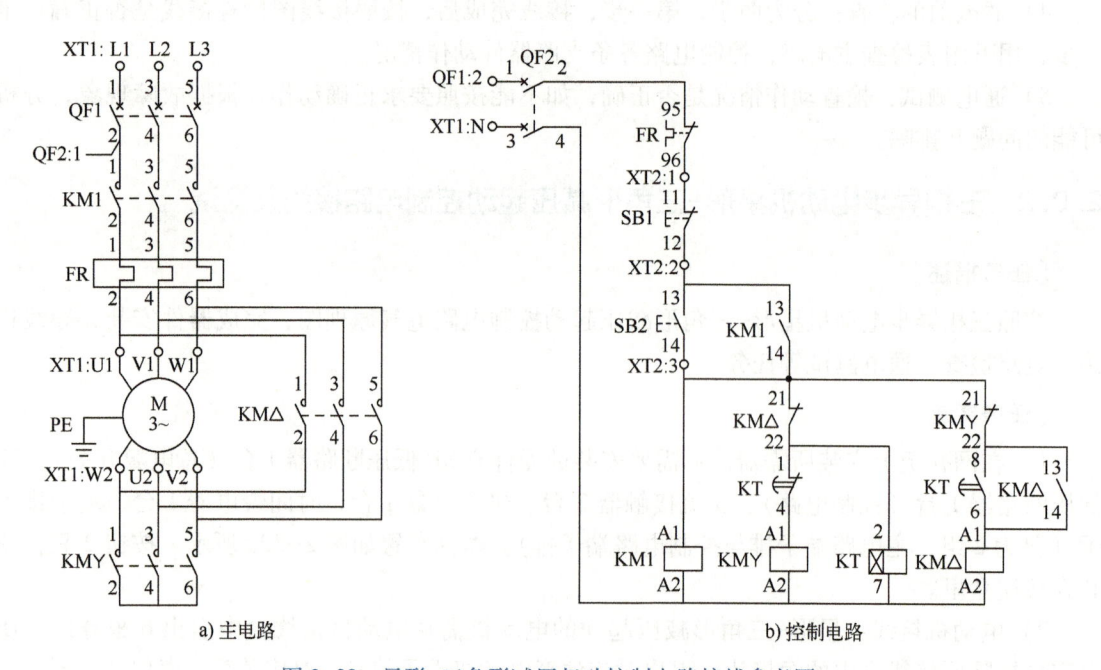

a) 主电路　　b) 控制电路

图 2-33　星形-三角形减压起动控制电路接线参考图

6）进行通电测试。如不能正确动作，分析可能的问题并排除。

智能电网——让生活更美好

智能电网就是电网的智能化，是建立在集成的、高速双向通信网络的基础上，通过先进的传感和测量技术、先进的设备技术、先进的控制方法以及先进的决策支持系统技术的应用，实现电网的可靠、安全、经济、高效、环境友好和使用安全的目标，其主要特征包括自愈、激励和保护用户、抵御攻击、提供满足用户需求的电能质量、容许各种不同发电形式的接入、促进电力市场以及资产的优化高效运行。

目前，我国电网规模和发电量均位于全球首位，所以智能电网的建设，必须立足国情、科学规划，发挥自身电网优势和自主创新精神，建设符合我国能源战略和国民需求的现代化电网。未来的智能电网，将更加安全可靠，用户在何时何地，都能得到可靠的电力供应；将更加安全，能够经受各种物理的和网络的攻击；将更加高效，损耗更低，资源配置效率更合理；将更加环境友好，通过在发电、输电、配电、储能和消费过程中的创新来减少对环境的影响。

思考与练习

1）在电气图中，文字符号 QF、QS、KM、KA、KT、SB、SA、SQ 分别表示什么电器元件？

2）三相异步电动机全压直接起动的条件是什么？

3）笼型异步电动机常用的减压起动方式有哪些？分别适用于什么场合？

4）电动机的制动方式有哪些？各自的特点是什么？

5）图 2-34 为电动机单向连续运行控制电路，请找出电路中的错误，指出问题并进行改正。

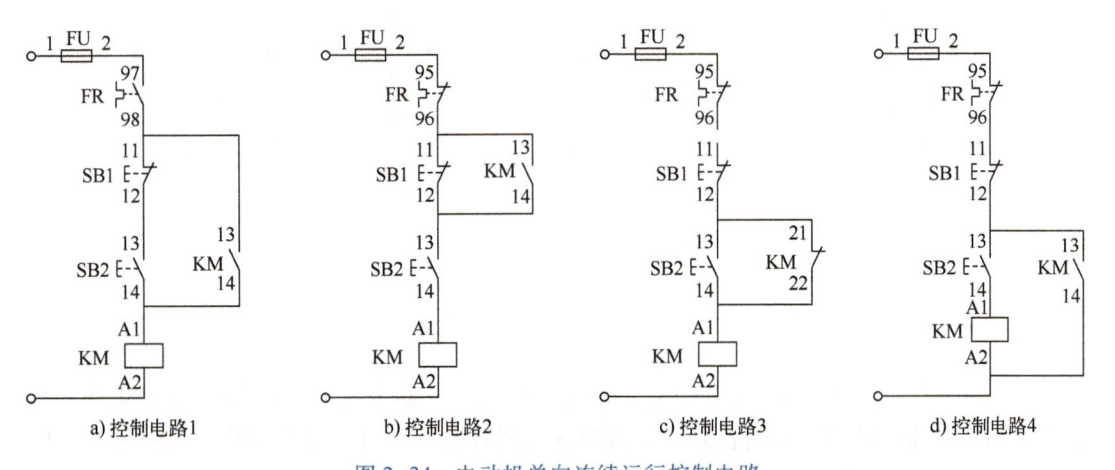

a) 控制电路1 b) 控制电路2 c) 控制电路3 d) 控制电路4

图 2-34　电动机单向连续运行控制电路

6）图 2-35 电路为电动机正反转控制电路，本电路无法正常运行，请找出错误，分析原因，并进行改正。

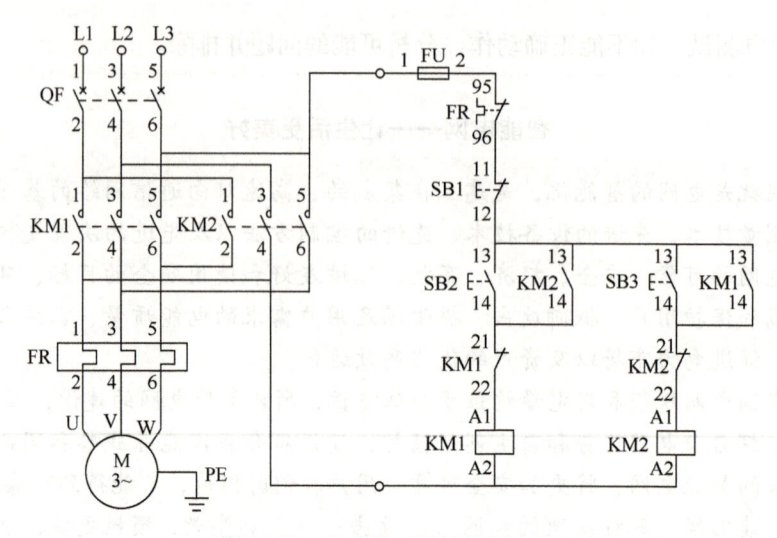

图 2-35 电动机正反转控制电路

7）电路分析：图 2-36 为采用单个按钮实现的电动机连续运行的控制电路，试分析该电路的动作过程。同时，分析当控制电路中，①如果中间继电器 KA1、KA2 支路中，未连接自锁触点，电路的动作情况；②如果中间继电器 KA1、KA2 支路中，未连接互锁触点，电路的动作情况。

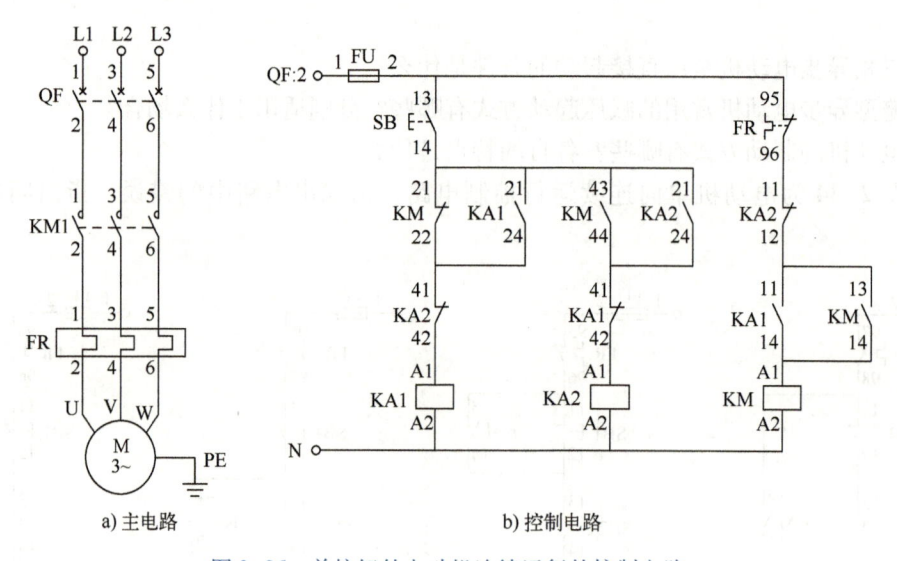

a) 主电路　　　　　　　　　　　b) 控制电路

图 2-36 单按钮的电动机连续运行的控制电路

8）电路分析：图 2-37a、b 分别为采用通电延时型、断电延时型时间继电器实现的指示灯闪烁电路，分析当开关 SA 闭合时，电路中各元器件及指示灯的动作过程。电路中，时间继电器 KT1、KT2 的作用是什么？

9）电路设计：设计两台电动机 M1、M2 的顺序起停控制电路，起动时，要求 M1 起动后，M2 才能起动；停止时，要求 M1 停止后，M2 才能停止。

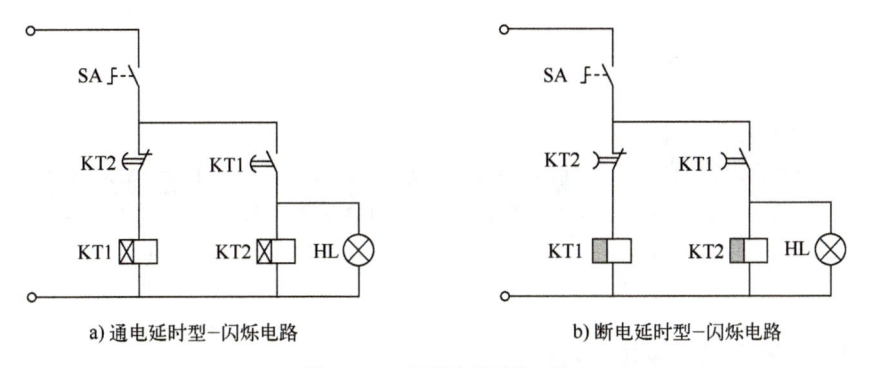

a) 通电延时型-闪烁电路　　　　b) 断电延时型-闪烁电路

图 2-37　指示灯闪烁电路

第 3 章 继电器电路分析与设计

3.1 继电器电路的分析方法

随着我国制造业的不断发展，生产设备的自动化水平越来越高，传统的继电器—接触器控制方式逐渐过渡到 PLC 控制、计算机控制等方式，但作为基础的电气控制方式，继电器—接触器控制仍广泛应用于汽车电气控制、电动机及机床控制、气动液压控制，以及相对简单的逻辑控制场合。这里以机床控制电路为例，讲述继电器控制电路的识读与分析方法。通过对机床电路的识读与分析，强化电气图纸的识读能力，为正确使用电气设备、掌握电气维护、维修方法以及提高电气系统的设计能力打下一定的基础。

3.1.1 电气控制电路分析的主要内容

分析继电器控制电路，需要通过阅读和分析控制系统的各类技术资料，掌握系统的工作原理、技术指标、使用方法以及维护、维修方法等。主要包括以下内容：

1) 设备说明书。通过设备说明书了解电器设备的用途、操作与使用方法，电源、容量及设备要求等。

2) 电气原理图。电气原理图是分析电路工作原理的重要图纸，由主电路、控制电路、辅助电路、保护和联锁电路等构成。电气原理图是电路分析的主要内容。

3) 电气设备布置图和接线图。电气设备布置图用于表示控制系统元器件的尺寸和安装位置。接线图表示各单元内部元件之间、各单元之间的连接方式，还可了解各类导线规格和敷设方式等。

4) 元器件明细表。元器件明细表列明了系统中各低压电器元件的规格、型号、电气参数、生产厂商等信息，为系统维护、维修提供信息。

3.1.2 电路分析的方法与步骤

电气原理图的分析是电路分析的重点内容，在识读电气原理图前，应阅读相关的技术资料，了解设备的基本结构和控制要求、工作内容与流程、操作与使用方法等。然后结合具体的工艺要求，按照自上而下、从左到右、先主后辅的方式进行电气原理图的识读。

1. 主电路的识读

识读主电路时，应先明确电路中有几台用电设备（通常为电动机），然后从电源端开始，查看经过哪些控制元件，将电源接入用电设备的。根据控制元件不同的组合规律和负载侧的控制要求，就可以判断电动机的工作状态，如是否有正反转控制，起动方式、制动方式、调速等。

通过识读主电路，应清楚：①电路中用电设备的数量和性能；②每台用电设备的控制回路构成、控制方式和具体控制要求；③电路及设备的供电电源种类、配电回路中的控制和保护要求。

2. 控制电路的识读

控制回路是用于控制主电路工作状态的电路，是为主电路服务的，需要根据主电路中各用电设备的控制要求，在控制电路中找出对应的控制环节，结合具体的控制功能来进行分析。对控制电路进行分析时，可将控制回路按照用电设备进行分解，如电路过于复杂，可按照功能进行分解；在理解和掌握各部分控制电路的基本功能后，分析电路之间的联锁关系。

3. 其他辅助电路的识读

其他辅助电路是除去控制电路的其他电路，如照明电路、指示电路、故障及检测电路等。应按照设备的实际功能和要求，结合电路进行具体分析。

3.2 铣床电气控制电路

铣床主要用于加工零件的平面、斜面、沟槽等型面，装上分度头以后，可以铣削直齿轮或螺旋面；装上圆工作台，则可以铣削凸轮和弧形槽。铣床用途广泛，在金属切削机床中的使用数量仅次于车床。其种类很多，有卧铣、立铣、龙门铣、仿形铣及各种专用铣床。下面以X62W型万能卧式铣床为例，讲述铣床的电气控制电路。

3.2.1 铣床的结构及电气控制要求

X62W型万能卧式铣床主要由床身、悬梁、刀杆支架、工作台、溜板箱和升降台等部分组成。其正面外形结构如图3-1所示。床身固定在底座上，内装主轴电动机及传动、变速机构。床身顶部有水平导轨，悬梁可沿导轨水平移动，用以调整铣刀的位置。刀杆支架装在悬梁上，可在悬梁上水平移动。升降台可沿床身上的垂直导轨上下移动。下溜板在升降台的水平导轨上，可做平行于主轴轴线方向的横向移动。工作台安装在上溜板上，可在下溜板导轨上做垂直于主轴轴线的纵向移动。

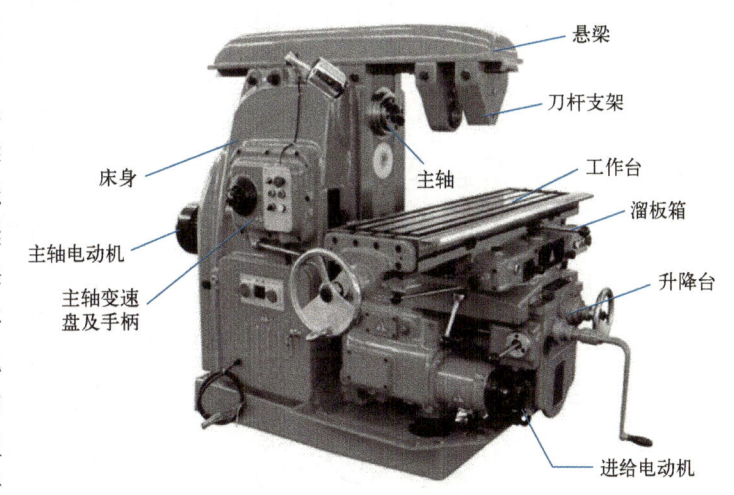

图3-1 X62W型万能卧式铣床外形结构

根据铣床的工艺要求，X62W型万能卧式铣床需要实现以下3种运动方式：一是主运动，由主轴带动铣刀的旋转运动；二是进给运动，加工中工作台带动工件的移动（包括升降台的上下移动、下溜板的横向移动和上溜板工作台的纵向移动）或圆工作台的旋转运动；三是辅助运动，工作台带动工件在3个方向的快速移动及悬梁、刀杆支架的移动。

X62W型万能卧式铣床采用了三台异步电动机拖动，其中主轴电动机M1根据控制和工艺要求，采取起动前预选正、反转（满足顺铣和逆铣的工艺要求，加工过程中不变换转向），空载直接起动连续运行，停车时反接制动控制。

进给电动机实现工作台的纵向、横向和垂直3个方向的进给运动以及圆工作台的旋转运动，要求同一时间只允许工作台向一个方向移动，故3个方向的运动之间应有联锁保护。当圆工作台旋转时，工作台不能向其他任何方向移动。

为了缩短调整运动的时间，提高生产效率，工作台应有快速移动控制。X62W 型万能卧式铣床是采用快速电磁铁吸合改变传动链的传动比来实现快速移动控制的。

主轴电动机与进给电动机之间有顺序控制要求，进给运动要在铣刀旋转之后才能进行，加工结束必须在铣刀停转前停止进给运动，以免打坏刀具及出现安全事故。为操作方便，主轴电动机的起/停及工作台的快速移动需要多地控制。

冷却泵电动机 M3 单独进行控制，当出现过载时停止进给运动。

3.2.2 铣床电气控制电路分析

1. 主电路分析

X62W 型万能卧式铣床主电路包含 3 台异步电动机的控制，其中 M1 为主轴电动机，M2 为进给电动机，M3 为冷却泵电动机。其主电路如图 3-2 所示。

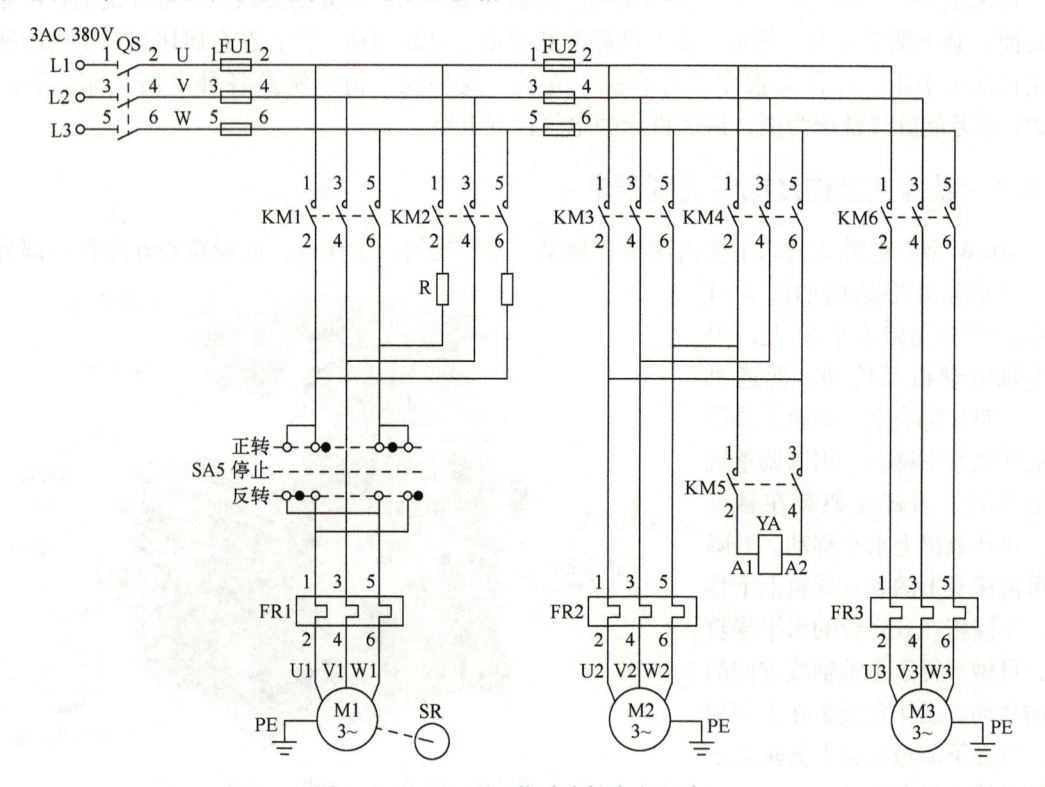

图 3-2 X62W 型万能卧式铣床主电路图

1) 铣床主电路采用三相 380V 电源，QS 为总电源开关，FU1 为 M1 及系统提供短路保护，FU2 为主轴外的其他设备及线路提供短路保护。

2) 主轴电动机 M1 主电路中，转换开关 SA5 为电动机正、反转预选开关，在起动前可通过 SA5 设置旋转方向。接触器 KM1 主触点实现主轴电动机的直接起动、停止控制。接触器 KM2 主触点（调整相序后串电阻降压）配合速度继电器 SR 实现主轴电动机的反接制动控制。FR1 为主轴电动机 M1 提供过载保护。

3) 进给电动机 M2 主电路中，接触器 KM3、KM4 的主触点实现进给电动机的正反转控制。电磁铁 YA 为快进控制电磁铁，由 KM5 的主触点控制，当 YA 得电时，工作台调整为快速移动。热继电器 FR2 为进给电动机 M2 提供过载保护。

4) 冷却泵电动机 M3 主电路中，接触器 KM6 的主触点实现冷却泵电动机单向运行的直接起停控制。热继电器 FR3 为冷却泵电动机 M3 提供过载保护。

2. 控制电路分析

铣床控制电路中，包含有指示灯电路、照明电路和电动机控制电路，如图 3-3 所示。

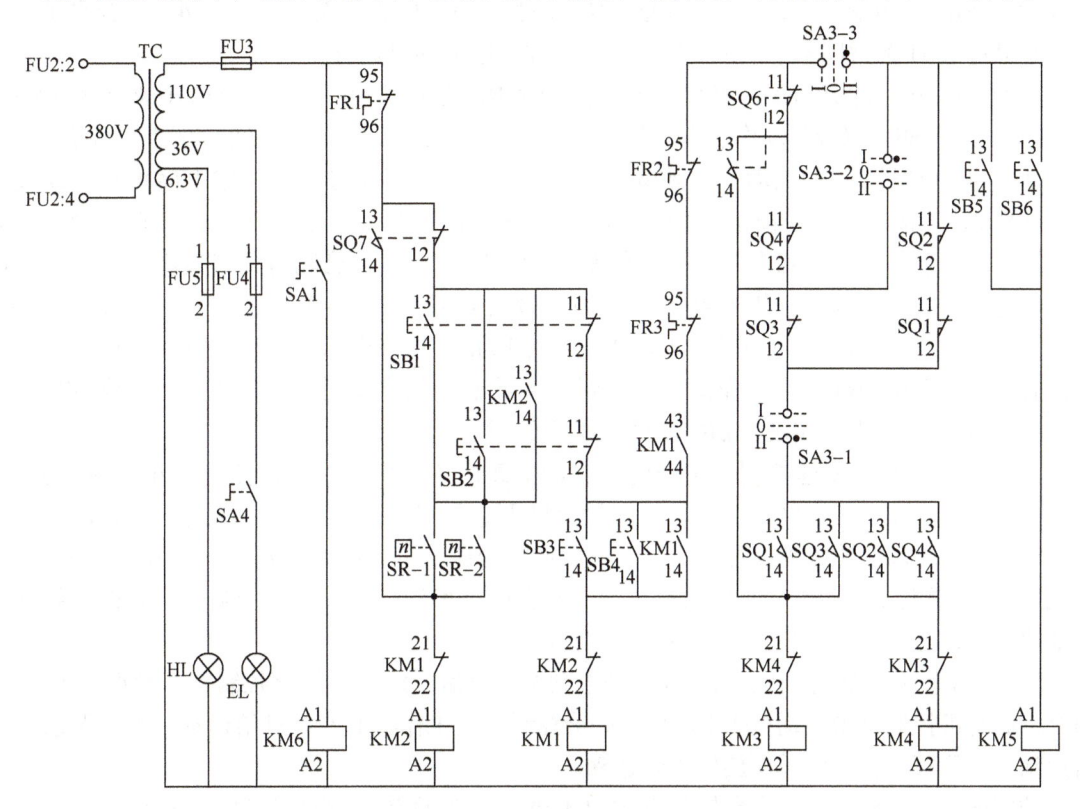

图 3-3　X62W 型万能卧式铣床控制电路图

1) 控制电路电源：由单相隔离变压器 TC 提供，一次侧为单相 AC 380V，二次侧不同抽头输出 3 种电源。其中，指示灯电路为 AC 6.3V；照明电路为 AC 36V；控制电路为 AC 110V。单相熔断器 FU3、FU4、FU5 分别为控制电路、照明电路、指示灯电路提供过载及短路保护。

2) 指示灯及照明电路：指示灯 HL 为机床电源指示灯，当主电源开关 QS 闭合后，指示灯 HL 点亮。EL 为照明灯，当加工过程中需要增强局部照明时，可通过手动开关 SA4 控制 EL 点亮，以提高加工区照度。

3) 冷却泵电动机 M3 控制电路：冷却泵电动机 M3 的控制为接触器 KM6 线圈支路，当旋钮开关 SA1 置 ON，KM6 线圈得电，主触点闭合，冷却泵电动机 M3 直接起动，拖动冷却泵运行；当旋钮开关 SA1 置 OFF 时，KM6 线圈失电，主触点断开，冷却泵电动机 M3 停止。

4) 主轴电动机 M1 控制电路：主轴电动机 M1 的控制为 KM1、KM2 支路，其中 KM1 为电动机起动、停止控制回路，KM2 为制动控制回路。线路中，SQ7 为主轴变速行程开关，SB1、SB2 为双地控制的主轴停止与制动按钮，SB3、SB4 为双地控制的主轴起动按钮，速度继电器 SR 的两对常开触点 SR-1、SR-2 为主轴正、反转时分别动作的触点，当电动机转速超过整定值时触点闭合，低于整定值时触点断开复位。KM1、KM2 支路中，为避免同时得电，设置了互锁触点。接触器KM1辅助常开触点（43-44）为顺序控制触点，当主轴起动运行后，才能允许进给电动机运行。

主轴电动机M1的控制方式如下。

① 主轴电动机M1的起动：主轴电动机起动前，首先通过预选开关SA5预选电动机起动方向，然后在操作工位按下起动按钮SB3或SB4，则KM1线圈得电，电动机M1直接起动；同时KM1的辅助常闭触点（21-22）互锁KM2支路，KM1的常开触点（13-14）闭合自锁，顺序控制触点KM1的常闭触点（43-44）闭合允许进给电动机运行。

当主轴电动机起动运行后，随着转速提升，达到速度继电器SR的整定值时，其常开触点SR-1（正转动作）或SR-2（反转动作）中，必有一个触点动作闭合，为下一步的制动控制做好准备。

② 主轴电动机M1的制动：主轴电动机M1制动时，可在操作工位按下停止与制动按钮SB1或SB2，该按钮为双联按钮（1NC+1NO），按钮的常闭触点将断开KM1线圈回路，KM1触点复位，电动机脱离三相电源，按钮的常开触点闭合，通过已闭合的速度继电器SR-1或SR-2触点，复位的KM1互锁触点（21-22），接通KM2线圈；KM2辅助常开触点闭合自锁，辅助常闭触点断开互锁KM1支路。此时电动机主回路接通串电阻降压后的反相序电源，开始反接制动。随着电动机转速的降低，当达到速度继电器整定值时，其触点SR-1或SR-2断开，接触器KM2失电，实现主轴电动机快速停车。

③ 主轴电动机的变速控制：主轴电动机的变速由主轴变速手柄操控行程开关SQ7实现。变速时，拉开变速手柄，SQ7受压，常闭触点断开，主轴电动机停止。变速手柄到最大位置时，SQ7复位。调整转速盘设置转速，完成后推回变速手柄，此时SQ7常开触点会短时闭合，接触器KM2得电，电动机反向抖动一下，方便变速后齿轮啮合。如未能啮合，可继续拉开主轴变速手柄，电动机带动齿轮抖动后，尝试再次啮合。

5）进给电动机M2控制电路：在主轴电动机运行后，KM1的顺序控制常开触点（43-44）闭合，此时可控制进给电动机M2运行。进给控制包括工作台的左右进给运动、上下及前后进给运动，以及圆工作台的单向旋转进给运动。

控制电路中，SA3为工作台转换开关（3档位3个触点），当控制圆工作台进给运动时，档位置为Ⅰ档，此时SA3-2触点闭合，SA3-1与SA3-3触点断开；当控制工作台进给运动时，档位置为Ⅱ档，SA3-1与SA3-3触点闭合，SA3-2触点断开。行程开关SQ1、SQ2、SQ3、SQ4为工作台进给控制开关，由两个机械手柄进行控制。分析时应注意，铣床的进给运动之间均有互锁，即任一时间，只能允许一个方向的进给运动。

工作台的控制方式如下。

① 工作台的左右进给运动：工作台的左右进给通过操控左右动作手柄实现。左右动作手柄有3个档位，分别为左行、零位、右行。当SA3工作台转换开关置为Ⅱ档（SA3-1与SA3-3触点闭合，SA3-2触点断开），十字手柄置零位时，如左右手柄置为右行位时（同时连接左右移动离合器），SQ1被压下，控制电路电源经FR3（NC）、FR2（NC）、SQ6（NC）、SQ4（NC）、SQ3（NC）、SA3-1（Ⅱ档）、SQ1（NO）、KM4（NC），接通KM3线圈，M2电动机正转，拖动工作台右移。当手柄置为左行位时，SQ2被压下，控制电路电源经FR3（NC）、FR2（NC）、SQ6（NC）、SQ4（NC）、SQ3（NC）、SA3-1（Ⅱ档）、SQ2（NO）、KM3（NC），接通KM4线圈，M2电动机反转，拖动工作台左移。

② 工作台的前后、上下进给运动：工作台的前后、上下进给由一个十字操作手柄进行控制；十字操作手柄有5个位置，分别为上行位、下行位、前行位、后行位、零位。当手柄位于

前后或上下进给位置时，机械上会连接前后或上下移动离合器，拖动工作台实现不同方向的进给运动。当SA3工作台转换开关置为Ⅱ档（SA3-1与SA3-3触点闭合，SA3-2触点断开），左右手柄置为零位，十字手柄置为前行位或下行位时（连接不同离合器），SQ3被压下，控制电路电源经FR3（NC）、FR2（NC）、SA3-3（Ⅱ档）、SQ2（NC）、SQ1（NC）、SA3-1（Ⅱ档）、SQ3（NO）、KM4（NC），接通KM3线圈，M2电动机正转，拖动工作台前行或下行；当十字手柄置为后行位或上行位时，SQ4被压下，控制电路电源经FR3（NC）、FR2（NC）、SA3-3（Ⅱ档）、SQ2（NC）、SQ1（NC）、SA3-1（Ⅱ档）、SQ4（NO）、KM3（NC），接通KM4线圈，M2电动机反转，拖动工作台后行或上行。

③ 圆工作台的单向旋转进给运动：为扩大加工能力，可在工作台上安装圆工作台。圆工作台只能实现单方向的回转运动。圆工作台进给运动时，需要禁止其他方向的进给运动，此时应将工作台的两个操作手柄置于零位；同时将工作台转换开关SA3置为Ⅰ档（SA3-2触点闭合，SA3-1与SA3-3触点断开）。此时，控制电路电源经FR3（NC）、FR2（NC）、SQ6（NC）、SQ4（NC）、SQ3（NC）、SQ1（NC）、SQ2（NC）、SA3-2（Ⅰ档）、KM4（NC），接通KM3线圈，M2电动机正转，并通过传动机构使圆工作台回转运行。

④ 工作台的快速移动：工作台的快速移动是通过点动控制电磁铁YA来实现的，当YA得电后，摩擦离合器动作，通过调整传动机构实现工作台的快速移动。当工作台进给运动时，可在操作工位按下快速移动按钮SB5或SB6，接触器KM5线圈得电，电磁铁YA得电，从而使工作台向进给方向快速移动。松开按钮后，工作台转为进给运动。

3.2.3 铣床电路故障诊断及排除

1. 故障诊断与排除方法

机床的控制电路是由各类继电器、接触器、主令电器、控制及保护电器、电动机等，按照一定的接线规则用导线连接构成的。因电路较为复杂，所以故障种类较多，现象各异，但只要清楚机床的动作流程、电路的构成和工作原理，掌握基本电气控制规律和典型电路，就可以进行正确的故障分析并快速排除故障。

当出现机床故障时，首先应询问操作者故障出现时的具体情况，尽快确认故障出现的原因，并大致定位故障的范围。然后进行机床电路检查，一般建议先进行断电检查，排除短路型故障后，方可进行通电检查。

检查内容主要包括：电源及配电部分是否正常，保护电器有无动作，是否需要更换熔管等，如出现断路器跳闸、熔断器熔断等现象，考虑电路中可能存在短路或严重过载情况；确认导线连接情况，是否有松动、掉线、发热或绝缘破损等情况，如出现发热和绝缘烧损情况，还要检查连接电器触点是否烧损，确定是否需要更换器件或导线；根据故障现象，检查各低压电器是否正常，能否正常动作，有无损坏，确定故障元件。

机床电路的故障诊断与排除，除了需要掌握机床工作流程和电气工作原理，还需要进行大量的实践和自我总结，才能够不断提高机床排故能力和水平。

2. 常见故障分析示例

（1）主轴停车时无法制动

根据铣床电气原理图，铣床制动是通过按下停止制动按钮SB1或SB2，反接制动接触器KM2吸合，电动机获得反相序电源串电阻低压反接制动。电动机能够正常运行，说明故障仅存在于反接制动回路。若操作时 KM2 不吸合，应检查控制电路中速度继电器 SR 的触点是否正常动作，KM2 支路中导线是否接触不良，或器件是否损坏。大多情况下，是因为速度继电器 SR 的常开触点不能正确动作导致的该类故障，可根据实际情况，检查并维修进行处理。铣床主轴控制电路如图 3-4 所示。

如反接制动接触器 KM2 能够正常吸合并动作，则应检查铣床主轴电动机主电路，其 KM2、制动电阻 R 构成的制动回路必定有断路情况存在，检查并排除即可恢复运行。

（2）工作台不能进给

工作台的进给是由 M2 拖动的，其控制电路如图 3-5 所示。如工作台各个方向均不能进给，因为 M1 与 M2 之间有顺序起动控制，可以先检查 M1 的工作情况，如正常继续检查 KM3、KM4 支路。首先排除顺序控制触点 KM1（43-44）、FR2、FR3 常闭触点连接情况，然后可操作进给冲动（SQ6），观察 KM3 能否正常吸合，如不能则说明 SQ6 可能出现位置移动或接触不良等情况，也可将工作台进给选择开关 SA3 调整为圆工作台位置（置为 I 档），观察 KM3 是否吸合，如不能正常吸合，说明 SQ1~SQ4 行程开关的常闭触点、SA3 开关触点或线路存在故障。

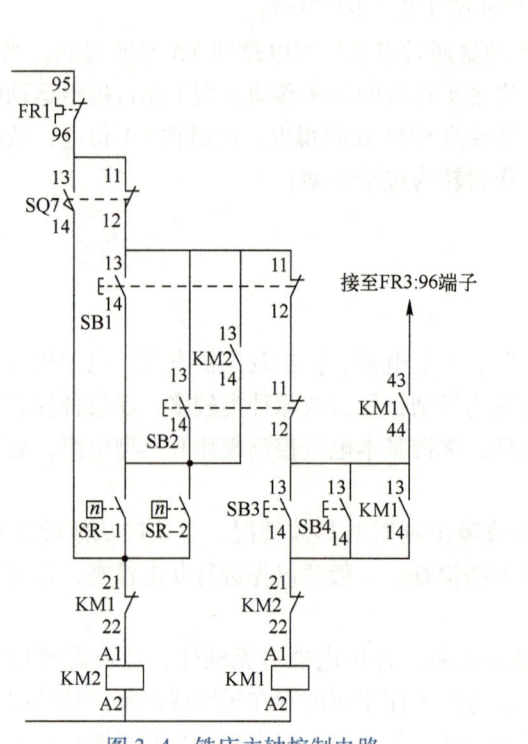

图 3-4　铣床主轴控制电路

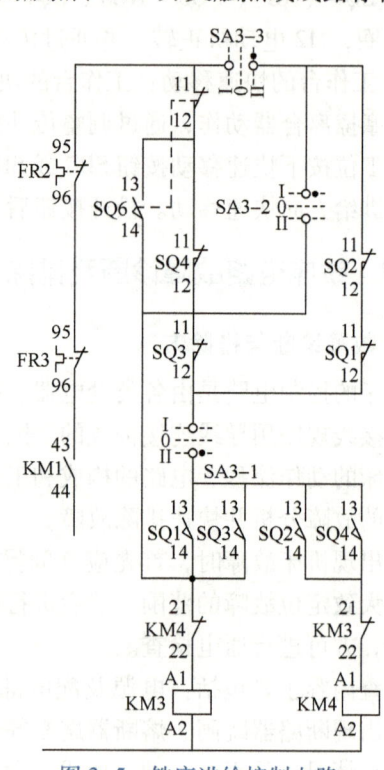

图 3-5　铣床进给控制电路

如工作台某个方向不能正常进给，一般多是进给操作手柄的行程开关 SQ1~SQ4 因为操作频繁，导致松动、位置偏移或接触不良，可根据具体现象定位后排除。

（3）工作台不能快速移动

根据电气原理图，铣床工作台的快速移动是由牵引电磁铁 YA 调整离合器改变传动机构实现的。可先检查起动回路，即按压 SB5 或 SB6，观察 KM5 是否吸合，如不能正确吸合，检查线路及器件；如能够吸合，可能是牵引电磁铁接线松落、线圈损坏或机械部分卡阻等原因造成的。

X62W 型万能卧式铣床控制系统电气原理图如图 3-6 所示。在进行电路分析和故障分析时，读者可参考电气原理图进行阅读，从而可以更好地理解和快速掌握电路动作过程。

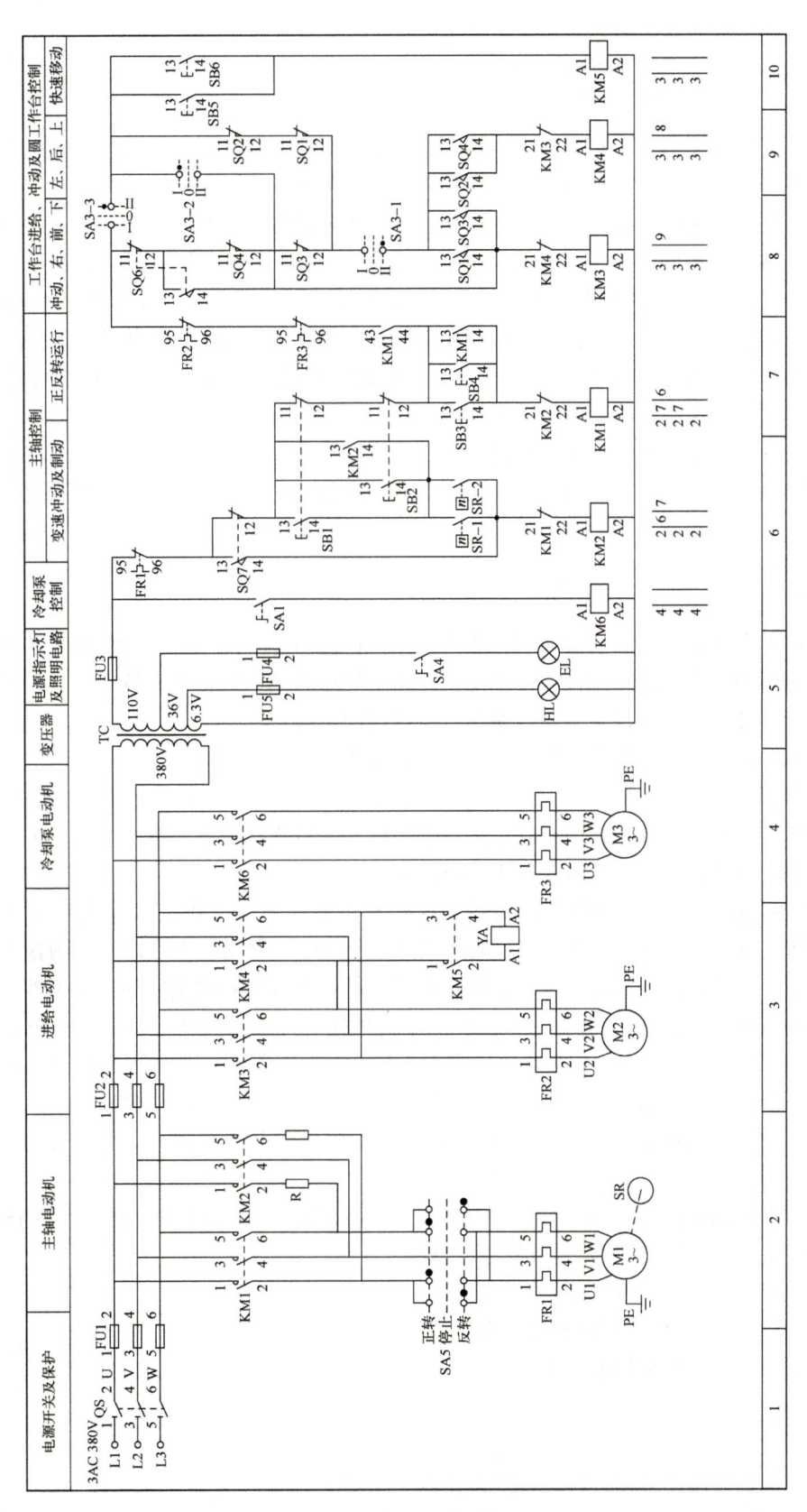

图 3-6 X62W 型万能卧式铣床控制系统电气原理图

3.3 继电器控制系统的设计

继电器—接触器控制系统是采用继电器、接触器等分立电器元件，按照生产工艺的具体要求，对电动机等生产设备进行控制和保护的控制系统，也称为继电器控制系统。

在继电器控制系统中，要完成一个控制任务，需要使用导线并按照一定的逻辑关系，将各种输入设备（按钮、控制开关、限位开关、传感器等）与若干中间继电器、时间继电器、计数继电器等相互连接，构成控制电路，然后通过输出设备（接触器、电磁阀等执行元件）去控制被控对象动作或运行，这种控制系统称作接线控制系统，所实现的逻辑称为布线逻辑，即输入对输出的控制作用是通过"接线程序"来实现的。在这种控制系统中，控制要求的变更或修改必须通过改变控制电路的硬接线来完成。

继电器控制系统作为传统的电气控制方式，具有结构简单、安全可靠、使用与维护方便等优点，且工作原理简单，易于掌握，目前仍在工业控制领域中广泛使用。继电器控制系统的设计也是工程技术人员必须掌握的基本技能。

3.3.1 设计内容

继电器控制系统的设计内容主要是根据用户的电气控制要求，设计和编制设备制造、使用、维护中需要的技术图纸和文件。图纸主要包括电气原理图、元器件布置图、接线图等；文件主要包括元器件明细表、设备使用说明书、维修说明书等。

一个简单的继电器控制系统的设计主要包含以下内容：

1）拟定电气设计任务书。电气设计任务书是根据生产工艺要求和被控设备性质，提出控制方式和实施方案的具体要求，以及项目的技术指标和经济指标要求。电气设计任务书是整个电气控制系统的设计依据，也是设备竣工验收的依据。

2）确定电力拖动方案。根据生产机械的结构和负载性质等条件，确定拖动电动机的类型、数量、传动方式以及电动机起动、运行、调速、转向、制动等控制要求。电力拖动方案选择是电气控制系统设计的主要内容之一，也是以后各部分设计内容的基础和先决条件。

3）选择合适的控制方式。控制方式主要用于实现拖动方案的具体控制要求。随着现代电气技术的迅速发展，生产机械电力拖动的控制方式从传统的继电接触器控制向 PLC 控制、CNC 控制、计算机网络控制等方面发展，控制方式越来越多。控制方式的选择应在经济、安全的前提下，最大限度地满足工艺的要求。本章主要介绍继电器控制方式的设计方法。PLC 控制方式的设计方法后面章节中会有介绍。

4）设计电气控制原理图。根据确定的拖动方案和控制方式，设计电气控制原理图。电气控制原理图由主电路、控制电路、辅助电路等构成。

5）合理选用元器件，编制元器件明细表。

6）设计并绘制元器件布置图和接线图。

7）编写设计说明书和使用说明书。

3.3.2 设计原则

在进行继电器控制系统设计时，需要遵循以下原则。

1）应最大限度地满足生产机械或设备对电气控制系统的要求，这也是电气设计的依据。

2) 在满足控制要求和保障安全的前提下，设计方案不宜盲目地追求自动化和过高的性能指标，应力求简单、经济。

3) 妥善处理机械和电气的关系，既要考虑控制系统的先进性，也要考虑制造成本、结构复杂性、易于维护维修等方面，综合平衡后确定控制方案。

4) 要有完善的保护措施，防止发生人身伤亡和设备损坏事故，同时应保证设备使用安全可靠。

5) 控制设备和元器件的安装、接线需要符合电气施工要求，做到布线线路合理、结构美观、便于操作、易于维护。

3.3.3 设计应注意的问题

为保证设计质量，根据继电器控制系统在使用和维护方面的经验积累，在电气原理图设计时通常需要注意以下几个方面的问题。

1) 电路的设计应充分考虑设备的工艺要求，在此基础上考虑采用何种控制方式，如起动、制动、正反转、调速方式等，并根据相互间的控制要求，设置合适的电气联锁及保护环节。

同时还要注意借鉴前人的成果积累，尽量选用经过长期实践检验的典型电路，如前面的点动、连动控制电路及正反转控制电路、顺序控制电路、位置控制电路等。

在设计过程中，应关注低压电器新技术、新器件的发展情况，尽可能选用性能优良、质量过关的电气元件，以保证系统的技术指标、电路工作的安全性、稳定性和可靠性的进一步提高，同时同类器件应尽量选择同一品牌、同一型号的电气器件，方便采购、安装、维护和备件等。

2) 控制电路电源种类和电压等级的选择。一般情况下，对于控制元件较少的简单控制电路，控制电路电源可选择交流 380V 或 220V，这个电源可直接从线路中获得，电路也更为简单、可靠；但对于较复杂的电路控制，从安全、维修、操作、节能等角度考虑，常选电源变压器，将控制电路电压降低到 127V、110V 或更低的电压等级。当有特殊要求时，如直流电磁铁或电磁离合器控制电路，也可采用直流电源供电方式。

其他辅助电路，如照明、指示电路、报警电路等，应尽量使用安全电压。

3) 线路设计应简洁实用，路径合理，减少导线连接时的根数与长度。例如，两地控制电路，电器元件分别布置在 3 个不同的地方，在连接导线时，要考虑如何优化电路，减少导线的接点数量和连接长度。如图 3-7 所示，与控制电路 1 相比较，控制电路 2 接线更少，结构更为合理。

一般情况，继电器控制电路在满足控制要求的前提下，线路越精简，可靠性越高，故障率越低。

4) 控制电路工作时，应该尽量减少通电电器的数量，不用的电器应从电路中切除，以延长电器的工作寿命、降低故障率并节约电能。如前面的大容量电动机串电阻降压起动控制电路，可采用图 3-8 中的两种控制电路实现。但图 3-8a 中的控制电路，在时间继电器切换后，并没有将 KM1 与 KT 线圈切除，导致器件被无效占用，出现故障增多、寿命降低、耗电量增加等情况。图 3-8b 中的控制电路在完成起动后，将 KM1 与 KT 线圈切除，电路更为合理。

5) 防止出现竞争与冒险现象。继电器电路动作时，通过电器元件之间的信号传递，电路将从一个稳定状态过渡到另一个稳定状态。在电路分析时，需要注意，低压电器从感测机构感

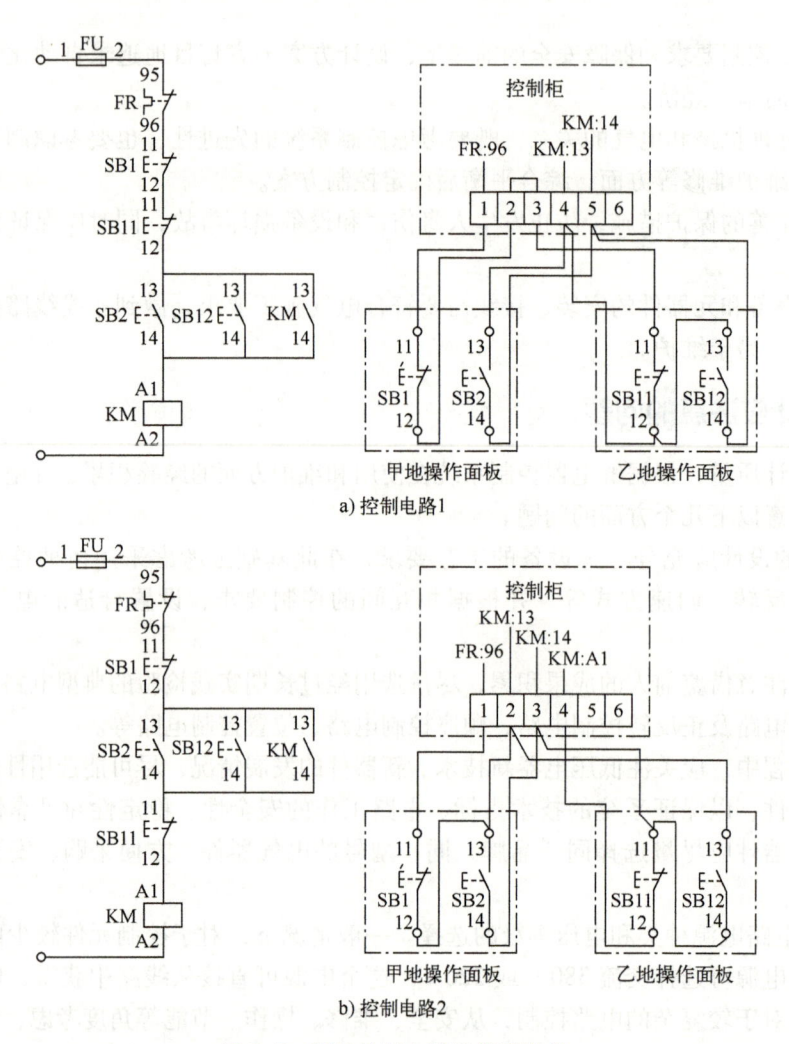

图 3-7 两地控制电路接线图比较

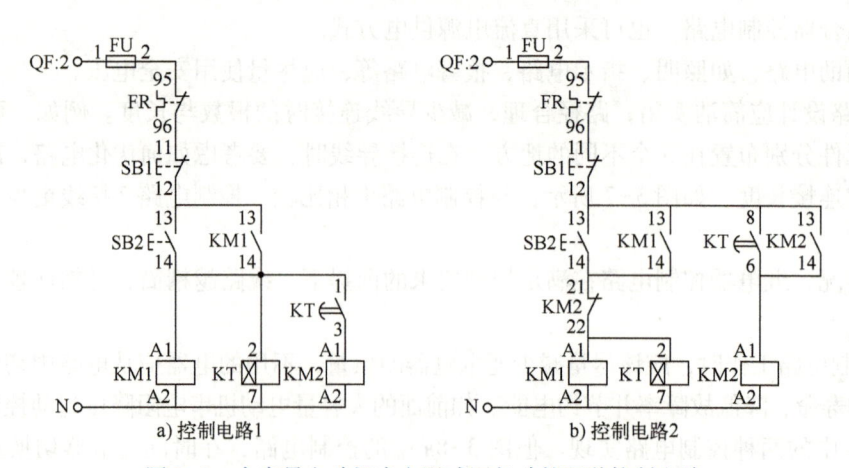

图 3-8 大容量电动机串电阻减压起动的两种控制电路

测到外部触发信号,到执行机构反应并以触点通断方式动作,是需要一段动作时间的,一般动作时间为几毫秒到几百毫秒,有时会更长。如行程开关,当移动物体碰触到接触杆,通过机械杠杆作用，在克服复位弹簧作用力，并移动一段距离后，触点才能有效动作，而接触器在线圈得电后，产生的电磁引力也需克服复位机构反作用力，移动一段位移后，才能使触点动作。

所以，电器元件在过渡过程中，如果有多个元器件同时得电，考虑到各元器件有不同的动作时间，可能会出现时序上的前后动作，从而导致不同的输出结果，这种现象称为竞争。同样，如果有多个元器件同时失电，因各触点复位时间不同，也会出现不同的结果，这种现象称为冒险。竞争与冒险现象都会造成控制电路不能按照设计要求正常动作，从而导致控制失灵。

以延时关断电路为例，如图 3-9 所示，电路的控制要求是，当电路起动后开始计时，到达设定的延时时间后，将电路断开。图 3-9a 中，在电路运行后，KT、KA 线圈得电，电路自锁，开始计时，达到计时时间后，KT 的常闭触点断开，KT、KA 线圈同时失电，此时，KT 动作后的常闭触点将开始复位动作（由断开状态转为闭合状态），KA 的常开触点将由闭合状态转为断开状态。如果 KT 的常闭触点先于 KA 的常开触点动作，则会出现在 KA 的常开触点尚未完全断开前，KT 的常闭触点已闭合复位，导致电路再次接通，并未按照要求断开。

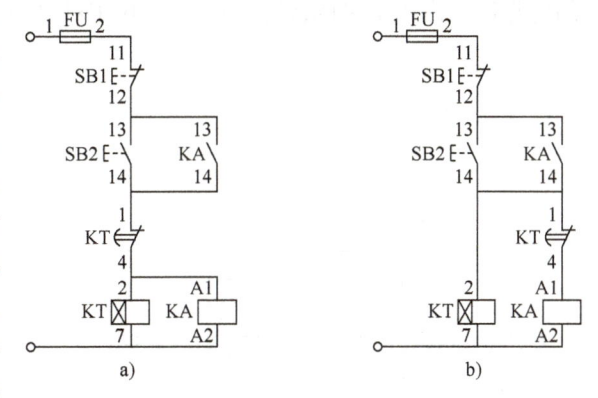

图 3-9 时间继电器延时关断电路

解决的方式是避免使用自身的常闭触点断开自己的线圈，可先使用 KT 的常闭触点断开 KA 线圈，再通过 KA 的自锁触点复位，断开 KT 线圈。如图 3-9b 所示的电路，其工作可靠性更高，避免了触点间的竞争与冒险现象。

6）电路连接应简单合理，减少触点的使用。当设计复杂继电器电路时，为表达联锁和其他逻辑关系，会使用较多的继电器、接触器触点。但各类继电器、接触器的触点数量是有限的，应在可使用范围内通过优化和逻辑简化方法来减少触点的使用，完成电路设计。如确实无法完成，可通过增加触点扩展模块或增加中间继电器的方式，进行触点的拓展。

如图 3-10a 所示，两条支路都连接有共同的触点，可在保持原功能情况下，通过共用触点，减少触点使用数量。图 3-10a 左侧电路的两条支路均使用了 KA3 的常闭触点，右侧电路重新设计后，仅使用了 KA3 的一对常闭触点。图 3-10b 电路为顺序控制电路，其左侧电路共用触点负荷较大，KA 常开触点会通过 3 个线圈回路的电流，因此负荷较大，可将电路调整为右侧的电路，更为合理。

a) 合并使用触点　　　　　　　　　　b) 减少共用触点负荷

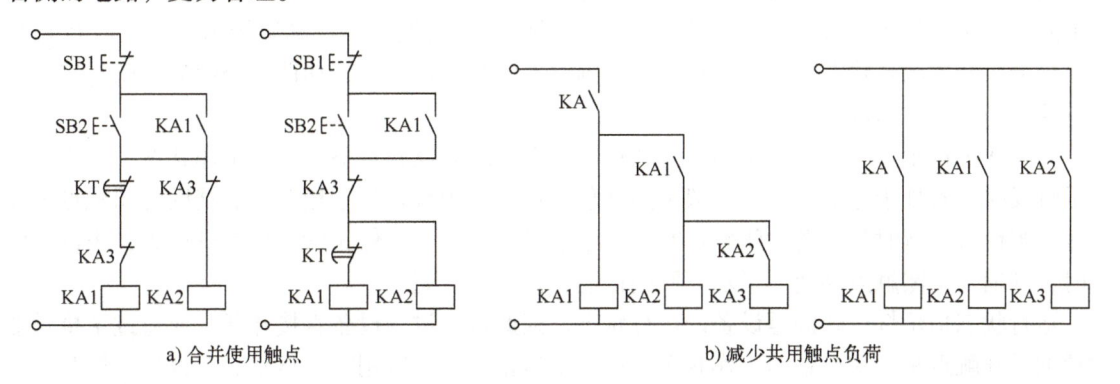

图 3-10 合理使用触点

7) 避免出现寄生电路。寄生电路是指电路在非误操作情况下,产生的意外接通的情况,导致电路误动作。

图3-11为具有指示灯的正反转控制电路,为节约触点简化电路,电路中正转、反转指示灯HL1、HL2被直接连接到了控制电路中,但如果按照图3-11a电路连接,在正常工作时如出现过载情况,如正转时过载,FR的常闭触点将断开,此时电路由于图中虚线所示的寄生电路的存在,可能使正转控制接触器KM1无法正常释放,导致电动机无法停止而烧毁。所以在复杂电路设计时,需要考虑可能出现的电流流通路径,避免出现不必要的寄生电路,影响电路工作的可靠性和出现更多的故障。图3-11b相对更为合理。

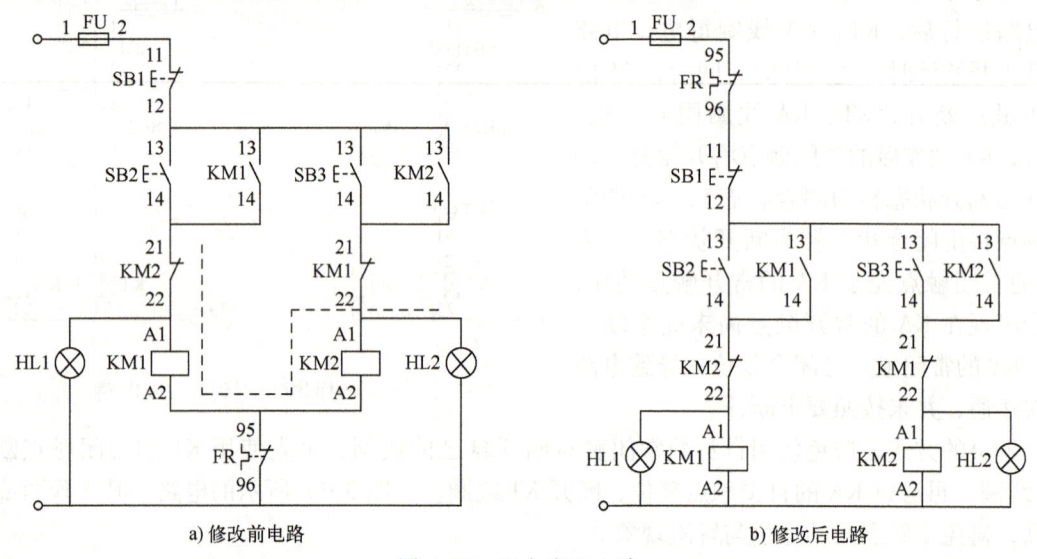

图3-11 避免寄生电路

3.4 指示灯控制电路设计

3.4.1 工作状态指示灯控制电路的设计

在电气控制电路设计时,常常需要设置一些指示灯来反映电气设备的工作状态。状态指示灯一般有电源指示灯、停止状态指示灯、运行状态指示灯和故障状态指示灯等。通过状态指示灯,可以清晰地了解设备当前的工作状态,从而提高设备的可操作性。

设备的电源指示灯用于表示设备是否上电以及电源电压是否正常。一般电源信号指示灯回路中除了电源、低压开关、变压器和熔断器,不接任何其他器件。电源指示灯常用红色灯显示,当低压开关闭合状态时指示灯点亮,分闸状态时指示灯熄灭,如前面介绍的铣床与镗床控制电路中的电源指示灯电路。

停止状态指示灯、运行状态指示灯和故障状态指示灯反映设备当前的工作状态。停止状态指示灯反映设备处于停机状态,一般也用红色显示,指示灯多与主接触器的辅助常闭触点串联连接,当设备运行时其辅助常闭触点断开,指示灯回路断开,停止状态指示灯熄灭;当设备停机时,其辅助常闭触点导通,指示灯回路接通,指示灯点亮。

运行状态指示灯反映的是设备的运行状态,因此可通过与设备直接并联,或通过主接触器的辅助常开触点来反映设备的工作状态。运行状态指示灯一般用绿色显示。与设备直接并联的方式可参见图3-11。

故障状态指示灯反映设备的故障情况，一般用黄色显示。故障状态指示灯需要和反映设备故障的元件相连，如出现过载时可通过热继电器的常开触点来反映过载故障。

1. 电动机连动控制指示电路

设计要求：设计三相异步电动机连动（起保停）控制指示灯电路，要求能够通过指示灯显示电动机的停止状态、运行状态、过载状态。

设计思路：电动机的停止状态与运行状态可通过接触器 KM 的得电与失电进行反映。当接触器线圈失电时，电动机未接入三相电源，处于停止状态；得电后，电动机接入三相电源，起动并连续运行。接触器的辅助常闭与常开触点分别串联连接状态指示灯即可满足状态显示要求。当电动机过载时，热继电器动作，过载状态指示灯可通过串联热继电器的常开触点来实现。

连动（起保停）控制指示灯电路如图 3-12 所示。指示灯电路电源可根据需要选择与控制电路不同的电压等级供电，如 AC 6.3V 或 AC 12V。指示灯颜色：一般情况下，停止状态指示灯 HL1 选择红色，运行状态指示灯 HL2 选择绿色，过载状态指示灯 HL3 选择黄色。

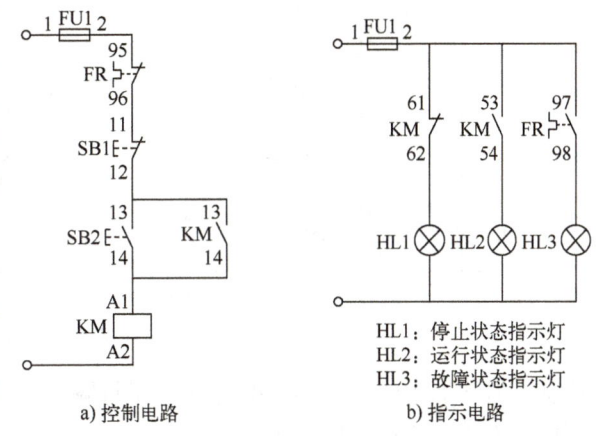

图 3-12 连动（起保停）控制指示灯电路

2. 星形-三角形减压起动控制指示灯电路

设计星形-三角形减压起动控制系统的指示灯电路，要求有电源指示、起动状态指示、运行状态指示。

设计思路：电源指示可将指示灯直接并联在控制电路中，当系统上电后，即可显示电源接入情况。起动状态指示主要显示当电动机初始起动时，绕组星形连接运行时的状态，可通过星形连接控制用的接触器 KMY 的辅助常开触点串联指示灯实现。运行状态指示表示电动机的正常工作状态，即绕组三角形接线运行时的状态，可采用三角形连接用的接触器 KM△ 的辅助常开触点串联指示灯实现。

星形-三角形减压起动控制系统的指示灯电路如图 3-13 所示，该电路提供了两种设计方案，第一种是将指示灯直接接入控制电路中，可以节省触点、减少投资，但会使电路复杂，增加维修难度；第二种是采用接触器辅助触点控制不同指示灯点亮，这种方案的电路独立、检修方便，但会增加投资。

3.4.2 流水灯控制电路的设计

1. 连续点亮流水灯控制电路

控制要求：设计一个继电器控制电路，实现 4 盏流水灯的控制。要求按下起动按钮后，4 盏灯按照 2s 的周期依次连续点亮，直至 4 盏灯全部点亮，按下停止按钮后，4 盏灯同时熄灭，也可通过钮子开关进行起停控制。

设计思路：采用起动与停止按钮实现系统起停，可通过起保停电路实现。起保停电路的自

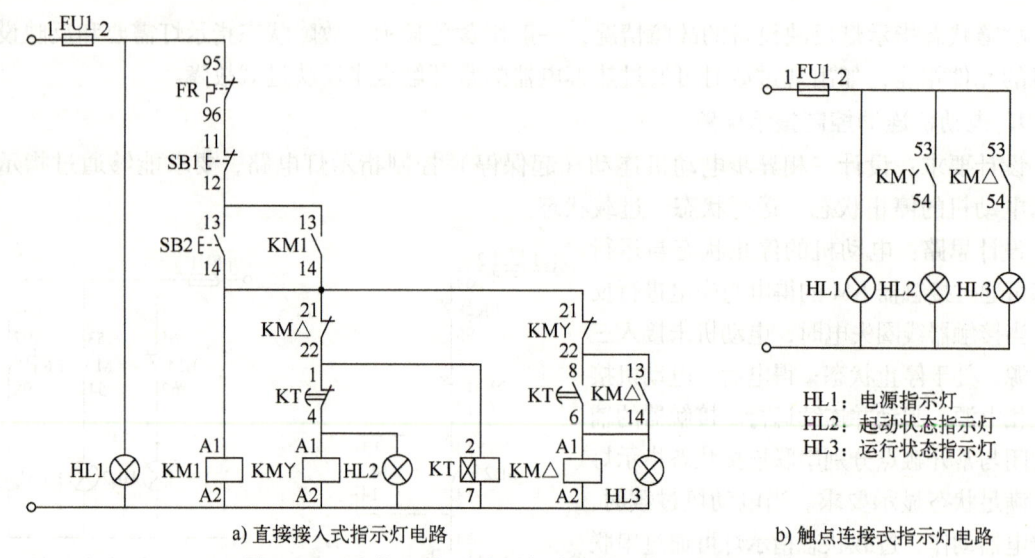

a) 直接接入式指示灯电路　　　　　　　　b) 触点连接式指示灯电路

图 3-13　星形-三角形减压起动控制系统的指示灯电路

锁控制，需增加中间继电器。4 盏灯需要每隔 2s 点亮 1 盏，间隔时间可以通过时间继电器，通过接力方式完成指示灯依次点亮。

电路实现：设计电路如图 3-14 所示。图 3-14a 为采用起动、停止按钮控制的流水灯电路，图 3-14b 为采用手动开关控制的流水灯电路。两电路的动作过程及其间的差异，读者可自行分析。

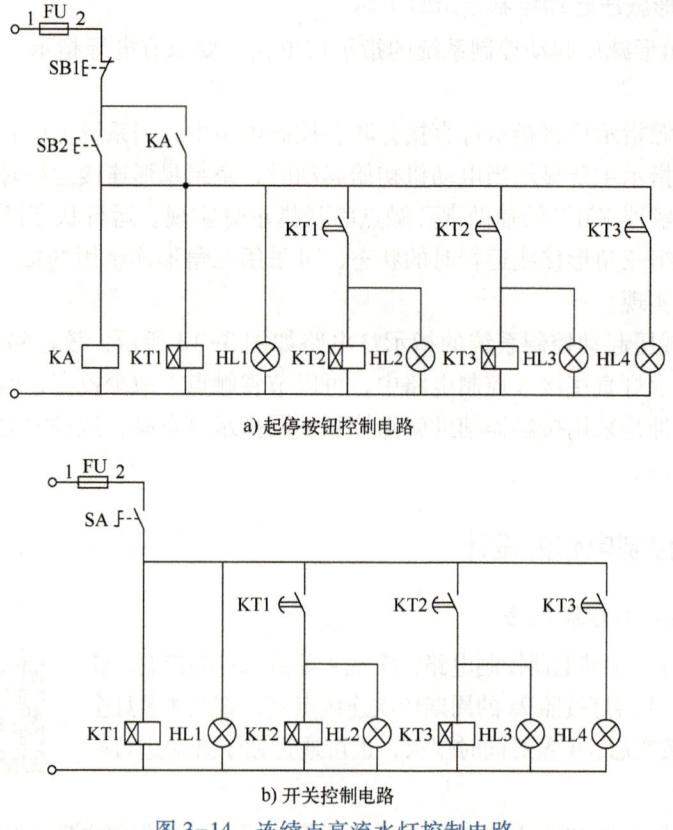

a) 起停按钮控制电路

b) 开关控制电路

图 3-14　连续点亮流水灯控制电路

2. 依次点亮流水灯控制电路

控制要求：设计一个继电器控制电路，实现 4 盏流水灯的控制。要求按下起动按钮后，4 盏灯按照 2s 的周期依次点亮（前灭后亮），并进行循环；运行过程中，可随时通过停止按钮停止运行。

设计思路：系统的起动与停止通过起保停电路（使用中间继电器）实现。2s 间隔时间使用时间继电器设置，因为切换时需要前灭后亮，可使用时间继电器的常闭触点断开当前电路，用常开触点接通后续电路。另外，因使用的时间继电器没有瞬动触点不能实现自锁，可并联中间继电器拓展瞬动触点。

电路实现：设计电路如图 3-15 所示。电路中采用了 4 台时间继电器和 4 个中间继电器，每个时间继电器起动后，通过同组的中间继电器完成自锁，达到延时时间后，用常闭触点断开当前支路，用常开触点接通后续电路；4 组电路通过时间依次转换，实现指示灯依次点亮的控制要求。电路中，时间继电器 KT4 实现电路的周期循环功能。图 3-15 所示电路的动作细节，读者可自行分析。

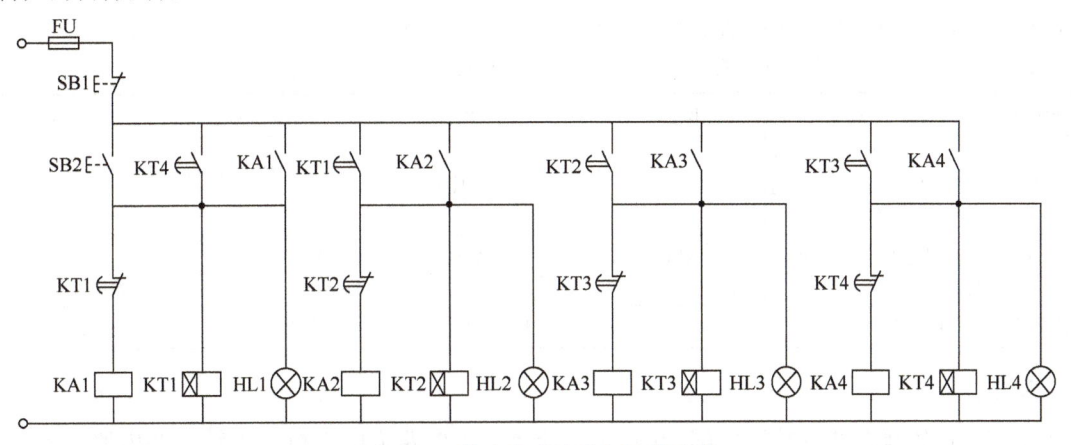

图 3-15 依次点亮流水灯控制电路

3.5 小车多位置延时往返控制电路设计

3.5.1 小车三位置延时往返控制电路（行程开关）

1. 控制要求

采用继电器控制方式，设计小车三位置延时往返控制电路。小车由一台三相异步电动机拖动，位置检测采用行程开关。小车示意图及运行轨迹如图 3-16 所示。具体要求为：

1）小车停在 A 点，按下起动按钮，小车右行。

2）到达 B 点后，小车停止；延时 20 s 后（T1），小车继续右行。

3）到达 C 点后，小车停止；延时 30 s 后（T2），小车左行返回。

4）途经 B 点不停留，到达 A 点后停止，等待下次

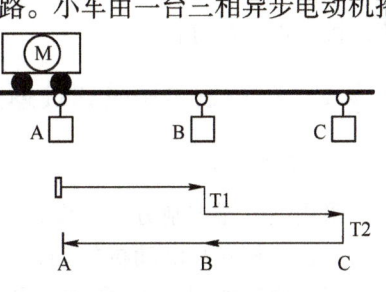

图 3-16 小车示意及运行轨迹

起动。

5）如小车初始位置不在 A 点，可在起动前将小车召唤回 A 点。

6）电路具有短路、过载、欠电压及失电压保护功能。

2. 设计思路

1）**小车的控制**：小车由一台三相异步电动机拖动，小车的左右运行对应电动机的正反转控制，主电路采用电动机正反转控制。电动机正转对应小车右行，电动机反转对应小车左行。

2）**位置控制**：可在小车行进轨道上的对应位置 A、B、C 三点，安装行程开关 SQA、SQB、SQC，检测小车是否到达该位置，停止时间选择时间继电器设置即可。

3）**保护控制**：按照电路的设计要求，在电路中配置相应的短路及过载保护器件。欠电压、失电压保护是起保停电路的特性，各支路采用自锁回路即可满足要求。

4）**动作逻辑**：小车三位置延时往返控制电路本质上是一个顺序控制系统，可以将动作过程分解为 5 步。在电路设计时，需要清楚每一步的控制元件是什么，分析该步的起动（进入）条件和停止（退出）条件，然后采用起保停电路进行电路的设计。表 3-1 为三位置延时往返控制电路的动作顺序及控制内容，读者可结合小车动作流程自行进行分析。

表 3-1 三位置延时往返控制电路的动作顺序及控制内容

动作顺序	A→B	B 点停止	B→C	C 点停止	C→A
起动条件	小车位于 A 点（SQA 压合），按下起动按钮 SB2	到达 B 点（SQB 压合）	KT1 计时到	到达 C 点（SQC 压合）	KT2 计时到
停止或退出条件	到达 B 点（SQB 压合）	KT1 计时到，小车右行后离开	到达 C 点（SQC 压合）	KT2 计时到，小车左行后离开	到达 A 点（SQA 压合）
控制元件	KM1 线圈	KT1	KM1	KT2	KM2

3. 电路实现

小车三位置延时往返控制电路如图 3-17 所示。主电路为电动机正反转控制电路，断路器 QF 为电源总开关，同时提供短路保护；FR 为热继电器，对电动机进行过载保护。接触器 KM1、KM2 控制电动机正反转，对应小车的右行、左行控制。

控制电路中，按钮 SB1 为停止按钮；SB2 为起动按钮，与 SQA 常开触点串联（逻辑与）实现小车在 A 点时才能起动运行；SB3 为召唤按钮，当起动时如小车不在 A 点，可操作 SB3 唤回小车。时间继电器 KT1、KT2 用于设置小车在 B、C 点的停留时间。时间继电器 KT1 线圈支路中串接了 KM2 的常闭触点，用于实现当小车返回经过 B 点时，KT1 线圈不会动作。电路中用到了 KM2 的两对常闭触点，如需节省触点，可考虑修改当前电路。电路的动作过程及细节，读者可自行分析。

3.5.2 小车三位置延时往返控制电路（接近开关）

1. 控制要求

采用继电器控制方式，设计小车三位置延时往返控制电路。小车由一台三相异步电动机拖动，位置检测采用接近开关，小车示意图及运行轨迹如图 3-18 所示。具体要求为

1）小车停在 A 点，按下起动按钮，小车右行。

a) 主电路

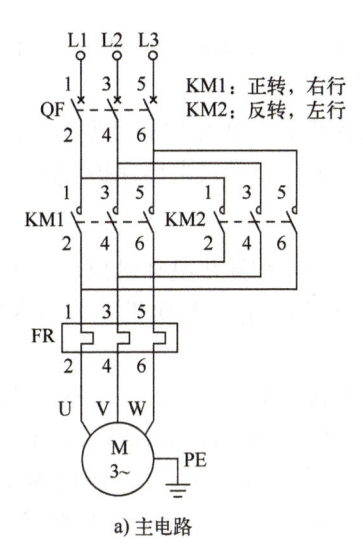

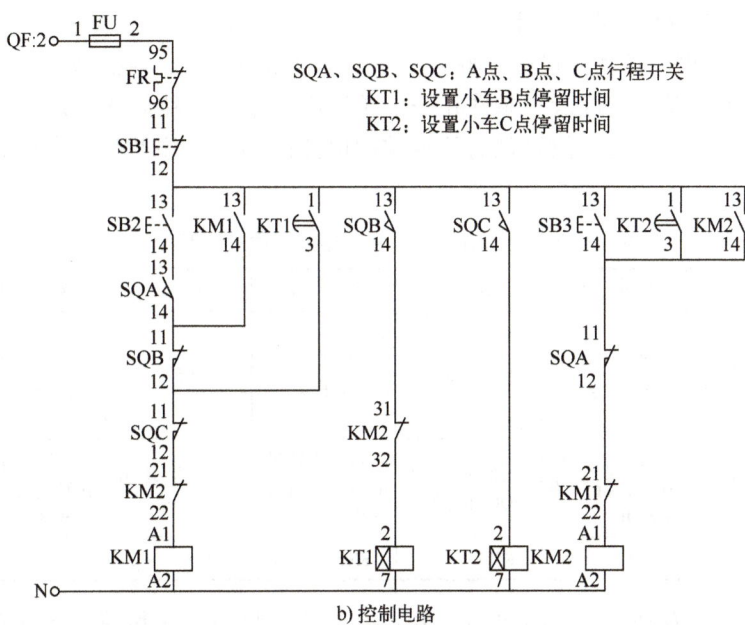

b) 控制电路

图 3-17　小车三位置延时往返控制电路

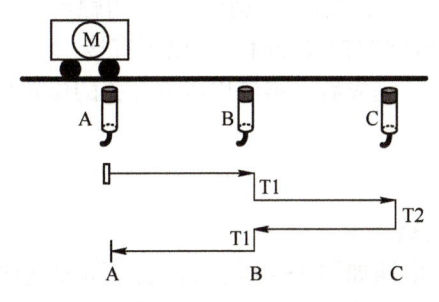

图 3-18　小车示意图及运行轨迹

2) 到达 B 点后，小车停止；延时 20 s 后（T1），小车继续右行。
3) 到达 C 点后，小车停止；延时 30 s 后（T2），小车左行返回。

4）到达 B 点后，小车停止；延时 20 s 后（T1），小车继续左行。

5）到达 A 点后停止，等待下次起动。

6）如小车初始位置不在 A 点，可在起动前将小车召唤回 A 点。

7）电路具有短路、过载、欠电压及失电压保护功能。

2. 设计思路

1）小车的控制：小车由一台三相异步电动机拖动，小车的左右运行对应电动机的正反转控制；主电路采用电动机正反转控制。电动机正转（KM1）对应小车右行，电动机反转（KM2）对应小车左行。

2）位置控制：在小车行进轨道上的 A、B、C 三点，安装接近开关检测小车是否到达该位置。接近开关需要使用直流电源，其使用方法可参考第 1 章中的相关内容。停止时间选择时间继电器设置即可，其中 B 点需停留 2 次，因停留时间相同，所以可使用一台时间继电器。

3）保护控制：按照电路的设计要求，在电路中配置相应的短路及过载保护器件。欠电压、失电压保护是起保停电路的特性，各支路采用自锁回路即可满足要求。

4）动作逻辑：可以将动作过程分解为 7 步，在电路设计时，需要清楚每一步的控制元件是什么，分析该步的起动（进入）条件和停止（退出）条件，然后采用起保停电路设计方法进行电路的设计。表 3-2 为三位置延时往返控制电路的动作顺序及控制条件，可结合小车动作流程进行分析。

表 3-2 三位置延时往返控制电路的动作顺序及控制条件

动作顺序	A→B	B 点停止	B→C	C 点停止	C→B	B 点停止	B→A
起动条件	小车位于 A 点（SQA 压合），按下起动按钮 SB2	到达 B 点（SQB 压合）	KT1 计时到	到达 C 点（SQC 压合）	KT2 计时到	到达 B 点（SQB 压合）	KT1 计时到
停止或退出条件	到达 B 点（SQB 压合）	KT1 计时到，小车右行后离开 SQB	到达 C 点（SQC 压合）	KT2 计时到，小车左行后离开	到达 B 点（SQB 压合）	KT1 计时到，小车左行后离开 SQB	到达 A 点（SQA 压合）
控制元件	KM1	KT1	KM1	KT2	KM2	KT1	KM2

从表 3-2 中可以看到，小车两次到达 B 点并停留，起动条件和控制元件都是一致的。如何判断和区分延时结束后，小车是左行还是右行呢？这里是通过增设一个中间继电器 KA 来区分的，通过 KA 记录当前工作状态，然后用其常开与常闭触点状态来区分。

5）接近开关的使用：在电路逻辑设计时，可以不直接采用接近开关设计电路，而是继续使用行程开关进行电路的设计。完成后，再使用接近开关的位置检测电路中对应的中间继电器触点，进行对位替换即可。

3. 实现电路

（1）采用行程开关设计电路

小车三位置延时往返控制电路如图 3-19 所示，主电路为电动机正反转控制主电路，其器件定义与功能与图 3-17 的主电路一致。

控制电路中，按钮 SB1 为停止按钮；SB2 为起动按钮，与 SQA 常开触点串联实现小车在 A 点时才能起动运行；SB3 为召唤按钮，当起动时如小车不在 A 点，可操作 SB3 唤回小车。时间继电器 KT1、KT2 用于设置小车在 B、C 点的停留时间。

a) 主电路

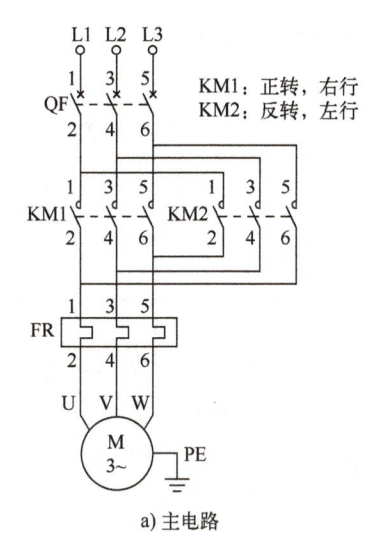

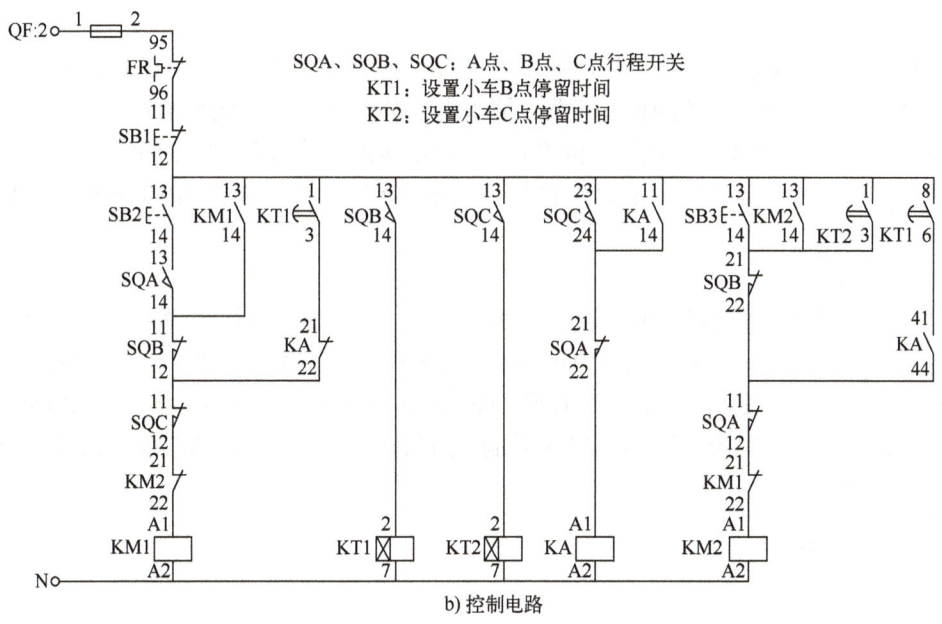

b) 控制电路

图 3-19 小车三位置延时往返控制电路

因为时间继电器 KT1 的触点需要分别控制电动机正反转（小车右行与左行），其两对常开触点分别连接中间继电器 KA 的常闭、常开触点；当 KA 未得电时，电动机正转（KM1），小车右行；当 KA 得电后，电动机反转（KM2），小车左行。

中间继电器 KA 为状态继电器，在小车右行到 C 点时得电动作，左行返回 A 点时失电复位。即在整个流程中，小车从 A 点运行到 C 点过程中 KA 不得电，到达 C 点返回运行到 A 点过程中 KA 得电。然后通过 KA 的触点，区分小车在 B 点延时后的下一步动作方向。

电路的动作过程及细节，读者可自行分析。

（2）接近开关位置检测电路

本项目为小车三位置延时往返控制电路，使用 3 个接近开关检测小车位置，选用常用的三线式接近开关进行位置检测。接近开关使用直流电源驱动，接线规则为，NPN 型：棕正蓝负，棕黑接负载；PNP 型：棕正蓝负，黑蓝接负载。这里以 NPN 型三线式接近开关为例，设计三位置接近开关检测电路，其电路如图 3-20 所示。

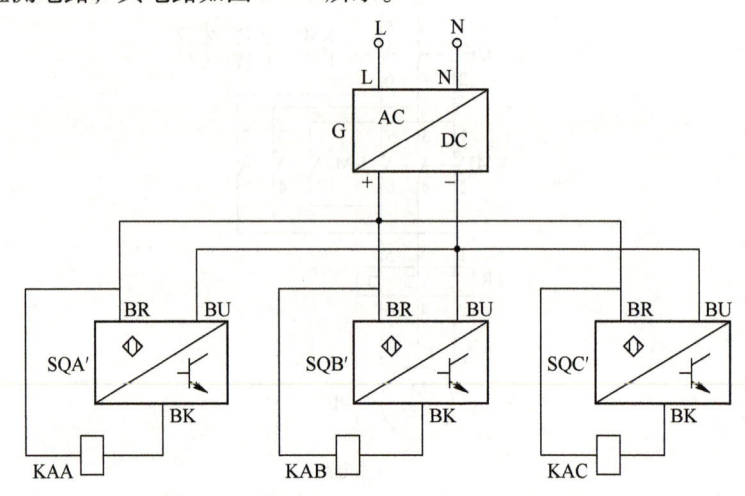

图 3-20 接近开关三位置检测电路（NPN）

电路中，G 为开关电源，用于将交流 220 V 电源转换为直流 24 V，为接近开关提供直流电源。SQA′、SQB′、SQC′为 3 个位置的接近开关，输出端子分别连接了中间继电器 KAA、KAB、KAC（DC 24V 直流线圈）；当小车到达某一位置时，对位的接近开关动作，使中间继电器得电。

接近开关位置检测电路是一个独立的电路，用接近开关驱动的中间继电器触点替换原控制电路中的行程开关即可。

（3）电路替换

将原控制电路中，各行程开关的触点，用接近开关检测电路中对应位置的中间继电器触点进行替换，即原行程开关 SQA 触点统一使用接近开关 SQA′驱动的继电器 KAA 触点置换。同理，控制电路中的 SQB、SQC 使用 KAB、KAC 置换，完成后，电路就转换为接近开关控制电路。置换后的电路如图 3-21 所示。图中仅为交流 220 V 控制电路和直流 24 V 位置检测电路，主电路未画出。

a) AC 220V 控制电路（替换后）

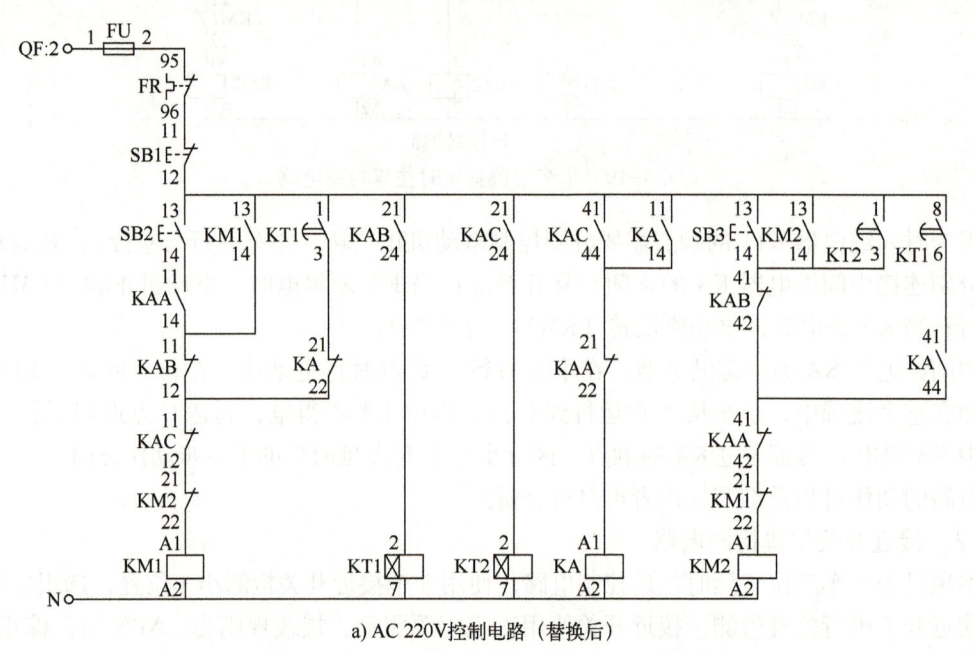

图 3-21 小车三位置控制电路及接近开关检测电路

b) DC 24V位置检测电路

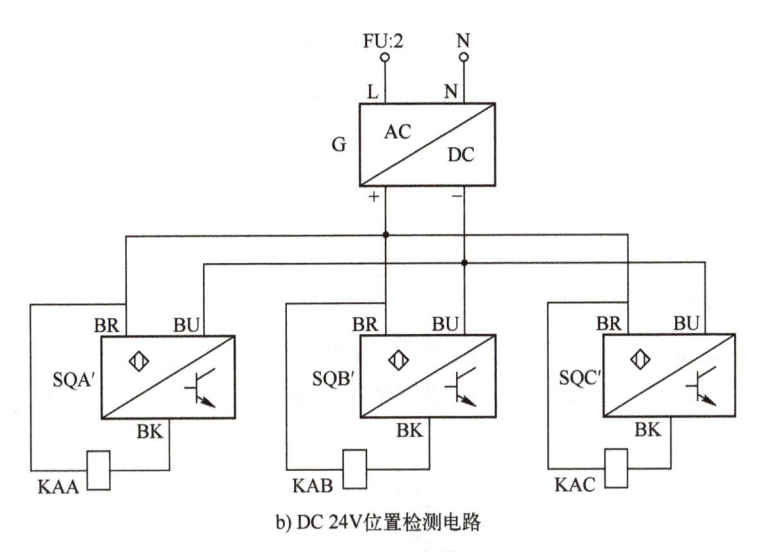

图 3-21　小车三位置控制电路及接近开关检测电路（续）

3.6　机电设备电气控制电路设计

3.6.1　控制要求

一台机电设备由两台三相异步电动机拖动，其中主轴电动机功率为 5.5 kW，润滑油泵电动机为 0.15 kW。根据工艺需求，要求采用继电器接触器控制方式，设计主电路及控制电路，实现以下功能：

1) 主轴电动机 M1 必须在油泵电动机 M2 起动后，才能起动。
2) 主轴电动机 M1 正常工作时为正向连续运行；但为调试方便，要求能够实现正、反向点动操作。
3) 主轴电动机 M1 停止后，才允许油泵电动机 M2 停止。
4) 电路应具有短路、过载、欠电压、失电压保护功能。

3.6.2　系统分析

1. 电动机起动方式

按照控制要求，两台三相异步电动机的功率分别为 5.5 kW 和 0.15 kW，功率均小于 10 kW，可直接起动。

2. 动作要求

1) 两台电动机的要求：起动时，M1 必须在 M2 起动后，才能起动；停止时，M2 必须在 M1 停止后，才能停止。符合顺序起动逆序停止典型电路的要求，设计时可直接使用。
2) 主轴电动机 M1 正常工作时为正向连续运行；调试时，需要正反向点动操作，即电动机 M1 需要正反转运行，正向运行时，为点动连动复合控制；反向运行时，为点动控制。

3. 电路保护

1) 短路保护：对于主电路和控制电路，需要根据负荷选择合适的熔断器，以实现短路保护。

2）过载保护：两台电动机均为长期运行，因此选择热继电器进行过载保护。

3）欠电压、失电压保护：通过自锁回路实现欠电压、失电压保护，保证电源断电后重新上电，系统不会自行起动。

3.6.3 电路设计

1. 主电路的设计

需要根据拖动电动机的控制要求，选择适合的电器完成主电路设计。本例中，两台电动机均采用直接起动，无调速、制动要求。电器类型选择及主电路设计如图 3-22 所示。

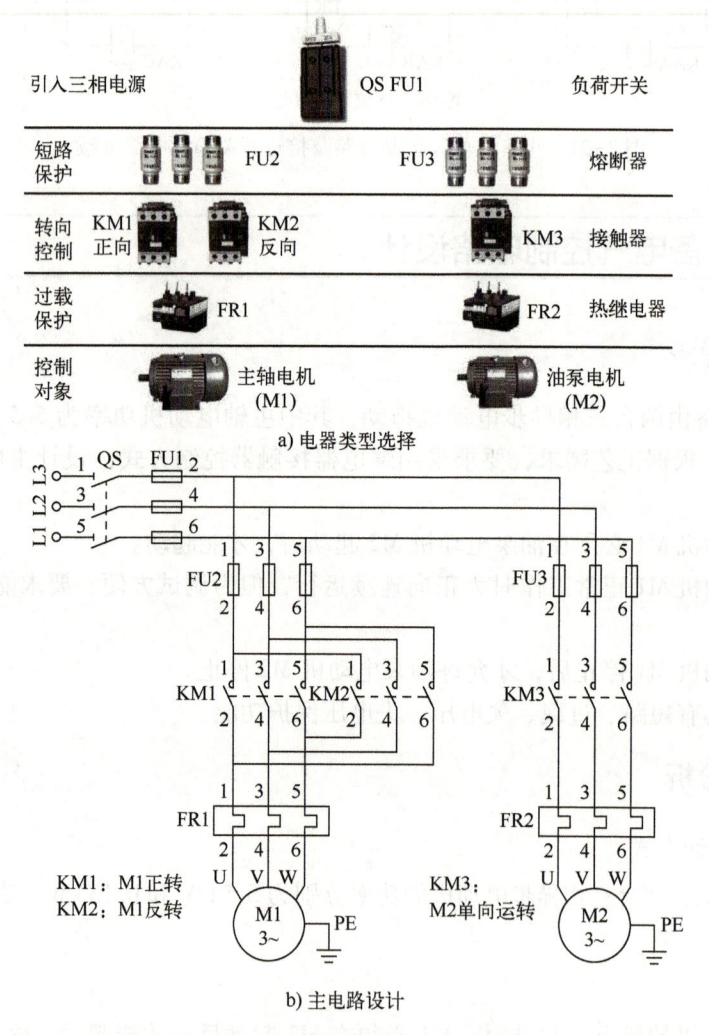

a）电器类型选择

b）主电路设计

图 3-22 电器类型选择主电路设计

电路中，选择负荷开关 QS 作为总电源开关，内部安装熔体，为系统提供短路保护；两台电动机回路中分别选择螺旋管式熔断器 FU1、FU2，提供电动机短路保护。M1 需要正反转控制，选择两台接触器 KM1、KM2 控制；M2 单向运行，选择一台接触器 KM3 控制。过载保护元件为热继电器 FR1、FR2。

2. 控制电路的设计

按照控制要求，主轴电动机 M1 与油泵电动机 M2 之间有顺序起动、逆序停止控制，M1 电动机正转的点动加连动的复合控制，以及反转的点动控制。考虑到欠电压、失电压保护，主令电器选择自复式按钮，其中 M1 采用 4 个按钮，分别为停止按钮 SB1、起动按钮 SB2、正向点动按钮 SB3、反向点动按钮 SB4；M2 使用 2 个按钮，分别为停止按钮 SB5、起动按钮 SB6。起动按钮安装在控制面板上。按钮布置及控制电路如图 3-23 所示。

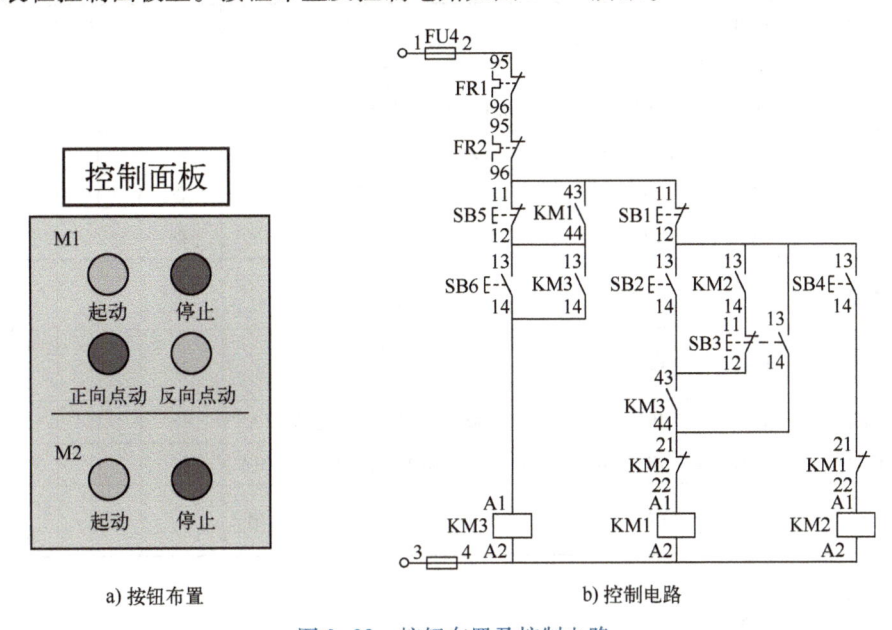

图 3-23 按钮布置及控制电路

控制电路设计过程中，应不断根据控制要求调整和校核电路，直至满足所有的控制要求。

3. 电气原理图

系统电气原理图如图 3-24 所示。其中，控制电路电源选择交流 380 V。

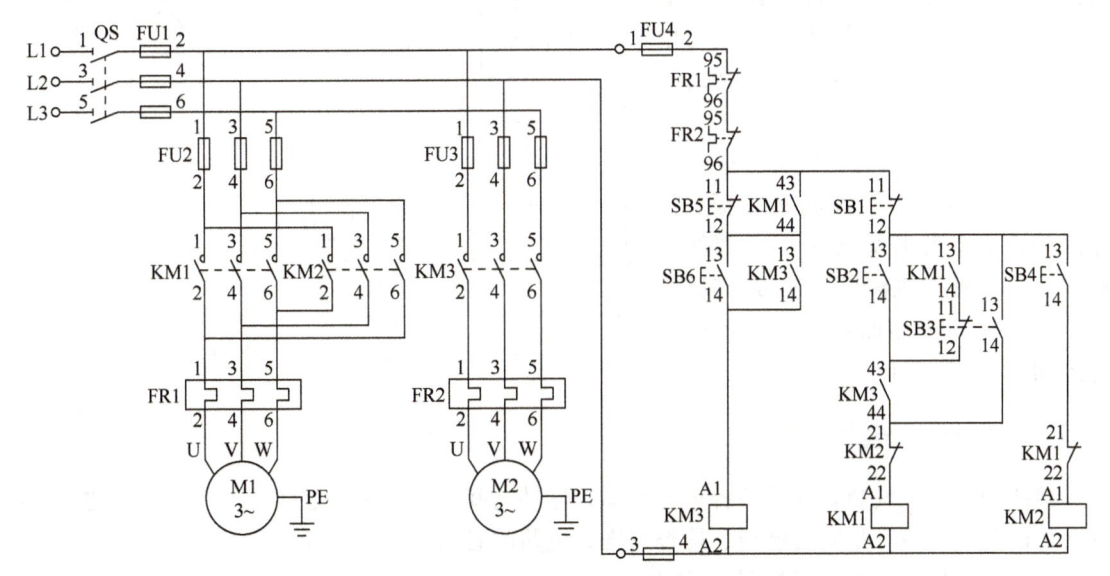

图 3-24 系统电气原理图

3.6.4 元器件明细表

根据两台电动机的容量，可以选取低压电器元件种类，确定低压电器厂商，根据厂家的选型手册计算及选取适合型号的电器元件，并列写元器件明细表。计算和选型可参照第 1 章中的相关内容，这里不再赘述。元器件明细表见表 3-3。

表 3-3 元器件明细表

序号	电器名称	符号	型号	主要参数	单位	数量	备注
1	三相电动机	M1	Y132S-4	5.5kW，AC 380V，11.8A	台	1	主轴
2	三相电动机	M2	JCB-22	0.15kW，AC 380V，0.43A	台	1	油泵
3	刀开关	QS	HK2-63/3	380V，63A，熔体30A	台	1	
4	熔断器	FU2	RL1-60	380V，熔管25A	套	1	
5	熔断器	FU3	RL1-15	380V，熔管1A	套	1	
6	接触器	KM1 KM2	CJ20-16	主触点 AC 380V，16A 线圈电压 380V	台	2	主轴
7	接触器	KM3	CJ20-10	主触点 AC 380V，10A 线圈电压 380V	台	1	油泵
8	热继电器	FR1	JR20-16	AC 380V，16A，整定电流12A	台	1	
9	热继电器	FR2	JR20-10	AC 380V，10A，整定电流0.40A	台	1	
10	按钮	SB1~SB6	LA19-11	AC 380V，2.5A，1常开1常闭	只	6	红2只，绿2只，黑、灰各1只

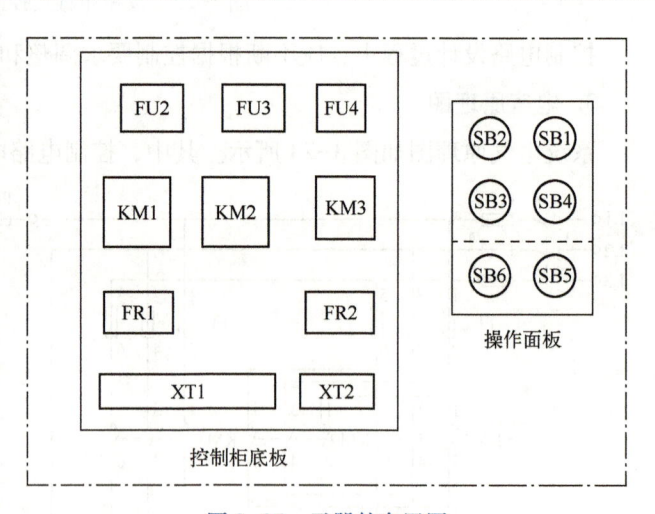

3.6.5 元器件布置图设计

元器件布置图用来确定控制系统中各电器元件的实际安装位置，可为设备制造、安装提供必要的资料。元器件布置图可采用各器件的投影轮廓来表示，绘制时元器件的代号应与电气原理图、元器件明细表中的代号相同。

电路中，各电器元件分别被安装到不同的位置，包括控制柜底板、操作面板；主电源开关安装在外部便于操作，电动机与机械机构连接。其中，控制柜底板与操作面板上的元器件布置图如图 3-25 所示。

图 3-25 元器件布置图

3.6.6 接线图设计

接线图表示电气装置或设备各单元内部元器件之间、不同单元之间、与外部器件之间的电气元件的连接关系，是安装接线、检查与维修电路的必需的技术文件。

电气控制柜底板接线图如图 3-26 所示。

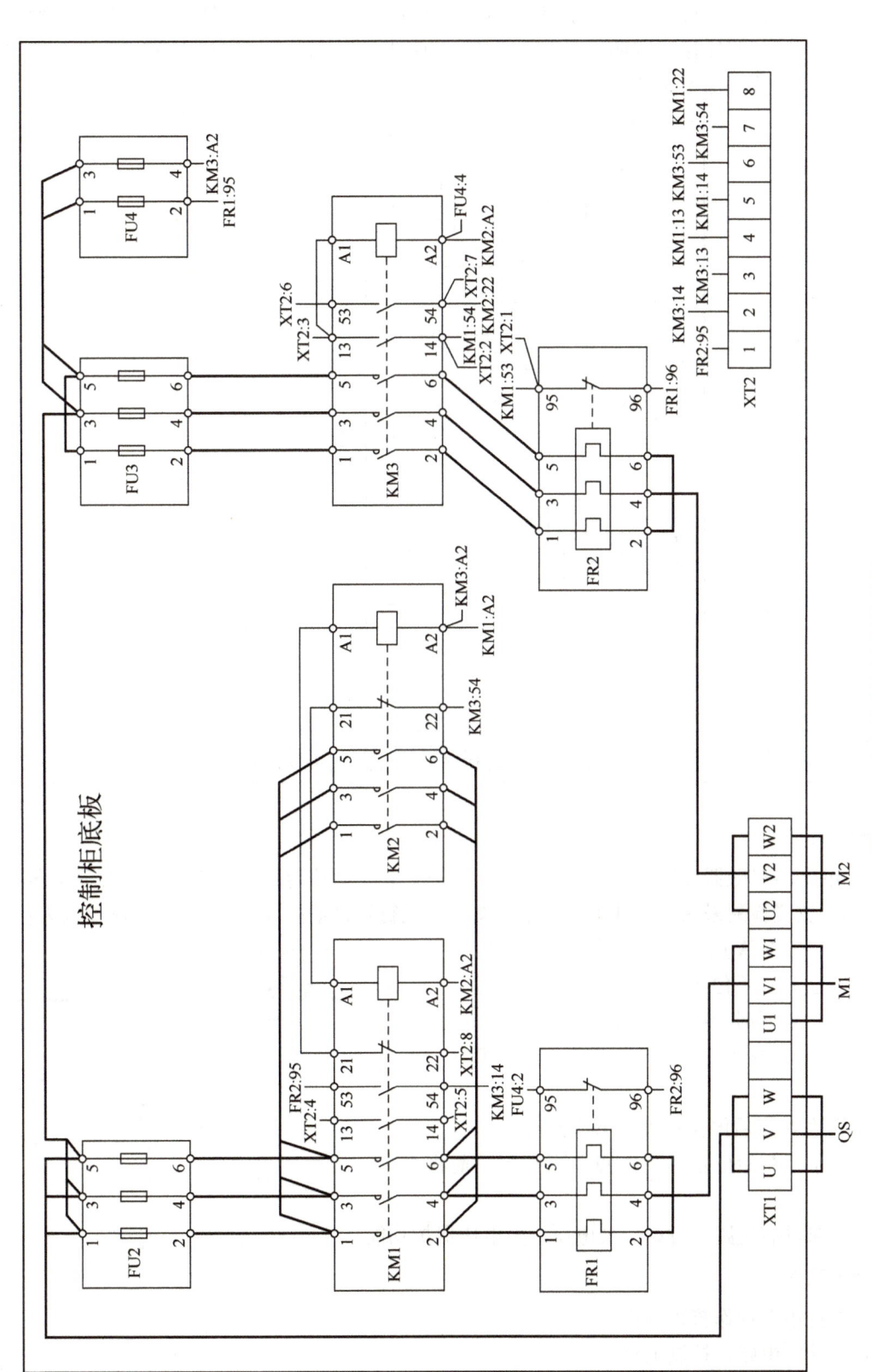

图 3-26 电气控制柜底板接线图

按钮布置在操作面板上，便于使用人员操作设备。操作面板与控制柜底板的接线需要通过接线端子排进行相互连接，按照设计好的电气原理图，操作面板与底板之间需要 8 个接线端子。操作面板接线图如图 3-27 所示。

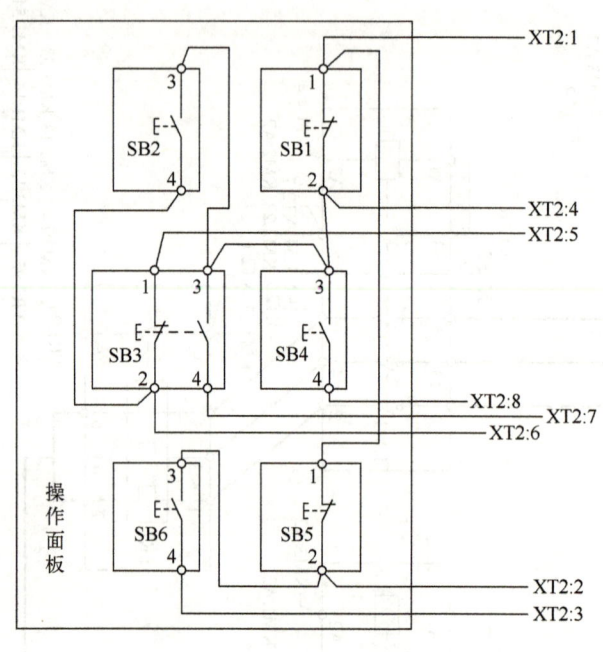

图 3-27 操作面板接线图

3.7 技能训练——小车三位置延时往返控制电路设计

[任务描述]

采用继电器接触器控制方式，设计一个小车三位置延时往返控制电路。小车由三相异步电动机拖动，位置检测采用接近开关。小车示意图及运行轨迹如图 3-28 所示。具体要求为：

1) 小车停在 A 点，按下起动按钮，小车右行。
2) 经过 B 点不停车，到达 C 点后停止。
3) 在 C 点延时 30 s 后（T1），小车左行。
4) 左行至 B 点停止，延时 40 s 后（T2），小车左行。
5) 到达 A 点后停止；等待下次起动。
6) 如小车初始位置不在 A 点，可在起动前将小车召唤回 A 点。
7) 电路具有短路、过载、欠电压、失电压保护功能。

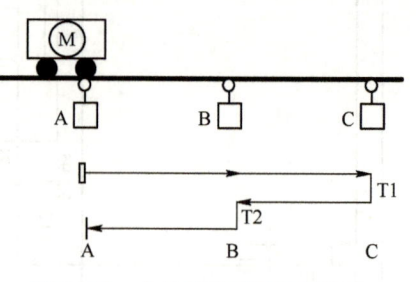

图 3-28 小车示意图及运行轨迹

[任务实施]

1) 进行小车动作流程分析。
2) 设计主电路、控制电路。
3) 采用 CADe_SIMU 仿真软件，绘制电路并仿真运行。

4）准备所需器件，在网孔板完成电路器件的安装、接线与调试。
5）记录中间运行结果。

> **中国智造——打造制造业强国**
>
> 　　制造业是国民经济的主体，是科技创新的主战场，是立国之本、兴国之器。"中国智造"是相对于"中国制造"而言的。中国制造，充当是世界代工厂的角色。"中国智造"则强调要有中国自主研发创新的东西在里面，是智能和智慧，而非简单成为加工厂，是为自己的产品进行生产，生产出拥有创造力与竞争力的商品。
>
> 　　"中国智造"，是工业化和信息化的融合，是产业的转型升级，是从价值链的中低端逐步迈向中高端，是产品质量和效益的不断提高，也意味着中国制造业产品国际竞争力的进一步提升。"中国智造"，意味着更加个性化、差异化的产品设计，意味着更加智能化、数字化的生产过程，意味着更加高效率、低成本的制造与服务的一体化，意味着更加精细化、科学化的企业管理，也意味着更加一体化、全球化的标准体系。

思考与练习

1）简述继电器控制系统电气原理图的组成和电路分析方法。
2）X62W 型万能铣床的进给运动有哪些？相互间是如何联锁的？
3）T68 型卧式镗床的主轴电动机是如何实现高速起动的？
4）设计一个定位钻孔控制系统，其示意图如图 3-29 所示。图中用于固定工件的压板由电动机 M1 带动丝杠左右运动，钻头由电动机 M2 带动上下运动。

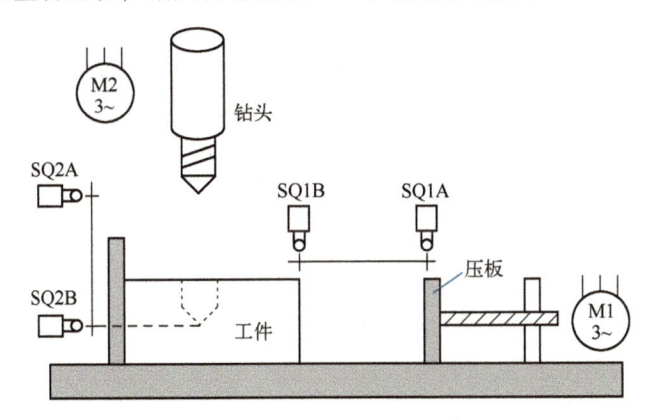

图 3-29　定位钻孔控制系统示意图

　　工件加工流程：①将工件放置在加工工位，按下起动按钮 SB2，M1 正向运行，带动压板由 SQ1A 运动到 SQ1B 停止，将工件压紧固定；②压紧到位后，M2 正向运行，带动钻头向下运行，由 SQ2A 运行到 SQ2B 停止；③钻头到达 SQ2B 后，停止 10 s；④10 s 后，M2 反向运行，带动钻头向上运行，由 SQ2B 运行到 SQ2A 停止；⑤M1 反向起动，带动压板由 SQ1B 运动到 SQ1A 停止，松开工件，加工人员取出工件，完成一个工件的完整加工过程。

　　其他要求：可随时通过停止按钮 SB1 停止系统运行；系统停电后恢复供电，不能自行起动。

5）设计一个小车三位置延时往返控制电路，小车运行轨迹可从图 3-30 中任选一个。位置检测采用行程开关或接近开关。试分析控制流程并设计电路。

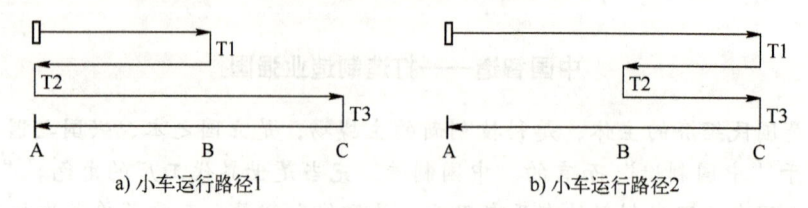

a）小车运行路径1　　　　b）小车运行路径2

图 3-30　小车运行轨迹图

6）有一电动葫芦，其升降机构和移动机构各由一台三相异步电动机拖动；两台电动机均能正反转运行，带动提升机构左右和上下移动。设计控制电路，满足以下要求：两台电动机均为正反转点动运行，上下运行时有上下限位开关，左右移动时有左右限位开关，当超出限位后，立即停止运行。

7）一传送带由三台异步电动机拖动，其动作流程为：①按下起动按钮，M1 先起动，5 s 后 M2 起动，再 5 s 后 M3 起动；②按下停止按钮，M3 先停止，10 s 后 M2 停止，再 10 s 后 M3 停止；③任一时刻，按下急停按钮，三台电动机同时停止；④有短路、过载、失电压保护。试设计主电路及控制电路。

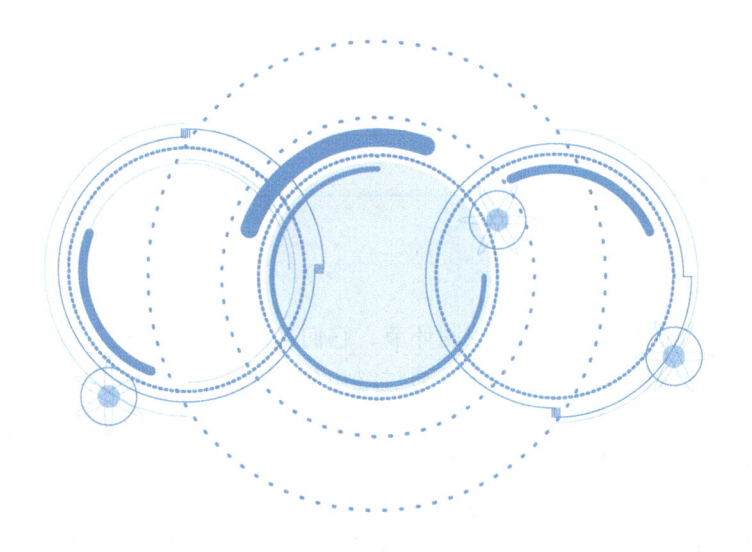

第 2 篇　PLC 控制技术

随着计算机技术的发展和工业控制技术的进步，PLC 的应用为工业技术领域带来了一次革新，使工业生产由笨重、复杂的继电器-接触器控制系统，变为了轻巧智能的 PLC 控制系统。PLC 大幅提高了控制系统的可靠性、抗干扰能力和生产效率，并得到了快速的发展和广泛的应用。

PLC 的基本应用，主要包括硬件接线和软件编程两部分；本篇以 FX_{5U} 系列 PLC 为载体，讲述 PLC 的结构与工作原理、硬件组成及外部接线规则，以及 GX Works3 编程软件的使用，编程指令的基本应用和基于 PLC 控制的程序分析和设计方法。

第 4 章　PLC 概述

4.1　PLC 的概念及发展

4.1.1　PLC 的定义

在工业生产过程中，存在着大量的开关量顺序控制环节，它们按照一定的逻辑条件进行顺序动作，并按照逻辑关系进行联锁保护等。这些功能可通过继电器-接触器控制方式实现，但继电器-接触器控制系统体积大、可靠性差、动作频率低、接线复杂、功能单一、难以实现较为复杂的控制，因此其通用性和灵活性相对较差，且维护工作量大。

1968 年，美国最大的汽车制造商——通用汽车公司（GM 公司），为了适应生产工艺不断更新的需要，提出了用一种新型的工业控制器取代继电器-接触器控制装置的设想，把计算机控制的优点（功能完备，灵活性、通用性好）和继电器-接触器控制的优点（简单易懂、使用方便、价格便宜）结合起来，将继电器-接触器控制的硬接线逻辑转变为计算机的软件编程，且要求编程简单，即使不熟悉计算机的人员也可以很快掌握其使用技术。1969 年，美国数字设备公司（DEC 公司）研制出了第一台可编程序控制器，并在美国通用汽车公司的自动装配线上试用成功，取得了满意的效果，可编程序控制器自此诞生。

早期的可编程序控制器称为可编程逻辑控制器（Programmable Logic Controller，PLC），主要用于替代传统的继电器-接触器控制系统。随着 PLC 技术的不断发展，其功能也日益丰富。1980 年，美国电气制造商协会（NEMA）给它取了一个新的名称可编程序控制器（Programmable Controller，PC）。为了避免与个人计算机（Personal Computer，PC）这一简写名称混淆，故仍沿用早期的名称，用 PLC 表示可编程序控制器，但并不意味 PLC 只具有逻辑控制功能。

可编程序控制器是以微处理器为基础，综合了计算机技术、自动控制技术和通信技术而发展起来的一种新型、通用的自动控制装置。它是"专为在工业环境下应用而设计"的计算机。这种工业计算机采用"面向用户的指令"，因此编程灵活、使用方便。

国际电工委员会（IEC）对 PLC 的定义是：可编程序控制器是一种专为在工业环境下应用而设计的数字运算操作的电子装置。它采用可编程序的存储器，用来在其内部存储并执行逻辑运算、顺序控制、定时、计数和算术运算等操作的指令，并通过数字的或模拟的输入和输出，控制各种类型的机械或生产过程，是工业控制的核心部分。可编程序控制器及其有关的外围设备，都应按"易于与工业控制系统形成一个整体，易于扩展其功能"的原则而设计。

20 世纪 80 年代~20 世纪 90 年代中期，是 PLC 发展最快的时期，其年增长率一直保持在 30%~40%。这一时期，PLC 在模拟量处理、数字运算、人机接口和网络等方面得到了大幅度提高，同时 PLC 控制系统逐渐进入过程控制领域，在某些方面逐步取代了曾在这个领域处于统治地位的集散控制系统（DCS）。目前，世界上有200多个厂家共生产300多个品种的PLC产品，应用在汽车、粮食加工、化学、制药、金属、矿山、电力和造纸等许多行业。

PLC具有通用性强、使用方便、适应面广、可靠性高、抗干扰能力强和编程简单等特点，在当前工业自动化领域得到了广泛应用，用量跃居工业自动化三大支柱（PLC、机器人和CAD/CAM）的首位。

4.1.2 PLC的特点

1. 抗干扰能力强、可靠性高

工业现场存在电磁干扰、电源波动、机械振动、温度和湿度变化等因素，这些因素都会影响到计算机的正常工作。而PLC从硬件和软件两个方面都采取了一系列的抗干扰措施，使其能够安全可靠地工作在恶劣的工业环境中。

硬件方面，PLC采用大规模和超大规模的集成电路，采用了隔离、滤波、屏蔽、接地等抗干扰措施，以及隔热、防潮、防尘、抗振等措施。软件上，PLC采用周期扫描工作方式，减少了由于外界环境干扰引起的故障，并在系统程序中设有故障检测和自诊断程序，能对系统硬件电路等故障实现检测和判断，以及采用数字滤波等抗干扰措施。以上这些使PLC具有了较高的抗干扰能力和可靠性。

2. 控制系统结构简单、使用方便

在PLC控制系统中，只需在PLC的输入/输出端子上接入相应的信号线，用于采集输入信号和驱动负载，不需要连接时间继电器、中间继电器之类的低压电器和大量复杂的硬件接线，大大简化了控制系统的结构。PLC体积小、质量轻，安装与维护也极为方便。另外，PLC的编程大多采用类似于继电器-接触器控制电路的梯形图形式，这种编程语言形象直观、容易掌握，编程非常方便。

3. 功能强大、通用性好

PLC内部有大量可供用户使用的编程元件，具有很强的编程功能，可以实现非常复杂的控制功能。另外，PLC的产品已经实现标准化、系列化、模块化，配备有品种齐全的各种硬件模块或装置供用户使用，用户能灵活方便地进行系统配置，组成不同功能、不同规模的控制系统。

4.1.3 PLC的应用领域

随着PLC技术的发展，PLC已经从最初的单机、逻辑控制，发展到能够联网的、控制功能丰富的阶段。目前，PLC已广泛应用于钢铁、石油、化工、电力、建材、机械制造、汽车、轻纺、交通运输和环保等各个行业。

1. 逻辑控制

通过"与""或""非"等逻辑指令的组合，代替继电器进行组合逻辑控制、定时控制与顺序逻辑控制，这是PLC完成的基本功能。例如，印刷机、注塑机、组合机床、电镀流水线和电梯控制等。

2. 运动控制

PLC可以使用专用的运动控制模块，对步进电动机或伺服电动机进行位置控制。PLC把

位置数据传送给运动控制模块，通过模块控制多根轴实现同步控制或复杂轨迹控制。每个轴移动时，位置控制模块保持适当的速度和加速度，确保运动平滑，如应用于各种机械、机床、机器人和电梯等场合。

3. 过程控制

过程控制是指对温度、压力、流量等模拟量的控制。对于温度、压力、流量等模拟量，PLC 提供了模/数（A/D）和数/模（D/A）转换通道或模块，用 PLC 处理这些模拟量。PLC 还提供了 PID 功能指令进行闭环控制，从而实现过程控制。过程控制在冶金、化工、热处理、锅炉控制等场合有着非常广泛的应用。

4. 分布式控制系统

PLC 能与计算机、PLC 及其他智能装置联网，使设备级的控制、生产线的控制与工厂管理层的控制连成一个整体，并支持多厂商、多品牌的产品和设备作为分布式控制系统的一部分，形成控制自动化与管理自动化的融合，从而创造更高的效益。

4.2　PLC 的分类与主要产品

4.2.1　PLC 的分类

PLC 的分类可以按以下两种方法来进行。

1. 按 PLC 的点数来分类

根据 PLC 可扩展的输入/输出点数，可以将其分为小型、中型和大型三类。由于 PLC 种类、系统使用的规模不同及 PLC 的发展，各厂家、各行业对小型 PLC、中型 PLC 和大型 PLC 对应点数的划分不尽相同。小型 PLC 的输入/输出点数一般在 256 个点以下；中型 PLC 的输入/输出点数一般在 256~2048 个点；大型 PLC 的输入/输出点数一般在 2048 个点以上。

2. 按 PLC 的结构分类

按 PLC 的结构，可将其分为整体式和模块式。整体式 PLC 将电源、CPU、存储器、I/O 系统都集中在一个小箱体内，小型 PLC 多为整体式 PLC，如图 4-1 所示。模块式 PLC 是按功能分成若干模块，如电源模块、CPU 模块、输入模块、输出模块、功能模块、通信模块等，再根据系统要求，组合不同的模块，形成不同用途的 PLC，大中型的 PLC 多为模块式，如图 4-2 所示。

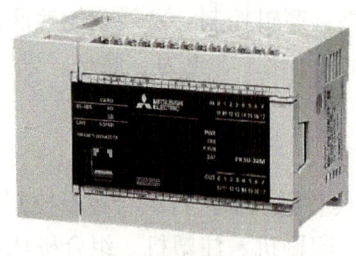

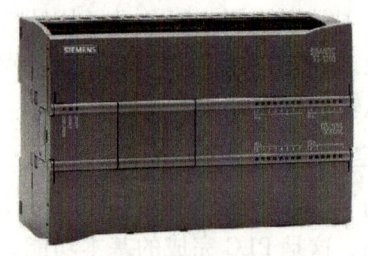

a) 三菱 FX$_{5U}$ PLC　　　　b) 西门子 S7-1200 PLC

图 4-1　整体式 PLC 示例

a) 三菱Q系列　　　　　　　　b) 西门子S7-1500系列

图 4-2　模块式 PLC 示例

4.2.2　PLC 的主要产品及三菱 FX 系列产品

1. PLC 主要产品

目前全球 PLC 生产厂家有 200 多家，著名的有德国的西门子（SIEMENS），法国的施耐德（SCHNEIDER），美国的罗克韦尔（AB）、通用（GE），日本的三菱电机（MITSUBISHI ELECTRIC）、欧姆龙（OMRON）、富士电机（Fuji Electric）等。

我国 PLC 的研制、生产和应用也发展很快。在 20 世纪 70 年代末～20 世纪 80 年代初，我国引进了不少国外的 PLC 成套设备。此后，在传统设备改造和新设备设计中，PLC 的应用逐年增多，并取得了显著的经济效益。我国从 20 世纪 90 年代开始生产 PLC，拥有较多的 PLC 自主品牌，如无锡信捷、深圳汇川、北京的和利时和凯迪恩（KDN）等。国产品牌主要为小型 PLC 产品，2021 年市场份额已超过 20%。目前应用较广的 PLC 生产厂家及其主要产品见表 4-1。

表 4-1　目前应用较广的 PLC 生产厂家及其主要产品

国家	公司	产品型号
德国	西门子（SIEMENS）	S7-200 Smart、S7-1200、S7-300/400、S7-1500
美国	通用（GE）	90^{TM}-30、90^{TM}-70、VersaMax、Rx3i
日本	三菱电机（MITSUBISHI ELECTRIC）	FX_{3U}/FX_{5U} 系列、Q 系列、L 系列
法国	施耐德（SCHNEIDER）	Twido、Micro、Premium、Quantum 系列
中国	无锡信捷	XE 系列、XD3 系列、XC 系列
中国	深圳汇川	$H2U/H3U/H_5U$ 系列、AM400/600/610 系列

2. 三菱 FX 系列 PLC

20 世纪 80 年代三菱电机公司推出了 F 系列小型 PLC，其后经历了 F1、F2、FX2 系列，在硬件和软件功能上不断完善和提高，后来推出了诸如 FX_{1N}、FX_{2N} 等系列的第二代产品 PLC，实现了微型化和多品种化，可满足不同用户的需要。2012 年三菱电机公司官网发布三菱 FX_{2N} 停产通知，其作为老一代经典机型，已经慢慢退出市场。

为了适应市场需求，新一代机型在通信接口、运行速度等方面进行了改善。三菱 FX_{3U} 系列 PLC 是三菱的第三代小型可编程序控制器，也是当前的主流产品。相比于 FX_{2N} PLC、FX_{3U} PLC 在接线的灵活性、用户存储器、指令处理速度等方面性能得到了提高。三菱 FX_{5U} PLC 作为 FX_{3U} PLC 系列的升级产品，以基本性能的提升、与驱动产品的连接、软件环境的改善作为亮点，于 2015 年问世。与 FX_{3U} PLC 相比，FX_{5U} PLC 显著特点如下。

（1）PLC 基本单元

FX_{5U} PLC 基本单元内置 12 位的 2 路模拟量输入和 1 路模拟量输出；内置以太网接口、RS-485 接口及四轴 200 kHz 高速定位功能；支持结构化程序和多程序执行，并可写入 ST 语言和 FB 功能块。

（2）系统总线传输速度

FX_{5U} PLC 系统总线传输速度为 1.5 kB/ms，约为 FX_{3U} 的 150 倍，同时最大可扩展 16 块智能扩展模块（FX_{3U} PLC 为 7 块）。

（3）内置 SD 存储卡槽

FX_{5U} PLC 内置 SD 存储卡槽，通过 SD 存储卡可以更加方便地实现固件升级、CPU 的引导运行和数据存储等功能。此外，SD 存储卡上可以记录数据，有助于分析设备状态和生产状况。

（4）编程软件

FX_{3U} PLC 支持 CC-Link 通信，可以使用 GX Developer 和 GX Works2 编程软件。而 FX_{5U} PLC 支持 CC-Link IE 通信，使用 GX Works3 编程软件编程；通过开发和使用 FB 模块，可减少开发工时、提高编程效率；运用简易运动控制定位模块的 SSCNET III/N 定位控制，可实现丰富的运动控制。

随着计算机技术、网络技术和智能化技术的发展，PLC 性能的提高和产品的快速更新迭代是必然趋势。

4.3 PLC 的基本结构及工作原理

4.3.1 PLC 的基本结构

各种 PLC 的组成结构基本相同，如图 4-3 所示，主要由 CPU、电源、存储器、输入/输出接口、扩展接口和通信接口等部分组成。

1. 中央处理单元（CPU）

中央处理器单元（CPU）是 PLC 的核心部件，一般由控制器、运算器和寄存器组成。CPU 通过地址总线、数据总线、控制总线与存储单元、输入/输出接口、通信接口、扩展接口相连。它不断地采集输入信号，执行用户程序，刷新系统输出。

2. 存储器

PLC 的存储器包括系统存储器和用户存储器两种。系统存储器用于存放 PLC 厂家编写的系统程序，用于开机自检、程序解释等功能，用户不能访问和修改，一般固化在

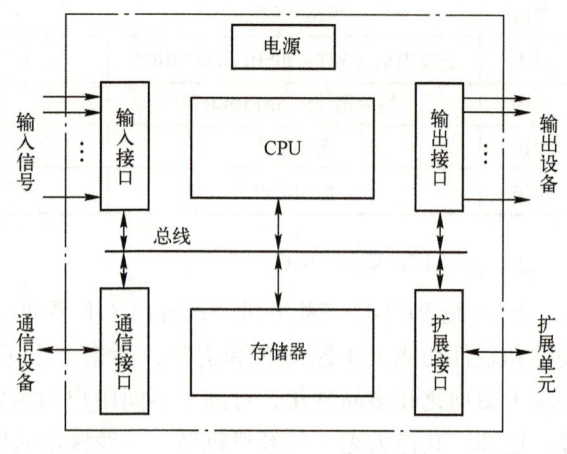

图 4-3 PLC 的基本结构

只读存储器 ROM 中。用户存储器用于存放 PLC 的用户程序，设计和调试时需要不断修改，一般存放在读写存储器 RAM 中。当用户调试好的程序需要长期使用，也可将其写入可电擦除的

E^2PROM 存储卡中，实现长期保存。

3. 输入/输出（I/O）接口

PLC 的输入/输出接口是 CPU 与外部设备连接的桥梁。通过 I/O 接口，PLC 可实现对工业设备或生产过程的参数检测和过程控制。输入接口电路的作用是将按钮、行程开关或传感器等产生的信号送入 CPU；输出接口电路的作用是将 CPU 向外输出的信号转换成可以驱动外部执行元件的信号，以便控制继电器线圈、电磁阀、指示灯等外部电器的通断。PLC 的输入/输出接口电路一般采用光电耦合隔离技术，可以有效地保护内部电路。

（1）输入接口电路

PLC 的输入接口电路可分为直流输入电路和交流输入电路。直流输入电路的延迟时间比较短，可以直接与接近开关、光电开关等电子输入装置连接；交流输入电路适合在油雾、粉尘等恶劣环境下使用。

直流输入电路如图 4-4 所示，图中只画出了一路直流输入电路，方框内为 PLC 输入电路，方框外为外部信号接入电路。当外部开关 S 接通时，输入信号为"1"，直流 24 V 经限流电阻、RC 滤波电路和光电耦合电路，将信号传送至 PLC 内部。

交流输入电路与直流输入电路类似，但外接的输入电源为 100~220 V 交流电源。

（2）输出接口电路

输出接口电路通常有 2 种类型：继电器输出型、晶体管输出型。

继电器输出的优点是电压范围宽、导通压降小、价格便宜，既可以控制直流负载，也可以控制交流负载；缺点是触点寿命短、转换频率慢。

晶体管为无触点开关，其优点为寿命长、无噪声、可靠性高、转换频率快，可驱动直流负载；缺点是过载能力较差，且价格高。

继电器输出电路如图 4-5 所示，图中只画出了一路继电器输出电路，当输出为"1"时，光电耦合电路导通，输出继电器 KA 线圈得电，使触点闭合。方框外为外部连接的负载电路，当内部继电器触点闭合后，外部电路导通，负载得电。

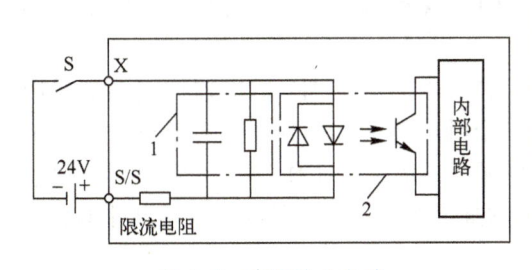

图 4-4 直流输入电路
1—RC 滤波电路；2—光电耦合电路

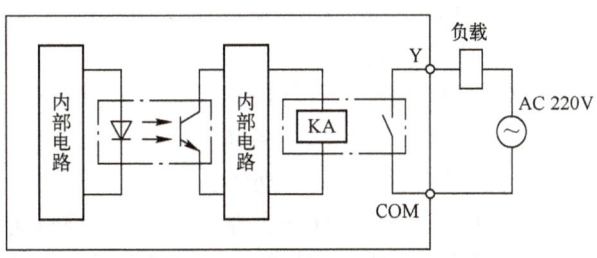

图 4-5 继电器输出电路

晶体管输出型与继电器输出型的输出电路类似，只是用晶体管代替继电器来控制外部负载电路的接通与断开。

4. 扩展接口和通信接口

PLC 扩展接口的作用是将扩展单元和功能模块与基本单元相连，使 PLC 的配置更加灵活，控制功能更为丰富，从而满足不同控制系统的需要。

通信接口的功能是通过通信方式与外部监视器、打印机、其他 PLC、智能仪表或计算机相连，从而实现"人—机"或"机—机"之间的对话。

5. 电源

PLC 一般使用 220 V 交流电源或 24 V 直流电源，内部的开关电源为 PLC 的中央处理器、存储器等电路提供 5 V、12 V、24 V 直流电源，使 PLC 能正常工作。除 I/O 接口和电源部分，PLC 内部的所有信号都是低电压的数字信号。

4.3.2 PLC 的工作原理

PLC 的本质是一种工业控制计算机，其功能是从输入设备接收信号，根据用户程序的逻辑运算结果以及输出信号去控制外围设备，如图 4-6 所示。输入设备的状态会被 PLC 周期扫描并实时更新到输入映像寄存器中，通过外部编程设备下载到 PLC 存储器中的用户程序将以当前的输入状态为基础进行计算，并将计算结果更新到输出映像寄存器中。输出设备将根据输出映像寄存器中的值进行实时刷新，从而控制输出回路的输出状态。

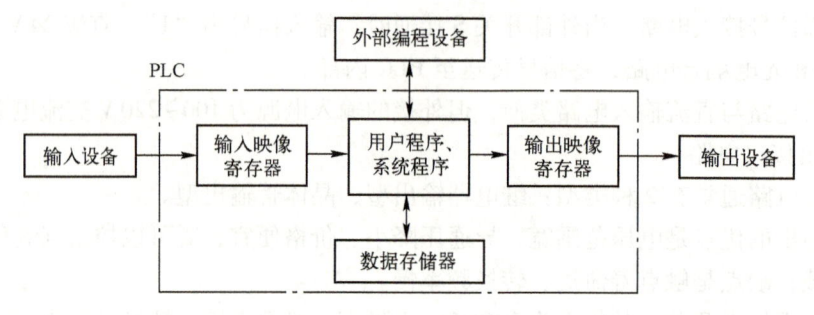

图 4-6　PLC 功能结构图

FX_{5U} CPU 模块有 3 种动作状态，即 RUN（运行）状态、STOP（停止）状态、PAUSE（暂停）状态。RUN 状态（指示灯常亮）：CPU 按照程序指令顺序重复执行用户程序，并输出运算结果；STOP 状态（指示灯熄灭）：CPU 中止用户程序的执行，但可将用户程序和硬件设置信息下载到 PLC 中去；PAUSE 状态（指示灯闪烁）：CPU 保持输出及软元件存储器的状态不变，中止程序运算的状态。

PLC 控制系统与继电器控制系统在运行方式上存在着本质的区别。继电器控制系统采用的是"并行运行"的方式，各条支路同时上电，当一个继电器的线圈通电或者断电，该继电器的所有触点都会立即同时动作。而 PLC 采用"周期循环扫描"的工作方式，即 CPU 是通过逐行扫描并执行用户程序来实现的，当一个逻辑线圈接通或断开，该线圈的所有触点并不会立即动作，必须等到程序扫描执行到该触点时才会动作。

一般来说，当 PLC 运行后，其工作过程可分为输入采样阶段、程序执行阶段和输出刷新阶段，完成上述 3 个阶段即称为一个扫描周期。

PLC 的扫描工作过程如图 4-7 所示。其中，输入映像寄存器是指在 PLC 的存储器中设置一块用来存放输入信号的存储区域，而输出映像寄存器是用来存放输出信号的存储区域。PLC 的映像存储器，是包括输入、输出和 PLC 内部软元件（如 M、S、D、T、C 等）的所有编程软元件的映像存储区域的统称。

1. 输入采样阶段

在输入采样阶段，PLC 读取各输入端子的通断状态，并存入对应的输入映像寄存器中。

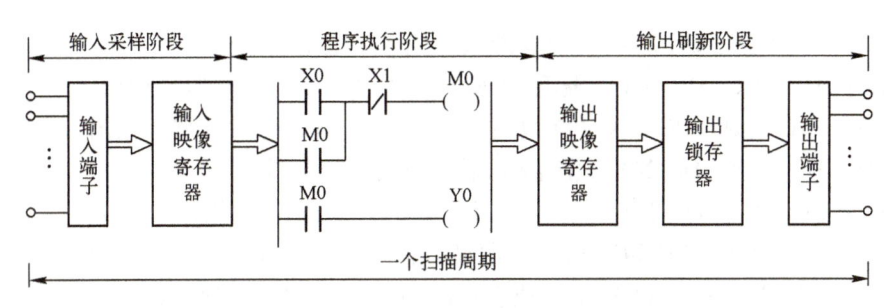

图 4-7　PLC 的扫描工作过程

此时，输入映像寄存器被刷新，接着进入程序执行阶段。在程序执行阶段或输出刷新阶段，输入映像寄存器与外界隔绝，无论输入端子信号怎么变化，其内容保持不变，直到下一个扫描周期的输入采样阶段才会将输入端子的新状态写入。

2. 程序执行阶段

在程序执行阶段，PLC 根据最新读取的输入信号，以先左后右、先上后下的顺序逐条执行程序指令。每执行一条指令，其需要的信号状态均从输入映像寄存器中读取，指令运算的结果也动态写入输出映像寄存器中。每个软元件（除输入映像寄存器）的状态会随着程序的执行而变化。

3. 输出刷新阶段

在所有指令执行完毕后，输出映像寄存器中所有输出继电器的状态（"1"或"0"）在输出刷新阶段统一转存到输出锁存器中，并通过一定的方式输出以驱动外部负载。

在整个运行期间，PLC 的 CPU 以一定的扫描速度重复执行上述 3 个阶段。PLC 发展至今，其外部连接的输入/输出设备都已采用标准化接口，因此任何品牌的 PLC 都可以通过诸如数字量 I/O 模块、A/D 和 D/A 转换模块或适当的隔离电路，把外部的各种开关量信号、模拟量和各类执行机构连接到 PLC 控制系统中。

4.4　三菱 FX$_{5U}$ 系列 PLC 硬件及接线

4.4.1　FX$_{5U}$ PLC 型号

FX$_{5U}$ PLC 的型号标识于产品右侧面，其含义如下：

$$FX\square\square-\square\square\square\square/\square$$
$$123456$$

1 表示 FX 模块名称，如 FX$_{3U}$、FX$_{5U}$ 等。

2 表示连接形式：无符号代表标准型，端子排连接；C 代表紧凑型，采用连接器连接，适用于空间比较狭小的地方，如 FX$_{3UC}$、FX$_{5UC}$。

3 表示输入/输出的总点数。

4 表示单元类型：M 为 CPU 模块，E 为输入/输出混合扩展单元与扩展模块，EX 为输入专用扩展模块，EY 为输出专用扩展模块。

5 表示输出形式：R 为继电器输出，T 为晶体管输出。

6 表示电源及输入/输出形式。当为 CPU 模块时，其含义如下。

① R/ES：AC 电源、DC 24V（漏型/源型）输入、继电器输出。
② T/ES：AC 电源、DC 24V（漏型/源型）输入、晶体管（漏型）输出。
③ T/ESS：AC 电源、DC 24V（漏型/源型）输入、晶体管（源型）输出。
④ R/DS：DC 电源、DC 24V（漏型/源型）输入、继电器输出。
⑤ T/DS：DC 电源、DC 24V（漏型/源型）输入、晶体管（漏型）输出。
⑥ T/DSS：DC 电源、DC 24V（漏型/源型）输入、晶体管（源型）输出。

例如，型号为 FX$_{5U}$-64MR/DS 的模块表示该 PLC 属于 FX$_{5U}$ 系列，具有 64 个 I/O 点的基本单元，使用 DC 24V 电源、DC 24V 输入、继电器输出；型号为 FX5-8EX/ES 的模块表示该模块是输入专用扩展模块，DC 24V（漏型/源型）输入；型号为 FX5-8EYT/ES 的模块表示该模块是输出专用扩展模块，晶体管（漏型）输出。

FX$_{5U}$ 系列 PLC 是三菱公司 FX 系列中，目前性能最优越、性价比很高的小型 PLC，可以通过扩展模块、扩展板、终端模块等多个基本组件间的连接，实现复杂逻辑控制、运动控制、闭环控制等功能。其内置的 SD 存储卡槽便于进行程序升级和批量生产，其数据记录功能对数据恢复、设备状态和生产状况的分析有很大的帮助。

4.4.2　FX$_{5U}$ 模块及系统组建要求

FX$_{5U}$ PLC 的硬件结构可以分为 CPU 模块、扩展模块、扩展板和相关辅助设备、终端模块。

1. CPU 模块

CPU 模块即主机或本机，包括电源、CPU、基本输入/输出点和存储器等，是 PLC 控制系统的基本组成部分。它实际上也是一个完整的控制系统，可以独立完成一定的控制任务。

FX$_{5U}$ CPU 模块有 3 个规格，分别具有 32 个、64 个、80 个 I/O 点，输入和输出点数平均分配，见表 4-2，其硬件结构如图 4-8 所示。这些 CPU 模块也可以通过扩展设备将其 I/O 点扩充到最大 256 个。

表 4-2　FX$_{5U}$ CPU 模块

AC 电源、DC 输入			输入点数	输出点数	输入/输出总点数
继电器输出	晶体管输出				
FX$_{5U}$-32MR/ES	FX$_{5U}$-32MT/ES	FX$_{5U}$-32MT/ESS	16	16	32
FX$_{5U}$-64MR/ES	FX$_{5U}$-64MT/ES	FX$_{5U}$-64MT/ESS	32	32	64
FX$_{5U}$-80MR/ES	FX$_{5U}$-80MT/ES	FX$_{5U}$-80MT/ESS	40	40	80
DC 电源、DC 输入			输入点数	输出点数	输入/输出总点数
继电器输出	晶体管输出				
FX$_{5U}$-32MR/DS	FX$_{5U}$-32MT/DS	FX$_{5U}$-32MT/DSS	16	16	32
FX$_{5U}$-64MR/DS	FX$_{5U}$-64MT/DS	FX$_{5U}$-64MT/DSS	32	32	64
FX$_{5U}$-80MR/DS	FX$_{5U}$-80MT/DS	FX$_{5U}$-80MT/DSS	40	40	80

4.4.2　CPU 模块硬件结构介绍

FX$_{5U}$ CPU 模块各部分说明如下。

1 为导轨安装用卡扣，用于将 CPU 模块安装在宽度为 35 mm 的导轨上。

2 为扩展适配器连接用卡扣，用于固定扩展适配器。

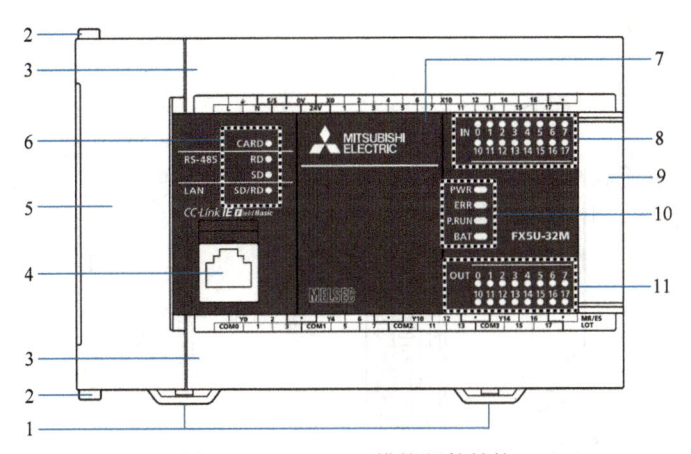

图 4-8 FX₅ᵤ CPU 模块硬件结构

3 为端子排盖板，用于保护端子排。接线时可打开此盖板作业，运行时须关上此盖板。

4 为内置以太网通信用连接器，用于连接支持以太网的设备。

5 为左上盖板，用于保护盖板下的 SD 存储卡槽、RUN/STOP/RESET 开关、RS-485 通信用端子排，模拟量输入/输出端子排等部件。

6 为状态指示灯，包括以下 4 种。

① CARD LED：用于显示 SD 存储卡状态。灯亮，可以使用；闪烁，准备中；灯灭，未插卡或可取卡。

② RD LED：用于显示内置 RS-485 通信接收数据时的状态。

③ SD LED：用于显示内置 RS-485 通信发送数据时的状态。

④ SD/RD LED：用于显示内置以太网收/发数据状态。

7 为连接器盖板，用于保护连接扩展板用的连接器、电池等。

8 为输入显示 LED，用于显示输入通道接通时的状态。

9 为次段扩展连接器盖板，用于保护次段扩展连接器的盖板，将扩展模块的扩展电缆连接到位于盖板下的次段扩展连接器上。

10 为 CPU 状态指示灯，包括以下 4 种。

① PWR LED：显示 CPU 模块的通电状态。灯亮，通电；灯灭，停电或硬件异常。

② ERR LED：显示 CPU 模块的错误状态。灯亮，发生错误或硬件异常；闪烁，出厂错误/发生错误中/硬件异常/复位中；灯灭，正常动作中。

③ P. RUN LED：显示程序的动作状态。灯亮，正常运行中；闪烁，PAUSE 状态；灯灭，停止中或发生错误停止中。

④ BAT LED：显示电池的状态。闪烁，发生电池错误中；灯灭，正常动作中。

11 为输出显示 LED，显示输出通道接通时的状态。

FX 系列 PLC 的基本单元可独立工作，但基本单元的 I/O 点数不能满足要求时，可通过连接扩展单元（独立电源+I/O）或扩展模块（I/O）来扩充 I/O 点数以满足系统要求。扩展单元、扩展模块只能与基本单元配合使用，不能单独构成系统。

2. 扩展模块

扩展模块是用于扩展输入/输出和功能的模块，分为 I/O 模块、智能功能模块、扩展电源模块、连接器转换模块和总线转换模块。按照连接方式可分为扩展电缆型和扩展连接器型，如

图4-9所示。

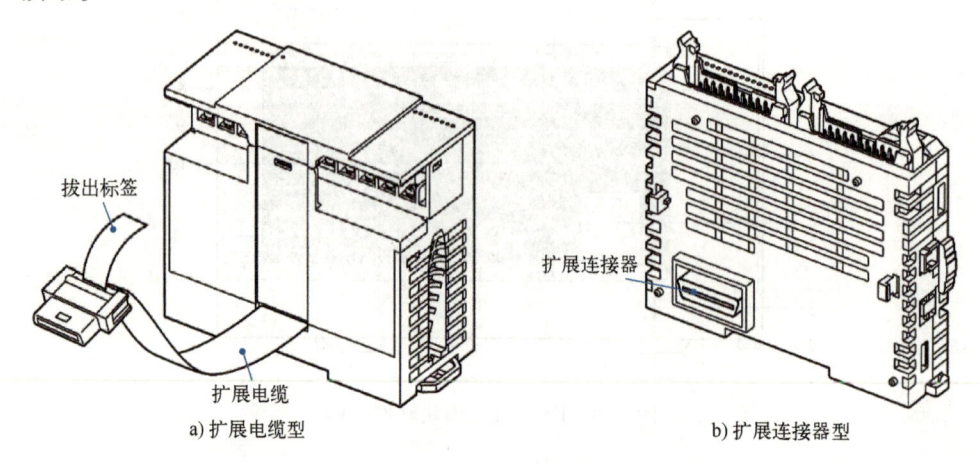

a) 扩展电缆型　　b) 扩展连接器型

图4-9　扩展模块

(1) I/O模块

扩展模块由电源、内部输入/输出电路组成，需要和CPU模块一起使用。在CPU模块的I/O点数不够时，可采用扩展模块来扩展I/O点数。FX$_{5U}$系列PLC的扩展模块包括输入模块、输出模块和输入/输出模块。模块型号、性能举例如下。

1) 输入模块FX$_5$-16EX/ES：16个输入点，输入回路电源为DC 24V（源型/漏型），端子排连接，消耗电流为100mA（DC 5V电源）/85mA（DC 24V电源）。

2) 输出模块FX$_5$-C16EYT/D：16个输出点，输出形式为晶体管（漏型），连接器连接，消耗电流为100mA（DC 5V电源）/100mA（DC 24V电源）。

3) 输入/输出模块FX$_5$-C32ET/D：16个输入点、16个输出点，输入形式为DC 24V（漏型），输出形式为晶体管（漏型），连接器连接，消耗电流为120mA（DC 5V电源）/100mA（DC 24V电源）/65mA（输入回路使用外部DC 24V电源）。

4) 高速脉冲输入/输出模块FX$_5$-16ET/ESS-H：8个输入点、8个输出点，输入形式为DC 24V（漏型/源型），输出形式为晶体管（源型），端子排连接，消耗电流为100mA（DC 5V电源）/120mA（DC 24V电源）/82mA（输入电路使用外部DC 24V电源）。

(2) 智能功能模块

智能功能模块是输入/输出功能以外的能实现简单运动等功能的模块，包括定位模块、网络模块、模拟量模块、高速计数模块等功能模块。模块型号、性能举例如下。

1) 定位模块FX$_5$-40SSC-S：支持四轴控制，占用输入/输出8个点数，使用外部DC 24V电源，消耗电流为250mA。

2) 网络模块FX$_5$-CCLIEF：支持CC-LinK IE现场网络用智能设备站，占用输入/输出8个点数，消耗电流为10mA（DC 5V电源）/230mA（使用外部DC 24V电源）。

(3) 扩展电源模块

扩展电源模块当CPU模块内置电源不够时用以扩展电源。如FX$_5$-1PSU-5V模块，当输出为DC 5V电源时，电流可达1200mA；当输出为DC 24V电源时，电流可达300mA。

(4) 连接器转换模块

连接器转换模块是用于在FX$_{5U}$的系统中连接扩展模块（扩展连接器型）的模块。如FX$_5$-

CNV-IF 模块，用于对 CPU 模块、扩展模块（扩展电缆型）或 FX_5 智能模块进行连接器转换。

（5）总线转换模块

总线转换模块是用于在 FX_{5U} 的系统中连接 FX3 扩展模块的模块，占用输入/输出 8 个点数。如 FX_5-CNV-BUS 模块，用于对 CPU 模块、扩展模块（扩展电缆型）或 FX_5 智能模块进行总线转换；FX_5-CNV-BUSC 模块，用于对扩展模块（扩展连接器型）进行总线转换。

3. 扩展板、扩展适配器、扩展延长电缆及连接器转换适配器

扩展板可连接在 CPU 模块正面，用于扩展系统功能。其产品型号及性能指标见表 4-3。

表 4-3 FX_{5U} 扩展板产品型号及性能指标

型号	功能	输入/输出占用点数	消耗电流	
			DC 5V 电源/mA	DC 24V 电源/mA
FX_5-232-BD	RS-232C 通信用	—	20	—
FX_5-485-BD	RS-485 通信用	—	20	—
FX_5-422-BD-GOT	RS-422 通信用（GOT 连接用）	—	20	—

扩展适配器连接在 CPU 模块左侧，用于扩展系统功能，其产品型号及性能指标见表 4-4。

表 4-4 FX_{5U} 扩展适配器产品型号及性能指标

型号	功能	输入/输出占用点数	消耗电流		
			DC 5V 电源/mA	DC 24V 电源/mA	外部 DC 24V 电源/mA
FX_5-4AD-ADP	4 通道电压输入/电流输入	—	10	20	—
FX_5-4DA-ADP	4 通道电压输出/电流输出	—	10	—	160
FX_5-4AD-PT-ADP	4 通道测温电阻输入	—	10	20	—
FX_5-4AD-TC-ADP	4 通道热电偶电阻输入	—	10	20	—
FX_5-232ADP	RS-232C 通信用	—	30	30	—
FX_5-485ADP	RS-485 通信用	—	30	30	—

扩展延长电缆用于 FX_5 扩展模块（扩展电缆型）安装较远时；例如，连接目标为扩展电缆型扩展模块（不包括 FX_5-1PSU-5V、内置电源输入/输出模块）时，必须用连接器转换适配器（FX_5-CNV-BC）。其产品型号及性能指标见表 4-5。

表 4-5 扩展延长电缆产品型号及性能指标

型号	功能
FX_5-30EC	模块间延长（0.3 m）
FX_5-65EC	模块间延长（0.65 m）

连接器转换适配器用于连接扩展延长电缆与扩展电缆型扩展模块（FX_5-1PSU-5V、内置电源输入/输出模块）。其产品型号及性能指标见表 4-6。

表 4-6 连接器转换适配器产品型号及性能指标

型号	功能
FX_5-CNV-BC	连接扩展延长电缆与扩展电缆型扩展模块

4. 终端模块

终端模块是将连接器形式的输入/输出端子转换成端子排的模块。此外，如果使用输入专用或输出专用终端模块（内置元器件），还可以进行 AC 输入信号的获取及继电器/晶体管/晶闸管输出形式的转换。其产品型号及性能指标见表 4-7。

表 4-7　FX 终端模块产品型号及性能指标

型　号	功　能	输入/输出占用点数	消耗电流（外部 DC 24V 电源）/mA
FX-16E-TB	与 PLC 的输入/输出连接器直接连接	—	112
FX-32E-TB		—	112（每 16 个点）
FX-16EX-A1-TB	AC 100V 输入型	—	48
FX-16EYR-TB	继电器输出型	—	80
FX-16EYT-TB	晶体管输出型（漏型）	—	112
FX-16EYS-TB	晶闸管输出型	—	112
FX-16E-TB/UL	与 PLC 的输入/输出连接器直接连接	—	112
FX-32E-TB/UL		—	112（每 16 个点）
FX-16EYR-ES-TB/UL	继电器输出型	—	80
FX-16EYT-ES-TB/UL	晶体管输出型（漏型）	—	112
FX-16EYT-ESS-TB/UL	晶体管输出型（源型）	—	112
FX-16EYS-ES-TB/UL	晶闸管输出型	—	112

5. 系统组建要求

以 FX_{5U} CPU 模块为基础，配合扩展模块、扩展板、转换模块等扩展设备，可组成所需的 PLC 控制系统。在组成 FX_{5U} 系列 PLC 控制系统时，须考虑以下几点。

1）每个系统中，FX_{5U} CPU 模块可连接的扩展设备台数最多可达 16 台，可按照图 4-10 所示进行扩展。其中，扩展电源模块、转换模块不包含在连接台数中。

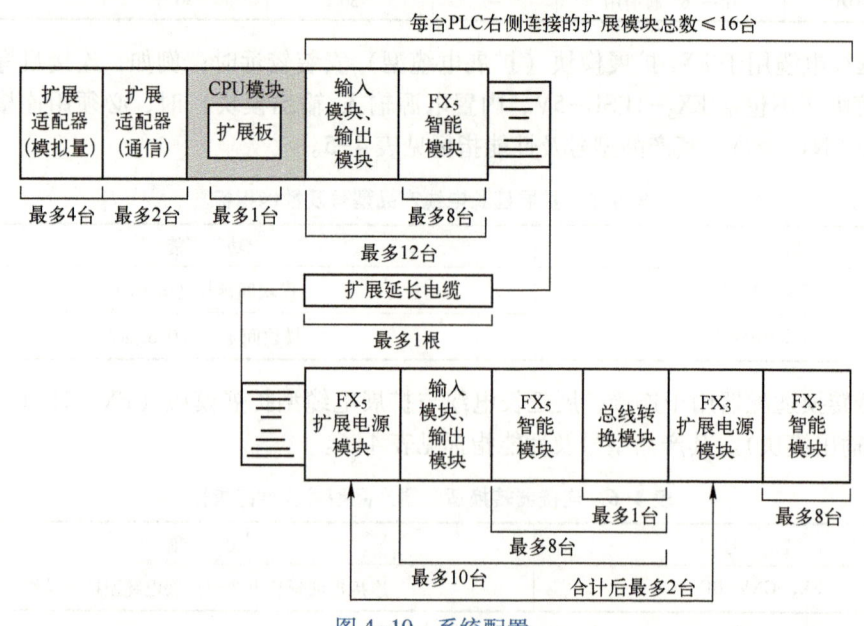

图 4-10　系统配置

2) FX$_{5U}$ CPU 模块可在扩展设备输入/输出点数（最大 256 点）与远程 I/O 点数（最大 384 点）之和小于或等于 512 点的情况下进行控制。其中，输入/输出点数的计算：CPU 模块的输入/输出点数+I/O 模块的输入/输出点数+智能模块/总线转换模块的输入/输出点数。远程 I/O 点数的计算：CC-LinK IE 现场网络 Basic 远程 I/O 点数+ CC-LinK 远程 I/O 点数+Any-WireASLINK 远程 I/O 点数。

3) 扩展模块和特殊模块本身无电源，需通过基本单元或扩展单元供电，要保证所有扩展模块、特殊模块的耗电量在 CPU 模块或扩展电源模块的电源供给能力之内。

4) 未内置电源的扩展设备，其电源可由 CPU 模块、电源内置输入/输出模块或扩展电源模块等电源供电。如图 4-11 所示，系统允许连接的扩展设备台数需根据其连接的电源模块容量来确定，即保证连接模块耗电量不高于电源模块的容量。

扩展适配器	CPU模块 扩展板	输入模块、输出模块	FX$_5$智能模块	电源内置输入/输出模块	输入模块、输出模块	FX$_5$智能模块	FX$_5$扩展电源模块	输入模块、输出模块	FX$_5$智能模块	总线转换模块	FX$_3$智能模块

由CPU模块供电　　　由电源内置输入/输出模块供电　　　由FX$_5$扩展电源模块供电

图 4-11　系统供电配置

转换模块包括连接器转换模块和总线转换模块两种，分别以不同方式将不同的扩展模块连接到 PLC。

5) 使用连接器型模块时需要 FX$_5$-CNV-IF 转换模块。

6) 系统使用高速脉冲输入/输出模块时最多可连接 4 台。

7) 系统中使用 FX$_3$ 扩展模块时需要总线转换模块，且 FX$_3$ 扩展模块只能连接在总线转换模块的右侧。FX$_3$ 扩展模块不能使用扩展延长电缆。

8) 系统中连接智能功能模块时，对于 FX$_5$-CCLIEF、FX$_{3U}$-16CCL-M、FX$_{3U}$-64CCL、FX$_{3U}$-128ASL-M 模块，系统只可连接 1 台；对于 FX$_{3U}$-2HC 模块，系统可连接 2 台。

若需要详细了解系统构成规则及相关知识，可参考《MELSEC IQ-F FX$_{5U}$用户手册（硬件篇）》。

4.4.3　FX$_{5U}$系列 PLC 的外部接线

在 PLC 控制系统的设计中，虽然接线工作量较继电器—接触器控制系统减小不少，但重要性不变。因为硬件电路是 PLC 编程设计工作的基础，只有在正确无误地完成接线的前提下，才能确保编程设计和调试运行工作的顺利进行。

1. 端子排分布与功能

下面以 FX$_{5U}$-32MR/ES 型号的 PLC 为例讲解端子排的构成。该 PLC 是具有 32 个 I/O 点的基本单元，AC 电源、DC 输入、继电器输出型。其端子排列如图 4-12 所示。各端子分配如下。

1) 电源端子：L、N 端是交流电源的输入端，一般直接使用工频交流电（AC 100～240V），L 端子接交流电源相线，N 端子接交流电源的中性线；⏚为接地端子。

2) 传感器电源输出端子：PLC 本体上的 24+、0 V 端子输出 24 V 直流电源，为输入器件和扩展模块供电。注意，勿将外部电源接至此端子，以防损伤设备。

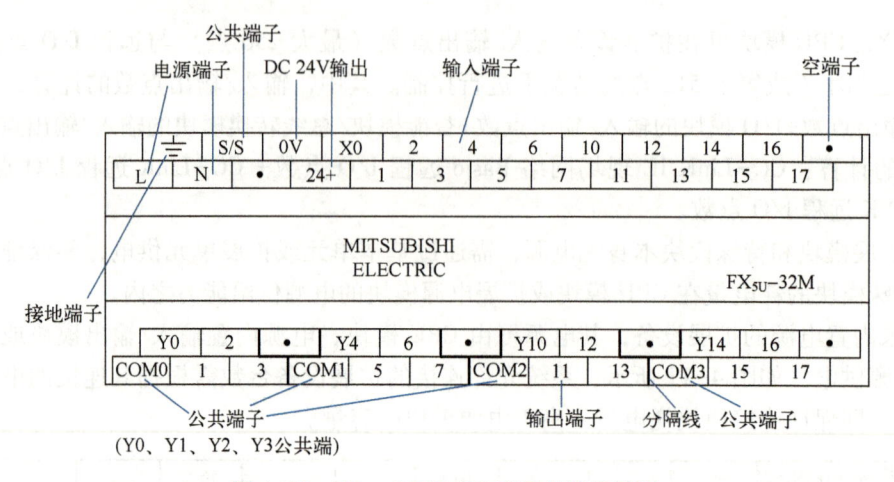

图 4-12　FX$_{5U}$-32MR/ES 型号的端子排列

3）输入端子：该 PLC 为 DC 24V 输入，其中，X0~X17 为输入端子；S/S 为输入回路内部的公共端子；DC 输入端子如连接交流电源将会损坏 PLC。

4）输出端子：Y0~Y17 为输出端子，COM0~COM3 为各组输出端子的公共端。PLC 是分组输出，每组有一个对应的 COM 口，同组输出端子只能使用同一种电压等级。其中，Y0、Y1、Y2、Y3 的公共端子为 COM0，Y4、Y5、Y6、Y7 的公共端子为 COM1，中间用颜色较深的分隔线分开，其他公共端同理。注意：PLC 输出端子驱动负载能力有限，应注意相应的技术指标。

下面举例介绍其他常用的 FX$_{5U}$ 系列 PLC 的端子排列。

（1）AC 电源、DC 输入类型

FX$_{5U}$-64M 的端子排列如图 4-13 所示。

图 4-13　FX$_{5U}$-64M 的端子排列 1

（2）DC 电源、DC 输入类型

FX$_{5U}$-64M 的端子排列如图 4-14 所示。

2. 输入回路接线

FX$_{5U}$ 输入回路接线按照输入回路电流的方向可分为漏型输入接线和源型输入接线。当输入回路电流从 PLC 公共端流进、从输入端流出时称为漏型输入（低电平有效）；当输入回路电流

⏚	S/S	•	•	X0	2	4	6	X10	12	14	16	X20	22	24	26	X30	32	34	36	•
⊕	⊖	•	•	1	3	5	7	11	13	15	17	21	23	25	27	31	33	35	37

FX$_{5U}$-64MR/DS、FX$_{5U}$-64MT/DS

	Y0	2	•	Y4	6	•	Y10	12	•	Y14	16	•	Y20	22	24	26	Y30	32	34	36	COM5
COM0	1	3	COM1	5	7	COM2	11	13	COM3	15	17	COM4	21	23	25	27	31	33	35	37

FX$_{5U}$-64MT/DSS

	Y0	2	•	Y4	6	•	Y10	12	•	Y14	16	•	Y20	22	24	26	Y30	32	34	36	+V5
+V0	1	3	+V1	5	7	+V2	11	13	+V3	15	17	+V4	21	23	25	27	31	33	35	37

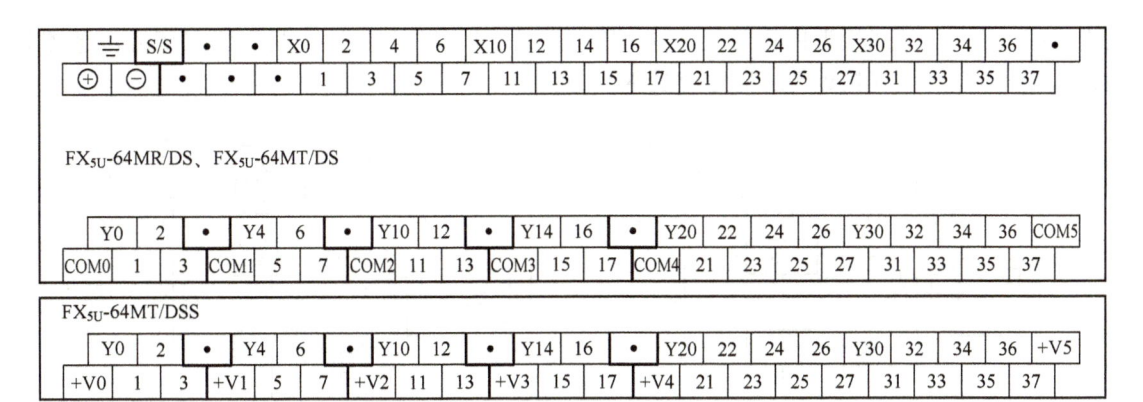

图 4-14　FX$_{5U}$-64M 的端子排列 2

从 PLC 的输入端流进、从公共端流出时称为源型输入（高电平有效）。

图 4-15 所示为 AC 电源的漏型输入接线，回路电流经 24 V 电源正极、S/S 端子、内部电路、X 端子和外部通道的触点流回 24 V 电源的负极。图 4-16 所示为 AC 电源的源型输入接线，回路电流经 24 V 电源正极、外部通道的触点、X 端子、内部电路、S/S 端子流回 24 V 电源的负极。图 4-17 所示为 DC 电源的漏型/源型输入接线。

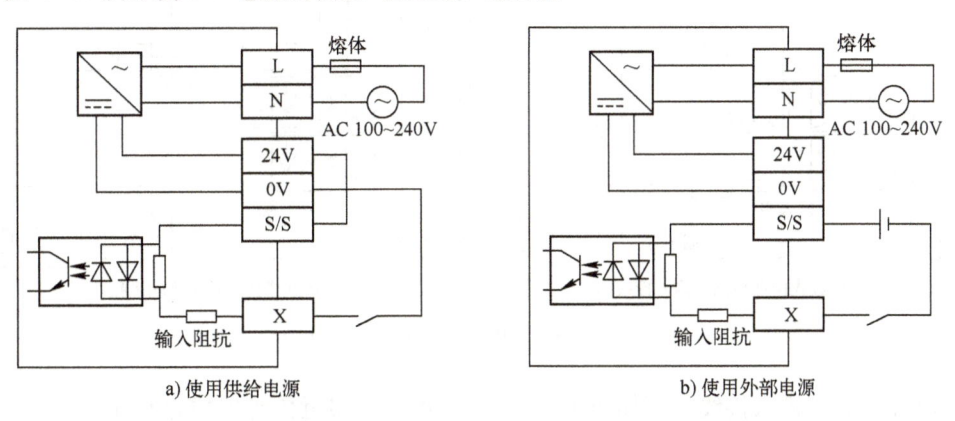

a) 使用供给电源　　　　　　　b) 使用外部电源

图 4-15　漏型输入接线（AC 电源）

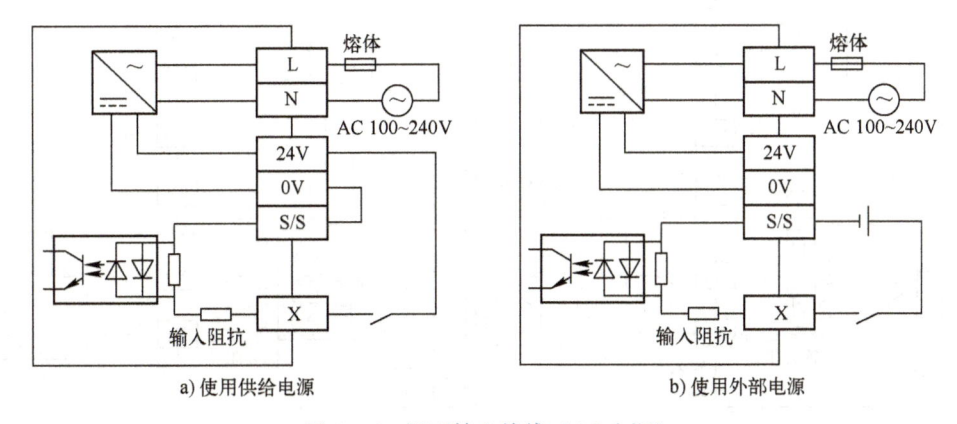

a) 使用供给电源　　　　　　　b) 使用外部电源

图 4-16　源型输入接线（AC 电源）

AC 电源的漏型输入接线示例如图 4-18 所示。图 4-18a 为当输入是 2 线式接近传感器时的输入接线图，2线式接近传感器应选择NPN型。图4-18b为当输入是3线式接近传感器时的输入接线图，3线式接近传感器也应是NPN型。

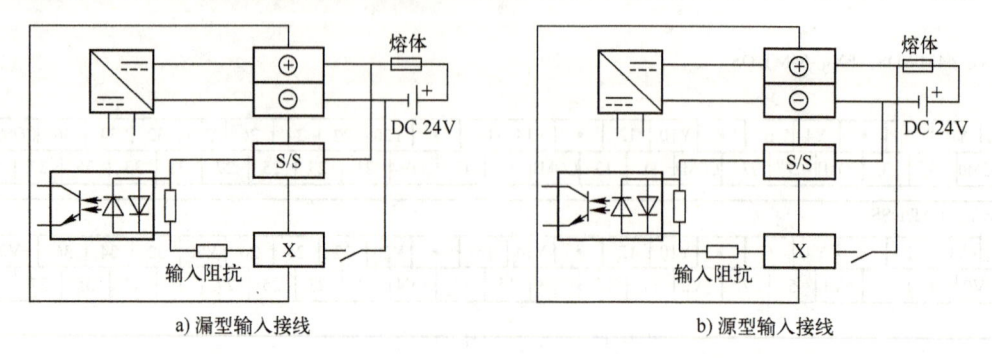

a) 漏型输入接线

b) 源型输入接线

图4-17　DC电源输入接线

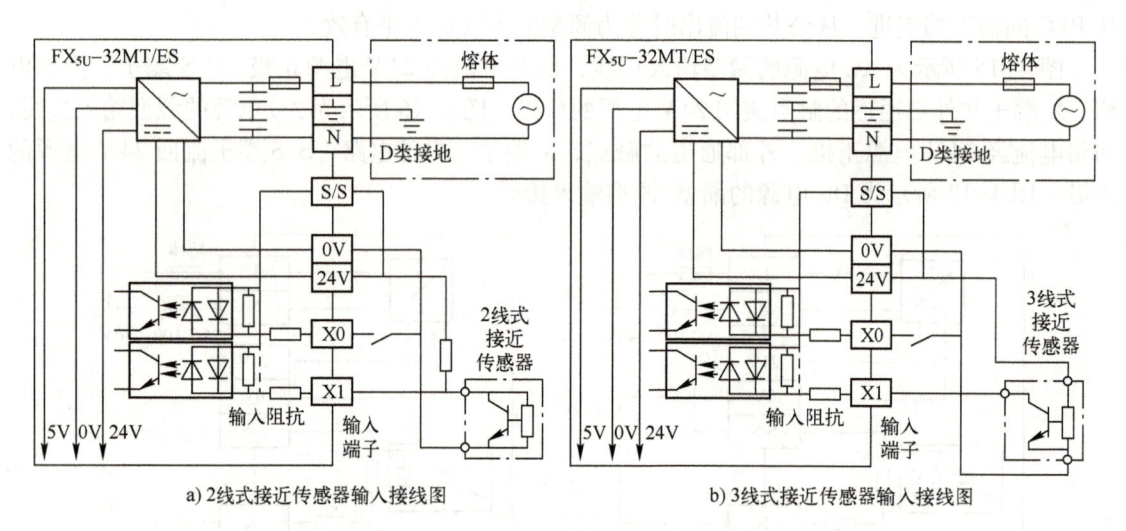

a) 2线式接近传感器输入接线图

b) 3线式接近传感器输入接线图

图4-18　AC电源的漏型输入接线示例

AC电源的源型输入接线示例如图4-19所示，图中的接近传感器均为PNP型。

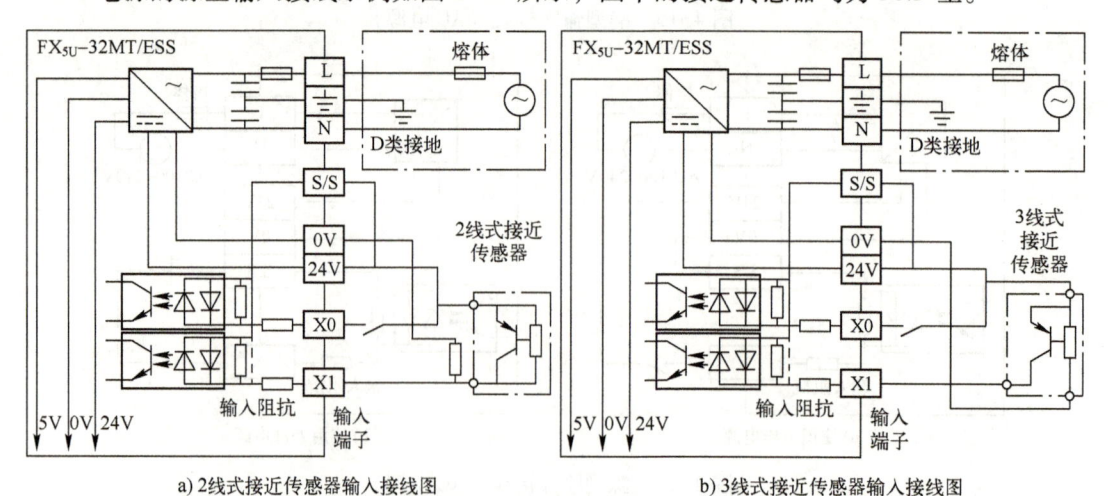

a) 2线式接近传感器输入接线图

b) 3线式接近传感器输入接线图

图4-19　AC电源的源型输入接线示例

3. 输出回路接线

FX$_{5U}$系列晶体管输出回路只能驱动直流负载,有漏型输出和源型输出两种类型。漏型输出是指负载电流流入输出端子,而从公共端子流出;源型输出是指负载电流从输出端子流出,而从公共端子流入。

晶体管漏型输出回路接线示例如图 4-20 所示,晶体管源型输出回路接线示例如图 4-21 所示。

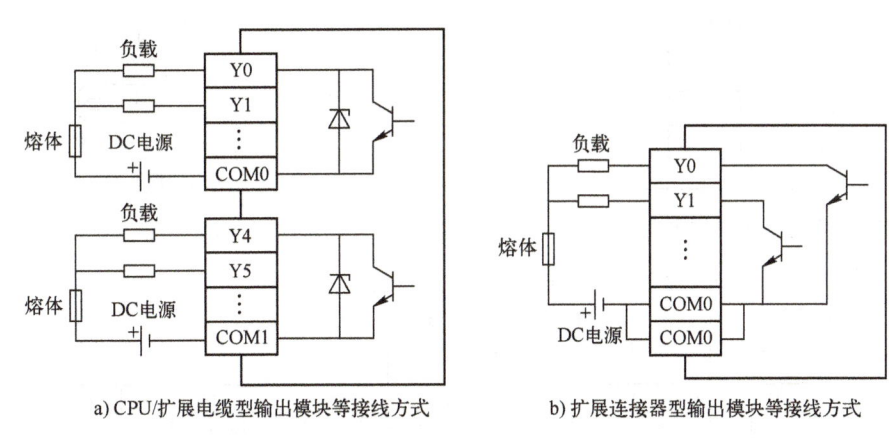

a) CPU/扩展电缆型输出模块等接线方式　　b) 扩展连接器型输出模块等接线方式

图 4-20　晶体管输出回路(漏型)接线示例

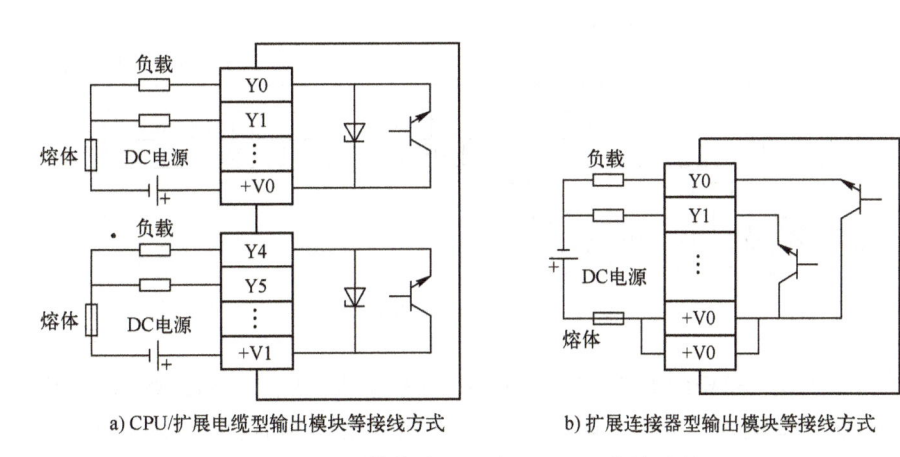

a) CPU/扩展电缆型输出模块等接线方式　　b) 扩展连接器型输出模块等接线方式

图 4-21　晶体管输出回路(源型)接线示例

继电器输出回路既可以驱动直流负载(DC 30V 以下),也可以驱动交流负载(AC 240 V 以下),使用时需要注意,每个分组只能驱动同一种电压等级的负载,不同电压等级的负载需要分配到不同的分组中。其接线示例如图 4-22 所示,COM0 公共端所在的回路负载电压是直流 24 V,COM1 公共端所在的回路负载电压是交流 100 V。由于继电器输出回路未设置内部保护电路,因此如果是感性负载,可以在该负载上并联二极管(续流用)或浪涌吸收器,以保证 PLC 的正常工作,其接线示例如图 4-23 所示。

4. 外部接线实例

下面以 FX$_{5U}$-32MR 型 PLC 为例介绍 PLC 的外部接线。在 PLC 的输入端接入一个按钮、一个限位开关和一个 NPN 型三线式接近开关,输出为一个 220 V 的交流接触器和一个 24 V 直流电磁阀。PLC 的外部接线图如图 4-24 所示。

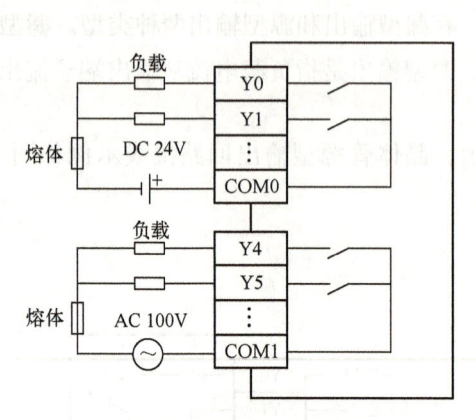

图 4-22　继电器输出型接线示例

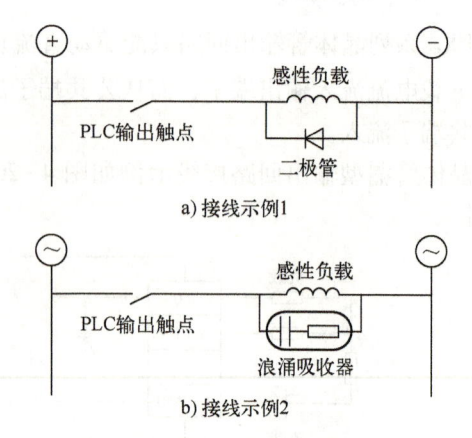

图 4-23　继电器型感性负载接线示例

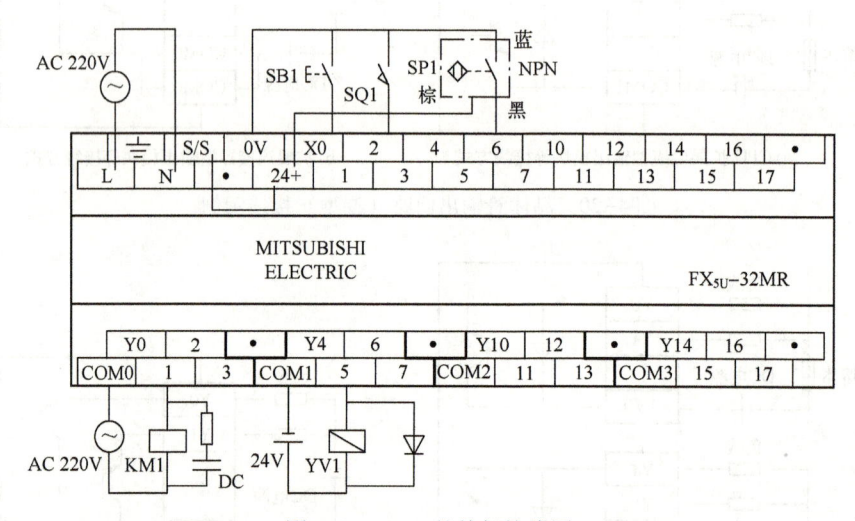

图 4-24　PLC 的外部接线图

图 4-24 中，FX$_{5U}$-32MR 型 PLC 为 AC 电源，DC 输入。L、N 端接 AC 220V 电源，X0 输入点接 SB1 按钮，X2 输入点接 SQ1 限位开关，X6 输入点接 NPN 型三线制接近开关。在输出回路中，Y1 接一个 220 V 的交流接触器线圈 KM1，Y5 接直流电磁阀 YV1。

KM1 和 YV1 属于感性负载，感性负载具有储能作用，电路中的感性负载可能产生高于电源电压数倍甚至数十倍的反电动势。触点闭合时，会因触点的抖动而产生电弧，它们都会对系统产生干扰。为此，在图中的直流电路中，在感性负载 YV1 的两端并联续流二极管；对于交流电路，在感性负载 KM1 的两端并联阻容电路，以抑制电路断开时产生的高压或电弧对 PLC 的影响。

若需要了解更多模块的接线，可参考《MELSEC IQ-F FX$_{5U}$ 用户手册（硬件篇）》。

4.5　PLC 控制系统与继电器控制系统的比较

继电器-接触器控制是采用硬件和接线来实现的。它先选用合适的分立元件（接触器、主令电器、各类继电器等），然后按照控制要求采用导线将触点相互连接，从而实现既定的逻辑控制。如控制要求改变，则硬件构成及接线都需相应调整。

PLC 系统采用程序实现控制，其控制逻辑是以程序方式存储在内存中，系统要完成的控制任务是通过执行存放在存储器中的程序来实现的。如控制要求改变，硬件电路连接可不用调整或只需简单改动，主要通过改变程序，故称"软接线"。

简而言之，PLC 可以看成是一个由成百上千个独立的继电器、定时器、计数器及数据存储器等单元组成的智能控制设备，但这些继电器、定时器等单元并不存在，而是 PLC 内部通过软件或程序模拟的功能模块。

下面以电动机星形-三角形减压起动控制为例，分别采用继电器-接触器控制、PLC 控制方式来实现电动机的起动功能，在学习时可通过对比、分析和总结两种控制方式的异同点。

继电器-接触器控制方式如图 4-25 所示。主电路、控制电路中导线通过分立元件各端子互连，其控制逻辑包含于控制电路中，通过接线体现。

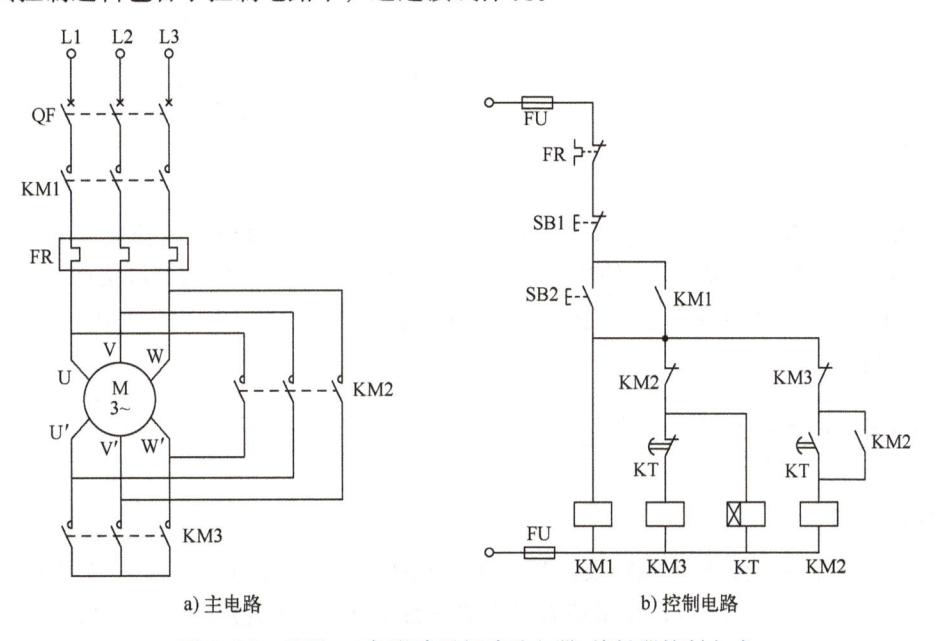

图 4-25 星形-三角形减压起动继电器-接触器控制方式

PLC 控制方式如图 4-26 所示，其主电路不变，控制电路由 PLC 接线图和程序两部分实现，而控制逻辑是通过软件，即编制相应程序来实现的。

PLC 控制与继电器-接触器控制两种控制方式的不同总结如下：

1）PLC 控制系统与继电器-接触器控制系统的输入、输出部分基本相同。输入部分都是由按钮、开关、传感器等组成；输出部分都是由接触器、执行器、电磁阀等部件构成。

2）PLC 控制采用软件编程取代了继电器-接触器控制系统中大量的中间继电器、时间继电器、计数器等器件，使 PLC 控制系统的体积、安装和接线工作量都大大减少，同时有效减少了系统维修工作量和提高工作可靠性。

3）PLC 控制系统不仅可以替代继电器-接触器控制系统，且当生产工艺、控制要求发生变化时，只要修改相应程序或配合程序对硬件接线进行少量的变动就可以了。

4）PLC 控制系统除了可以完成传统继电器-接触器控制系统所具有的功能，还可以实现模拟量控制、高速计数、开环或闭环过程控制以及通信联网等功能。

```
       L1 L2 L3                      停止      起动      过载保护
```

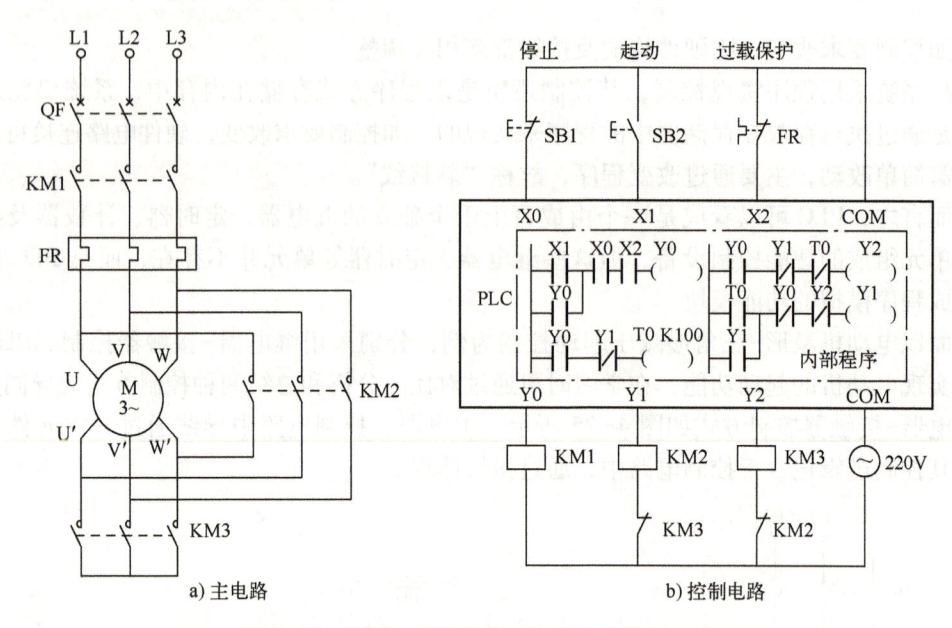

图 4-26　星形-三角形减压起动 PLC 控制方式

a) 主电路　　　b) 控制电路

PLC 并不是自动控制的唯一选择，还有继电器-接触器控制和计算机控制等方式。每一种控制器都具有其独特的优势，根据控制要求的不同、使用环境的不同等可以选择适合的控制方式。随着 PLC 价格的不断降低、性能的不断提升及系统集成的需求，PLC 的优势越来越明显，应用范围也越来越广。

4.6　技能训练——PLC 外部接线图绘制

[任务描述]

某一 PLC 控制系统，输入端需要连接一个起动按钮、一个停止按钮、一个限位开关、一个三线式接近开关（NPN 型）；输出端需要驱动一台 220V 的交流接触器线圈和一个 24V 直流指示灯，根据 PLC 接线规范要求，完成 I/O 分配及 PLC 外部接线图的绘制。

[任务实施]

1）分配 I/O 地址见表 4-8。

表 4-8　I/O 地址分配

连接的外部设备	PLC 输入地址（X）	连接的外部设备	PLC 输出地址（Y）
起动按钮 SB1		交流接触器线圈 KM（AC 220V）	
停止按钮 SB2			
限位开关 SQ1		指示灯（DC 24V）	
接近开关 SQ2（三线式，NPN 型）			

2）选择 PLC 型号，画出 PLC 的外部接线图。

L	N	⏚	S/S	24V	0V	X0	X1	X2	X3	X4	X5		

MITSUBISHI ELECTRIC

FX$_{5U}$-____/____

COM0	Y0	Y1	Y2	Y3	COM1	Y4	Y5	Y6	Y7		

国产化替代的意义

国产化替代简单来说就是用国内企业生产的产品来替代国外企业生产的产品。我国企业的发展时间相对较短，所以国内很多产品都需要从国外进口，随着我国企业开始加大产品研发的投入，以及国内相关政策的扶持，越来越多的国产产品会逐渐替代国外产品，按照从低端到中端再到高端的规律，我国自主生产的产品会更加先进，且更加全面，未来将会替代更多的进口产品，最终实现研发生产一体化。

国产化替代的道路必定是漫长且艰难的。但是我们必须坚持这么做，因为中兴、华为事件表明，如果不是自主可控的产品，我们的产业很有可能在一天之内瘫痪。如果说国产化替代是一场战争，那么CPU、操作系统、数据库等基础软硬件，就是"自主可控"的"正面战场"，是国家网络安全的基础和保障。完全的国产化意味着中国产品技术能力自主可控、知识产权自主可控、生产自主可控、发展自主可控等，对于打破国外垄断、确保国家信息安全具有十分重要的意义。

思考与练习

1）整体式 PLC 与模块式 PLC 各有什么特点？

2）按照 PLC 的点数分类，PLC 有_____、_____和_____。

3）可编程序控制器是在_____控制系统上发展而来的。

4）PLC 主要由_____、_____、_____和_____组成。

5）PLC 输出接口电路一般有_____和_____等类型，其中_____既可驱动交流负载又可驱动直流负载。

6）输入映像寄存器的作用是什么？

7）简述 PLC 的扫描工作过程。

8）说明 FX$_{5U}$-64MT/DS 型号中 64、M、T、DS 的意义。

9）FX$_{5U}$ CPU 系统可扩展多少输入/输出点？使用高速脉冲输入/输出模块时最多可连接多少台？

10）FX$_{5U}$ CPU 按照输入回路电流的方向可分为_____输入接线和_____输入接线方式。

11）输入继电器的状态只取决于对应的_____的通断状态，因此在梯形图中不能出现输入继电器的_____。

12）PLC 控制系统与继电器-接触器控制系统在运行方式上有何不同？

第 5 章　FX$_{5U}$ PLC 的编程基础

5.1 FX$_{5U}$系列 PLC 的编程资源

5.1.1 编程软元件

PLC 的软元件是 PLC 内部用于实现各种控制逻辑和功能的编程元素，它们并非实际的物理元件，而是由存储器单元组成的虚拟元件。这些软元件在 PLC 编程中扮演着至关重要的角色，允许用户通过软件编程的方式来实现复杂的控制逻辑。

PLC 的软元件种类较多，包括用于开关量控制的各类继电器、定时器、计数器，以及数据处理的数据寄存器（D）、文件寄存器（R）等。每个软元件都有唯一的名称和地址，一般由符号+地址编号组成，如 X10、T20、SM400、D100 等。FX$_{5U}$ PLC 的编程软元件见表 5-1。

FX$_{5U}$ PLC 编程软元件属性见表 5-1。

表 5-1　FX$_{5U}$ PLC 编程软元件属性

分　类	类型	软元件名称	符　号	标记
用户软元件	位	输入继电器	X	八进制数
	位	输出继电器	Y	八进制数
	位	辅助继电器	M	十进制数
	位	锁存继电器	L	十进制数
	位	链接继电器	B	十进制数
	位	报警器	F	十进制数
	位	链接特殊继电器	SB	十六进制数
	位	步进继电器	S	十进制数
	位/字	定时器	T（触点为 TS，线圈为 TC，当前值为 TN）	十进制数
	位/字	累计定时器	ST（触点为 STS，线圈为 STC，当前值为 STN）	十进制数
	位/字	计数器	C（触点为 CS，线圈为 CC，当前值为 CN）	十进制数
	位/双字	长计数器	LC（触点为 LCS，线圈为 LCC，当前值为 LCN）	十进制数
	字	数据寄存器	D	十进制数
	字	链接寄存器	W	十六进制数
	字	链接特殊寄存器	SW	十六进制数
系统软元件	位	特殊继电器	SM	十进制数
	字	特殊寄存器	SD	十进制数
模块访问软元件（U□\\G□）	字	模块访问软元件	G	十进制数

(续)

分　类	类型	软元件名称	符　号	标记
变址寄存器	字	变址寄存器	Z	十进制数
	双字	超长变址寄存器	LZ	10进制数
文件寄存器	字	文件寄存器	R	十进制数
嵌套	—	嵌套	N	十进制数
指针	—	指针	P	十进制数
	—	中断指针	I	十进制数
常数	—	10进制常数	K	十进制数
	—	16进制常数	H	十六进制数
	—	实数常数	E	—
	—	字符串常数	—	—

下面介绍常用的用户软元件、系统软元件及常数的特性。若需要了解其他软元件的特性和使用方法，可参考《GX Works3 操作手册》。

1. 输入继电器（X）

输入继电器（X）一般都有一个 PLC 的输入端子与之对应，它是 PLC 用来连接工业现场开关型输入信号的接口，其状态仅取决于输入端按钮、开关元件的状态。当接在输入端子的按钮、开关元件闭合时，输入继电器的线圈得电，在程序中对应的软元件的常开触点闭合，常闭触点断开；这些触点可以在编程时任意使用，使用次数不受限制。

PLC 输入端子可连接外部的常开（NO）触点或常闭（NC）触点，输入端连接不同的触点，其内部软元件对应的状态也相应不同。

如图 5-1 所示，PLC 输入端子 X0 外接常开触点 SA1，常态时其所在的外部回路断开，按照继电器原理，则 PLC 内部 X0 的常开触点为 0（断开），常闭触点为 1（接通）；当 SA1 触点闭合后，其所在的外部回路接通，按照继电器原理，则 PLC 内部 X0 的常开触点接通，状态为 1，常闭触点断开，状态为 0。

而输入端子 X1 外接常闭触点 SA2 时，逻辑关系与 SA1 的相反，即常态时其所在的外部回路接通，则 X1 的常开触点为 1（接通），常闭触点为 0（断开）；SA2 触点断开后，则 X1 的常开触点为 0（断开），常闭触点为 1（接通）。

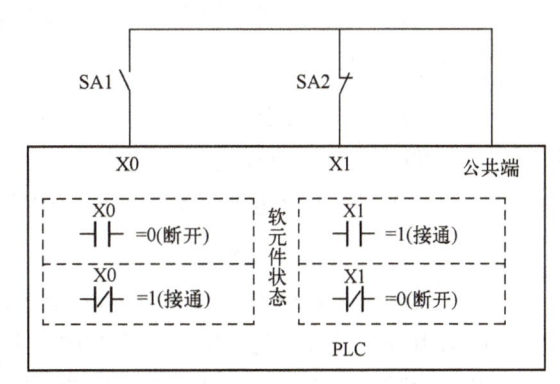

图 5-1　PLC 输入端子与内部软元件对应关系

编程时应注意的是，输入继电器的线圈只能由外部信号来驱动，不能在程序内用指令来驱动，因此在编写的梯形图中只能出现输入继电器的触点，而不应出现输入继电器的线圈。

FX$_{5U}$ 系列 PLC 的输入继电器采用八进制地址进行编号。例如，FX$_{5U}$-32M 这个基本单元中，X0~X17 表示从 X0~X7、X10~X17 共 16 个点的输入地址编号。

2. 输出继电器（Y）

输出继电器（Y）也有一个 PLC 的输出端子与之对应，它是用来将 PLC 的输出信号传送到负载的接口，用于驱动外部负载。当输出继电器的线圈得电时，对应的输出端子回路接通，负载电路开始工作。每一个输出继电器的常开触点和常闭触点在编程时可不限次数使用。

编程时需要注意的是外部信号无法直接驱动输出继电器，它只能在程序内部驱动。

输出继电器的地址编号也是八进制，对于 FX_{5U} 系列 PLC 来说，除了输入、输出继电器是以八进制表示，其他继电器均为十进制表示。例如，FX_{5U}-32M 这个基本单元中，Y0~Y17 表示从 Y0~Y7、Y10~Y17 共 16 个点的输出地址编号。

3. 辅助继电器（M）

FX_{5U} 系列 PLC 内部有很多辅助继电器（M），和输出继电器一样，这些辅助继电器只能由程序驱动，每个辅助继电器也有无数对常开、常闭触点供编程使用。辅助继电器的触点在 PLC 内部编程时可以任意使用，但它不能直接驱动负载电路，外部负载必须由输出继电器的触点来驱动。

当 CPU 模块电源断开，并再次得电时，辅助继电器状态位将会复位（清零）。

4. 锁存继电器（L）

锁存继电器（L）是 CPU 模块内部使用的可锁存（即停电保持）的辅助继电器。即使电源断开，再次得电时，运算结果（ON/OFF）也将被保持（锁存）。

5. 链接继电器（B）及链接特殊继电器（SB）

链接继电器（B）是网络模块与 CPU 模块交换数据时，CPU 侧使用的位软元件。

链接特殊继电器（SB）是用于存放网络模块的通信状态及异常检测状态的内部位软元件。

6. 报警器（F）

报警器（F）是在由用户创建的用于检测设备异常/故障的程序中使用的内部继电器。

7. 步进继电器（S）

步进继电器（S）与步进指令（见第 6 章）配合使用可完成顺序控制功能。步进继电器的常开触点和常闭触点在 PLC 内可以自由使用，且使用次数不限。不作为步进梯形图指令时，步进继电器可作为辅助继电器（M）在程序中使用。

8. 定时器（T）/累计定时器（ST）

PLC 提供的定时器相当于继电器控制系统中的时间继电器，是累计时间增量的编程软元件，定时值由程序设置。每个定时器都对应一个 16 位的当前值寄存器，当定时器的输入条件满足时开始计时，当前值从 0 开始按一定的时间间隔递增，当定时器的当前值等于程序中的设定值时，定时时间到，定时器的触点动作，当前值与设定值相同。每个定时器提供的常开触点和常闭触点在编程时可不限次数，任意使用。

通用定时器（T）是从定时器输入为 ON 时开始计时，当定时器的当前值与设定值一致时，定时器触点将变为 ON；通用定时器在计时过程中，如果定时器的输入转为 OFF，当前值将自动清零；再次得电后，当前值从零开始计时。

累计定时器（ST）的计时方法与通用定时器的相同；不同点在于，累计定时器在计时过程中，如果定时器的输入条件转为 OFF，当前值将保持；条件再次变为 ON 时，从保持的当前值开始继续计算时间。累计定时器需要通过复位指令（RST）复位当前值和关闭触点。

9. 计数器（C）/长计数器（LC）

计数器（C）用于累计计算输入端接收到的由断开到接通的脉冲个数，其计数值由指令设置。计数器的当前值是 16 位或 32 位有符号整数，用于存储累计的脉冲个数，当计数器的当前值等于设定值时，计数器的触点动作；每个计数器提供的常开触点和常闭触点有无限个。即使将计数器线圈的输入置为 OFF，计数器的当前值也不会被清除，需要通过复位指令（RST）进行计数器（C/LC）当前值的清除或复位。

计数器分为 16 位计数器（C）和 32 位超长计数器（LC）；其中计数器（C）1 点使用 1 字，可计数范围为 0~32767；超长计数器（LC）1 点使用 2 字，使用输出 OUT 指令时计数范围为 0~4294967295，使用带符号 32 位升降计数器 UDCNTF 指令时计数范围为 -2147483648~2147483647。

10. 数据寄存器（D）

PLC 在进行输入/输出处理、模拟量控制、位置控制时，需要涉及许多变量或数据，这些变量或数据由数据寄存器（D）来存储。FX 系列 PLC 数据寄存器均为 16 位的寄存器（单字），可存放 16 位二进制数，最高位为符号位；也可以用两个数据寄存器合并起来存放 32 位数据（双字），最高位仍为符号位。

11. 链接寄存器（W）/链接特殊寄存器（SW）

链接寄存器（W）是用于 CPU 模块与网络模块的链接寄存器（LW）之间相互收发数据的字软元件。通过网络模块的参数、设置刷新范围，未用于刷新设置的寄存器可用于其他用途。

链接特殊寄存器（SW）用于存储网络的通信状态及异常检测状态的字数据信息。未用于刷新设置的寄存器可用于其他用途。

12. 特殊继电器（SM）

特殊继电器（SM）是 PLC 内部确定的、具有特殊功能的继电器，用于存储 PLC 系统状态、控制参数和信息。这类继电器不能像通常的辅助继电器（M）那样用于程序中，但可作为监控继电器状态反映系统运行情况；或通过设置为 ON/OFF 来控制 CPU 模块的相应功能；基本指令编程时常用的几种特殊继电器（SM）见表 5-2，其中 R/W 为读/写性能。

表 5-2 FX$_{5U}$ 系列 PLC 部分常用特殊继电器（SM）功能

编 号		功能描述	R/W
SM400	SM8000	RUN 监视的常开触点，OFF：STOP 时；ON：RUN 时	R
SM401	SM8001	RUN 监视的常闭触点，OFF：RUN 时；ON：STOP 时	R
SM402	SM8002	初始脉冲的常开触点，RUN 后第 1 个扫描周期为 ON	R
SM0	SM8004	出错指示，OFF：无出错；ON：有出错	R
SM52	SM8005	电池电压指示，OFF：电池正常；ON：电池电压过低	R
SM409	SM8011	10 ms 时钟脉冲	R
SM410	SM8012	100 ms 时钟脉冲	R
SM412	SM8013	1 s 时钟脉冲	R
SM413	—	2 s 时钟脉冲	R

（续）

编号		功能描述	R/W
	SM8014	1 min 时钟脉冲	R
	SM8020	零标志位，加减运算结果为零时置位	R
	SM8021	借位标志，减运算结果小于最小负数值时置位	R
SM700	SM8022	进位标志，加运算有进位或结果溢出时置位	R

注：SM8xxx 为 FX 兼容区域的特殊继电器。

13. 特殊寄存器（SD）

特殊寄存器（SD）是 PLC 内部确定的、具有特殊用途的寄存器。因此，不能像通常的数据寄存器那样用于程序中，但可用于监控 PLC 的工作状态，或写入数据以控制 CPU 模块，部分常用 SD 见表 5-3，其中 R/W 为读/写功能。

表 5-3 FX$_{5U}$ 系列 PLC 的部分常用特殊寄存器（SD）功能

编号	功能描述	R/W
SD200	存储 CPU 开关状态（0：RUN；1：STOP）	R
SD201	存储 LED 的状态（b2：ERR 灯亮；b3：ERR 闪烁……b9：BAT 闪烁……）	R
SM203	存储 CPU 动作状态（0：RUN；2：STOP；3：PAUSE）	R
SD210	时钟数据（年）将被存储（公历）	R/W
SD211	时钟数据（月）将被存储（公历）	R/W
SD212	时钟数据（日）将被存储（公历）	R/W
SD213	时钟数据（时）将被存储（公历）	R/W
SD214	时钟数据（分）将被存储（公历）	R/W
SD215	时钟数据（秒）将被存储（公历）	R/W
SD216	时钟数据（星期）将被存储（公历）	R//W
SD218	参数中设置的时区设置值以"分"为单位被存储	R

14. 常数（K/H/E）

常数也可作为编程软元件对待，它在存储器中占有一定的空间，十进制常数用 K 表示，如十进制常数 20 在程序中表示为 K20；十六进制常数用 H 表示，如 20 用十六进制来表示为 H14；在程序中实数用 E 来表示，如 E1.667。十进制常数范围见表 5-4。

表 5-4 十进制常数范围

指令中自变量的数据类型		十进制常数范围
数据容量	数据类型的名称	
16 位	字（带符号）	K−32768~K32767
	字（无符号）/位串（16 位）	K0~K65535
32 位	双字（带符号）	K−2147483648~K2147483647
	双字（无符号）/位串（32）位	K0~K4294967295

5.1.2 PLC 的寻址方式

FX 系列 PLC 将数据存于不同的存储单元（软元件），每个存储单元都有自己唯一的地址，这就是寻址方式。PLC 有两种寻址方式，分别是直接寻址和间接寻址。直接寻址方式是指直接找到元件的名称进行存储，而间接寻址则不直接通过元件名称来存储。

1. 直接寻址

1）位寻址格式

对于 X、Y、M、S、T、C 按位寻址格式，就是直接指出存储器的类型和编号。例如 X10、M123，字母表示存储器类型，数字为存储器编号。

对于字软元件，如果指定字软元件的位，也可以将其作为位数据使用。指定字软元件的位时，使用字软元件编号和位编号（16 进制数：0~F）进行指定，如 D0.0 表示数据寄存器 D0 的 0 位，D0.F 表示数据寄存器 D0 的 15 位。

2）字寻址和双字寻址

字寻址在字元件（数据存储器 D）存储时使用，如 D100，字母表示存储器类型，数字为存储器编号。在双字寻址指令中，操作数地址的编号（低位）一般用偶数表示，地址加 1 编号（高位）的存数单元同时被占用。双字寻址时存储单元为 32 位，如（D11, D10）表示为 32 位存储单元，D11 为高 16 位，D10 为低 16 位。

3）位组合寻址

为了使位元件（如 X、Y、M、S 等）联合起来存储数字，PLC 提供了位组合寻址方式，4 个连续的位为一组，用 KnP 来表示。P 为位元件的首地址，n 为组数（1~8）。例如 K2Y0 表示由 Y0~Y7 组成的 2 组即 8 位存储单元，K4M10 表示由 M10~M15 组成的 4 组，即 16 位存储单元。

2. 间接寻址

FX$_{5U}$ 系列 PLC 可以利用变址寄存器（Z）及超长变址寄存器（LZ）进行间接寻址。例如，传送指令 [MOV K100 D0Z0]，当 Z0 = K100 时，D0Z0 = D100，其意义是将常数 100 传送到 D100 中。变址寄存器（Z）和超长变址寄存器（LZ）合计可使用 24 字，可通过参数更改点数，操作步骤为：导航窗口→[参数]→[FX5UCPU]→[CPU 参数]→存储器/软元件设置→变址寄存器设置。

5.1.3 标签及数据类型

1. 标签及分类

标签是指在输入/输出数据及内部处理中指定了任意字符串的变量。编程中如果使用标签，则在创建程序时不需要考虑软元件和缓冲存储器的容量。通过在程序中使用标签，可以提高程序的可读性，将程序简单地转变至模块并配置在不同的系统中。

标签可分为全局标签和局部标签。全局标签可以在工程内的所有程序中使用，需要设置标签名、分类、数据类型及软元件的关联；局部标签只能在程序部件中使用，需要设置标签名、分类与数据类型。标签的分类可显示标签在哪个程序部件中以及怎样使用；根据程序部件类型，可选择不同类型的标签。标签属性见表 5-5。

表 5-5 标签属性

分类		内容	可使用的程序部件		
			程序块	功能块	功能
全局标签	VAR_GLOBAL	全局变量；是可以在程序块与功能块中使用的通用标签	○	○	×
	VAR_GLOBAL_CONSTANT	全局常量；是可以在程序块与功能块中使用的通用常数	○	○	×
	VAR_GLOBAL_RETAIN	锁存全局变量；是可以在程序块与功能块中使用的锁存类型的标签	○	○	×
局部标签	VAR	局部变量；是在声明的程序部件的范围内使用的标签，不可以在其他程序部件中使用	○	○	○
	VAR_CONSTANT	局部常量；是在声明的程序部件的范围内使用的常数，不可以在其他程序部件中使用	○	○	○
	VAR_RETAIN	锁存局部变量；是在声明的程序部件的范围内使用的锁存类型的标签，不可以在其他程序部件中使用	○	○	×
	VAR_INPUT	输入变量；是向功能及功能块中输入的标签；是接受数值的标签，不可以在程序部件内更改	×	○	○
	VAR_OUTPUT	输出变量；是从功能或功能块中输出的标签	×	○	○
	VAR_OUTPUT_RETAIN	锁存输出变量；是从功能及功能块中输出的锁存类型的标签	×	○	×
	VAR_IN_OUT	输入输出变量；是接受数值并从程序部件中输出的局部标签，可以在程序部件内更改	×	○	○
	VAR_PUBLIC	公开变量；是可以从其他程序部件进行访问的标签	×	○	×
	VAR_PUBLIC_RETAIN	锁存公开变量；是可以从其他程序部件进行访问的锁存类型的标签	×	○	×

注：○表示可使用，×表示不可使用。

2. 数据类型

数据类型是根据数据的位长、处理方法及数值范围等进行划分，常用的数据类型有如下 5 种。

（1）基本数据类型

标签基本数据类型的属性见表 5-6。

表 5-6 标签基本数据类型属性

数据类型		内容	值的范围	位长
位	BOOL	表示 ON 或 OFF 等二者择一的状态的类型	0（FALSE）、1（TRUE）	1 位
字［无符号］/位列［16 位］	WORD	表示 16 位的类型	0~65535	16 位
双字［无符号］/位列［32 位］	DWORD	表示 32 位的类型	0~4294967295	32 位
字［带符号］	INT	处理正与负的整数值的类型	−32768~+32767	16 位
双字［带符号］	DINT	处理正与负的倍精度整数值的类型	−2147483648~+2147483647	32 位

(续)

数据类型		内 容	值的范围	位长
单精度实数	REAL	处理小数点以后的数值（单精度实数值）的类型，有效位数为 7 位（小数点以后 6 位）	$-2^{128} \sim -2^{-126}$，0，$2^{-126} \sim 2^{128}$	32 位
时间	TIME	作为 d（日）、h（时）、m（分）、s（秒）、ms（毫秒）处理数值的类型	T#-24d20h31m23s648ms～T#24d20h31m23s647ms	32 位
字符串（32）	STRING	处理字符串（字符）的数据类型	最多 255 个半角字符	可变
定时器	TIMER	与软元件的定时器（T）相对应的结构体		
累计定时器	RETENTIVETIMER	与软元件的累计定时器（ST）相对应的结构体		
计数器	COUNTER	与软元件的计数器（C）相对应的结构体		
长计数器	LCOUNTER	与软元件的长计数器（LC）相对应的结构体		
指针	POINTER	与软元件的指针（P）相对应的类型		

(2) 定时器与计数器数据类型

定时器、累计定时器、计数器、长计数器的数据类型是具有触点、线圈、当前值的结构体，其属性见表 5-7。

表 5-7 定时器与计数器数据类型属性

数 据 类 型		构件名	构件的数据类型	内 容	值的范围
定时器	TIMER	S	位	表示触点。是与定时器软元件的触点（TS）同样的动作	0（FALSE）、1（TRUE）
		C	位	表示线圈。是与定时器软元件的线圈（TC）同样的动作	0（FALSE）、1（TRUE）
		N	字［无符号］/位列［16 位］	表示当前值。是与定时器软元件的当前值（TN）同样的动作	0~32767
累计定时器	RETENTIVETIMER	S	位	表示触点。是与累计定时器软元件的触点（STS）同样的动作	0（FALSE）、1（TRUE）
		C	位	表示线圈。是与累计定时器软元件的线圈（STC）同样的动作	0（FALSE）、1（TRUE）
		N	字［无符号］/位列［16 位］	表示当前值。是与累计定时器软元件的当前值（STN）同样的动作	0~32767
计数器	COUNTER	S	位	表示触点。是与计数器软元件的触点（CS）同样的动作	0（FALSE）、1（TRUE）
		C	位	表示线圈。是与计数器软元件的线圈（CC）同样的动作	0（FALSE）、1（TRUE）
		N	字［无符号］/位列［16 位］	表示当前值。是与计数器软元件的当前值（CN）同样的动作	0~32767
长计数器	LCOUNTER	S	位	表示触点。是与长计数器软元件的触点（LCS）同样的动作	0（FALSE）、1（TRUE）
		C	位	表示线圈。是与长计数器软元件的线圈（LCC）同样的动作	0（FALSE）、1（TRUE）
		N	双字［无符号］/位列［32 位］	表示当前值。是与长计数器软元件的当前值（LCN）同样的动作	

(3) 总称数据类型（ANY 型）

总称数据类型名以"ANY"开始，是汇总若干个基本数据类型标签的数据类型。在功能及功能块的自变量、返回值等应用中允许多个数据类型的情况下，可使用总称数据类型。

(4) 结构体

结构体是包含一个以上标签的数据类型，可以在所有的程序部件中使用。包含在结构体中的各个构件（标签）即使数据类型不同也可以定义，如前面述及的定时器类型、累计定时器类型、计数器类型、长计数器类型都属于结构体类型，标签中有触点、线圈和当前值等。

结构体的结构及标签调用如图 5-2 所示。

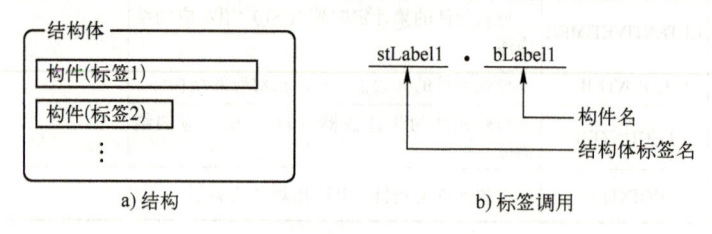

图 5-2　结构体的结构及标签调用

(5) 数组

数组是将相同数据类型的标签的连续集合体用一个名称表示，可以将基本数据类型、结构体及功能块作为数组进行定义。1、2、3 次元数组格式说明见表 5-8，1、2 次元数组图像如图 5-3 所示。

表 5-8　1、2、3 次元数组格式说明

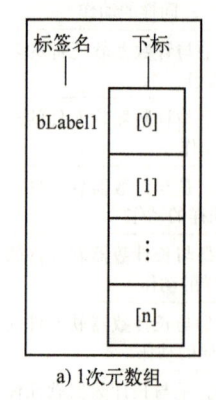

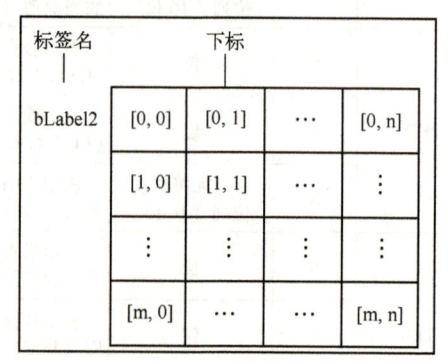

数组的次元数	格　　式
1 次元数组	基本数据类型/结构体名的数组（数组开始值..数组结束值）
	[定义示例] 位（0..2）
2 次元数组	基本数据类型/结构体名的数组（数组开始值..数组结束值，数组开始值..数组结束值）
	[定义示例] 位（0..2, 0..1）
3 次元数组	基本数据类型/结构体名的数组（数组开始值..数组结束值，数组开始值..数组结束值，数组开始值..数组结束值）
	[定义示例] 位（0..2, 0..1, 0..3）

图 5-3　1、2 次元数组图像

5.2 PLC 的编程语言

PLC 程序是设计人员根据控制系统的实际控制要求，通过 PLC 的编程语言进行编制的。根据国际电工委员会制定的工业控制编程语言标准（IEC61131-3），PLC 的编程语言有 5 种，分别为梯形图（Ladder Diagram，LD）、指令表（Instruction List，IL）、顺序功能图（Sequential Function Chart，SFC）、功能块图（Function Block Diagram，FBD）及结构化文本（Structured Text，ST）。不同型号的 PLC 编程软件对以上 5 种编程语言的支持种类是不同的，早期的 PLC 仅仅支持梯形图编程语言和指令表编程语言。下面对 GX Works3 编程软件提供的几种语言的特点进行简单的介绍。

5.2.1 梯形图（LD）

梯形图是 PLC 程序设计中最常用的编程语言，由触点、线圈和指令框组成，它是与继电器-接触器电路类似的一种图形化的编程语言。由于梯形图与控制电路原理图相对应，具有直观性和对应性；且与原有继电器-接触器控制电路相一致，电气设计人员易于掌握。因此，梯形图编程语言得到了广泛应用。

与原有的继电器-接触器控制电路不同的是，梯形图中的能流不是实际意义的电流，其内部的继电器也不是实际存在的继电器，应用时需要与原有继电器控制的概念加以区别。

图 5-4 是典型电动机单向运转（起保停）控制电路图和采用 PLC 控制实现的对应梯形图。

a) 电动机单向运转控制电路　　b) 电动机单向运转对应的梯形图

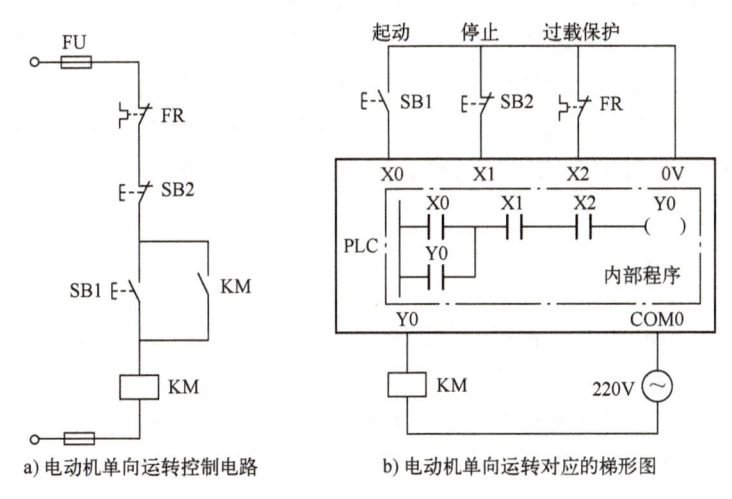

图 5-4　电动机单向运转控制电路和对应的梯形图

创建梯形图时，每个 LD 程序段都必须使用线圈或功能指令等来终止，不能使用触点、比较指令或检测指令等来终止。左、右垂线类似于继电器-接触器控制电路的电源线，称为左母线、右母线。左母线可看成能量提供者，触点闭合则能量流过，触点断开则能量阻断，这种能量流可称为能流。来自源头的"能流"是通过一系列逻辑控制条件，根据运算结果决定逻辑输出的，不是真实的物理流动。

在 GX Works3 编程软件中输入对应逻辑关系的梯形图，如图 5-5 所示。触点代表逻辑控制条件，分为动合（常开）触点和动断（常闭）触点两种形式；线圈代表逻辑"输出"结果，"能流"流过时线圈得电；指令（或功能）用于实现某种特定功能，"能流"通过方框则执行其功能，如数据运算、定时、计数等。

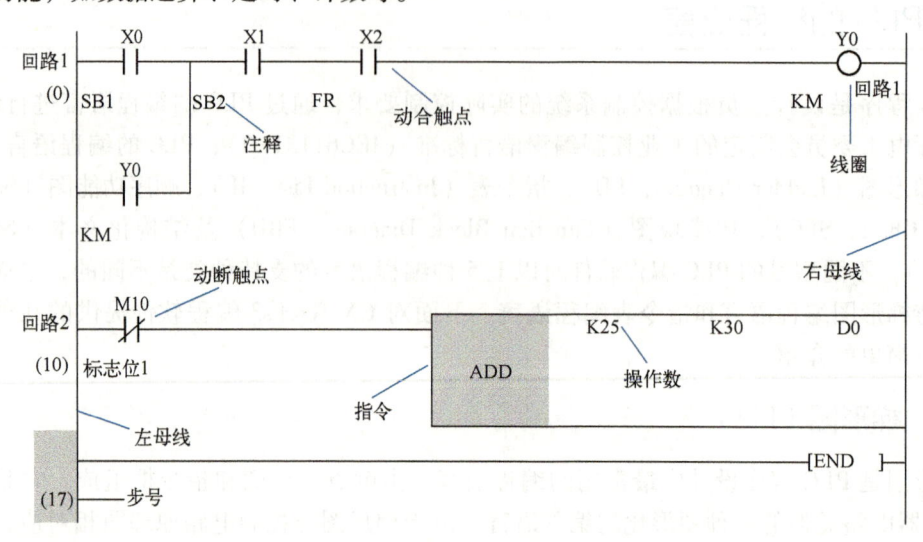

图 5-5　梯形图

触点和线圈（或功能块等）组成的电路称为回路，如图 5-5 中标注的"回路 1""回路 2"。回路 1 为电动机单向运转的逻辑控制程序，回路 2 为实现两个数（常数 25、30）的加法运算程序。在用梯形图编程时，只有一个回路程序编制完成后才能继续后面的程序编制。

梯形图中，从左至右、从上至下，左侧总是安排输入触点，并且把并联触点多的支路靠近左侧，输入触点不论是外部的按钮、开关，还是继电器触点，在图形符号上只用动合触点和动断触点两种方式标示，而不考虑其物理属性，输出线圈用圆圈标示。

按照 PLC 的循环扫描工作方式，系统在运行梯形图程序时周而复始地按照"从左至右、从上至下"的扫描顺序对系统内部的各种任务进行查询、判断和执行，完成自动控制任务。本书采用梯形图编写 PLC 程序。

5.2.2　功能块图（FBD）

与梯形图一样，FBD 也是一种图形化编程语言，是与数字逻辑电路类似的一种 PLC 编程语言。采用功能块图的形式来表示模块所具有的功能，不同的功能模块具有不同的功能。FBD 基本沿用了半导体逻辑电路的逻辑方块图，有数字电路基础的技术人员很容易上手和掌握。

图 5-6 是电动机单向运转的功能块图，其逻辑表达式为 KM=（SB1+KM）·SB2·FR。

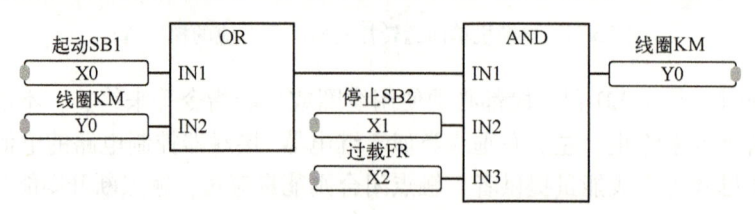

图 5-6　功能块图

三菱 GX Works3 编程软件提供的是 FBD/LD 编辑器，即将 FBD 与梯形图组合，以创建程序的图形化语言编辑器。该编辑器使用灵活，只需自由配置自带的部件并接线即可创建程序，其编程界面如图 5-7 所示。

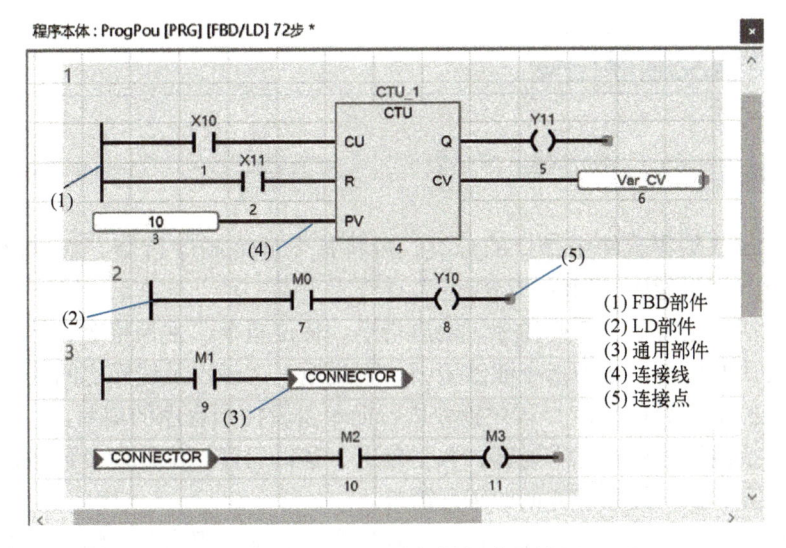

图 5-7　FBD/LD 编辑器的编程界面

5.2.3　结构化文本（ST）

结构化文本（Structured Text，ST）是一种具有与 C 语言等高级语言语法结构相似的文本形式的编程语言，不仅可以完成 PLC 典型应用（如输入/输出、定时、计数等），还具有循环、选择、数组、高级函数等高级语言的特性。ST 编程语言非常适合复杂的运算功能、数学函数、数据处理和管理以及过程优化等，是今后 PLC 编程语言的趋势。

ST 采用计算机的表述方式来描述系统中各种变量之间的各种运算关系，完成所需的功能或操作。但相比于 C、PASCAL 等高级语言，ST 在语句的表达方法及语句的种类等方面都进行了简化，其在编写其他编程语言较难实现的用户程序时具有一定的优势。

采用 ST 编程，可以完成较复杂的控制运算，但需要有一定的计算机高级语言的知识和编程技巧，对工程设计人员要求较高，直观性和操作性相对较差。

ST 指令使用标准编程运算符，例如，用（:=）表示赋值；用（AND、XOR、OR）表示逻辑与、异或、或；用（+、-、*、/）表示算术功能加、减、乘、除。ST 也使用标准的 PAS-CAL 程序控制操作，如 IF、CASE、REPEAT、FOR 和 WHILE 语句等。ST 中的语法元素还可以使用所有的 PASCAL 参考。许多 ST 的其他指令（如定时器和计数器）与 LD 和 FBD 指令匹配。

图 5-8 是电动机单向运转的用 ST 编写的控制程序。

```
1  IF X1=1 THEN         //X1为停止按钮
2     Y0:=0;
3  ELSIF X2=1 THEN      //X2为起动按钮
4     Y0:=1;
5  END_IF;
```

图 5-8　ST 语言编程

在大中型 PLC 编程中，ST 的应用越来越广泛，可以非常方便地描述控制系统中各个变量的关系。

在 PLC 控制系统设计中，要求设计人员不但对 PLC 的硬件性能有所了解，也要了解 PLC 支持的编程语言的种类及其用法，以便编写更加灵活和优化的自动控制程序。

5.3 指令类型及顺序指令

5.3.1 指令类型

按照 GX Works3 编程软件中指令的分类，可将指令分为顺序指令、基本指令、应用指令及通用功能（FUN）/功能块（FB）指令。

顺序指令包括触点指令、合并指令、输出指令、移位指令、主控指令、结束指令等，是专门为逻辑控制设计的指令，这类指令能够清晰、直观地表达触点及线圈之间的连接关系，可以方便地使用顺序控制（简称顺控）程序指令进行简单逻辑控制程序的编写。

基本指令包括比较运算、算术运算、数据传送、逻辑运算、位处理及数据转换指令等，可用于满足数据运算、数据处理等方面的编程需求。

应用指令包括程序分支指令、程序执行控制指令、数据处理指令、结构化指令、时钟用指令、数据读取/写入指令、网络通用指令等，可用于程序跳转、数据处理、CPU 模块通信等功能的实现。

通用功能（FUN）/功能块（FB）指令的应用与西门子 S7-1200 PLC 的方框指令类似，包含算术运算、数据类型转换、选择等功能指令和双稳态、边缘检测、计数器等功能块指令，方便用户调用和设置相关参数。

本节主要介绍顺序指令中的一些基础指令。

5.3.2 触点及线圈输出指令

1. 运算开始、串联连接、并联连接及输出线圈

LD、AND、OR 指令分别表示开始、串联和并联的常开触点；LDI、ANI、ORI 指令分别表示开始、串联和并联的常闭触点。作为触点可使用的位软元件有 X、Y、M、L、SM、F、B、SB、S 等；用 OUT 指令表示线圈的输出指令。各指令的功能、表示方法见表 5-9。

表 5-9 运算开始、串联连接、并联连接及输出线圈指令

指令符号	功 能	梯形图表示
LD	常开触点运算开始	─┤ ├──( )
LDI	常闭触点运算开始	─┤/├──( )
AND	常开触点串联连接	─┤ ├─┤ ├──
ANI	常闭触点串联连接	─┤ ├─┤/├──( )

(续)

指令符号	功　　能	梯形图表示
OR	常开触点并联连接	
ORI	常闭触点并联连接	
OUT	驱动输出线圈	

该类指令属于位运算指令，也可用于字软元件的位运算。当用于字软元件的位运算时，应进行字软元件的位指定。例如，D0 的 b11 位，可以写为"D0.B"；注意位的指定是以十六进制数进行的；可使用的字软元件有 T、ST、C、D、W、SD、SW、R 等。

1) LD、LDI 指令用于将触点直接连接到左母线。

2) AND、ANI 指令用于将触点与左侧触点串联连接，进行逻辑"与"运算；该指令可多次连续使用，数量不受限制。

3) OR、ORI 指令用于将触点与上面的触点并联连接，进行逻辑"或"运算；该指令也可多次连续使用，数量不受限制。

4) OUT 指令用于驱动输出线圈，可以使用的位软元件有 Y、M、L、SM、T、ST、C 等，但不可用于输入继电器 X；它只能位于梯形图的最右侧，与右母线相连。当 OUT 指令前的逻辑关系为 1 时，输出线圈被驱动；逻辑关系为 0 时，输出线圈被复位。

标准触点指令示例如图 5-9 所示。其中，X0、X3、C2 为常开触点，X1、X2 为常闭触点，M0、M1 为输出线圈。

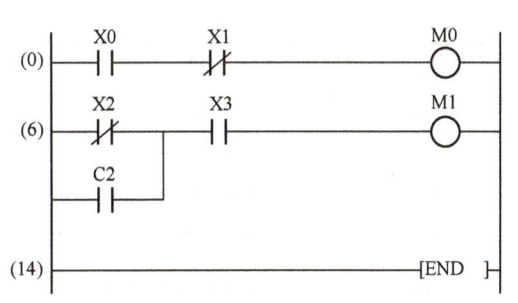

图 5-9　标准触点指令示例

[研讨与练习]

1) 指令使用练习：根据表 5-10 所示示例，在编程软件中输入对应的梯形图，掌握指令的使用方法。

表 5-10　梯形图示例

	示例 1	示例 2
梯形图		

2）试画出图 5-10a 中 Y1 的动作时序图。

分析：在第一个扫描周期，由于 Y1 的初始状态为 OFF，Y1 的常闭触点接通，因此 Y1 线圈得电，输出状态为"1"；在第二个扫描周期，由于 Y1 的状态为 ON，Y1 的常闭触点断开，因此 Y1 线圈失电，输出状态为"0"；以后将重复上述转换过程，其动作时序图如图 5-10b 所示。

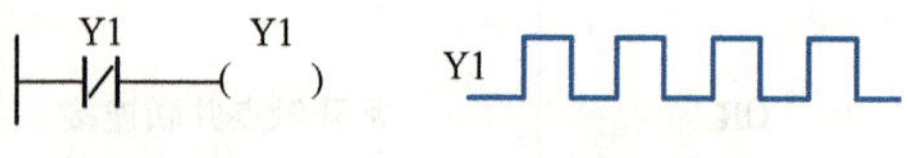

a）梯形图　　　b）动作时序图

图 5-10　研讨与练习图

2. 脉冲运算开始、串联连接、并联连接

触点脉冲指令包括上升沿检测的触点指令和下降沿检测的触点指令，特点在于仅维持一个扫描周期。

上升沿检测的触点指令分为上升沿脉冲运算开始指令 LDP、上升沿脉冲串联连接指令 ANDP、上升沿脉冲并联连接指令 ORP。指令表示方法为触点中间有一个向上的箭头，对应的触点仅在指定位元件的上升沿时接通一个扫描周期。

下降沿检测的触点指令分为下降沿脉冲运算开始指令 LDF、下降沿脉冲串联连接指令 ANDF、下降沿脉冲并联连接指令 ORF。指令表示方法为触点中间有一个向下的箭头，对应的触点仅在指定位元件的下降沿时接通一个扫描周期。

触点脉冲指令可使用的位软元件有 X、Y、M、L、SM、F、B、SB、S 等；字软元件（需要进行位指定）有 T、ST、C、D、W、SD、SW、R 等。

各指令的功能、表示方法见表 5-11；其中 S 为触点对应的软元件。

表 5-11　脉冲运算开始、串联连接、并联连接指令

指令符号	功　能	梯形图表示
LDP	上升沿脉冲运算开始	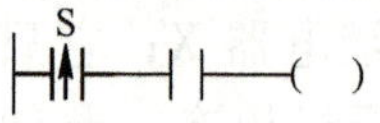 ─┤↑├──( )
ANDP	上升沿脉冲串联连接	 ─┤├─┤↑├──( )
ORP	上升沿脉冲并联连接	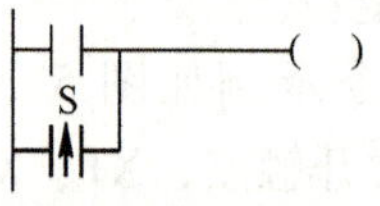 ─┤├──( ) └┤↑├┘
LDF	下降沿脉冲运算开始	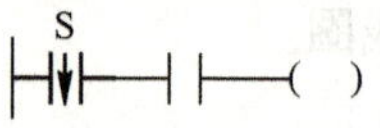 ─┤↓├──( )
ANDF	下降沿脉冲串联连接	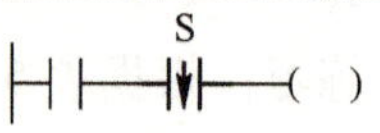 ─┤├─┤↓├──( )
ORF	下降沿脉冲并联连接	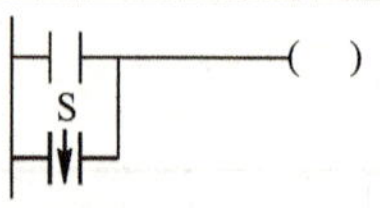 ─┤├──( ) └┤↓├┘

触点脉冲指令属于脉冲型指令，它只在满足相应条件时，导通一个扫描周期，在其后的扫描周期恢复为断开状态；这种指令可以将 PLC 中的长信号（如开关信号）、短信号（如按钮信号）转换为脉冲信号，程序设计时灵活应用可提高编程效率和程序的抗干扰能力。如图 5-11 所示，在 X1 的上升沿，Y0 导通一个扫描周期；在 X2 的下降沿，Y0 导通一个扫描周期。

[研讨与练习]

分析图 5-12 所示的梯形图功能，绘制 Y0、Y1 的波形。

分析：图 5-12 所示梯形图中 X1 是一个上升沿脉冲串联连接指令，需要使用 ANDP 指令；当 X0 闭合时，如果 X1 从 OFF 切换至 ON 状态，则元件 Y0 仅在 X1 的上升沿导通一个扫描周期。梯形图中 T0 是一个串联连接的下降沿脉冲指令，使用 ANDF 指令；当 X2 闭合时，如果 T0 从 ON 切换至 OFF 状态，则元件 Y1 仅在 T0 的下降沿导通一个扫描周期。

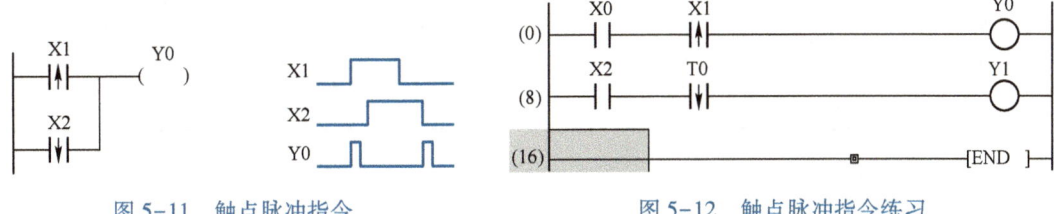

图 5-11 触点脉冲指令

图 5-12 触点脉冲指令练习

3. 脉冲否定运算开始、脉冲否定串联连接、脉冲否定并联连接

脉冲否定指令包括上升沿触点指令和下降沿触点指令；作为触点可使用的位软元件有 X、Y、M、L、SM、F、B、SB、S 等，需要进行位指定的字软元件有 T、ST、C、D、W、SD、SW、R 等。各指令的功能、表示方法见表 5-12；其中 S 为触点对应的元件。

表 5-12 脉冲否定运算开始、脉冲否定串联连接、脉冲否定并联连接指令

指令符号	处理内容	梯形图表示
LDPI	上升沿脉冲否定运算开始	
ANDPI	上升沿脉冲否定串联连接	
ORPI	上升沿脉冲否定并联连接	
LDFI	下降沿脉冲否定运算开始	
ANDFI	下降沿脉冲否定串联连接	
ORFI	下降沿脉冲否定并联连接	

与上升沿有关的脉冲否定指令包括脉冲否定运算开始指令 LDPI、脉冲否定串联连接指令 ANDPI、脉冲否定并联连接指令 ORPI，其对应的软元件运行状态见表 5-13；其代表除了上升沿（OFF→ON），在位软元件为 OFF、ON、下降沿（ON→OFF）时导通。

与下降沿有关的脉冲否定指令有脉冲否定运算开始指令 LDFI、脉冲否定串联连接指令 ANDFI、脉冲否定并联连接指令 ORFI，其对应的软元件运行状态见表 5-14。其代表除了下降沿（ON→OFF），在位软元件为 OFF 时、ON 时、上升沿（OFF→ON）时导通。

表5-13 上升沿脉冲否定指令状态

指令指定的软元件		LDPI/ANDPI/ORPI 的状态
位软元件	字软元件的位指定	
OFF→ON	0→1	OFF
OFF	0	ON
ON	1	ON
ON→OFF	1→0	ON

表5-14 下降沿脉冲否定指令状态

指令指定的软元件		LDPI/ANDPI/ORPI 的状态
位软元件	字软元件的位指定	
OFF→ON	0→1	ON
OFF	0	ON
ON	1	ON
ON→OFF	1→0	OFF

5.3.3 合并指令

1. 取反指令

取反（INV）指令将该指令之前的运算结果取反，运算结果如果为1，则将它变为0；运算结果如果为0，则将它变为1。取反指令的功能、表示方法见表5-15。

表5-15 取反指令

指令符号	功　能	梯形图表示
INV	逻辑取反	─┤├─／─（ ）

如图5-13所示的梯形图，先将X10的常开触点和X11的常闭触点相与，INV指令将它们逻辑与的结果取反，再送给Y10输出。需要注意的是INV指令不能与母线直接相连。

使用梯形图的情况下，需要注意在梯形图块的范围内对运算结果取反，示例如图5-14所示。

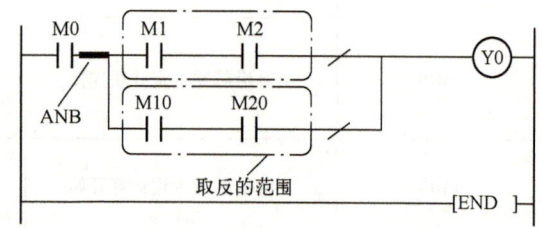

图5-13 取反指令

图5-14 梯形图块取反指令应用示例

2. 运算结果脉冲化指令

运算结果脉冲化指令包括MEP、MEF指令。MEP功能是在指令之前的运算结果为上升沿（OFF→ON）时将运算结果变为ON，上升沿以外的情况都为OFF；MEF功能是在指令之前的运算结果为下降沿（ON→OFF）时将运算结果变为ON，下降沿以外的情况都为OFF。各指令的功能、表示方法见表5-16。

表5-16 运算结果脉冲化指令

指令符号	功　能	梯形图表示
MEP	运算结果脉冲化	─┤├─↑─（ ）
MEF		─┤├─↓─（ ）

使用 MEP、MEF 指令时，在多个触点进行了串联连接的情况下，脉冲化处理易于进行。其应用示例如图 5-15 所示。

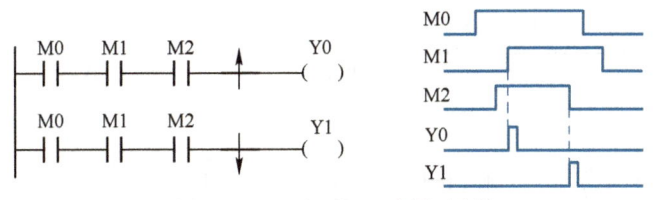

图 5-15　MEP/MEF 应用示例

5.3.4　输出指令——定时器/计数器等

1. 定时器指令

定时器用于设定和计量时间，相当于继电器控制系统中的时间继电器，是计算时间增量的编程元件，其定时值通过指令设置。

当定时器输入端导通时开始计时，定时器当前值由 0 开始按设定的时间单位递增，当定时器的当前值到达设定值时，定时时间到，定时器触点动作。

5.3.4-1　通用定时器及其使用

FX_{5U} 系列 PLC 的定时器有通用定时器（T）和累计定时器（ST）2 种类型。

1）通用定时器（T）：普通型定时器，当输入端导通时，线圈得电，定时器开始计时，当前值与设定值一致时定时时间到，定时器常开触点变为 ON；当定时器输入端断开时，定时器断开，当前值立刻复位为 0，定时器常开触点也变为 OFF。即通用定时器只能计算单次接通的时间，断开后当前值会立即复位，再次导通会重新开始计量。

默认情况下，通用定时器的个数为 512 个，对应编号为 T0~T511。

2）累计定时器（ST）：也称断电保持型定时器，可累计计算定时器的导通时间。当累计定时器输入端导通时，开始计时，当前值按设定的时间单位递增；当输入端断开时，累计定时器的当前值保持不变；输入端再次导通时，从保持的当前值开始继续计时；当累计的当前值与设定值一致时，累计定时器的常开触点将变为 ON。

5.3.4-2　累计定时器及其使用

默认情况下，可使用的累计定时器的个数为 16 个，其编号为 ST0~ST15。

因为累计定时器在输入端断开时不会自动复位，所以需要通过复位指令（RST），才能将累计定时器的当前值和触点复位。

定时器有 100 ms、10 ms、1 ms 三种分辨率，对应定时器分别为低速定时器、普通定时器、高速定时器。三者可使用同一软元件，通过定时器输出指令 OUT、OUTH 和 OUTHS 来区分。如对于同一 T0，采用 OUT T0 时为低速定时器（100 ms），采用 OUTH T0 时为普通定时器（10 ms），采用 OUTHS T0 时为高速定时器（1 ms）；累计定时器的使用方法与通用定时器的相同。

定时器设定值的范围为 1~32767，不同分辨率下定时器的定时范围也不同。定时器输出指令功能、表示方法见表 5-17。梯形图中，d(Coil) 为定时器元件（T/ST）编号；Value 为定时器设定值，可以是字软元件，也可以是 10 进制常数（K）。

通用定时器指令的应用示例如图 5-16 所示。当 X1 为 ON 时，低速定时器 T0 开始定时（T0 当前值寄存器每隔 100 ms 加 1），如 T0 当前值未计到 50（即计时没到 5 s）时，X1 变为 OFF，则 T0 的当前值恢复为 0；当 X1 再次为 ON 时，低速定时器 T0 重新开始计时，计时到 5 s

时，低速定时器的常开触点 T0 闭合，Y0 输出为 ON；当 X1 变为 OFF 时，低速定时器 T0 线圈失电，低速定时器的常开触点 T0 断开，Y0 输出变为 OFF。

表 5-17 定时器输出指令功能、表示方法

指令符号	功能	定时范围	梯形图表示	FBD/LD 表示	ST 表示
OUT T	低速定时器	0.1～3276.7 s	─┤├─[OUT | d | Value]	OUT_T，EN/ENO，Coil，Value	ENO: =OUT_T(EN, Coil, Value);
OUT ST	低速累计定时器				
OUTH T	普通定时器	0.01～327.67 s	─┤├─[OUTH | d | Value]	OUTH，EN/ENO，Coil，Value	ENO: =OUTH(EN, Coil, Value);
OUTH ST	累计定时器				
OUTHS T	高速定时器	0.001～32.767 s	─┤├─[OUTHS | d | Value]	OUTHS，EN/ENO，Coil，Value	ENO: =OUTHS(EN, Coil, Value);
OUTHS ST	高速累计定时器				

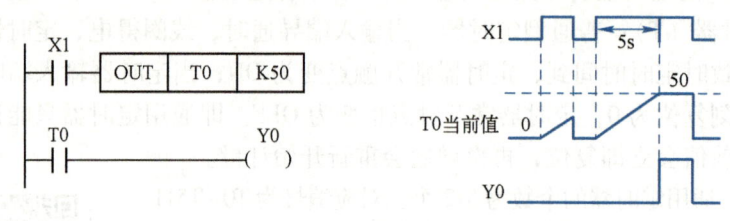

图 5-16 通用定时器指令的应用示例

累计定时器指令的应用示例如图 5-17 所示。当 X1 为 ON 时，低速累计定时器 ST0 开始定时，定时时间为 10 s（100×100 ms=10 s）；当累计时间（t_1+t_2）为 10 s 时，ST0 的常开触点闭合，Y0 得电；当 ST0 输入电路断开或 CPU 断电时，当前值保持不变；累计定时器需要用复位指令 RST 对其进行复位，所以通过 X2 的常开触点接通 RST 指令使 ST0 复位。

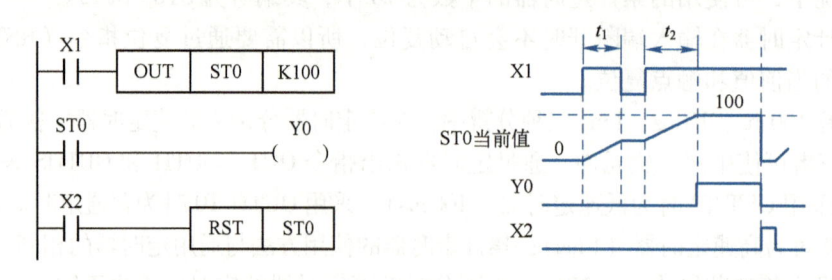

图 5-17 累计定时器指令的应用示例

2. 计数器指令

计数器指令包含计数器及超长计数器两种指令。

计数器指令用于设定和记录接通的次数，当计数器输入端导通

5.3.4-3 计数器及其使用

（信号由 OFF 变为 ON 的上升沿）时，计数器当前值加 1；当计数器的当前值与设定值相同时，其触点接通。

FX$_{5U}$ PLC 的计数器可分为 16 位计数器（C）和 32 位长计数器（LC）2 种，对应输出指令分别为 OUT C 和 OUT LC。计数器及超长计数器输出指令的功能、表示方法见表 5-18；梯形图中，d（Coil）为计数器元件（C/LC）编号；Value 为计数器设定值，可以是字软元件，也可以是 10 进制常数（K）。

表 5-18　计数器及超长计数器输出指令的功能、表示方法

指令符号	功能	计数范围	梯形图表示	FBD/LD 表示	ST 表示
OUT C	计数器	0~32767	─┤├─[OUT | d | Value]	OUT_C EN ENO Coil Value	ENO:=OUT_C(EN, Coil,Value);
OUT LC	超长计数器	0~4294967295			

默认情况下，计数器的个数为 256 个，对应编号为 C0~C255；长计数器的个数为 64 个，对应编号为 LC0~LC63。

计数器指令的应用示例如图 5-18 所示。当 X10 接通时，C1 被复位；X11 为 C1 提供脉冲输入信号；当 X10 断开时，C1 开始对 X11 提供的脉冲信号进行计数，在接收 5 个计数脉冲后，C1 的当前值等于设定值 5，对应的 C1 常开触点闭合，Y1 得电。当 C1 动作后，如果 X11 再提供脉冲，C1 的当前值不变，直到 X10 再接通时，计数器的当前值和对应的触点被复位。

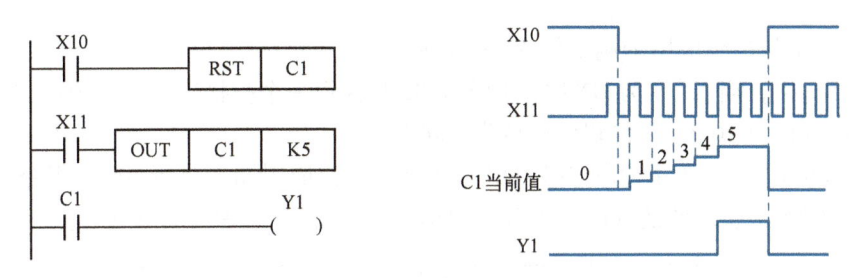

图 5-18　计数器指令的应用示例

计数器没有断电保持功能，当 PLC 断电后会自动复位，恢复供电后将重新开始计数。超长计数器（32 位）的使用方法同计数器（16 位）的，只是计数的范围由 0~32767 增加到 0~4294967295。

3. 软元件设置指令

该类指令用于对软元件进行强制操作，包括置位、复位指令。

1）置位指令 SET、BSET(P) 的功能是将某个存储器置 1，可用于将位软元件的线圈、触点置为 ON，也可用于对字软元件的指定位置为 1。

2）复位指令 RST、BRST(P) 的功能是将某个存储器清零，可用于将位软元件的线圈、触点置为 OFF，也可用于对字软元件的指定位置 0，还可用于对字软元件、模块访问软元件及变址寄存器的内容清零。软元件设置指令的功能及梯形图表示见表 5-19。

表 5-19 软元件设置指令的功能及梯形图表示

指令符号	功 能	梯形图表示
SET	输出动作保持为 1。其中，BSETP 是脉冲输出指令	⊢⊢─[SET d]
BSET		⊢⊢─[BSET(P) d n]
BSETP		
RST	输出动作复位或数据存储器清零。其中，BRSTP 是脉冲输出指令	⊢⊢─[RST d]
BRST		⊢⊢─[BRST(P) d n]
BRSTP		

1）置位、复位指令应用示例 1 如图 5-19 所示。

在图 5-19a 中，当 X0 变为 ON 时，将 Y0 置 1，即使 X0 变为 OFF，Y0 仍然保持为 1 状态；当 X1 为 ON 时，将 Y0 置 0，即使 X1 变为 OFF，Y0 仍保持为 0 状态。

在图 5-19b 中，当 X0 变为 ON 时，将数据寄存器 D0 中的值清 0；当 X1 变为 ON 时，将计数器 C0 的当前值置为 0。

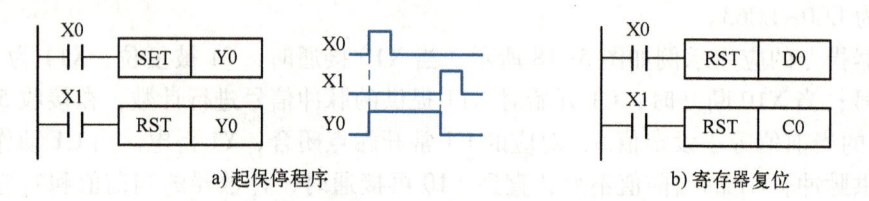

a) 起保停程序　　　　　　　　　　　　　b) 寄存器复位

图 5-19 置位、复位指令应用示例 1

2）置位、复位指令应用示例 2 如图 5-20 所示。

在图 5-20a 中，当 X0 变为 ON 时，指令 BSETP 执行一个扫描周期，将 D10 的 b6 位置 1，即使 X0 变为 OFF，D10 的 b6 位仍然保持为 1 状态。

在图 5-20b 中，当 X1 由 OFF 变为 ON，接通一个扫描周期，执行 BRST 指令，将 D10 的 b11 位复位为 OFF 状态，即使 X1 变为 OFF，D10 的 b11 位仍然保持为 0 状态。

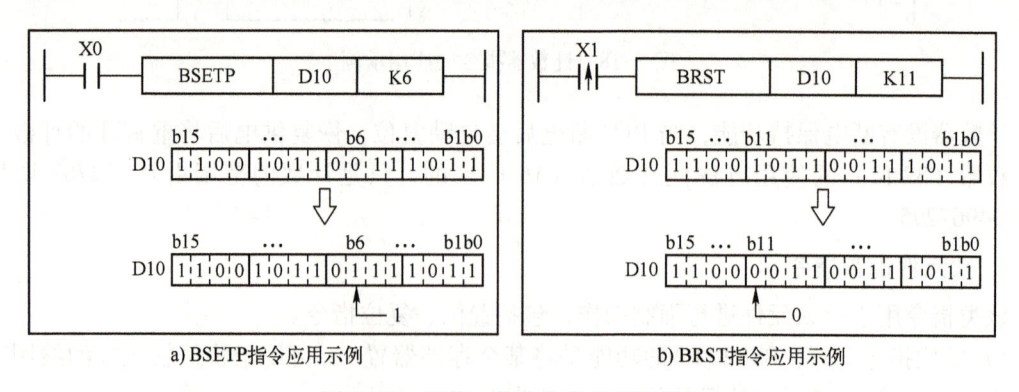

a) BSETP 指令应用示例　　　　　　　　　b) BRST 指令应用示例

图 5-20 置位、复位指令应用示例 2

[研讨与练习]

分析梯形图 5-21a 实现的功能，并画出对应的时序图。

分析：图 5-21a 中的起动信号 X0 和停止信号 X1 持续为 ON 的时间一般都很短，这种信号称为短信号，如何使线圈 Y0 保持接通状态呢？利用自身的常开触点使线圈持续保持通电（即"ON"状态）的功能称为自锁或自保持功能，自保持控制电路常用于有复位按钮等，但无机械锁定开关的起停控制。

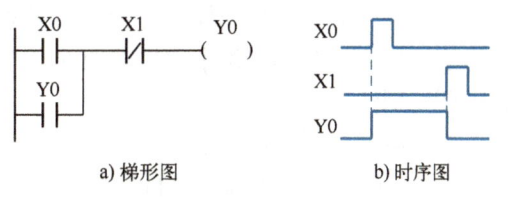

当起动信号 X0 变为 ON 时，X0 的常开触点接通，如果这时 X1 为 OFF 状态，X1 的常闭触点接通，则 Y0 的线圈通电，其常开触点接通；放开起动按钮，X0 变为 OFF，其常开触点断开，"能流"从左母线经 Y0 的常开触点、X1 的常闭触点流过 Y0 的线圈，Y0 仍为 ON。

图 5-21 梯形图分析

当 X1 为 ON 时，它的常闭触点断开，停止条件满足，Y0 线圈失电，其常开触点断开，即使放开停止按钮使 X1 的常闭触点恢复接通状态，Y0 的线圈仍然断电，对应的时序图如图 5-21b 所示。这种自保持的功能与图 5-19 中用 SET/RST 指令实现的功能一样，它们的输入/输出信号有相似的时序图。

4. 上升沿（PLS）、下降沿（PLF）输出指令

上升沿（PLS）输出指令用于仅在逻辑从 OFF 变为 ON 时，使得指定的软元件导通一个扫描周期，其余状态为 OFF；下降沿（PLF）输出指令用于仅在逻辑从 ON 变为 OFF 时，使得指定的软元件导通一个扫描周期，其余状态为 OFF。PLS、PLF 输出指令的功能、梯形图表示见表 5-20。

表 5-20 PLS、PLF 输出指令的功能、梯形图表示

指令符号	功　能	梯形图表示
PLS	上升沿时 ON 一个扫描周期	─┤├──[PLS　d]
PLF	下降沿时 ON 一个扫描周期	─┤├──[PLF　d]

上升沿（PLS）、下降沿（PLF）输出指令也是脉冲指令；当条件满足时，其驱动的元件导通一个扫描周期；如图 5-22 所示，M10 仅在 X3 接通的上升沿时导通一个扫描周期，M11 仅在 X3 的下降沿时导通一个扫描周期。

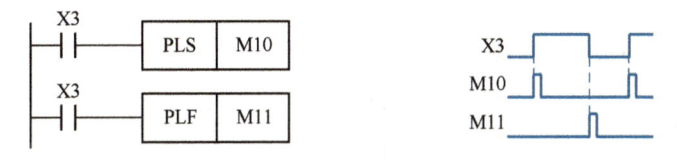

图 5-22 沿输出指令

5. 位软元件输出取反指令

位软元件输出取反指令包括 FF、ALT 及 ALTP 指令，用于对指定的位状态取反；既可用于对位软元件的状态取反，也可用于对字软元件的指定位取反。

1）FF 指令为上升沿执行指令，当指令输入端接通时，对指令中指定的位软元件的当前状态取反；该指令在输入端信号由 OFF 变为 ON，即上升沿时动作，仅执行一次。

2）ALT 指令为连续执行指令，当指令输入端接通时，ALT 指令将在导通期间连续执行；即在程序执行的每个扫描周期都会执行该条指令，对位软元件的当前状态取反。由于 ALT 指令为连续执行指令，在每个扫描周期都会重复执行，可能会导致输出状态的不确定，因此使用时需要特别注意。

3）连续执行指令可通过在指令助记符后加字母"P"的方式，将指令修改为脉冲执行型指令。如 ALTP 指令为脉冲执行型指令，该指令只在导通条件由 OFF 变为 ON 时对位软元件取反一次。FF、ALT 和 ALTP 指令的功能、梯形图表示见表 5-21。

表 5-21　FF、ALT 和 ALTP 指令的功能、梯形图表示

指令符号	功　能	梯形图表示
FF	位软元件输出反转	─┤├──────[FF　d]
ALT	交替输出：连续执行	─┤├──────[ALT　d]
ALTP	交替输出：脉冲执行	─┤├──────[ALTP　d]

1）位软元件输出取反指令应用示例 1 如图 5-23 所示。可通过取反指令实现单按钮的起停控制。

分析：初始状态时 Y0、Y1、Y2 均为 OFF；FF 指令中，当 M0 由 OFF 变为 ON 时，Y0 状态取反，置 1 并保持不变，直到 M0 再次从 OFF 变为 ON，Y0 由 1 取反为 0；ALT

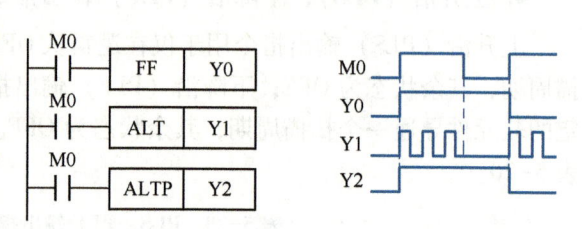

图 5-23　位软元件输出取反指令应用示例 1

指令中，当 M0 由 OFF 变为 ON 时 Y1 置 1，下一个扫描周期 Y1 状态为 1 时则将其输出取反为 0，以此类推，即 Y1 在每个扫描周期都会改变状态，直到 M0 状态变为 OFF，Y1 将保持上一个扫描周期的状态；ALTP 指令中，当 M0 由 OFF 变为 ON 时，Y2 置 1 并保持不变，直到 M0 下一次操作从 OFF 变为 ON，Y2 置 0 并保持不变，ALTP 指令仅在输入信号上升沿时执行一次，元件输出波形等同使用 FF 指令。

2）位软元件输出取反指令应用示例 2，如图 5-24 所示。编写一段程序，实现 3 地（3 个按钮，分别接 X0、X1、X2）对同一照明灯（Y0）亮/灭状态的控制。

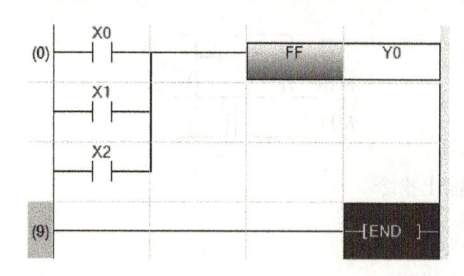

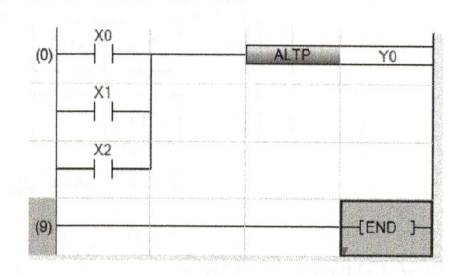

图 5-24　位软元件输出取反指令应用示例 2

分析：根据控制要求，如果照明灯（Y0）为熄灭（OFF）状态，则按下 3 个按钮（X0、X1、X2）中的任何一个，照明灯点亮，即 Y0 为 ON 状态；如果照明灯（Y0）为点亮（ON）状态，则按下 3 个按钮（X0、X1、X2）中的任何一个，照明灯熄灭，即 Y0 为 OFF 状态。

5.3.5 延时电路设计

1. 定时器接力

采用定时器接力的方式可以实现定时器范围的扩展。所谓定时器接力即先起动一个定时器定时，定时时间到，用第一个的常开触点起动第二个定时器，第二个定时器定时时间到后，再用第二个定时器的常开触点起动第三个定时器，以此类推，直到所有定时器的设定值之和等于系统要求的定时时间。

设各个定时器的设定值分别为 KT1，KT2，KT3，…，KTn，则对于 100 ms 的低速定时器，总的设定时间为：$T=0.1×(KT1+KT2+KT3+…+KTn)$。如图 5-25 所示，当 X1 为 ON 时，低速定时器 T1 开始定时，定时 3200 s 后，T1 的常开触点为 ON，T2 定时器开始定时，2000 s 后 T2 的常开触点为 ON，T3 定时器开始定时，2000 s 后 T3 的常开触点变为 ON，使 Y0 变为 ON。从 X1 为 ON 开始到 Y0 为 ON，这段时间总共是 7200 s，实现了共计 2 h 的延时。

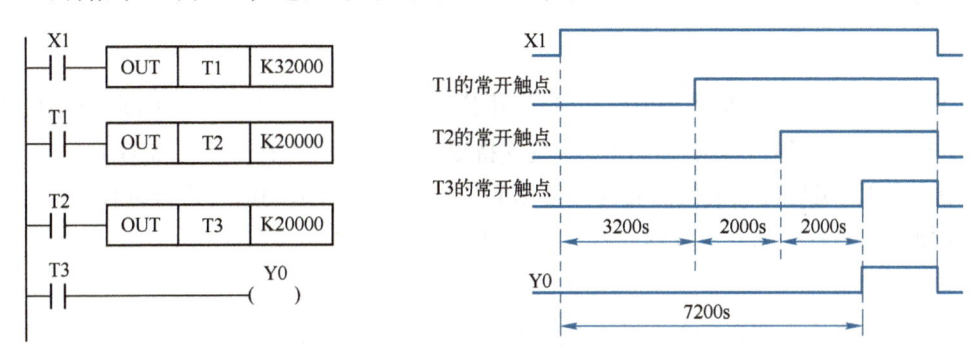

图 5-25 定时器接力定时电路

2. 定时器和计数器配合

采用定时器和计数器配合的方式可以扩展定时器的定时范围。设定时器和计数器的设定值分别是 KT 和 KC，则对于 100 ms 的低速定时器，总的设定时间为：$T=0.1×KT×KC$。

如图 5-26 所示，当 X1 为 OFF 时，T1 和 C1 不能工作。当 X1 为 ON 时，T1 开始定时，600 s 后 T1 的常开触点闭合，常闭触点断开。T1 常闭触点的断开导致自身复位，使它自己又重新开始定时，这样低速定时器 T1 每隔设定的时间（这里为 600 s）复位一次。T1 的常开触点每 600 s 接通一个扫描周期，使计数器 C1 当前值增加一个数，当计到 C1 的设定值（这里为 K12）时，C1 的常开触点闭合，Y0 变为 ON。可见，从 X1 为 ON 到 Y0 为 ON，这段时间共计 0.1×600×12 s=7200 s，从而实现了 2 h 的延时。

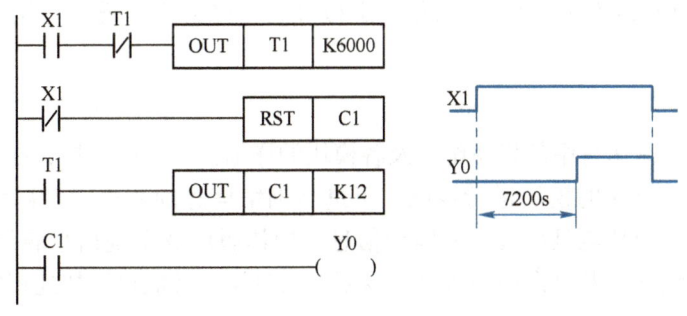

图 5-26 定时器和计数器配合的定时电路

5.4 GX Works3 编程软件介绍

5.4.1 主要功能

CPU 模块进行程序及参数的管理，具有程序创建、参数设置、CPU 模块的写入/读取、监视/调试、诊断等功能。三菱 GX Works3 编程软件支持梯形图（LD）、功能块/梯形图（FBD/LD）、顺序功能图（SFC）和结构化文本（ST）等多种语言，可进行程序的线上修改、监控及调试，具有异地读写 PLC 程序功能；该编程软件具有丰富的工具箱和可视化界面，既可联机操作也可脱机编程，且支持仿真功能，可以完全保证设计者进行 PLC 程序的开发与调试工作。

FX_{5U} 属于三菱小型 PLC MELSEC iQ-F 系列。GX Works3 用于对 MELSEC iQ-R 系列、MELSEC iQ-L 系列、MELSEC iQ-F 系列的可编程控制器进行设置、编程、调试以及维护。其主要功能介绍如下。

1. 程序创建功能

GX Works3 软件中，FX_5 系列 CPU 支持使用梯形图（LD）、功能块/梯形图（FBD/LD）和结构化文本（ST）三种语言编写程序，而且支持混合使用；可以在梯形图编程时内嵌 ST 程序和调用 FUN/FB。用户可以根据需要选择使用 LD 或 ST 等更合适的语言进行编程，通过合理运用不同编程语言的编程优势，可以大幅提高项目开发效率。

2. 参数设置功能

在 GX Works3 中，可以在软件中组态与实际使用系统相同的系统配置，并在模块配置图中配置模块部件（对象）；GX Works3 的模块配置图中可以创建的范围为系统中的 CPU 模块和其他所有的功能模块；可以设置 CPU 模块的参数、输入/输出及智能模块的参数，GX Works3 使参数设置与程序编写更加简洁。

3. 写入/读取功能

通过"写入可编程控制器"/"从可编程控制器读取"功能，可以对 CPU 写入或读取创建的顺控程序。此外，通过 RUN 中写入功能（即在 PLC 运行时，在线修改程序），可以在 CPU 模块为运行（RUN）状态时更改顺控程序。

4. 监视/调试功能

可以将创建的顺控程序写入 CPU 模块中，并对运行时的软元件数值进行在线监视，实现程序的监控和调试。

即使未与实体 CPU 模块连接，也可使用虚拟可编程控制器（模拟功能）来仿真、调试已编写的程序。

5. 诊断功能

该功能可以对系统运行中的模块配置及各模块的详细信息进行监视；在出现错误时，确认错误状态，并对发生错误的模块进行诊断；可进行网络信息的监视以及网络状态的诊断、测试；可以通过事件履历功能显示模块的错误信息、操作履历及系统信息履历；可以对 CPU 模块、网络当前的错误状态及错误履历等进行诊断。通过诊断功能可以快速锁定故障原因，缩短恢复作业的时间。

5.4.2 软件安装

1. 下载 GX Works3 编程软件

可到三菱电机（中国）官网下载最新版本的 GX Works3 编程软件，网址为 https://www.mitsubishielectric-fa.cn/site/file-software-detail?id=16。本书所用的 GX Works3 编程软件版本号为 1.063R。

2. 软件安装环境的要求

硬件要求：CPU，建议为 Intel Core 2 Duo 2 GHz 以上；内存，建议为 2 GB 以上；硬盘，可用空间为 10 GB 以上；显示器，分辨率为 1024×768 px 以上。软件要求：操作系统，为 Windows XP、Windows 7、Windows 8、Windows10 及以上的 32 位或 64 位操作系统。

GX Works3 编程软件安装前，还需要安装微软.net Framework 框架程序的运行库；该软件在 GX Works3 软件安装包的 SUPPORT 文件夹下。如已安装，需要在 Windows 操作系统的功能选项中启用该功能。

3. GX Works3 编程软件的安装

安装前，要结束所有运行的应用程序并关闭杀毒软件。如果在其他应用程序运行的状态下进行安装，有可能导致产品无法正常运行。安装至个人计算机时，要以"管理员"或具有管理员权限的用户进行登录。

软件下载完成后，进行解压缩，然后在软件安装包的 Disk1 文件夹下找到"setup.exe"运行文件并右击（即右键单击），在弹出的快捷菜单中选择"以管理员身份运行"命令，如图 5-27 所示，开始安装过程。

图 5-27 编程软件安装步骤

1）如图 5-28 所示，进入"准备安装"向导对话框；稍后会弹出提示框，提醒关闭正在运行的应用程序；关闭相关程序后单击"确定"按钮，进入欢迎界面，单击"下一步"按钮，开始软件的安装。

a) b)

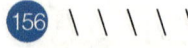

图 5-28 软件安装向导对话框

2）如图 5-29 所示，在"用户信息"对话框中，输入姓名、公司名、产品 ID，其中产品 ID 记录在随产品附带的"授权许可证书"中。输入完成后单击"下一步"按钮。

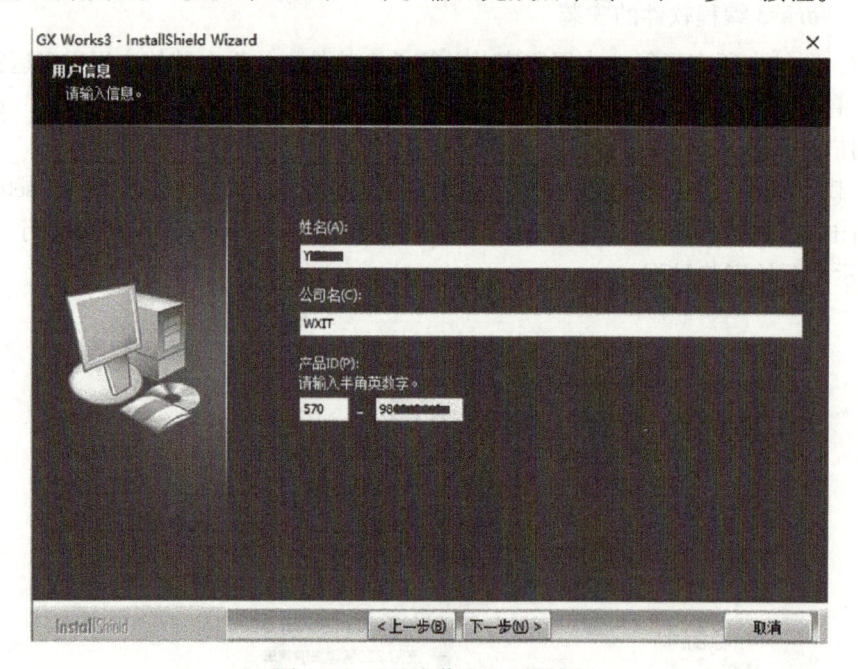

图 5-29 "用户信息"对话框

3）如图 5-30 所示，在"选择软件"对话框中，选择需要安装的软件；单击对应软件，可在右侧说明栏中看到安装软件的版本号，然后单击"下一步"按钮。

4）如图 5-31 所示，在"选择安装目标"对话框中选择软件的安装路径。完成后，单击"下一步"按钮；在弹出的"开始复制文件"对话框中，核对用户信息和安装路径，核实无误后，单击"下一步"按钮；开始复制安装文件到指定文件夹中。

5）程序安装如图 5-32 所示；安装过程会持续一段时间，须等待，过程为 25~40 min。

6）如图 5-33 所示，安装结束后，会进行安装状态的确认，在"安装状态的确认"对话框中显示已安装软件的版本号，单击"下一步"按钮；在"桌面快捷方式"对话框中设置是否在桌面显示软件快捷方式，勾选相关复选按钮后，单击"确定"按钮完成安装。

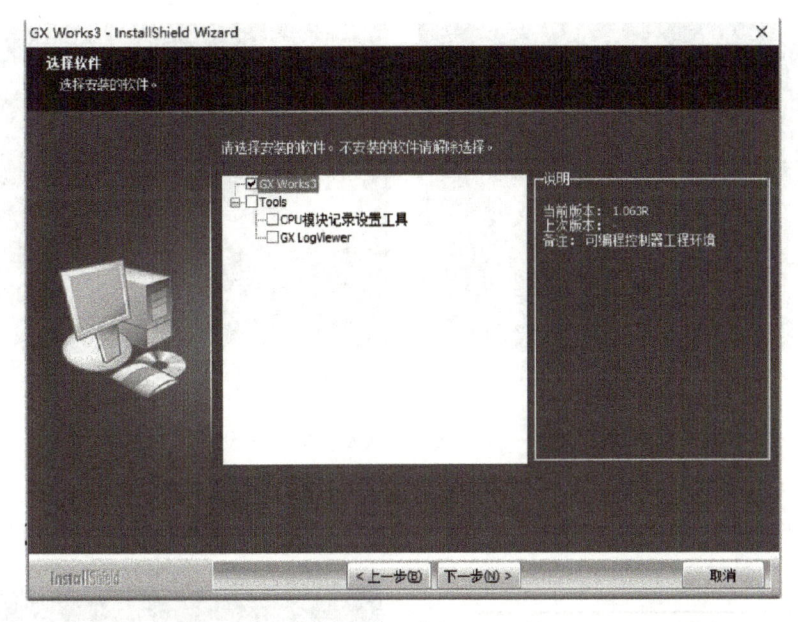

图 5-30 "选择软件"对话框

a) 选择安装路径　　　　　　　　b) 核对用户信息和安装路径

图 5-31 安装路径设置

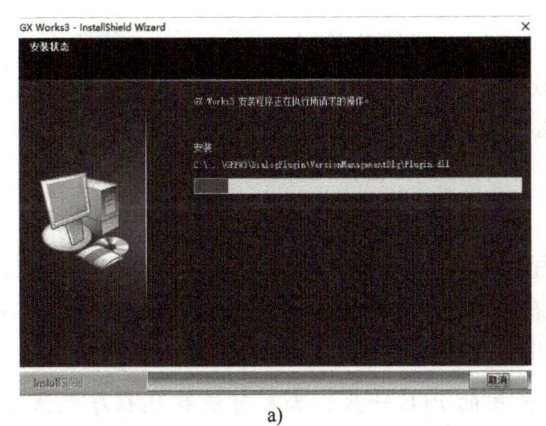

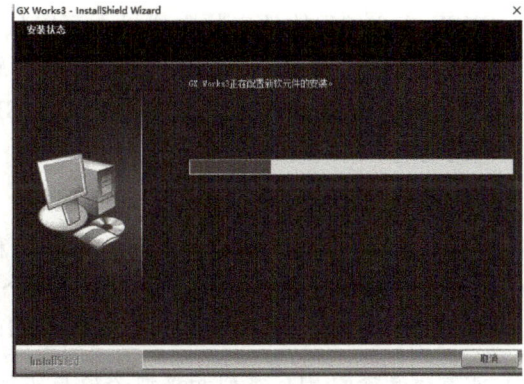

a)　　　　　　　　　　　　　　b)

图 5-32 程序安装

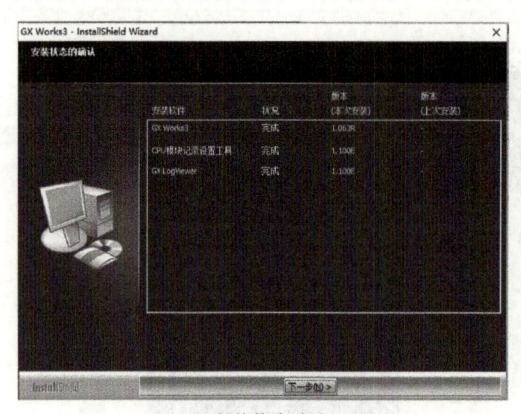

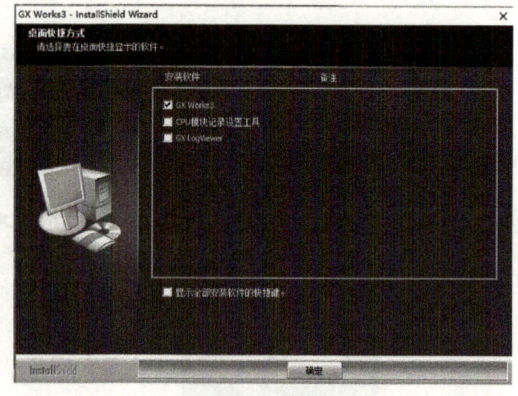

a) 安装状态确认　　　　　　　　　　　　b) 快捷方式设置

图 5-33　安装状态确认及快捷方式设置

7）如图 5-34 所示，弹出配置文件提示页面，阅读后单击"确定"按钮；软件安装完成，选择是否重启计算机。在计算机重启后，即可开始正常使用 GX Works3 编程软件。

a) 提示页面　　　　　　　　　　　　b) 是否重启

图 5-34　安装完成显示

5.5　GX Works3 编程软件的使用

5.5.1　工程创建与编程界面

GX Works3 编程软件安装完成后，可以从 Windows 开始菜单栏或桌面快捷方式，单击运行 GX Works3 编程软件，其启动界面如图 5-35 所示，本章以 1.063R 版本为例讲解 GX Works3 编程软件的基本应用功能。

> 5.5.1　编程软件介绍及工程创建

1. 创建新工程

在打开的启动界面，选择菜单栏中的"工程"→"创建新工程"命令，或直接单击工具栏中的"▯"（新建）图标按钮，可以创建一个新工程。之后按照以下步骤操作：选择 PLC 系列、机型、程序语言，单击"确定"按钮后即可进入编程界面，如图 5-36 所示。

> 注意：选择的 PLC 系列和机型必须与实际使用的 PLC 一致，否则可能导致程序无法下载。以 FX_{5U} PLC 为例，选择 PLC 系列为"FX5CPU"，机型为"FX_{5U}"，编程语言选择"梯形图"。

图 5-35　GX Works3 编程软件的启动界面

a) 选择PLC系列　　　b) 选择PLC机型　　　c) 选择程序语言

图 5-36　创建新工程（以 FX_{5U} 为例）

2. 编程界面

设置完成后，单击"确定"按钮，出现 GX Works3 编程软件编辑界面，如图 5-37 所示。编辑界面主要由标题栏、菜单栏、工具栏、"导航"窗口、工作窗口、部件选择窗口、监看窗口、交叉参照窗口、状态栏等构成。

图 5-37 所示编辑界面各组成部分含义如下。

1) 标题栏，用于显示项目名称和程序步数。
2) 菜单栏，以菜单方式调用编程工作所需的各种命令。
3) 工具栏，提供常用命令的快捷图标按钮，便于快速调用。
4) "导航"窗口，位于界面最左侧，可自动折叠（隐藏）或悬浮显示；以树状结构形式显示工程内容；通过树状结构可以进行新建数据或显示所编辑画面等操作。
5) 工作窗口，进行程序编写、运行状态监视的工作区域。
6) "部件选择"窗口，以一览形式显示用于创建程序的指令或通用功能/功能块等，可通过拖拽方式将指令放置到工作窗口进行程序编辑。该窗口也可自动折叠（隐藏）或悬浮显示。
7) 监看窗口，可选择性查看程序中的部分软元件或标签，监看运行数据。
8) 交叉参照窗口，可筛选后显示所创建的软元件或标签的交叉参照信息。
9) 状态栏，显示当前进度和其他相关信息。

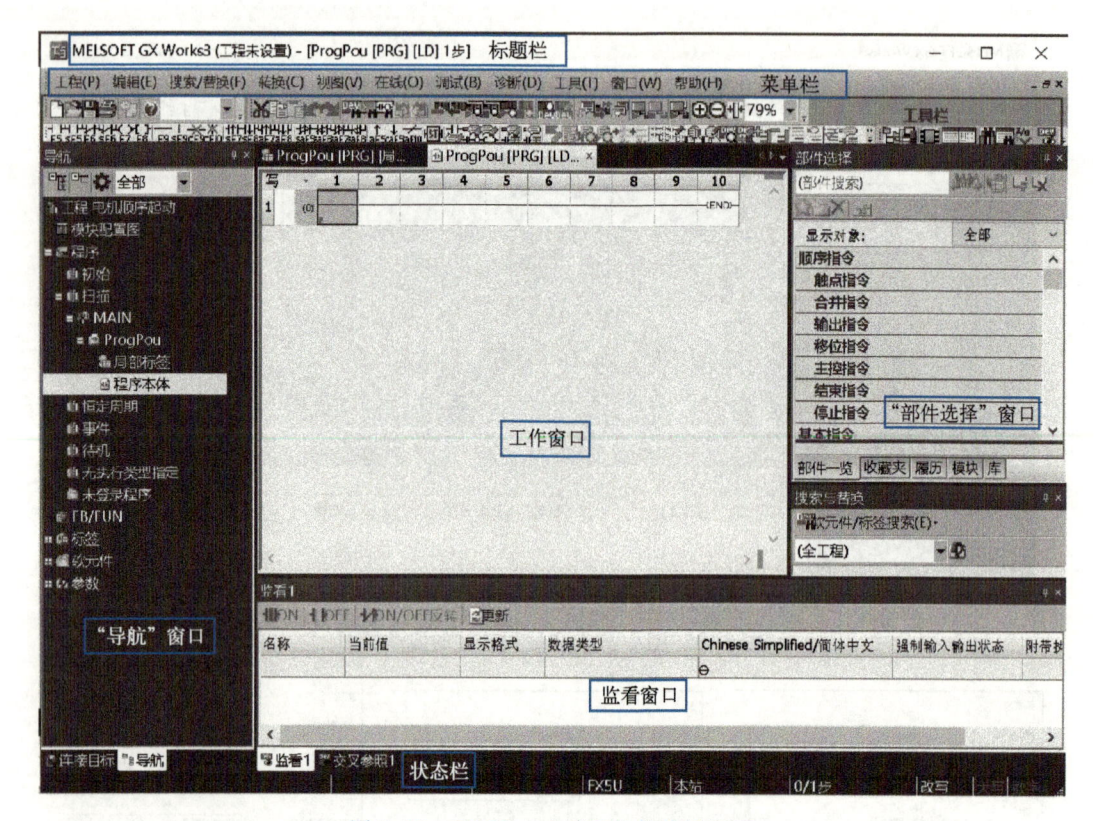

图 5-37　GX Works3 编程软件编辑界面

注：单击状态栏上的"交叉参照"标签，监看窗口处即变为交叉参照窗口。

5.5.2　模块配置与程序编辑

1. 模块配置图的创建和参数设置

在 GX Works3 编程软件中，可以通过模块配置图的方式设置可编程控制器和扩展模块的参数，即按照与系统实际使用相同的硬件，在模块配置图中配置各模块部件（对象）及其参数。通过模块配置图，可以更方便地设置和管理 CPU 的参数和模块的参数。

（1）创建模块配置图

双击"导航"窗口"工程 TEST"下的"模块配置图"（Module Configuration Diagram）选项；可进入"模块配置图"窗口，同时可在右侧的部件选择窗口，智能显示与所选 CPU 适配的各类模块；用户可以根据实际需要选择输入/输出硬件或相关的功能模块实现系统配置，如图 5-38 所示。

首先进行 CPU 型号的选择，右击模块配置图中的 CPU 模块，在弹出的快捷菜单中选择"CPU 型号更改"命令，在弹出的"CPU 型号更改"对话框中选择实际的 CPU 型号，如"FX_{5U}-32MT/ES"，过程如图 5-39 所示。

然后，根据项目实际情况进行扩展模块的添加，如项目中包含 1 个 8 点输入（FX_5-8EX/ES）、8 点输出（FX_5-8EYT/ES）、4 通道模拟适配器（FX_5-4AD-ADP）；可从部件选择窗口，通过单击并拖动所选择的模块，拖拽到工作窗口 CPU 对应位置处松开鼠标。以此类推，完成模块的配置，如图 5-40 所示。

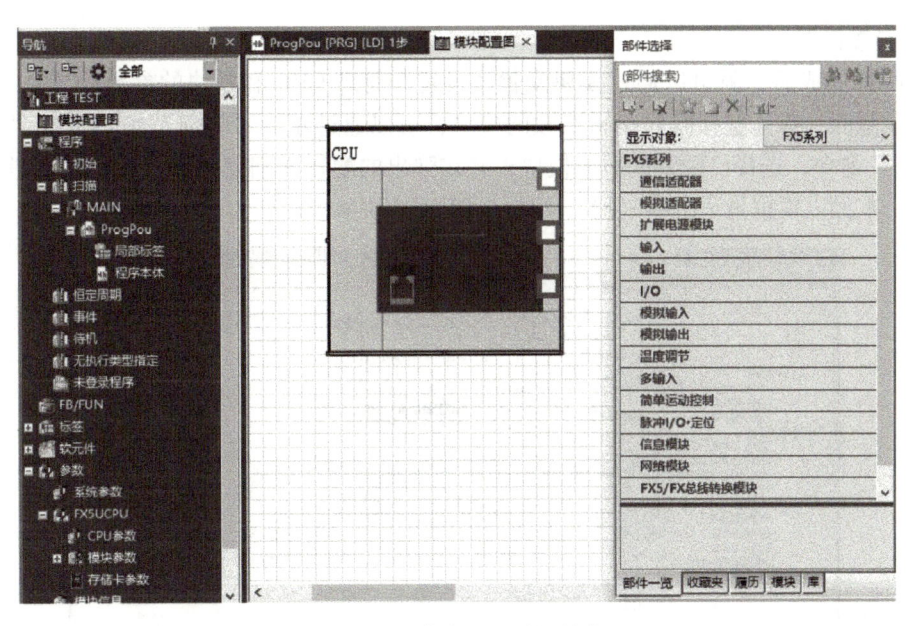

第 5 章　FX$_{5U}$ PLC 的编程基础

图 5-38　模块配置图的创建

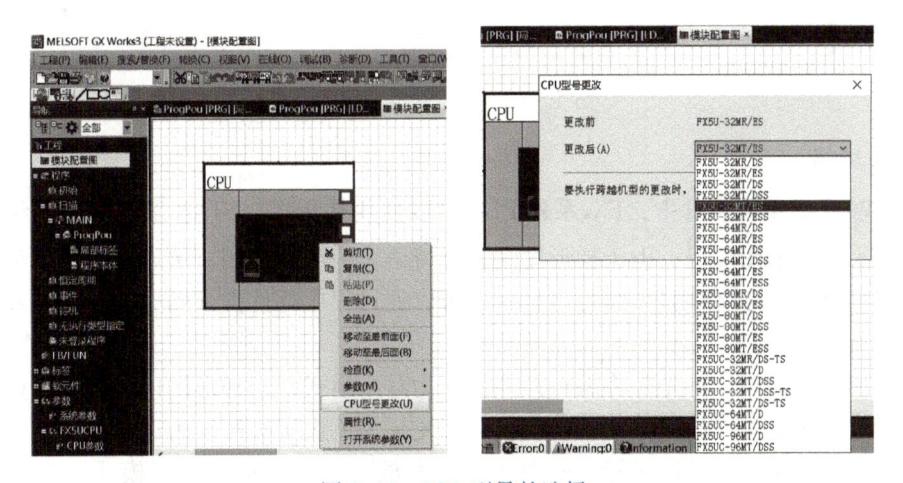

图 5-39　CPU 型号的选择

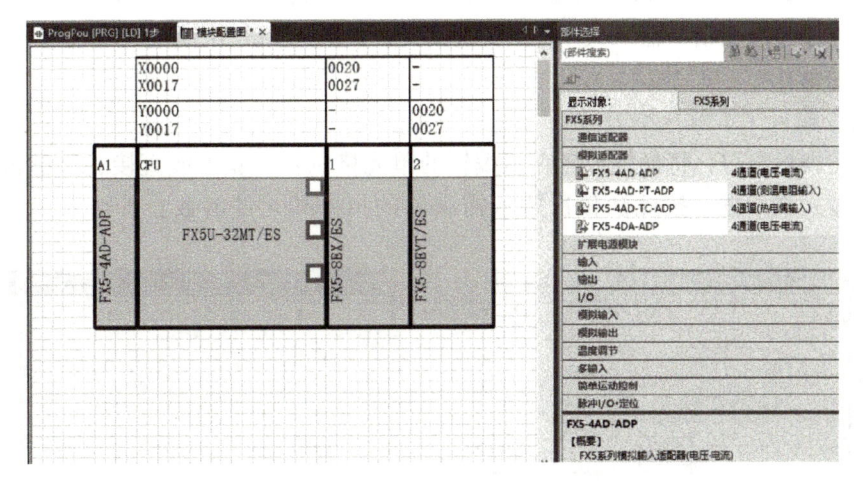

图 5-40　模块配置图的创建

（2）参数设置

模块配置完成后，就可以通过模块配置图设置和管理 CPU 和模块的参数。

参数设置时，首先选择需要编辑参数的模块；可以通过左侧"导航"窗口下的"参数"→"模块参数"命令，选择已配置的对应模块；并在弹出的配置详细信息输入窗口中，进行参数设置和调整。本例以模拟量适配器（FX$_5$-4AD-ADP）模块参数配置为例，如图 5-41 所示。

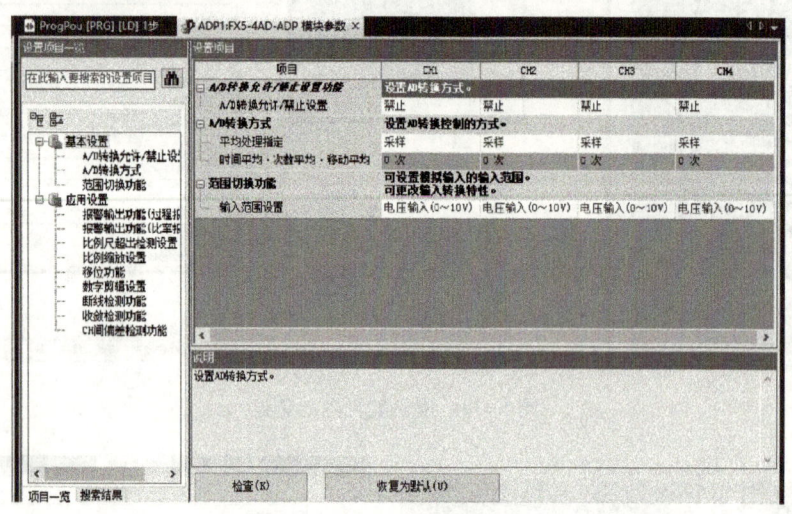

图 5-41 模块参数配置窗口

2. 程序编辑

在 GX Works3 编程软件中，FX$_5$ 系列 PLC 可以使用梯形图、ST 语言进行程序编写。一般情况下，多采用梯形图编程；由于梯形图编程支持语言的混合使用，可以在梯形图编辑时，采用插入内嵌 ST 框的方式使用 ST 编程语言；也可以通过程序部件插入的方式，创建和使用功能块 FB。

要编写梯形图程序，首先应将编辑模式设定为写入模式。当梯形图内的光标为蓝边空心框时为写入模式，表示可以进行梯形图的编辑；当光标为蓝边实心框时为读出模式，表示只能进行读取、查找等操作。可以通过标题栏中选择"编辑"→"梯形图编辑模式"命令，通过选择"读取模式"或"写入模式"命令进行切换，或用工具栏上的快捷键操作。

梯形图程序可采用指令输入文本框、菜单命令/工具栏按钮/快捷键、部件选择窗口等方式进行输入和编辑。

（1）指令输入文本框

在梯形图编辑窗口，将光标放置在需编辑的单元格位置，双击或直接通过键盘输入指令，则弹出指令输入文本框，按此法依次输入需编辑的指令和元件参数。其输入方法如图 5-42 所示。

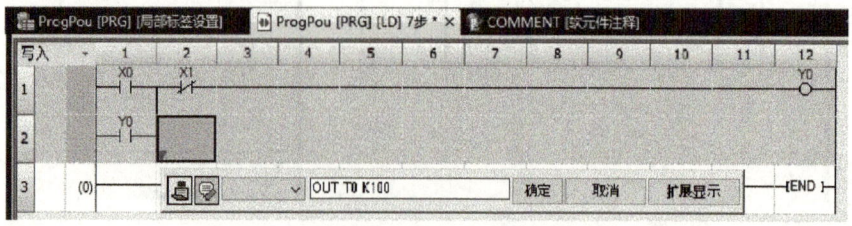

图 5-42 用指令输入文本框输入

(2) 菜单命令/工具栏按钮/快捷键

菜单命令/工具栏按钮/快捷键输入法是采用菜单命令、工具栏按钮或相应快捷键输入程序。程序编辑时，先将光标放置在需编辑的位置，然后单击菜单命令、工具栏按钮或相应快捷键选择输入的指令，在弹出的输入文本框中输入元件号、参数等，完成程序编辑。常用工具栏按钮及相应快捷键如图 5-43 所示，快捷键输入法如图 5-44 所示。

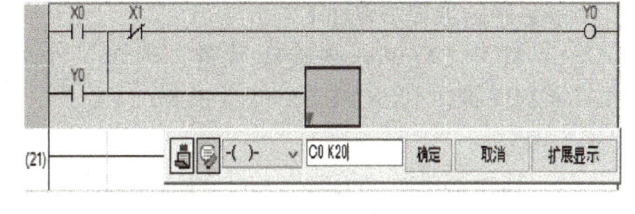

图 5-43　常用工具栏按钮及相应快捷键

图 5-44　快捷键输入法

(3) "部件选择"窗口

可在"部件选择"窗口中，单击需要编辑的触点、线圈或指令，并将其拖放到梯形图编辑器上；指令插入后，再单击插入的指令，在弹出的对话框中编辑指令的参数，如图 5-45 所示。

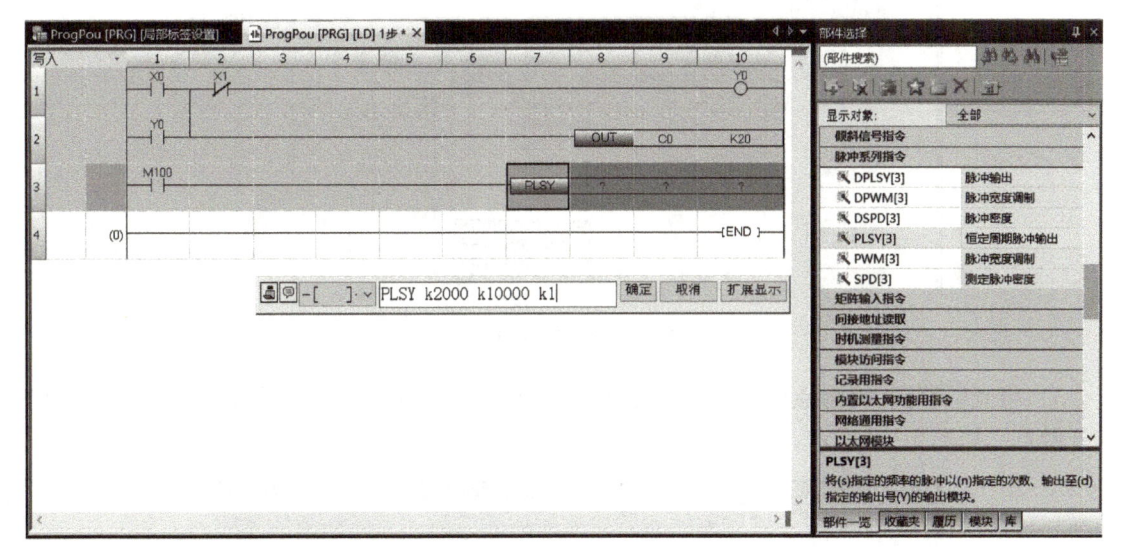

图 5-45　在"部件选择"窗口插入指令

(4) 转换已创建的梯形图程序

已创建的梯形图程序需要经过转换处理才能进行保存和下载。选择菜单栏中的"转换"→"转换"命令或单击工具栏中的快捷按钮，也可以直接按功能键 F4 进行转换。转换后可看到编程内容由灰色转换为白色显示；如转换中有错误出现，出错区域将继续保持灰色，可在下方的输出窗口中，寻找到程序错误语句，检查并修改正确后可再次转换。

(5) 梯形图的修改

GX Works3 编程软件提供了多种梯形图修改工具，用户可根据需要合理使用，主要包括插入、改写功能，剪切、复制功能及画线功能等。

对梯形图的插入或改写，可使用软件的插入、改写功能，该功能显示在软件界面的右下角，可通过计算机键盘上的〈Insert〉键进行调整；剪切、复制功能可删除或移动部分程序；画线和画线删除功能可调整程序结构和各软元件的连接关系。

3. 梯形图编程实例

下面以顺序起动程序为例，介绍梯形图程序编制步骤。梯形图示例如图 5-46 所示，梯形图的编程步骤如图 5-47~图 5-54 所示。

梯形图的编程步骤如下。

1）打开 GX Works3 编程软件，创建一个新工程。注意，PLC 系列选择"FX5CPU"，机型选择"FX_{5U}"，程序语言选择"梯形图"。

2）选择菜单栏"编辑"→"写入模式"命令，将光标放至编程区的程序起始位置，用键盘输入"LD X0"（梯形图输入窗口同时打开），按〈Enter〉键或单击"确定"按钮，则 X0 常开触点以灰色状态显示。指令录入时，软件会自动提示与录入指令相近的指令，如图 5-47 所示。

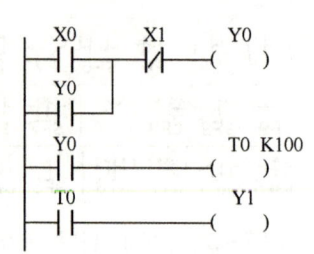

图 5-46　待编辑梯形图

图 5-47　键盘输入 LD 指令

3）将光标移到 X0 触点的正下方，在文本框中输入"OR Y0"，出现与 X0 触点并联的 Y0 常开触点，如图 5-48 所示。

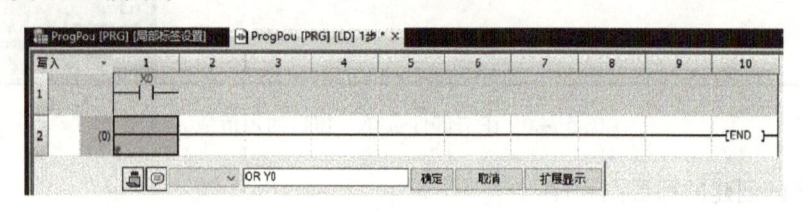

图 5-48　键盘输入 OR 指令

4）移动光标至 X0 触点右侧，在文本框中输入"ANI X1"，按〈Enter〉键，出现串联的 X1 常闭触点，如图 5-49 所示。

5）在 X1 常闭触点右侧，继续在文本框中输入"OUT Y0"，按〈Enter〉键，出现 Y0 输出线圈；首行程序输入完毕，如图 5-49 所示。

6）将光标移到新一行，输入"LD Y0"，按〈Enter〉键；在文本框中输入"OUT T0 K100"，按〈Enter〉键；第二行程序出现，如图 5-50 所示。

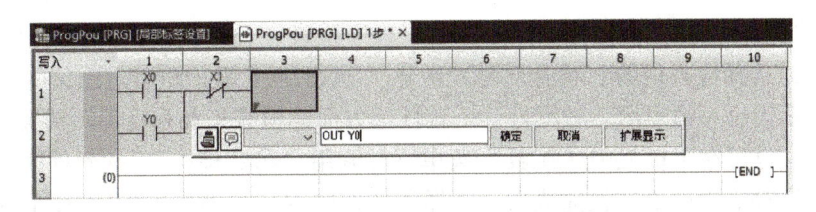

图 5-49 键盘输入 ANI/OUT 指令

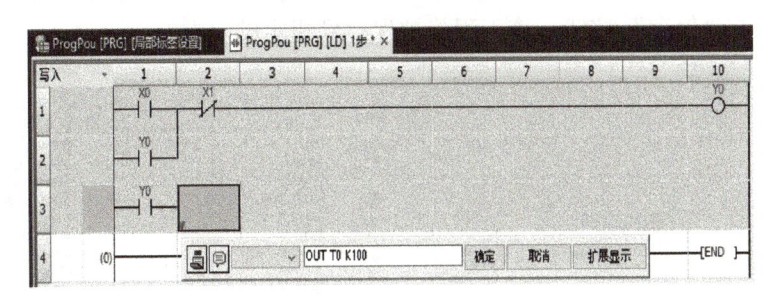

图 5-50 梯形图编辑

7)将光标移到新一行,在文本框中输入"LD T0",按〈Enter〉键;在文本框中输入"OUT Y1",按〈Enter〉键;所有程序输入完成,如图 5-51 所示。

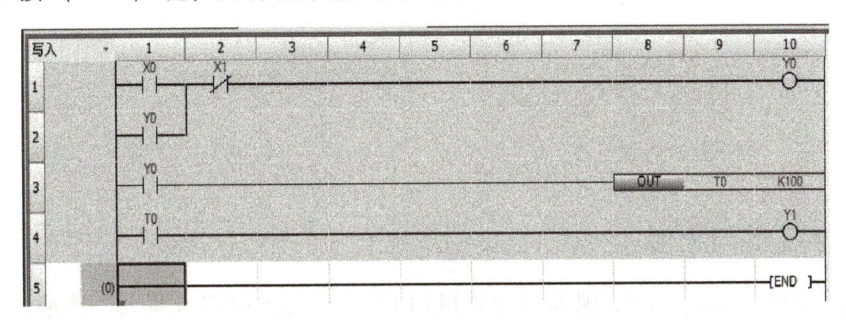

图 5-51 梯形图编辑

8)程序转换是对新建或已更改的程序进行转换及程序检查,确保程序语法逻辑符合要求;程序输入完成后,需进行转换处理才能进行保存和下载至 PLC 中。单击菜单栏中的"转换"→"转换"命令或工具栏中的按钮,也可直接按功能键 F4 进行转换。

如图 5-52 所示,编写好的程序转换后,编程内容由灰色转变为白色显示,此时转换完成。如无法转换,表明梯形图有输入错误,此时光标将停留在出错的位置,且有错误提示对话框弹出,按要求修改后再次转换。

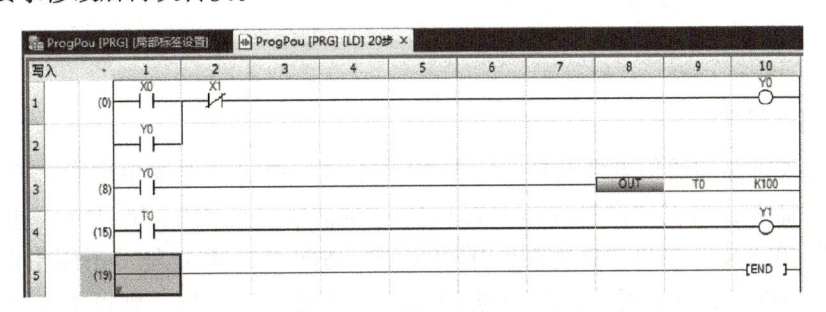

图 5-52 程序的转换

9）程序检查。单击菜单栏中"工具"→"程序检查"命令，弹出如图5-53所示"程序检查"对话框，选择检查内容、检查对象，单击"执行"按钮，即可对已编写的程序进行指令语法、双线圈输出、梯形图、软元件、一致性等方面的检查；如存在编写错误，将会给予提示以便于修改。也可在菜单栏中"工具"菜单下，调用"参数检查""软元件检查"等功能。

10）程序保存。程序的转换完成后，选择菜单栏中的"工程"→"保存工程"命令，或直接在工具栏中单击快捷按钮，弹出"另存为"对话框，如图5-54所示，输入文件名、保存类型、标题，单击"保存"按钮，该工程将被保存到指定的位置。

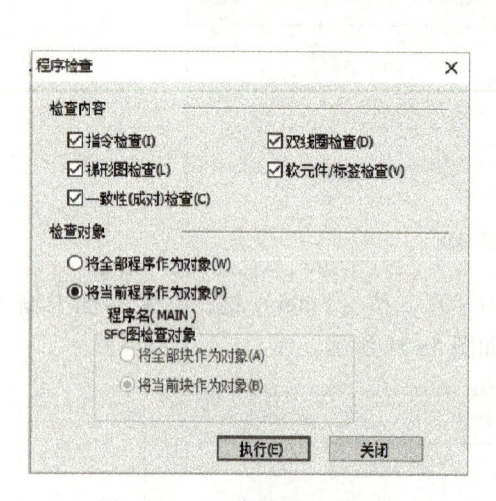

图5-53　"程序检查"对话框

图5-54　程序"另存为"对话框

5.5.3　程序下载与上传

在线数据操作功能，可以实现编程计算机向CPU模块或存储卡写入、读取、校验数据以及数据删除等操作。

传送程序前，应采用以太网电缆将计算机以太网端口与FX_{5U} PLC上的内置以太网端口连接，如图5-55所示。

图5-55　以太网连接示意图

1. 连接目标设置

在正确完成电路和通信电缆连接后，给PLC上电，单击软件菜单栏中"在线"→"当前连接目标"命令，出现"简易连接目标设置"对话框，如图5-56所示。单击选中"直接连接设置"单选按钮下的"以太网"单选按钮，适配器及IP地址可不用指定，直接单击"通信测试"按钮，如果出现"已成功与FX_{5U}CPU连接"提示框，则可单击"确定"按钮后退出。

图 5-56　PC 与 PLC 通信的建立

2. PLC 程序写入（下载）

使用 PLC 程序写入功能，可将计算机中已编辑好的参数和程序下载到 PLC。

PLC 上电后，单击菜单栏中"在线"→"写入至可编程控制器"命令，在弹出的"在线数据操作"窗口（见图 5-57），选择需要下载的参数、标签、程序、软元件存储器等选项后（也可使用页面左上方的 参数+程序(F) 或 全选(A) 按钮快捷选择），单击"执行"按钮，出现"远程 STOP 后，是否执行可编程控制器的写入"提示，单击"是"按钮，随后单击"覆盖"按钮，则会出现表示 PLC 程序写入进度的"写入至可编程控制器"对话框；等待一段时间后，PLC 程序写入完成，显示已完成信息提示，如图 5-58 所示。

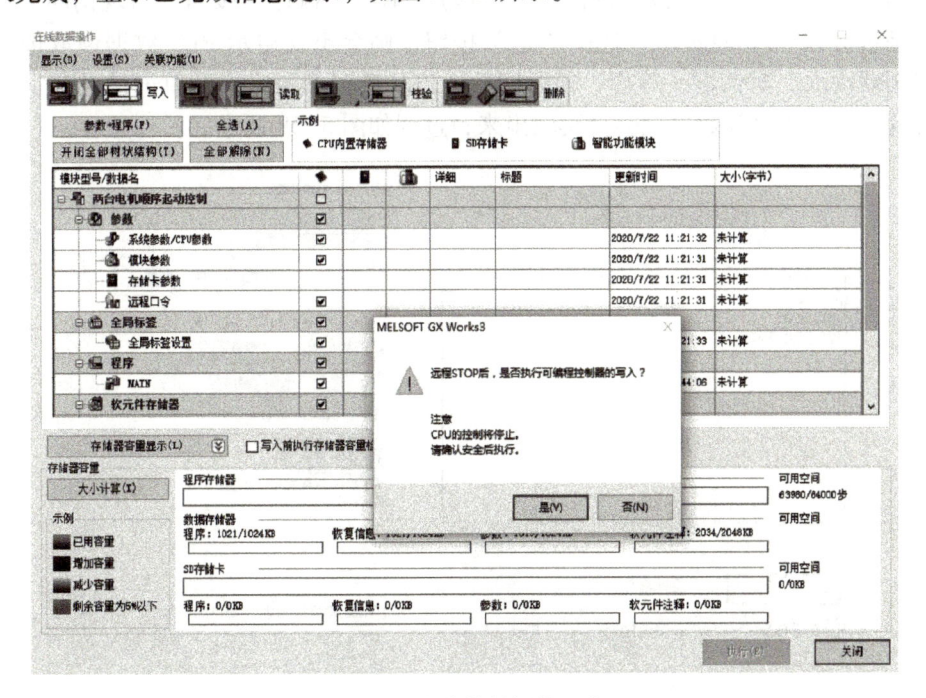

图 5-57　"在线数据操作"窗口

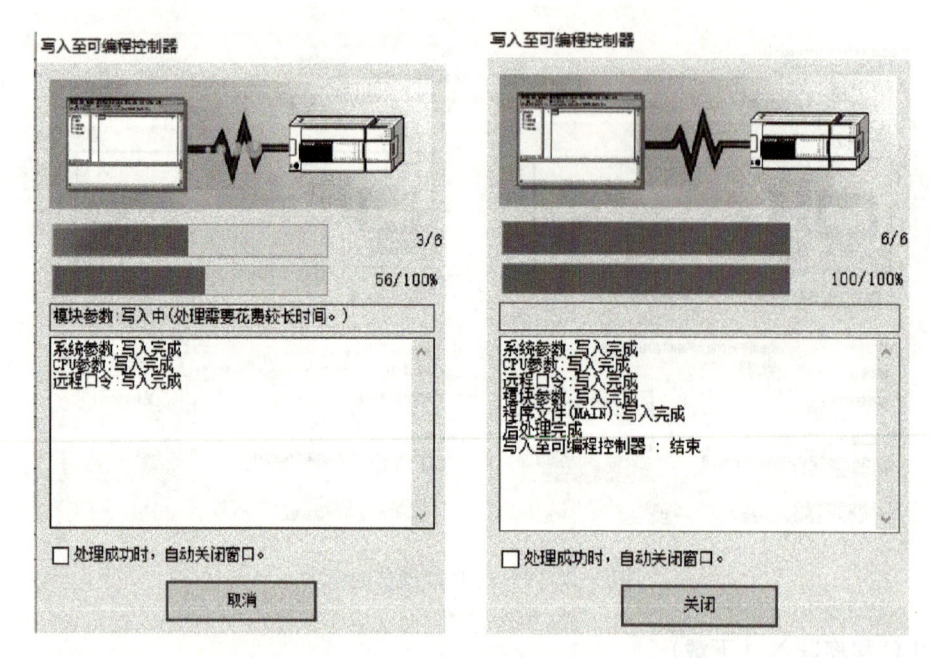

图 5-58 "写入至可编程控制器"对话框

3. PLC 程序读取（上传）

使用 PLC 程序读取功能，可将连线的 PLC 内部的参数和程序上传到编程计算机中，其操作过程与 PLC 程序写入过程基本相似。

PLC 上电后，单击菜单栏中"在线"→"从可编程控制器读取"命令，在弹出的"在线数据操作"窗口，选择需要读取的参数、标签、程序、软元件存储器等选项后（也可使用窗口左上方的 参数+程序(F) 或 全选(A) 按钮进行快捷选择），单击"执行"按钮，出现询问"以下文件已存在。是否覆盖？"信息提示，选择"是"按钮，则会出现启示 PLC 数据读取进度的"从可编程控制器读取"对话框，等待一段时间后，PLC 数据读取完成，单击"关闭"按钮，则 PLC 内部的参数和程序等数据就会被读取出来，过程如图 5-59 所示。

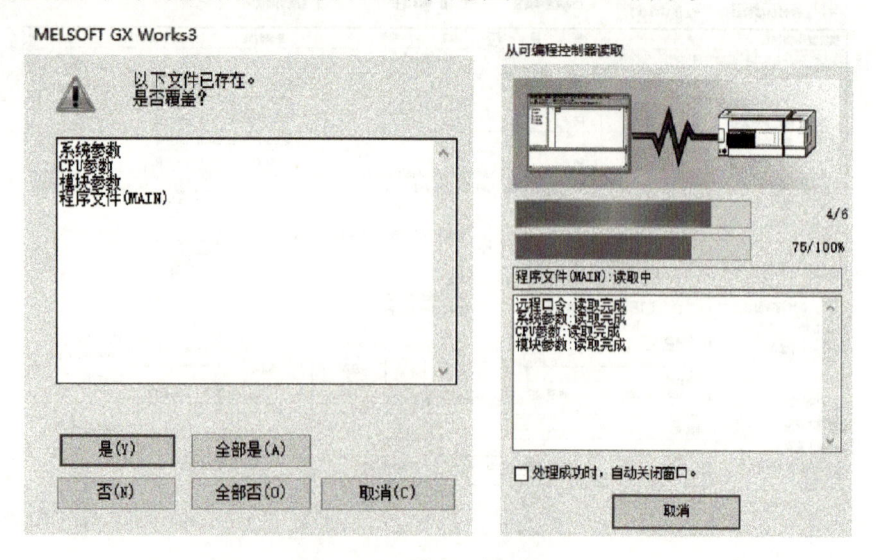

图 5-59　PLC 程序的读取

5.5.4 程序的运行及监控

程序下载完成后，只有经过调试运行才能发现程序中不合理的地方，并及时修改，以满足实际控制要求。通过软件的程序监视和监看功能，可以实现程序的运行监控和在线修改。

1. 程序运行

程序下载完成后，应将 CPU 模块调整为运行状态（RUN）以执行写入的程序。

CPU 模块的动作状态可通过 PLC 本体左侧盖板下的 RUN/STOP/RESET 开关进行调整。将 RUN/STOP/RESET 开关拨至 RUN 位置可执行程序，拨至 STOP 位置可停止程序，拨至 RESET 位置并保持超过 1 s 后松开，可以复位 CPU 模块。

通过手动调整 PLC 本体的 RUN/STOP/RESET 开关至 RUN 位置，或执行菜单栏"在线"→"远程操作"命令，可将 PLC 设定为 RUN（运行）模式，此时 PLC 运行指示灯（RUN）点亮。

2. 程序监视

PLC 运行后，执行菜单栏"在线"→"监视"→"监视模式"命令，可实现梯形图的在线监控。在监视模式下，"接通"的元件显示为蓝色，定时器、计数器的当前值显示在软元件的下方，如图 5-60 所示；选择监视（写入模式）时，在程序监控的同时还可进行程序的在线编辑修改；单击菜单栏"在线"→"监视"→"监控停止"命令，即可停止监控。

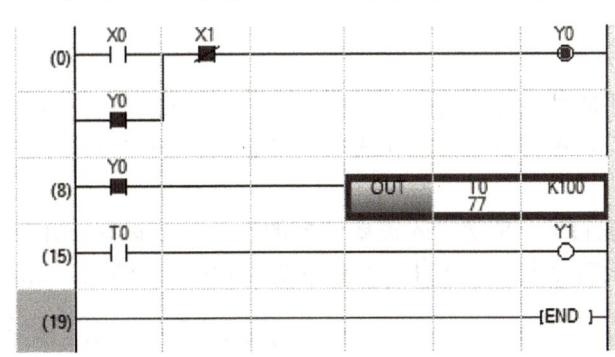

图 5-60 程序的监控界面

程序运行的同时，还可以在"监视状态"栏显示监控状态，包括连接状态、CPU 运行状态和扫描时间等，"监视状态"栏位于编辑窗口上方的工具栏中，如图 5-61 所示。

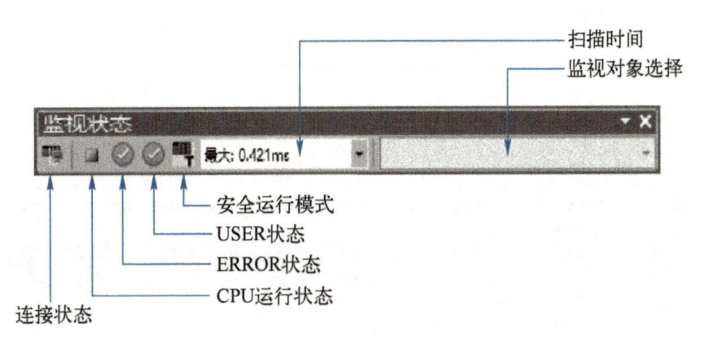

图 5-61 "监视状态"栏

监视模式下，还可进行软元件和缓冲存储器的批量监视。

单击菜单栏"在线"→"监视"→"软元件/缓冲存储器批量监视"命令，即可进入监视窗口，应用软元件和缓冲存储器的批量监视时，只能对某一种类的软元件或某个智能模块进行集中监控，设置时可输入需要监控的软元件起始号、智能模块号及地址和显示格式等。需要监控多种类型的软元件时，可根据需要同时打开多个监视页面。软元件的批量监视窗口如图 5-62 所示。

图 5-62 软元件的批量监视窗口

3. 监看功能

如需监看并修改不同种类的软元件或标签的数值，可通过监看功能实现。GX Works3 软件中，具有 4 个监看窗口。单击菜单栏"在线"→"监看"→"登录至监看窗口"命令，即可选择性打开监看窗口。

在窗口"名称"项目下，依次录入需要监控的软元件或标签，并可修改软元件显示格式和数据类型等参数；设置完成后，即自动更新并显示实际运行情况，如图 5-63 所示。

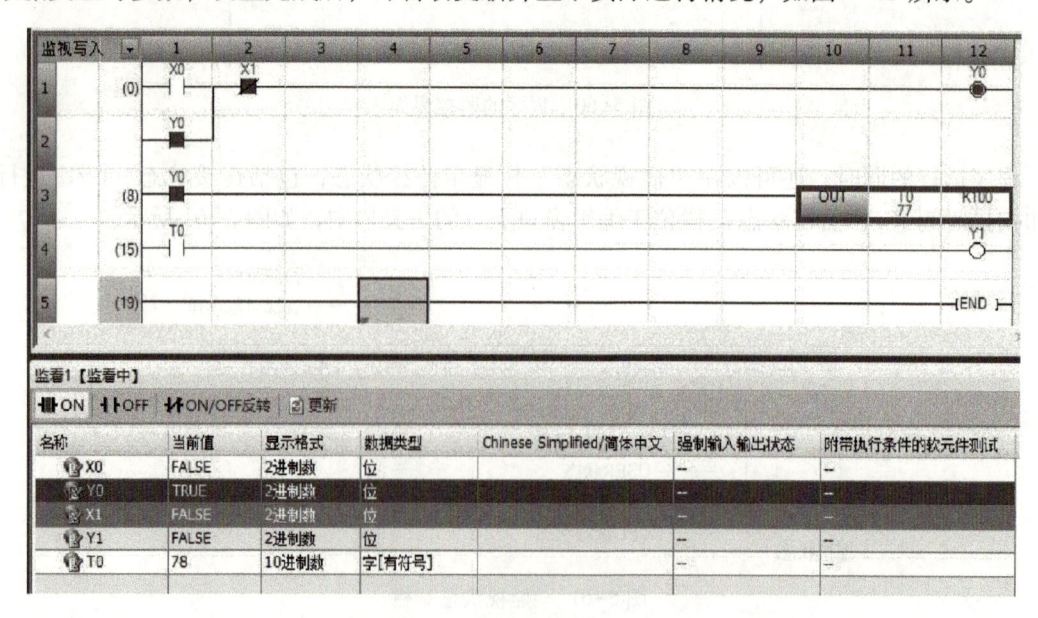

图 5-63 "监看"窗口

在"监看"窗口，可通过 ON、OFF 按钮修改选择的位元件状态；可通过"当前值"文本框修改数据软元件或数据标签的当前值。

4. 程序的模拟调试

程序的模拟调试是使用计算机上的虚拟可编程控制器对程序进行调试，即在不连接实体 PLC 的情况下，运行虚拟仿真程序。GX Works3 编程软件附带了一个仿真软件 GX Simulator3。

该仿真软件可以实现不连接 PLC 的仿真模拟调试，即将编写好的程序在计算机中虚拟运行，对程序进行不在线的调试，从而大大提高程序开发效率。

下面简单介绍 GX Simulator3 仿真软件的使用。

1）程序编辑完成后，单击菜单栏"调试"→"模拟"→"模拟开始"命令，或直接单击工具栏上的快捷按钮，起动模拟调试。

2）模拟调试起动后，程序将写入虚拟 PLC 中，并显示写入进度，如图 5-64 所示。写入完成后，GX Simulator3 仿真窗口中 PLC 运行指示灯转为 RUN，程序开始模拟运行，仿真操作界面如图 5-65 所示。

图 5-64　程序写入虚拟 PLC

a) 程序载入或运行出错时界面　　b) 正常运行的界面

图 5-65　仿真操作界面

此时可进入程序监视和监看模式，查看并调试程序运行状态，具体过程与实体 PLC 监控过程一致。

在对程序模拟测试结束后，可单击菜单栏"调试"→"模拟"→"模拟停止"命令，或直接单击工具栏上的快捷按钮，退出模拟运行状态。

5.5.5　梯形图注释

梯形图注释即程序描述，主要用于标明程序中梯形图块的功能、各软元件和标签、线圈和指令的意义和应用。通过添加注释，使程序更便于阅读和交流。

GX Works3 编程软件中，注释分为软元件注释、声明、注解 3 种方式。注释用于程序中的软元件和标签的释义；声明用于梯形图块的释义；注解用于程序中线圈或指令的释义。

单击菜单栏上的"编辑"→"创建文档"→"软元件/标签注释编辑"命令，然后选择需要编辑的软元件单元格，在单元格中双击或按〈Enter〉键，在弹出的"注释输入"对话框中输入注释内容，如图 5-66 所示。

> 5.5.5 梯形图注释、声明、注解

图 5-66 软元件/标签的注释编辑

声明和注解的输入和编辑方法与注释的基本相同，只要单击菜单栏"编辑"→"创建文档"命令下对应的内容即可。

图 5-67 为标注注释后电动机顺序起动控制梯形图。

图 5-67 电动机顺序起动控制程序的注释

5.5.6 软件标签的应用

三菱 FX_5 系列 PLC 在编程时，除了使用原有的各类软元件（X、Y、M、D 等），还新增了标签编程功能。采用标签编程，可以使用汉字、字母、数字等作为变量名称，并直接通过标签进行寻址，可以有效提高编程者的效率和增加程序的可读性，也更容易实现结构化的程序设计。

标签分为全局标签和局部标签。全局标签是指在工程内的所有程序段中都可以使用的标签数据，而局部标签指仅可在已定义的程序段内部使用的标签数据，不同的程序段可以使用相同名称的局部标签且互不影响。

可以使用汉字、字母、数字等作为标签变量名称，但使用时需要注意，名称不得与应用函数、指令、软元件同名，使用时不区分大小写。如果将定义为保留字的字符串用于标签名或数据名时，在执行登录/转换时会发生错误。

1. 使用全局标签编写程序

本例要求使用全局标签编程，实现两台电动机顺序起动控制。程序中使用的各标签数据定义见表 5-22。

表 5-22 程序中使用的各标签数据定义

标签名称	数据类型	种 类	关联软元件	作用释义
bstart	位	全局标签	X0	起动按钮
bstop	位	全局标签	X1	停止按钮
brun_M1	位	全局标签	Y0	1#电动机
brun_M2	位	全局标签	Y1	2#电动机
time_delay	定时器	全局标签		定时器
timeset	字	全局标签		延时时间设定

程序编写前，需要先设置全局标签，方便后续程序编写时调用。定义后的全局标签可以在工程中的所有程序段中使用。

在 GX Works3 编程软件中，新建项目，然后在左侧的"导航"窗口中，选择"工程"→"标签"→"全局标签"→"Global"选项，在弹出的"Global [全局标签设置]"对话框中，按照表 5-22 设置需要使用的全局标签。标签设定时注意选择合适的数据类型，其中的位元件需要与 PLC 软元件关联，在分配中按实际接线关联即可，完成后退出。全局标签设置窗口如图 5-68 所示。

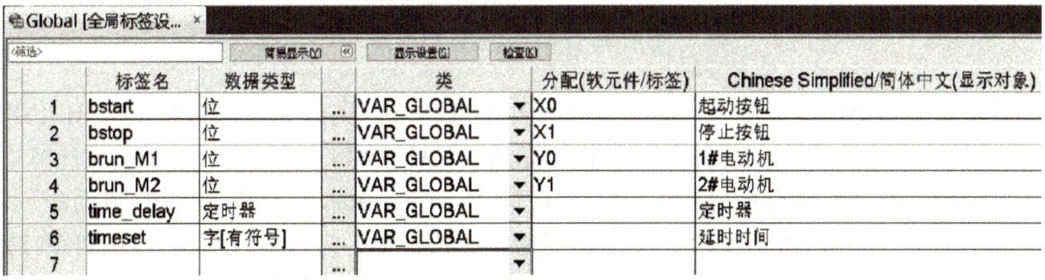

图 5-68 全局标签设置窗口

全局标签设置完成后，打开程序编辑页面；录入使用全局标签编写的两台电动机的顺序起动控制程序，如图 5-69 所示。

2. 使用局部标签编写程序

使用局部标签编写一段计算程序（FB）。FB 是功能块（Function Block）的简称，是将顺控程序内反复使用的梯形图块部件化，以便在顺控程序中多次引用。通过调用 FB，可提高程序开发效率，减少程序错误，提高程序质量。

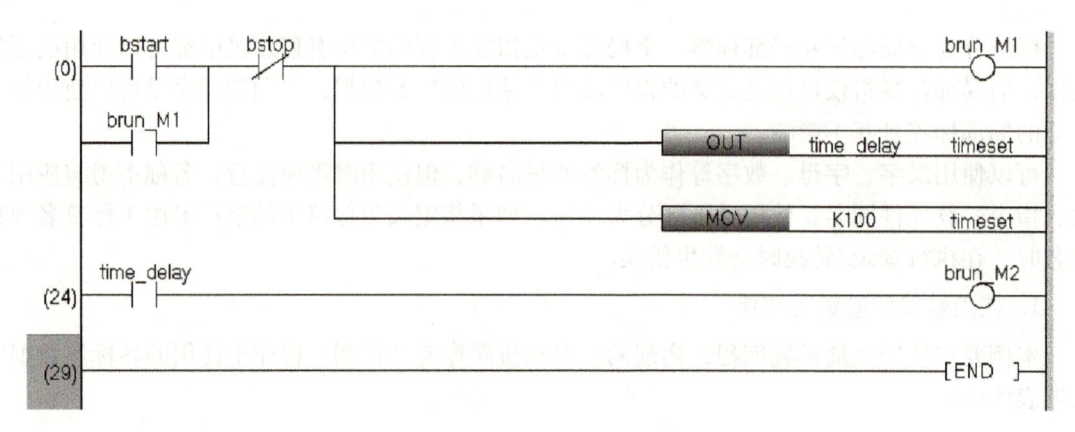

图 5-69 全局标签程序示例

本例要求通过局部标签，编写一个功能块程序，该程序能够根据输入的半径数值（Radius），计算对应圆的周长（Circumference）和面积（Circular Area），并在主程序中调用。

局部标签可在程序段 ProgPou 和功能块 FbPou 程序中定义使用。在 GX Works3 编程软件中，新建项目，然后在左侧的"导航"窗口中，选择"工程"→"FB/FUN"选项，右击，在弹出的快捷菜单中选择"新建数据"命令，新建一个 FbPou 程序段。在建立的 FbPou 程序段下，单击"局部标签"命令，在弹出的"周长面积 [FB] [函数/FB 标签设置]"对话框中，设置编程需要使用的局部标签数据。局部标签只能在定义的程序段内部使用。局部标签设置窗口如图 5-70 所示。

图 5-70 局部标签设置窗口

现设定如下几个局部标签：b_start 是计算开始启动位，类型为输入标签（VAR_INPUT）；e_radius 是输入的半径值，实数，类型为输入标签（VAR_INPUT）；e_circumfer 是计算得到的圆周长，实数，类型为输出标签（VAR_OUTPUT）；e_circarea 是计算得到的圆面积，实数，类型为输出标签（VAR_OUTPUT）；pi 为圆周率，实数，类型为常量（VAR_CONSTANT）。

局部标签设置完成后，打开 FbPou 程序本体编辑窗口。因为本例是使用计算公式计算圆周长和圆面积，采用 ST 编程更为方便，所以可采用嵌入 ST 程序的方法进行程序编写。在编辑窗口中右击，在弹出的快捷菜单中选择"编辑"→"插入内嵌 ST 框"命令，在 ST 框中编写程序；完成后的程序如图 5-71 所示。

功能块 FbPou 程序编写完成后，可在主程序中调用。打开主程序（MAIN）下的程序段，采用鼠标拖拽的方式将建立好的功能块 FbPou，从导航栏中拖拽到程序段 ProgPou 中；然后连接相应的输入、输出标签变量。连接完成后，进行程序转换。运行后的程序监控窗口如图 5-72 所示。

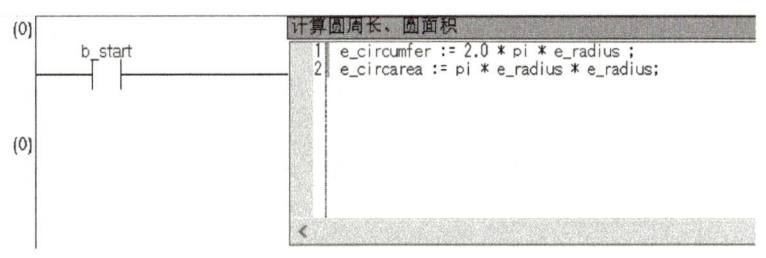

图 5-71　局部标签程序实例

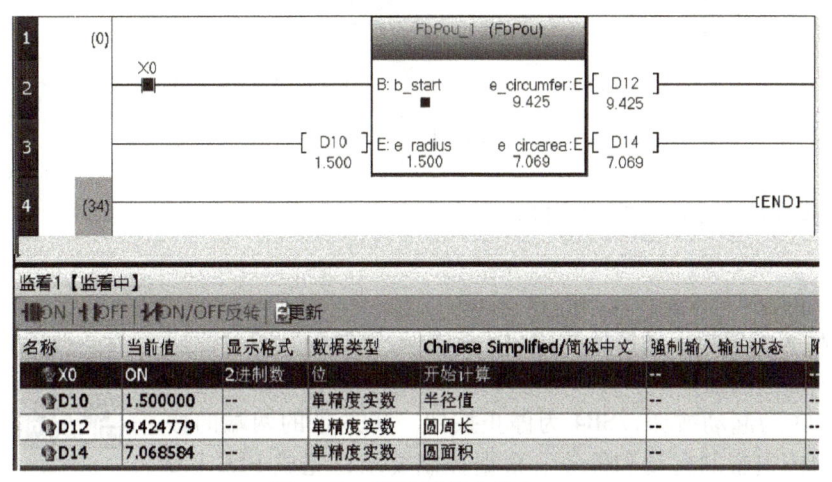

图 5-72　程序运行监控窗口

5.6　技能训练

5.6.1　程序分析

[任务描述]

在许多控制场合，需要对控制信号进行分频。以二分频为例，要求输出(Y0)脉冲是输入信号(X0)脉冲的二分频，设计参考程序如图 5-73 所示，试对程序运行过程进行分析。

[任务实施]

1）阅读图 5-73a 程序，分析并解释程序运行过程。

2）输入信号 X0 的时序波形如图 5-73b 所示，画出 M0、M2 和 Y0 的波形图。

a）参考程序　　　　　　　　b）输入信号 X0 的时序波形

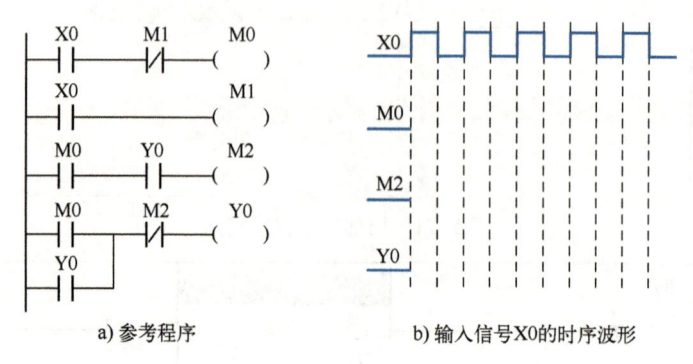

图 5-73　二分频电路参考程序及输入信号 X0 的时序波形

5.6.2　传送带运动控制程序设计

[任务描述]

采用 PLC 实现两地控制传送带运行：在传送带首端有两个按钮开关，SB1 为起动按钮，SB2 为停止按钮。在传送带末端也有两个按钮开关，SB3 为起动按钮，SB4 为停止按钮。传送带的两端的按钮都可以控制传送带的起动和停止。根据控制要求，完成 PLC I/O 地址分配、程序设计及运行监控。

[任务实施]

1）PLC I/O 地址分配见表 5-23。

表 5-23　PLC I/O 地址分配

连接的外部设备	PLC 输入地址（X）	连接的外部设备	PLC 输出地址（Y）
起动按钮 SB1		交流接触器线圈 KM（AC220 V）	
停止按钮 SB2			
起动按钮 SB3			
停止按钮 SB4			

2）编写传送带运动控制的梯形图程序。

3）下载程序并监控，分析运行情况。

何为工匠精神

新时代"工匠精神"的基本内涵，主要包括爱岗敬业的职业精神、精益求精的品质精神、协作共进的团队精神、追求卓越的创新精神这4个方面的内容。其中，爱岗敬业的职业精神是根本，精益求精的品质精神是核心，协作共进的团队精神是要义，追求卓越的创新精神是灵魂。

思考与练习

1）输入继电器（X）具有什么特性？

2）特殊继电器中"运行监视"的地址是_____，"初始化脉冲"的地址是_____。

3）根据国际电工委员会制定的工业控制编程语言标准（IEC 61131-3），PLC 的编程语言有哪几种？

4）梯形图编程具有什么特点？ST 编程语言具有什么特点？

5）常开、常闭触点和输出指令是如何工作的？

6）输出线圈和置位输出指令有什么不同？

7）FX$_{5U}$ PLC 的定时器分为哪几种类型？每一种定时器根据定时时间又可以分为哪几种用法？

8）FX$_{5U}$ PLC 的计数器分为哪两种？计数器的计数范围分别是多少？

9）上升沿、下降沿输出指令（PLS、PLF）的功能是什么？完成图 5-74 中的时序图绘制。

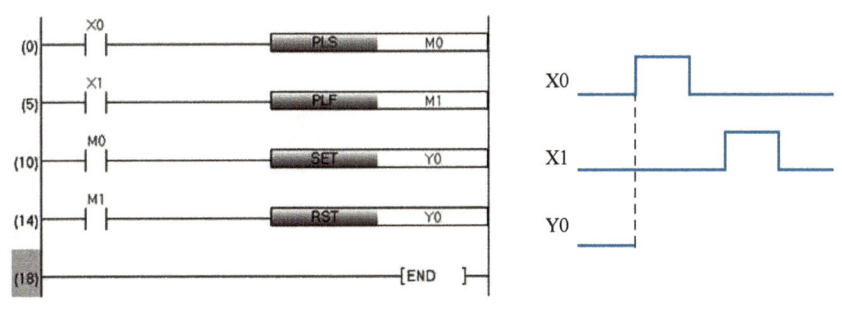

图 5-74 题 9 梯形图及时序图绘制

10）FF 指令、ALT 指令及 ALTP 指令的功能是什么？在输入相同的情况下，哪两种指令的输出波形一样？

11）分析图 5-75 梯形图中 Y0 得电和失电的条件。

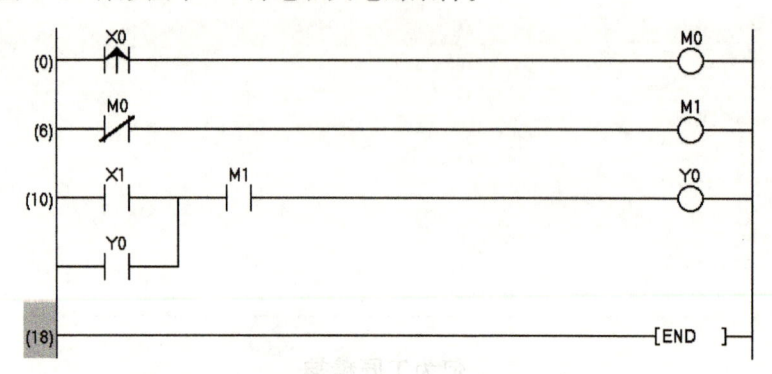

图 5-75　题 11 梯形图

12）全局标签和局部标签各有什么特性？

第 6 章　FX₅U PLC 的编程指令及应用

三菱 FX₅U PLC 除了基本顺控指令，还支持多种其他类型的指令，如传送指令、比较指令、数学运算指令、循环指令、流程控制指令等。这些指令为 PLC 程序的设计提供了丰富的功能支持，用户可以根据实际需求选择合适的指令来编写 PLC 程序，以实现所需的控制功能。

三菱 FX₅U PLC 的这些指令，按照操作数的数据长度可分为 16 位数据指令和 32 位数据指令（用 D 标记）；按照操作数有无符号可分为有符号指令和无符号指令（用_U 标记）；按照指令的执行方式可分为连续执行型和脉冲执行型（用 P 标记）。

6.1　数据传送指令

数据传送指令包括数据传送、块数据传送、数据取反传送、位数据传送等类型。

6.1.1　数据及块数据传送指令

1. 数据传送指令

数据传送指令格式如图 6-1 所示。其按照数据长度，可分为 16 位数据传送指令 MOV 和 32 位数据传送指令 DMOV；按照执行方式，可分为连续执行指令 MOV/DMOV 和脉冲执行指令 MOVP/DMOVP。

其功能是将指定的软元件（s）中的数据传送到指定的软元件（d）中，（s）、（d）为 16 位或 32 位数据。

指令助记符	(s)	(d)
(D)MOV(P)	K100	D0

图 6-1　数据传送指令格式

数据传送指令应用示例如图 6-2 所示。指令应用程序释义如下。

图 6-2　数据传送指令应用示例

1) SM412 为 1 s 的时钟脉冲，每隔 1 s，C0 当前值加 1。

2) 当 X0 接通时，由于 MOV 指令为连续执行方式，程序执行时每一个扫描周期都将 C0 的当前值传送给 D0，因此 D0 中的数据随着 C0 的当前值变化而变化。

3) MOVP 指令为脉冲执行指令，只在 X0 从 OFF 变为 ON 时导通一个扫描周期，因此 D1 获得的是 X0 出现上升沿时 C0 的当前值，即十进制常数 20。

4) DMOVP 指令为 32 位数据脉冲执行指令，观察"监看 1"表可见执行传送指令后，(D3 D2) 双字数据为十进制常数 567890；其中，D2 存放低 16 位数据，D3 存放高 16 位数据。

2. 块数据传送指令

块数据传送指令包括 16 位块数据传送指令 BMOV (P)、同一 16 位块数据传送指令 FMOV (P)、同一 32 位块数据传送指令 DFMOV (P)。16 位块数据传送指令格式如图 6-3 所示。

指令助记符	(s)	(d)	(n)
BMOV(P) FMOV(P)	D0	D2	K2

图 6-3 16 位块数据传送指令格式

块数据传送指令 BMOV (P)，是将源操作数(s)开始的(n)个寄存器的数据，批量传送到目标寄存器(d)起始的(n)个寄存器中，(s)、(d)为有符号的 16 位或 32 位数据，(n)为无符号的 16 位数据。

同一数据块传送指令，包括同一 16 位数据块传送指令 FMOV (P) 和同一 32 位数据块传送指令 DFMOV (P)；是指将指定的软元件(s)中的数据，传送到(d)起始的(n)个寄存器中，且(n)个寄存器中的数据均与(s)中的数据相同。

块数据传送指令应用示例如图 6-4 所示。指令应用程序释义如下。

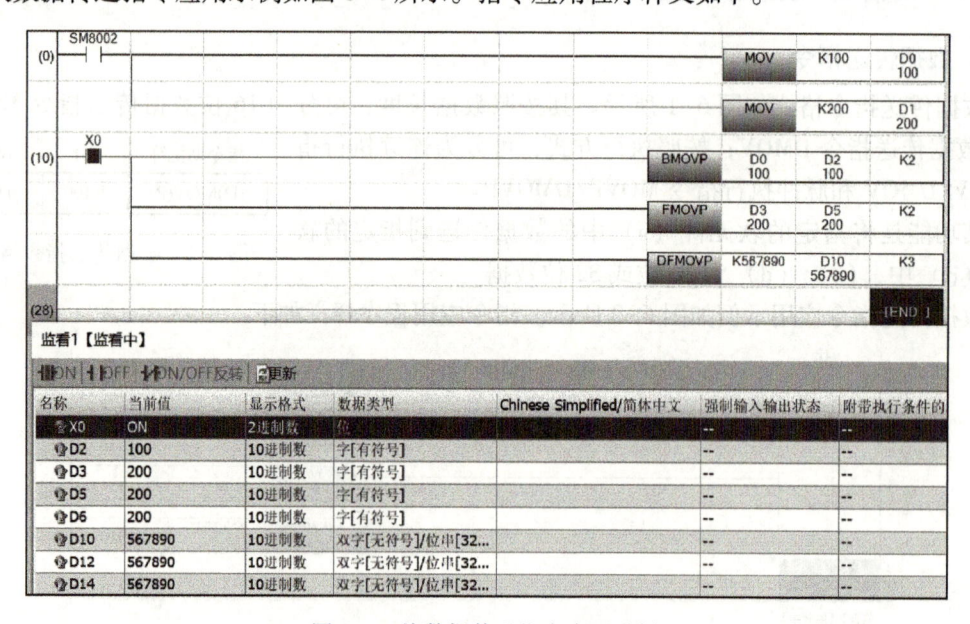

图 6-4 块数据传送指令应用示例

1) 当 PLC 从 STOP 转为 RUN 状态时，SM8002 接通一个扫描周期，分别为 D0、D1 赋初值，程序中其他数据寄存器初值默认为 0。

2) 当 X0 从 OFF 变为 ON 时，指令 BMOVP、FMOVP、DFMOVP 分别导通一个扫描周期。

3) BMOVP 指令用于将 D0、D1 两个 16 位数据分别传送给 D2、D3，从"监看 1"表中可见，D2=D0=K100、D3=D1=K200。

4) FMOVP 指令用于将 D3 中的数据分别传送给 D5、D6 两个点，从"监看1"表中可见，D5=D6=D3= K200。

5) DFMOVP 指令用于将 32 位 10 进制常数 567890 分别传送给（D11 D10）、（D13 D12）、（D15 D14）中，从"监看1"表中可见，（D11 D10）=（D13 D12）=（D15 D14）= K567890。

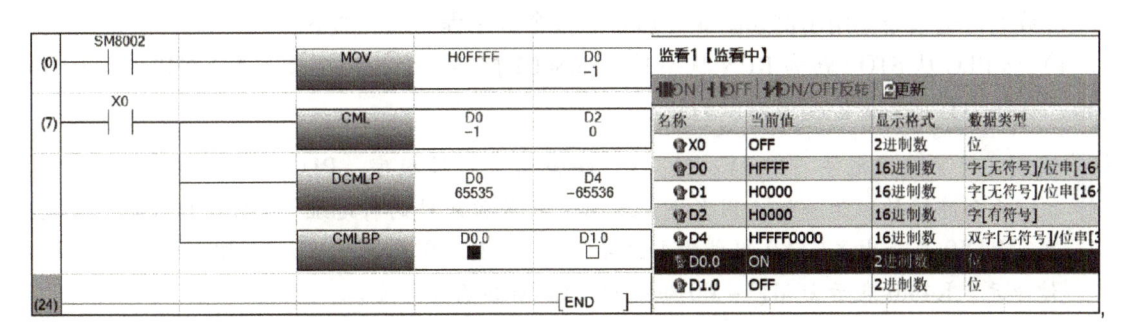

6.1.2 数据取反传送指令

数据取反传送指令包括 16 位数据取反传送指令 CML（P）、32 位数据取反传送指令 DCML（P）和 1 位数据取反传送指令 CMLB（P）。16 位数据取反传送指令格式如图 6-5 所示。

对于 16 位/32 位数据取反传送指令，其功能是对（s）指定的数据进行逐位取反后，将结果传送到（d）指定的软元件中；对于 1 位数据取反传送指令，其功能是对（s）指定的位数据进行取反后，将结果传送到（d）指定的位软元件中。

指令助记符	(s)	(d)
CML(P)	D0	D2

图 6-5　16 位数据取反传送指令格式

数据取反传送指令应用示例如图 6-6 所示。指令应用程序释义如下。

1) 当 PLC 从 STOP 转为 RUN 状态时，SM8002 接通一个扫描周期，为 D0 赋初值，程序中其他数据寄存器初值默认为 0。

2) CML 为 16 位数据指令、连续执行方式，当 X0 变为 ON 时，每一个扫描周期执行一次该指令，即将 D0=HFFFF 诸位取反并将结果放在 D2 中，D2=H0000。

3) DCMLP 为 32 位数据指令、脉冲执行方式，当 X0 从 OFF 变为 ON 时，指令导通一个扫描周期，将（D1 D0）数据逐位取反，并将结果存放在（D5 D4）中。从"监看1"表可见，（D1 D0）= H0000FFFF，（D5 D4）= HFFFF0000。

4) CMLBP 为 1 位数据指令、脉冲执行方式，当 X0 从 OFF 变为 ON 时，指令导通一个扫描周期，将 D0.0 中的位数据取反并存放在 D1.0 中。从"监看1"表可见，D0.0 = ON，D1.0 = OFF。

图 6-6　数据取反传送指令应用示例

6.1.3 位数据传送指令

位数据传送指令包括 1 位数据传送指令 MOVB(P)、八进制位传送（16 位数据）指令 PRUN(P)、八进制位传送（32 位数据）指令 DPRUN(P)及 n 位数据传送指令 BLKMOVB(P)。其中，n 位数据传送指令 BLKMOVB(P)格式如图 6-7 所示。

1位数据传送指令MOVB(P)的功能是将(s)中指定的位数据存储到(d)中,(s)、(d)为位数据。八进制位传送指令PRUN(P)的功能是将指定了位数的(s)与(d)软元件编号处理为8进制后,将(s)中的数据传送到(d)中,(s)、(d)为有符号16位或32位数据。位数据传送指令使用说明如图6-8所示。

指令助记符	(s)	(d)	(n)
BLKMOVB(P)	M50	M100	K4

图6-7 n位数据传送指令格式

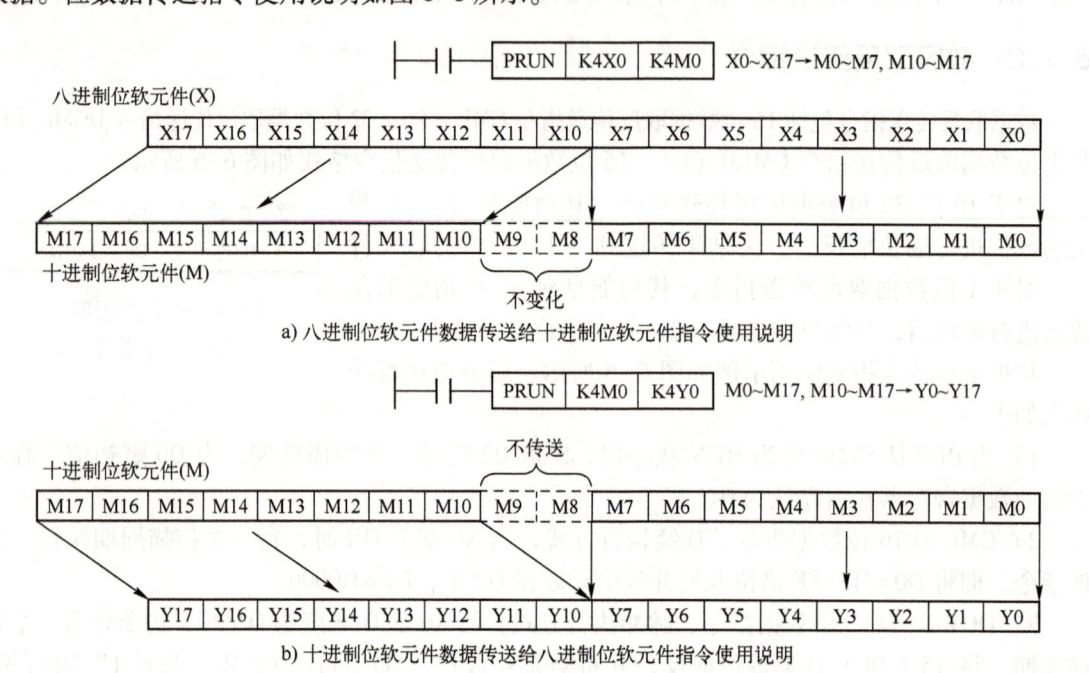

图6-8 位数据传送指令使用说明

n位数据传送指令BLKMOVB(P)的功能是将从(s)开始的(n)点的位数据批量传送到(d)开始的(n)点的位数据中,(s)、(d)为位数据,(n)为无符号16位数据。

位数据传送指令应用示例如图6-9所示。指令应用程序释义如下。

1)当PLC从STOP转为RUN状态时,SM8002接通一个扫描周期,为K4M0、K4M50赋初值,程序中其他数据位初值默认为0。

说明:为了使位元件(X、Y、M、S)联合起来存储数字,PLC提供了位组合寻址方式,4个连续的位为一组,用KnP来表示,P为位元件的首地址,n为组数(1~8)。例如,K1X0表示由X3~X0组成的4位存储单元,K2Y0表示由Y7~Y0组成的2组8位存储单元,K4M0表示由M15~M0组成的4组16位存储单元。

2)MOVBP为1位传送指令、脉冲执行方式,当X0变为ON时,导通一个扫描周期,将X0=1的值传送给M20,即M20=1。

3)PRUNP为八进制位传送(16位数据)指令、脉冲执行方式,当X0变为ON时,导通一个扫描周期,对K4M0 10进制位软元件地址处理后将值传送给K4Y0,由于M17、M16位数据为0,所以K4Y0=H3FFF。

4)BLKMOVB为n位数据传送指令、连续执行方式,其中n=4;当X0变为ON时,每个扫描周期导通,将M50~M53的值传送给M100~M103,即K1M100=K1M50=K15。

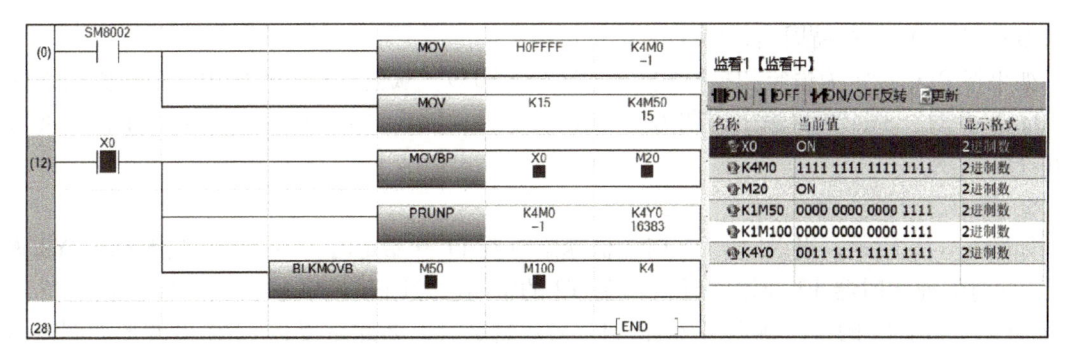

第 6 章　FX₅U PLC 的编程指令及应用

图 6-9　位数据传送指令应用示例

6.1.4　程序分析与设计

1. 闪烁电路

（1）使用特殊继电器

FX₅U PLC 的特殊继电器如 SM409~SM413 分别是 10 ms、100 ms、200 ms、1 s、2 s 时钟脉冲，SM414、SM415 是 2 ns、2 nms 时钟（n 值通过特殊寄存器 SD414、SD415 指定），SM420~SM424 是用户定时时钟（由 DUTY 指令设置特殊继电器为 ON/OFF 的扫描间隔），利用这些特殊时钟继电器可以提供丰富的定时控制，如实现闪烁功能等。如图 6-10 所示，当 X1 为 ON 时，Y1 将输出周期为 1 s 的脉冲。

图 6-10　使用特殊时钟继电器的闪烁电路

（2）使用定时器

如果需要输出可调宽度和周期的脉冲，可使用特殊继电器或定时器来实现，如图 6-11 所示。

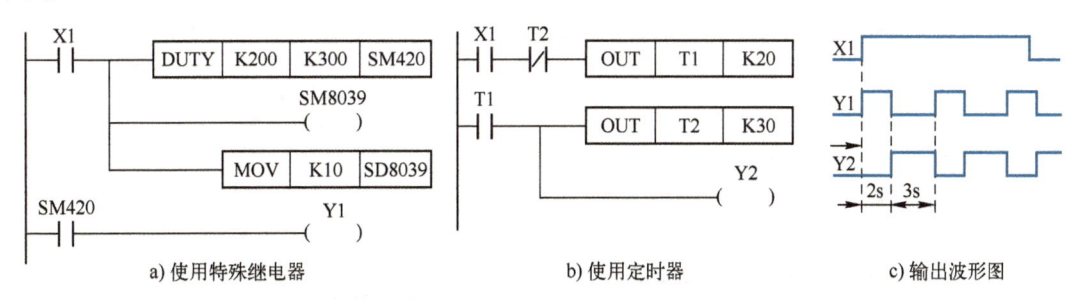

a) 使用特殊继电器　　　b) 使用定时器　　　c) 输出波形图

图 6-11　使用定时器的闪烁电路

① 使用特殊继电器实现

如图 6-11a 所示程序，其中，DUTY 为时钟脉冲发生指令；SM8039 为设置恒定扫描模式的特殊继电器，OFF 为普通模式，ON 为恒定扫描模式；SD8039 为用于存储恒定扫描时间的特殊存储器。

当 X1 为 ON 时，使用 DUTY 指令设置特殊继电器 SM420 的 ON/OFF 各为 200/300 个扫描周期，总个数为 500 个扫描周期，即在 SM420 的动作周期中，前 200 个扫描周期，SM420 输出为 ON，后 300 个扫描周期，SM420 输出为 OFF。

如果将 PLC 设定为恒定扫描模式，即置位 SM8039，赋值 SD8039 为 10，则扫描周期固定为 10ms。此时，SM420 将输出周期为 5 s 的时钟脉冲，输出导通 2 s、关断 3 s，Y1 输出波形如图 6-11c 所示。

② 使用定时器实现

如图 6-11b 所示，当 X1 为 ON 时，低速定时器 T1 开始定时，2 s 后 T1 变为 ON，Y2 置位为 1，同时低速定时器 T2 开始定时，3 s 后 T2 的常闭触点断开，T1 被复位，T2 也被复位，Y2 变为 OFF，同时 T2 的常闭触点又闭合，T1 又开始定时，如此重复，Y2 输出波形如图 6-11c 所示。通过调整 T1 和 T2 定时的时间，可以改变 Y2 输出 ON 和 OFF 的时间，以此来调整脉冲输出的宽度和周期。

2. 梯形图编程举例

（1）控制要求

一条机加工自动化生产线，要求根据订单进行产品生产数量计量，如订单数量为 500 个或 2000 个，可以通过选择开关（接至 PLC 的 X3 端子）来确定加工产品数量（如 X3 为 OFF 时，选择 500；X3 为 ON 时，选择 2000）。

产品的数量可选择光电开关计数（接至 PLC 的 X2 端子），当产品通过时，光电开关动作，PLC 通过计数器进行累加，得到实际生产数量。

系统起动和停止按钮用于自动线的起动和停止（起动按钮接至 PLC 的 X0，停止按钮接至 X1 端子），其中停止按钮接常闭（NC）触点。

操作时，首先通过选择开关（X3）选择订单的数量类型；然后按下起动按钮 X0，系统开始加工过程，完成的产品通过生产线输送，经过光电开关（X2）时，PLC 通过计数器计数，当达到设定的订单数量时，系统停止，指示灯 HL1（Y10）点亮。

（2）程序编写

根据控制要求及生产线操作步骤，设计的程序如图 6-12 所示。为了保证生产线每一次订单数量完成后可以再次进行订单生产，需要初始化计数器 C0 和指示灯 Y10 的值。

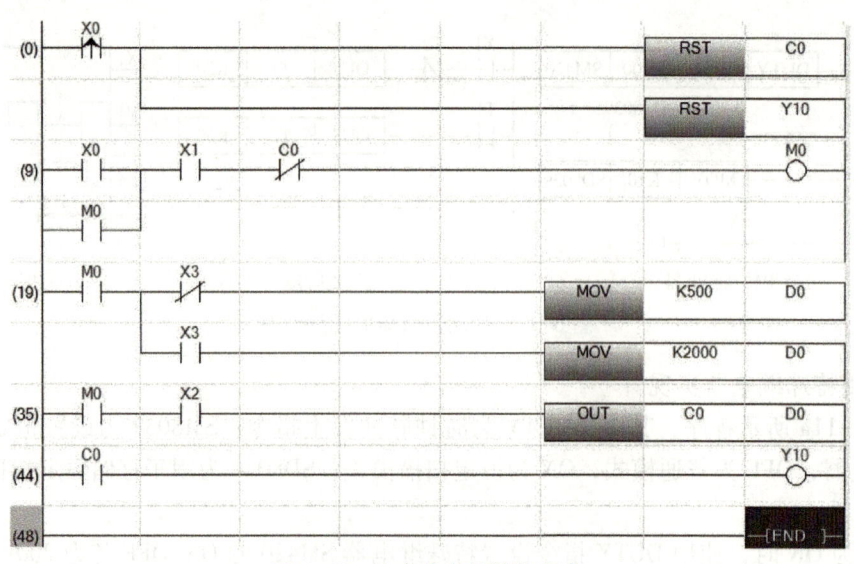

图 6-12　生产线产品计数程序

6.2 比较计算指令

比较计算指令包括触点型比较指令和数据比较指令。

6.2.1 触点型比较指令

触点型比较指令相当于一个触点，通过对源操作数（s1）和（s2）进行比较，当满足比较条件则触点闭合，否则断开。该指令的格式如图 6-13 所示，源操作数（s1）和（s2）可以取所有的数据类型；指令按照操作数的数据长度可分为 16 位数据指令和 32 位数据指令，按照操作数有无符号可分为无符号指令（用_U 标记）和有符号指令。

根据指令在梯形图中所处的位置可分为 LD、AND、OR 类型；比较类型有 6 种，分别是等于（=）、大于（>）、小于（<）、不等于（<>）、小于等于（<=）、大于等于（>=）。触点型指令类型及功能见表 6-1。

指令助记符	(s1)	(s2)
>=	T0	K50

图 6-13 触点型比较指令的格式

表 6-1 16 触点型比较指令类型及功能

指令符号	指令功能	指令符号	指令功能
16 位数据比较指令（有符号）			
LD=	（s1）=（s2）时运算开始的触点接通	AND<>	（s1）≠（s2）时串联触点接通
LD>	（s1）>（s2）时运算开始的触点接通	AND<=	（s1）≤（s2）时串联触点接通
LD<	（s1）<（s2）时运算开始的触点接通	AND>=	（s1）≥（s2）时串联触点接通
LD<>	（s1）≠（s2）时运算开始的触点接通	OR=	（s1）=（s2）时并联触点接通
LD<=	（s1）≤（s2）时运算开始的触点接通	OR>	（s1）>（s2）时并联触点接通
LD>=	（s1）≥（s2）时运算开始的触点接通	OR<	（s1）<（s2）时并联触点接通
AND=	（s1）=（s2）时串联触点接通	OR<>	（s1）≠（s2）时并联触点接通
AND>	（s1）>（s2）时串联触点接通	OR<=	（s1）≤（s2）时并联触点接通
AND<	（s1）<（s2）时串联触点接通	OR>=	（s1）≥（s2）时并联触点接通
16 位数据比较指令（无符号）			
LD=_U	（s1）=（s2）时运算开始的触点接通	AND<>_U	（s1）≠（s2）时串联触点接通
LD>_U	（s1）>（s2）时运算开始的触点接通	AND<=_U	（s1）≤（s2）时串联触点接通
LD<_U	（s1）<（s2）时运算开始的触点接通	AND>=_U	（s1）≥（s2）时串联触点接通
LD<>_U	（s1）≠（s2）时运算开始的触点接通	OR=_U	（s1）=（s2）时并联触点接通
LD<=_U	（s1）≤（s2）时运算开始的触点接通	OR>_U	（s1）>（s2）时并联触点接通
LD>=_U	（s1）≥（s2）时运算开始的触点接通	OR<_U	（s1）<（s2）时并联触点接通
AND=_U	（s1）=（s2）时串联触点接通	OR<>_U	（s1）≠（s2）时并联触点接通
AND>_U	（s1）>（s2）时串联触点接通	OR<=_U	（s1）≤（s2）时并联触点接通
AND<_U	（s1）<（s2）时串联触点接通	OR>=_U	（s1）≥（s2）时并联触点接通

触点型比较指令应用示例如图 6-14 所示，指令应用程序释义如下。

1）A、B 为 16 位数据有符号指令，C 为 32 位数据有符号指令，D 为 16 位数据无符号指令，低速定时器 T0 设定值为 K200（20 s）。

2）当 X0=ON 时，T0 开始计时，从图 6-14 所示的在线监控数据可以看出，定时器计时到当前值为 K170（17s）时，块 B 所在的触点比较指令和块 D 所在的触点比较指令满足要求，块 B 代表的触点、块 D 代表的触点导通（方框颜色显示蓝色并加粗）。

3）Y0 导通条件为 A AND B，即 T0 计数小于等于 100 且大于等于 50 时接通（5~10s 间接通）；由于块 A 所代表的触点导通条件不满足，所以 Y0=0（空心）。

4）Y1 导通条件为 C OR D，即 T0 为 5s 或者大于等于 15s 时接通（T1 未使用）；由于块 D 代表的触点导通，所以 Y1=1（实心，蓝色）。

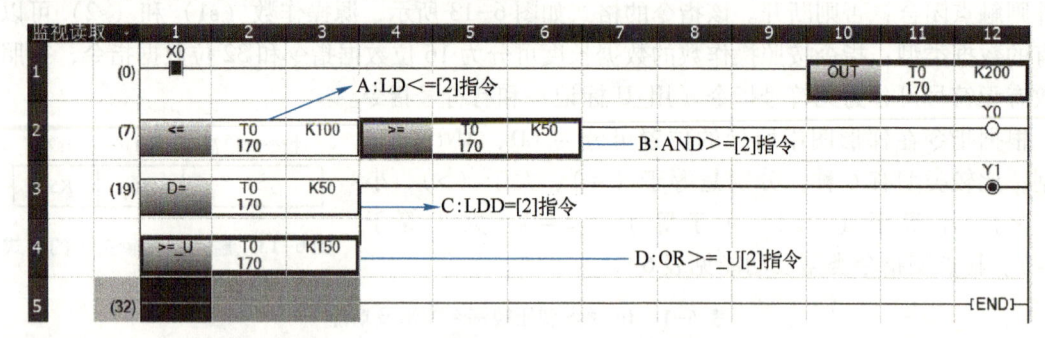

图 6-14　触点型比较指令应用示例

6.2.2　数据比较指令

数据比较指令是比较操作数（s1）和（s2），比较的结果以起始地址（d）开始的 3 个位元件状态来表示，该指令的格式如图 6-15 所示。

当导通条件满足，指令对操作数（s1）和（s2）进行比较；当（s1）>（s2）时，位元件（d）导通；当（s1）=（s2）时，位元件（d）+1 导通；当（s1）<（s2）时，位元件（d）+2 导通。数据比较指令类型及功能见表 6-2。

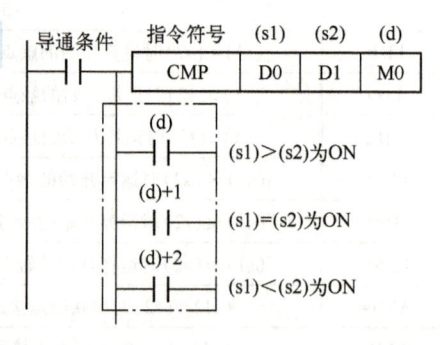

图 6-15　数据比较指令的格式

表 6-2　数据比较指令类型及功能

指令符号	指令功能	指令符号	指令功能
CMP	数据比较：16 位有符号连续执行	DCMP	数据比较：32 位有符号连续执行
CMPP	数据比较：16 位有符号脉冲执行	DCMPP	数据比较：32 位有符号脉冲执行
CMP_U	数据比较：16 位无符号连续执行	DCMP_U	数据比较：32 位无符号连续执行
CMPP_U	数据比较：16 位无符号脉冲执行	DCMPP_U	数据比较：32 位无符号脉冲执行

数据比较指令应用示例如图 6-16 所示，指令应用程序释义如下。

1）计数器 C0 设定值为 K10，当 X0 为 ON 时，计数器 C0 开始计数。

2）程序中的数据比较指令 CMP 中，（s1）为计数器 C0 的当前值，（s2）为常数 K5，目标元件为 M0 起始的 3 个辅助继电器；即 C0 的当前值>K5 时，M0 导通；C0 的当前值=K5 时，M1 导通；C0 的当前值<K5 时，M2 导通。

3）如图 6-16a 所示，计数器当前值为 8，比较指令的比较区域（s1）>（s2），即 C0 当前值为 8，大于比较值 K5；M0 导通，则 Y0=1。

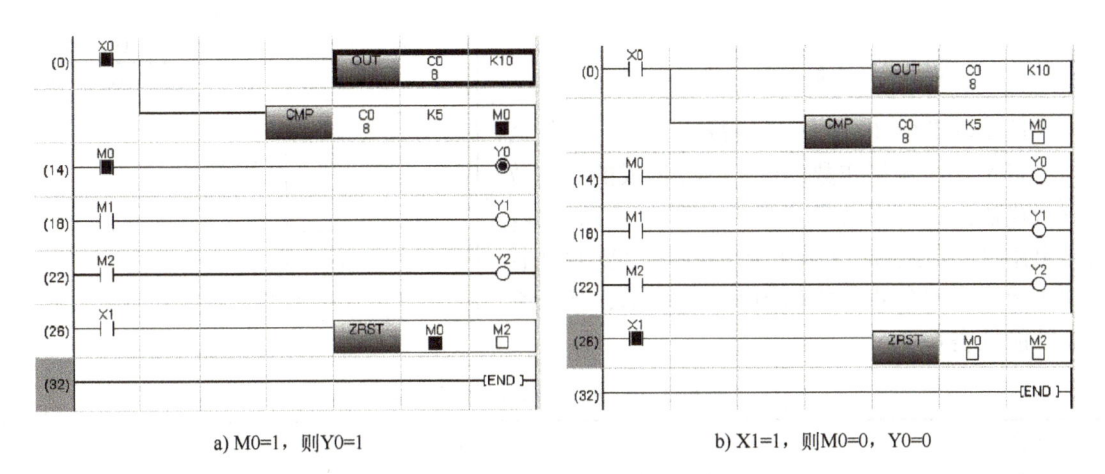

第 6 章　FX$_{5U}$ PLC 的编程指令及应用

a) M0=1，则 Y0=1

b) X1=1，则 M0=0，Y0=0

图 6-16　数据比较指令应用示例

4）当 X0 为 OFF 时，CMP 指令不执行，但比较结果仍然保持（即 M0=1）。

5）要清除比较结果，需采用复位指令（RST）或数据批量复位指令（ZRST），从图 6-16b 的在线监控数据可以看出，当 X1 为 ON 时，M0=0，则 Y0=0。

复位指令（RST）是对一个操作数清零，数据批量复位指令（ZRST）是将指定元件号范围内的同类元件成批复位或清零。本例采用数据批量复位指令（ZRST），如图 6-17a 所示，当 X1 为 ON 时，将 M0、M1、M2 的状态复位，即 M0=M1=M2=0；图 6-17b 中采用 RST 指令复位，效果等同图 6-17a。

a) ZRST 指令复位

b) RST 指令复位

图 6-17　复位指令格式

6）在图 6-16 中，当 X1=ON 时，通过批量复位指令 ZRST 将 M0、M1、M2 的状态复位。如果要让计数器 C0 重复计数，还需通过复位指令（RST）将 C0 的当前值清零，如图 6-18 所示。

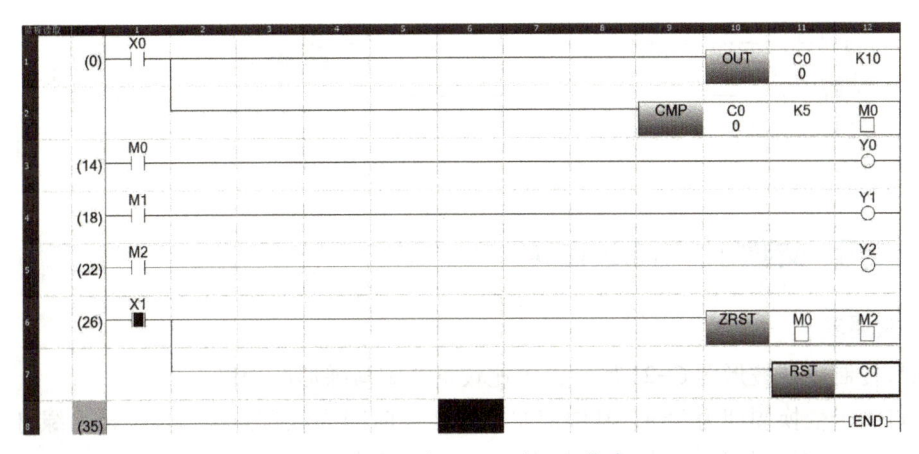

图 6-18　运行 ZRST 及 RST 指令

6.2.3 区域比较指令

区域比较指令（ZCP）是将待比较数［源数据（s3）］和另两个源操作数(s1)、(s2)形成的区间数据进行代数比较，在设置时要求(s1)<(s2)；比较的结果用以起始地址（d）开始的3个位软元件状态来表示。该指令的格式如图6-19所示，指令类型及功能见表6-3。

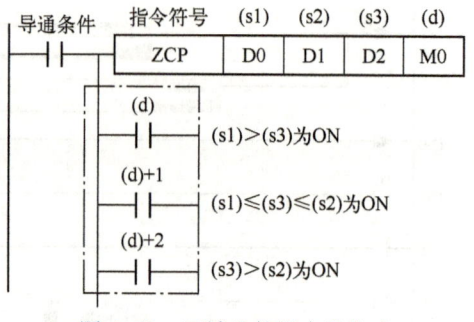

图6-19 区域比较指令的格式

表6-3 区域比较指令类型及功能

指令符号	指令功能	指令符号	指令功能
ZCP	区域比较：16位有符号连续执行	ZCP_U	区域比较：16位无符号连续执行
ZCPP	区域比较：16位有符号脉冲执行	ZCPP_U	区域比较：16位无符号脉冲执行
DZCP	区域比较：32位有符号连续执行	DZCP_U	区域比较：32位无符号连续执行
DZCPP	区域比较：32位有符号脉冲执行	DZCPP_U	区域比较：32位无符号脉冲执行

区域比较指令应用示例如图6-20所示，指令应用程序释义如下。

1）定时器T0设定值为K200（20s），当X0为ON时，T0开始定时。

2）从梯形图分析可知，随着定时器当前值的变化，Y0、Y1、Y2依次导通，即当K50>T0当前值时，辅助继电器M10为ON，Y0导通；当K50≤T0当前值≤K150时，辅助继电器M11为ON，Y1导通；当T0当前值>K150时，辅助继电器M12为ON，Y2导通。

3）指令不执行时，如果要清除比较结果，需采用复位指令。图6-20中，当X1为ON时，采用批量复位指令ZRST将辅助继电器M10、M11、M12复位。

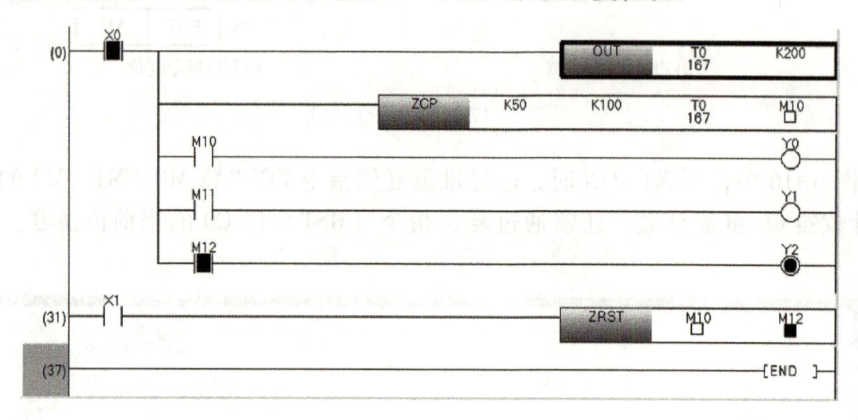

图6-20 区域比较指令应用示例

6.2.4 应用：交通灯控制系统设计

1. 控制要求

交通灯控制系统波形图6-21所示，用比较指令编写梯形图程序。

交通灯一个变换周期为35s；其中南北方向变换时间为红灯点亮20s，转为绿灯常亮10s后，闪烁3s（闪烁周期1s）；转为黄灯点亮2s。东西方向变换时间为东西绿灯常亮15s后，闪烁 3 s（闪烁周期 1 s）；转为黄灯点亮 2 s；转为红灯点亮 15 s。

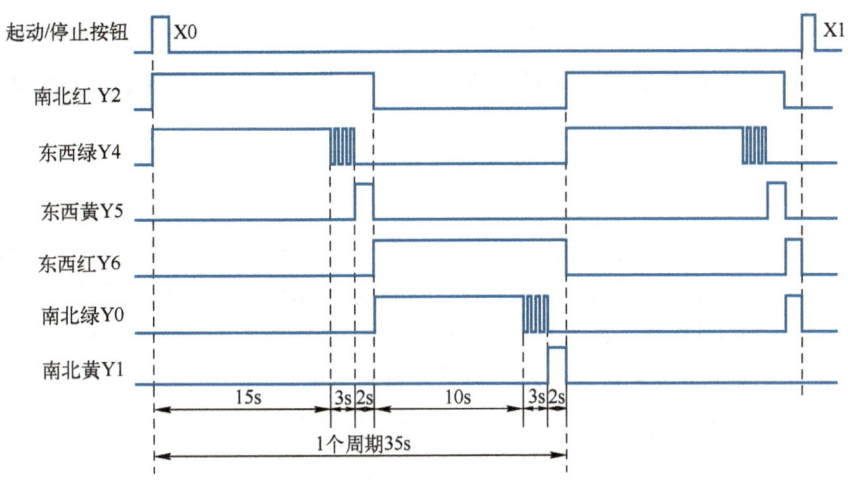

图 6-21 交通灯控制系统波形

2. 程序设计

根据控制要求，可采用一个定时器按照交通灯循环周期进行定时；通过比较指令，比较定时器当前值与设定值，再根据比较结果驱动对应的指示灯点亮，设计的参考程序如图 6-22 所示。

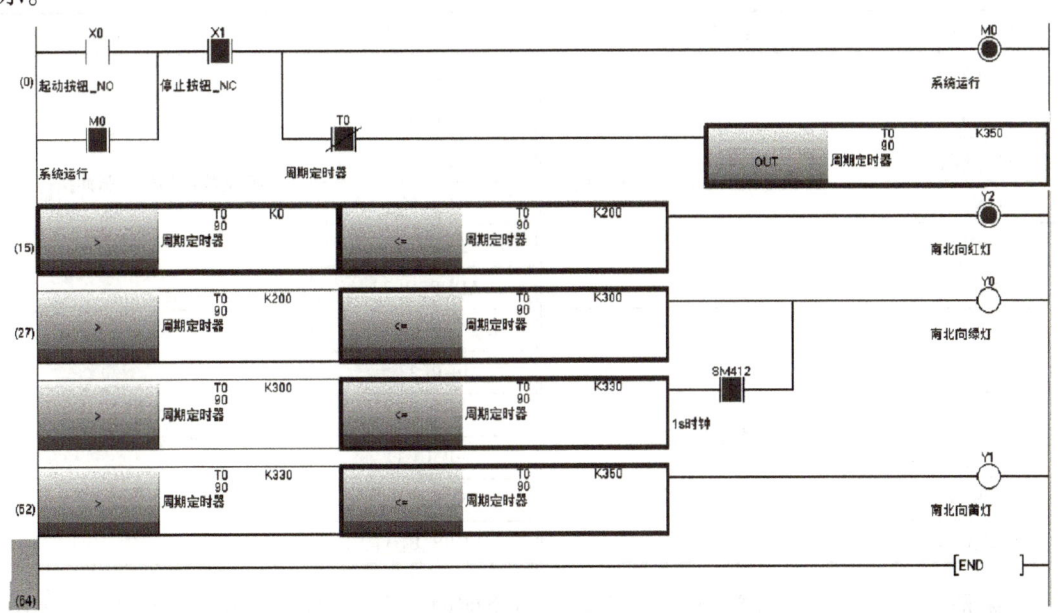

图 6-22 南北向交通灯控制参考程序

程序中，X0 接外部起动按钮（常开触点），X1 接外部停止按钮（常闭触点）；辅助继电器 M0 为系统运行标志位；低速定时器 T0 通过自关断程序产生一个 35 s 周期的计时信号。

以南北向 3 个信号灯为例，当定时器当前值在 0~20 s 之间时，红灯点亮；当定时器当前值在 20~30 s 之间，绿灯点亮；当定时器当前值在 30~33 s 之间时，绿灯闪烁（通过串联 1 s 时钟继电器 SM412/SM8013 实现）；当定时器当前值在 33~35 s 之间，黄灯点亮。东西向交通信号灯变换情况读者可自行设计并仿真调试运行。

6.3 算术运算与循环移位指令

算术运算指令主要包括加/减、增量/减量、乘/除等；循环移位指令主要包括不带进位的循环移位和带进位的循环移位。

6.3.1 加法/减法指令

数据加法/减法指令的格式如图 6-23 所示，指令可分为 2 个操作数和 3 个操作数的情况。图 6-23a 所示指令操作数为 2 个，是将（d）中指定的数据与（s）中指定的数据进行加法/减法运算，结果存放到（d）中。图 6-23b 所示指令操作数为 3 个，是将（s1）中指定的数据与（s2）中指定的数据进行加法/减法运算，结果存放到（d）中。

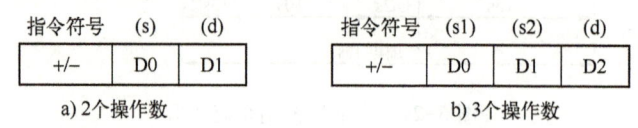

指令符号	(s)	(d)
+/-	D0	D1

a) 2 个操作数

指令符号	(s1)	(s2)	(d)
+/-	D0	D1	D2

b) 3 个操作数

图 6-23 数据加法/减法指令的格式

16 位数据加法/减法指令类型和功能见表 6-4，其中指令符号 [ ] 中的数字是指操作数的个数，例如 "+[2]" 表示指令有 2 个操作数、"+[3]" 表示指令有 3 个操作数。

表 6-4 16 位数据加法/减法指令类型和功能

指令符号	指令功能	指令符号	指令功能
+[2]	16 位数据加法，连续执行型	+P[2]	16 位数据加法，脉冲执行型
+[3]		+P[3]	
+_U[2]		+P_U[2]	
+_U[3]		+P_U[3]	
ADD[3]		ADDP[3]	
ADD_U[3]		ADDP_U[3]	
-[2]	16 位数据减法，连续执行型	-P[2]	16 位数据减法，脉冲执行型
-[3]		-P[3]	
-_U[2]		-P_U[2]	
-_U[3]		-P_U[3]	
SUB[3]		SUBP[3]	
SUB_U[3]		SUBP_U[3]	

如果是 32 位数据加法/减法指令，则每条指令前面加字母 "D"。例如 "+[2]" 为 16 位有符号指令、连续执行方式，则 "D+[2]" 为 32 位有符号指令、连续执行方式；"+_U[2]" 为 16 位无符号指令、连续执行方式，则 "D+_U[2]" 为 32 位无符号指令、连续执行方式；"+P_U[2]" 为 16 位无符号指令、脉冲执行方式，则 "D+P_U[2]" 为 32 位无符号指令、脉冲执行方式。

数据加法/减法指令应用示例如图 6-24 所示，指令应用程序释义如下。

1) A、B、C、D 模块分别是 +、ADDP、-_U、DSUB 计算指令。

2) 当 PLC 从 STOP 转为 RUN 状态时，SM8002（或 SM402）接通一个扫描周期，分别为

D0、D2、D4、D10 赋初值，如图 6-24a 所示。

3）如图 6-24b 所示，当 X0 接通时，+[2]指令为连续运行方式，每一个扫描周期都会执行 D6=(K50+D6) 运算，因此 D6 中的值不断叠加；ADDP[3]指令为脉冲执行指令，只在 X0 从 OFF 变为 ON 时执行一个扫描周期，因此，D8=(D0+D6)=(K100+K50)=K150，此后虽然 D6 不断变化，但指令不再接通，D8 的值保持第一个扫描周期的计算结果。

4）当 X1 从 OFF 变为 ON 时（上升沿指令），该触点接通一个扫描周期，模块 C 和模块 D 只执行一个扫描指令，因此，D10=(D10-D2)=-834（无符号为 64702），D12=(D2-D4)=234。

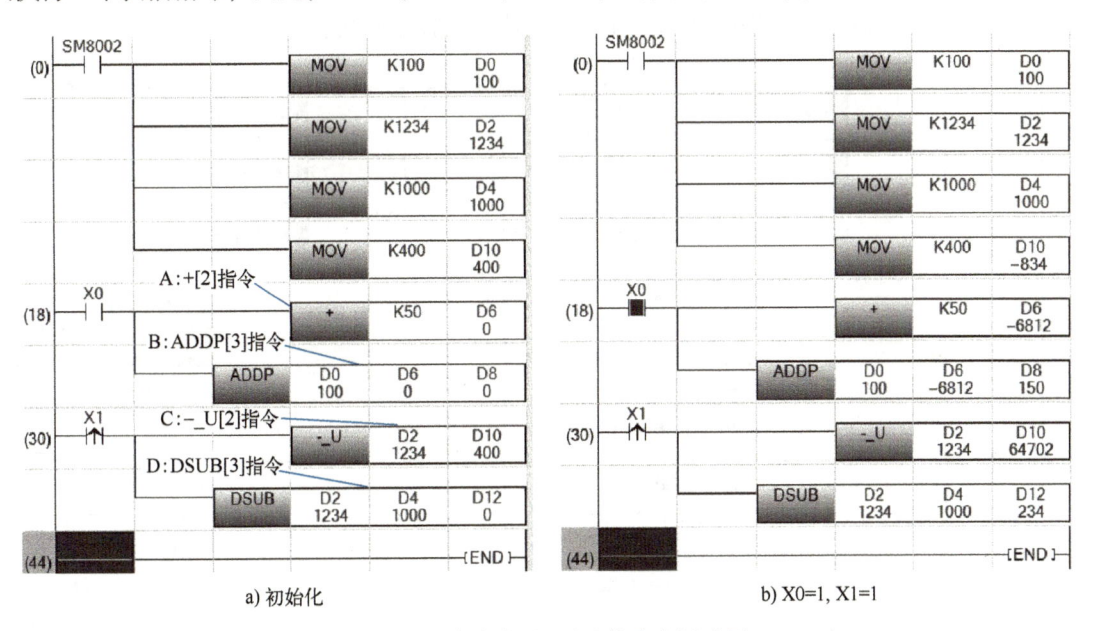

图 6-24 数据加法/减法指令应用示例
a) 初始化 b) X0=1, X1=1

6.3.2 增量/减量指令

1. 指令介绍

数据增量/减量指令的格式如图 6-25 所示，该指令是对指定的软元件 (d) 进行加 1/减 1 运算，并将结果存放到 (d) 中。

16 位数据增量/减量指令类型和功能见表 6-5。如果是 32 位数据加法/减法指令，则每条指令前面加字母"D"。

图 6-25 数据增量/减量指令的格式

表 6-5 16 位数据增量/减量指令类型和功能

指令符号	指令功能	指令符号	指令功能
INC	16 位数据增量，连续执行型	INCP	16 位数据增量，脉冲执行型
INC_U		INCP_U	
DEC	16 位数据减量，连续执行型	DECP	16 位数据减量，连续执行型
DEC_U		DECP_U	

数据增量/减量指令应用示例如图 6-26 所示，指令应用程序释义如下。

1）当 PLC 从 STOP 转为 RUN 状态时，SM8002 接通一个扫描周期，分别为 D0、D1、(D5

D4）赋初值，D10、(D3 D2) 的初值默认为 0。

2) 当 X0 接通时，INCP 指令为有符号脉冲执行方式，因此运行指令执行 D0（初始数据：K32767）+1 运算，结果为 -32768；INC 指令为有符号连续执行方式，每一个扫描周期指令都会执行一次 +1 运算，可看到存放运算结果的 D1 存储器的值在不断变化；DECP_U 指令为无符号脉冲执行方式，(D10) = (D10) - 1 = HFFFF = K65535。

3) 当 X1 从 OFF 变为 ON 时，该触点接通一个扫描周期，DINC_U 指令为无符号脉冲执行方式，(D3 D2) = (D3 D2) + 1 = 1；DDEC 指令为有符号连续执行方式，每一个扫描周期指令都会执行 -1 运算，存放运算结果的 (D5 D4) 存储器的值在不断变化。

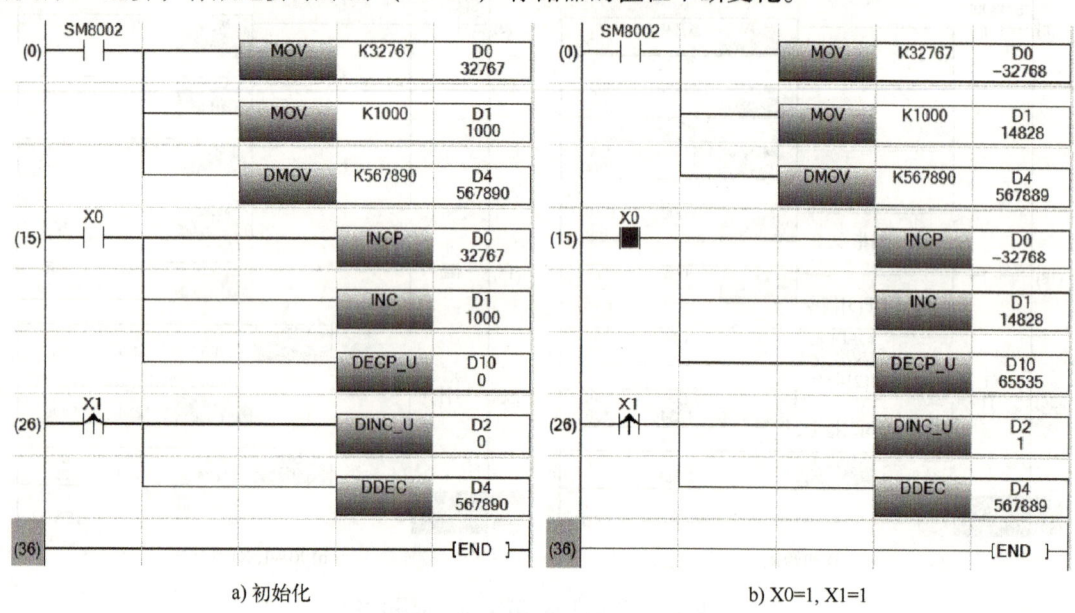

a) 初始化　　　　　　　　　　　　　　　　　b) X0=1, X1=1

图 6-26　数据增量/减量指令应用示例

2. 拓展应用：停车库车位统计功能

1) 控制要求。

有一汽车停车场，停车，最大容量为 500 辆，采用 Y0 和 Y1 灯来表示停车场是否有空位（Y0 灯亮表示有空位、Y1 灯亮表示已满），试用 PLC 程序来实现控制要求。

2) 程序编写。

根据控制要求，可采用加 1/减 1 指令对入库、出库车辆的数量进行统计，统计到的实时数量与车库容量 500 进行比较，根据比较结果给出是否还有停车位的指示，参考程序如图 6-27 所示。读者可自行分析程序，也可采用 ADD/SUB 指令进行编程练习。

图 6-27　停车库车位统计参考程序

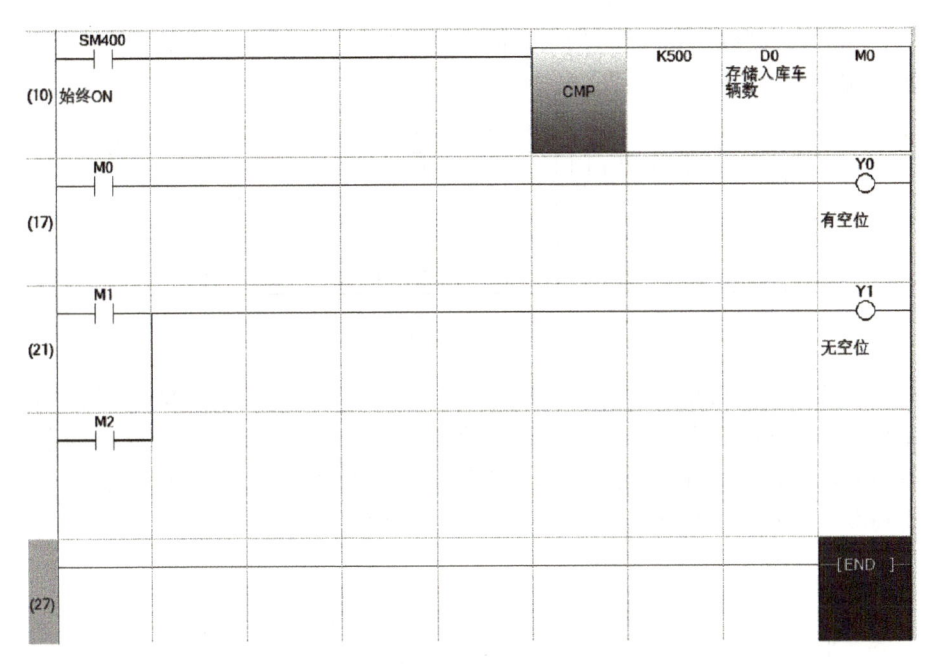

图 6-27　停车库车位统计参考程序（续）

6.3.3　不带进位的循环移位指令

1. 指令格式

不带进位的循环移位指令的格式如图 6-28 所示，该类指令用于将指定软元件（d）中的数据进行循环移位，移位的位数由（n）指定，移位结果存储到（d）中。

不带进位的循环移位指令类型及含义见表 6-6。根据循环移位方向可分为右循环移位、左循环移位指令，如 RORP 指令为 16 位数据循环右移、脉冲执行方式。

指令符号	（d）	（N）
ROR(P) ROL(P)	D0	K4

图 6-28　不带进位的循环移位指令的格式

表 6-6　不带进位的循环移位指令类型及含义

指令符号		处 理 内 容
ROR	DROR	将（d）中指定的软元件的 16 位（或 32 位）在不包含进位标志位的状况下进行（n）位右移，结果仍然保存至（d）软元件中
RORP	DRORP	
ROL	DROL	将（d）中指定的软元件的 16 位（或 32 位）在不包含进位标志位的状况下进行（n）位左移，结果仍然保存至（d）软元件中
ROLP	DROLP	

2. 指令说明

RORP 循环移位指令操作数对应关系如图 6-29 所示，循环移位指令说明如下。

1) 对（d）中指定的软元件的 16 位（或 32 位）数据左移或右移（n）位。
2) 移位指令会影响进位标志位（SM700、SM8022）的状态。
3) (n) 的位数应小于或等于数据位数，即 0~15（或 0~31）。
4) 对于 16 位数据，若（n）中指定了 16 以上的值，则以 [(n)÷16] 的余数值进行移位，如(n)= 18，则 18÷16 的商为 1，余数为 2，因此进行 2 位移位；对于 32 位数据，若（n）中指定了 32 以上的值，则以[（n）÷32]的余数值进行移位，如（n）= 33，则 33÷32 余数为 1，因此进行 1 位移位。

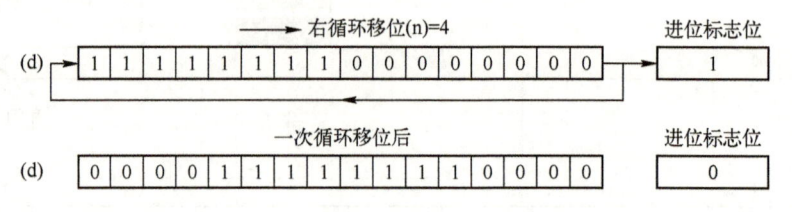

图 6-29 ROR(P)循环移位指令操作数对应关系

5）（d）中指定了位软元件组合数据的情况下，以位数（n）指定的软元件范围进行移位；但如果移动位数（n）>（d）的位数，则实际移动的位数取[（n）÷（d 的实际位数）]的余数。

如图 6-30 中，K1M0 的位数是 4，（n）= K2，则当 X0 从 OFF 变为 ON 时，执行 ROR 指令一次，将 K1M0（初值：2#0011）循环右移 2 位，K1M0 = 2#1100 = K12。

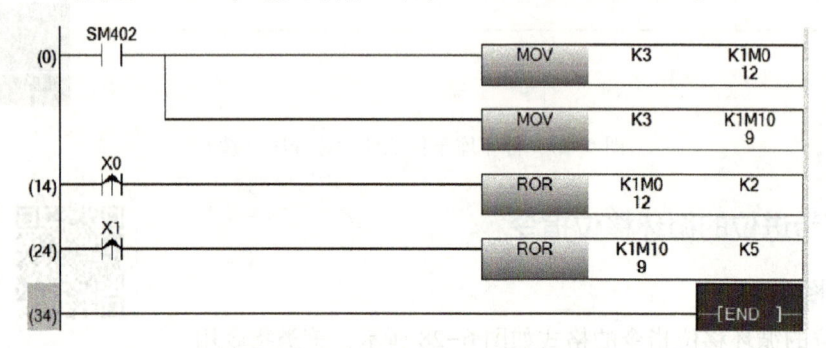

图 6-30 位软元件的移位

K1M10 的位数是 4，（n）= K5，则实际移动的位数取（n）÷（d 的实际位数）的余数，即 5÷4 余数为 1；当 X1 从 OFF 变为 ON 时，执行 ROR 指令一次，将 K1M10（初值：2#0011）循环右移 1 位，K1M10 = 2#1001 = K9。

3. 指令应用

不带进位的循环移位指令应用示例如图 6-31 所示，指令应用程序释义如下。

1）当 PLC 从 STOP 转为 RUN 状态时，SM8002 接通一个扫描周期，为（D1、D0）和 D2 赋初值，可通过图 6-31a 的在线监控"监看 1"表查看软元件数据。

2）在 X0 由 OFF 变为 ON 时，DROL 指令导通一个扫描周期，循环左移一位，数据的低位向高位移动，且最高位 b31 的值移至最低位 b0，同时最高位进入进位标志位，使标志位为 1。双字（D1、D0）= H80000001 左移 1 位后变为 H00000003。

3）在 X0 由 OFF 变为 ON 时，由于 ROR 指令的（n）= K17，大于数据长度 K16，则 17mod16 = 1，D2 的数据循环右移 1 位，此时数据的高位向低位移动，且最低位 b0 的值移至最高位 b15，同时最低位 b0 的值进入进位标志位，使标志位为 0。D2 的数值 K2 右移 1 位后变为 K1。可通过图 6-31b 的在线监控"监看 1"表查看软元件数据。

4）当 X0 第二次由 OFF 变为 ON 状态时，双字（D1、D0）再次左移 1 位，H3 变为 H6；D2 再次右移 1 位，H1 变为 H8000；标志位 SM700（SM8022）= 1，可通过图 6-31c 的在线监控"监看 1"表查看软元件中的数据。

```
        SM8002
(0) ─────┤├──────────────────────────────┤DMOV    H80000001    D0     ├
                                         │                 -2147483647│
                                         └───────────────────────────┘
                                         ┌───────────────────────────┐
                                         ┤MOV       K2         D2    ├
                                         │                     2     │
                                         └───────────────────────────┘
        X0
(12)────┤↑├──────────────────────────────┤OUT       C0        K100   ├
                                         │                     0     │
                                         └───────────────────────────┘
                                         ┌───────────────────────────┐
                                         ┤DROL      D0         K1    ├
                                         │      -2147483647          │
                                         └───────────────────────────┘
                                         ┌───────────────────────────┐
                                         ┤ROR       D2        K17    ├
                                         │          2                │
                                         └───────────────────────────┘
(28)                                                              {END}
```

名称	当前值	显示格式	数据类型	Chinese Simplified/简体中文
X0	OFF	2进制数	位	
D0	1000 0000 0000 0000 0000 0000 0000 0001	2进制数	双字[有符号]	
D2	0000 0000 0000 0010	2进制数	字[有符号]	
SM700	OFF	2进制数	位	进位标志
C0	0	10进制数	字[有符号]	

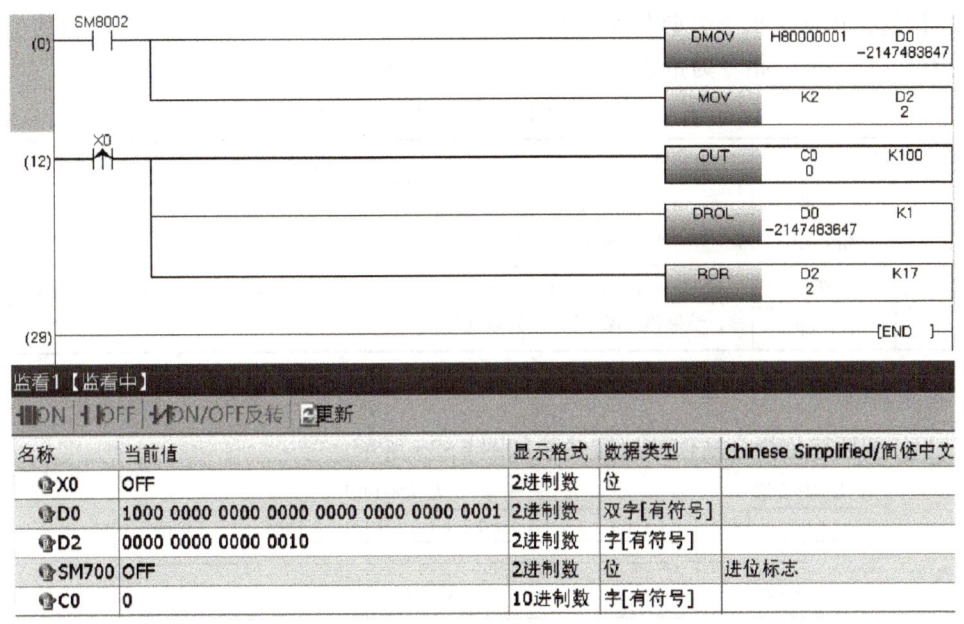

a) 初始状态

名称	当前值	显示格式	数据类型	Chinese Simplified/简体中文
X0	ON	2进制数	位	
D0	0000 0000 0000 0000 0000 0000 0000 0011	2进制数	双字[有符号]	
D2	0000 0000 0000 0001	2进制数	字[有符号]	
SM700	OFF	2进制数	位	进位标志
C0	1	10进制数	字[有符号]	

b) 循环右移位一次

名称	当前值	显示格式	数据类型	Chinese Simplified/简体中文
X0	ON	2进制数	位	
D0	0000 0000 0000 0000 0000 0000 0000 0110	2进制数	双字[有符号]	
D2	1000 0000 0000 0000	2进制数	字[有符号]	
SM700	ON	2进制数	位	进位标志
C0	2	10进制数	字[有符号]	

c) 循环右移位两次

图 6-31　不带进位的循环移位指令应用示例

以此类推，可实现多项的循环移位，读者可自行分析。

6.3.4　带进位的循环移位指令

1. 指令格式

带进位的循环移位指令的格式如图 6-32 所示，该类指令用于将指定软元件（d）中的数据及进位标志位数据一起进行循环移位，移位的位数由（n）指定，移位结果存储到（d）中。

指令符号	(d)	(N)
RCR(P) RCL(P)	D0	K4

图 6-32　带进位的循环移位指令的格式

带进位的循环移位指令类型及含义见表6-7。根据循环移位方向可分为循环右移位、循环左移位指令，如DRCL指令为带进位的32位数据循环左移。

表6-7 带进位的循环移位指令类型及含义

指令符号		处理内容
RCR	DRCR	将(d)中指定的软元件的16位(或32位)在包含进位标志位的状况下进行(n)位右移，结果仍然保存至(d)软元件中
RCRP	DRCRP	
RCL	DRCL	将(d)中指定的软元件的16位(或32位)在包含进位标志位的状况下进行(n)位左移，结果仍然保存至(d)软元件中
RCLP	DRCLP	

2. 指令说明

RCL(P)循环移位指令操作数对应关系如图6-33所示。

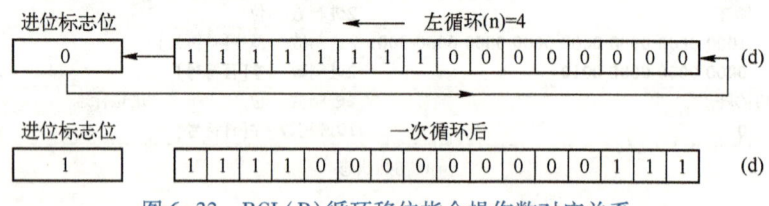

图6-33 RCL(P)循环移位指令操作数对应关系

除进位标志位数据参与循环，其他指令说明与不带进位的循环移位指令相同。

3. 指令应用

带进位的循环移位指令应用示例如图6-34所示。指令应用程序释义如下。

图6-34 带进位的循环移位指令应用示例

c) 循环右移位两次

图 6-34　带进位的循环移位指令应用示例（续）

1）当 PLC 从 STOP 转为 RUN 状态时，SM8002 接通一个扫描周期，为 D0、SM700 赋初值，可通过图 6-34a 所示的在线监控"监看 1"表查看软元件数据。

2）在 X0 由 OFF 变为 ON 状态时，RCR 指令导通一个扫描周期，带进位循环右移一位，数据的高位向低位移动，且进位位的状态进入最高位 b15、最低位 b0 的值移至进位位 SM700，使标志位改写为 0。D0 的数值带进位右移 1 位后，由 H8000 变为 HC000；可通过图 6-34b 的在线监控"监看 1"表查看软元件数据。

3）当 X0 第二次由 OFF 变为 ON 状态时，数据再次循环右移一位，D0 的数值由 HC000 变为 H6000；可通过图 6-34c 的在线监控"监看 1"表查看软元件数据。

以此类推，可实现多项循环移位，读者可自行分析。

6.3.5　应用：跑马灯控制系统设计

1. 控制要求

跑马灯系统有 6 盏灯（1#~6#），要求根据给定的初始状态，每隔 1 s 移位 1 次，移位顺序：1#→2#→…→6#→1#，周而复始。跑马灯的初始值由输入 X0~X5 的状态控制，按下起动按钮，系统开始运行，按下停止按钮系统停止运行，跑马灯全部熄灭。试采用合适指令编写跑马灯控制程序。

6.3.5-1　跑马灯控制系统分析

2. PLC I/O 地址分配及外部接线

跑马灯控制 PLC I/O 地址分配见表 6-8，跑马灯控制 PLC 外部接线如图 6-35 所示。

6.3.5-2　跑马灯控制系统程序编写与调试（位元件组）

表 6-8　跑马灯控制 PLC I/O 地址分配

连接的外部设备	PLC 输入地址（X）	连接的外部设备	PLC 输出地址（Y）
1#选择开关	X0	1#灯	Y0
2#选择开关	X1	2#灯	Y1
3#选择开关	X2	3#灯	Y2
4#选择开关	X3	4#灯	Y3
5#选择开关	X4	5#灯	Y4
6#选择开关	X5	6#灯	Y5
起动按钮	X10		
停止按钮	X11		

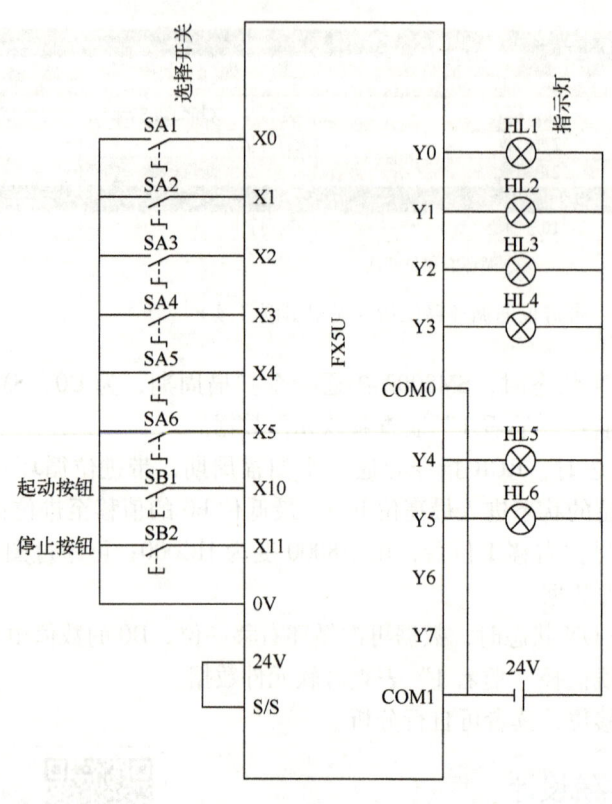

图 6-35 跑马灯控制 PLC 外部接线

3. 参考程序

根据控制要求及 PLC I/O 地址分配，编写的参考程序如图 6-36 所示。其中，MUL 为乘法指令，通过乘法指令实现跑马灯的移位控制功能，读者可自行分析程序运行情况。

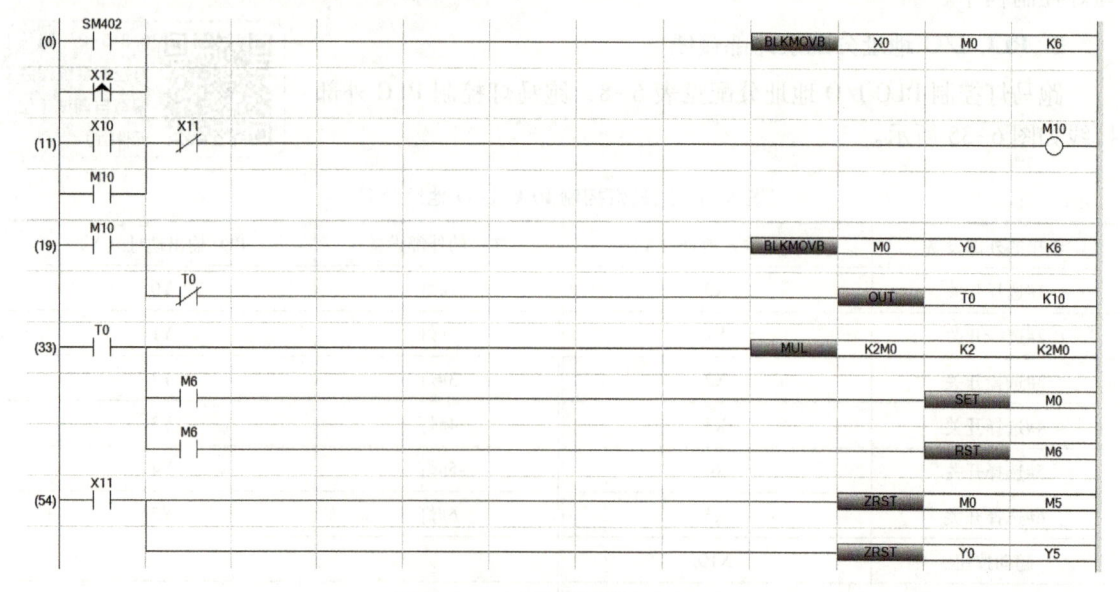

图 6-36 跑马灯控制梯形图程序

6.4 程序流程控制指令

6.4.1 程序分支指令

1. 指令格式

程序分支指令格式如图 6-37 所示，该类指令用于执行同一程序文件内指定的指针编号的程序，可以缩短周期扫描时间。其中，CJ 是连续执行指令、CJP 是脉冲执行指令，(P) 是跳转目标的指针编号，全局指针的设置范围为（0~4096）个点，默认的范围是（0~2048），其地址编号为 P0~P2047；CJ(P) 跳转的目标是指针（P）编号所指定的程序位置。GOEND 指令跳转的目标是同一程序文件内的 FEND 或 END 处。

图 6-37 程序分支指令格式

2. 指令说明

程序分支指令操作部分说明如图 6-38 所示。

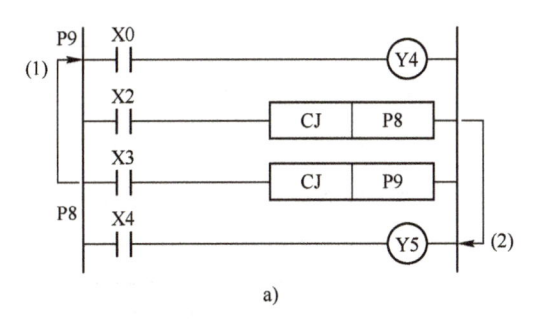

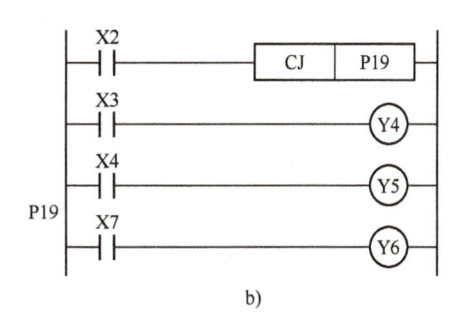

图 6-38 程序分支指令操作部分说明

注：图 6-38a 中 X3 为 ON 期间，执行环路。将 X2 置为 ON 时，从环路中跳出。图 6-38b 中 X2 为 ON 时，跳转至 P19 的标签。CJ 指令执行中即使 X3、X4 变为 ON/OFF，Y4、Y5 也不变化。

1) 指令执行条件为 ON 时，执行指定指针编号处的程序。
2) 指令执行条件为 OFF 时，执行程序中的下一步指令。

3. 指令应用

程序分支指令应用示例如图 6-39 所示。指令应用程序释义如下。

1) 如图 6-39a 所示，当 PLC 从 STOP 转为 RUN 状态时，SM8000 接通，定时器 T0 计时开始，当 20s 计时时间到时，其常开触点闭合，执行 GOEND 指令，跳转至 END。此时无论接通还是断开输出 Y2 的导通条件 X3，Y2 保持跳转前的状态（Y2 = 0）（GOEND 指令到 END 指令之间的程序段不再执行）。

2) 如图 6-39b 所示，当计数器 C0 计数值达到设定值时，C0 常开触点动作，执行 CJ 指令，程序跳转到 P10 指针处执行后续程序，此时 Y1、T0 维持跳转前的状态（CJ P10 指令到 P10 指针之间的程序段不再执行）。在跳转发生时无论接通还是断开输出 Y1 的导通条件 X2，Y1 保持跳转前的状态（Y1 = 1）；如果跳转时，定时器 T0 仍在工作，则其状态将被冻结，如维持当前值（K194）不变，直到跳转条件消失，定时器继续计时。

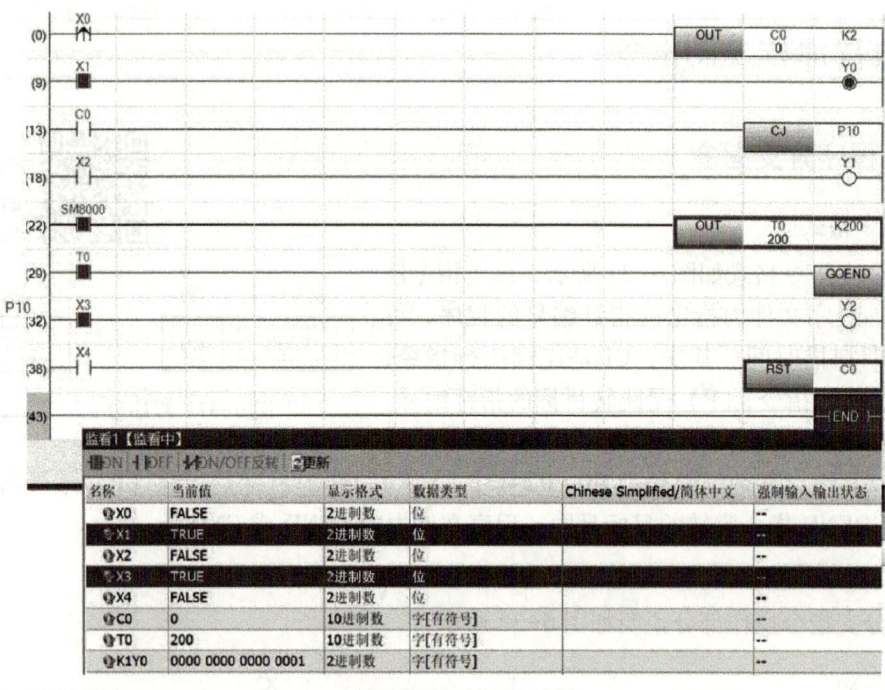

a) GOEND指令应用示例分析

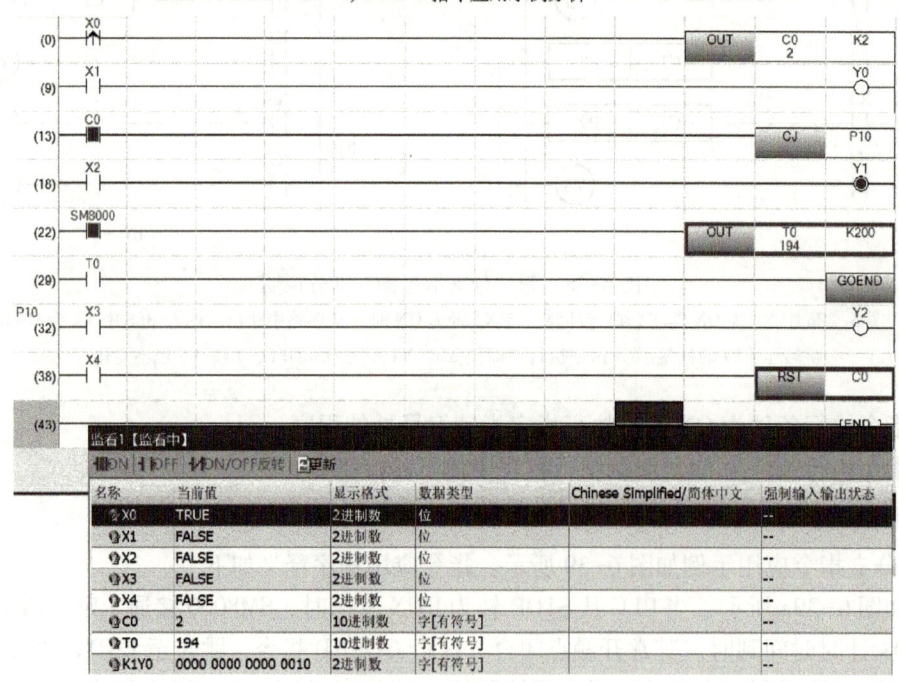

b) CJ指令应用示例分析

图 6-39　程序分支指令应用示例

6.4.2　程序执行控制指令

1. 指令格式

CPU 模块通常为中断禁止状态，采用程序执行控制指令可使 CPU 模块改变中断状态，其指令类型及梯形图格式见表 6-9，中断源类型见表 6-10。

表 6-9　程序执行控制指令类型及梯形图格式

指令符号	功　能	梯形图格式
DI	禁止中断程序执行	─┤├──── DI ──────
EI	解除禁止中断	─┤├──── EI ──────
DI	即使发生了（s）中指定的优先度以下的中断程序的启动请求，在执行 EI 指令之前也将禁止中断程序的执行。(s) 为禁止中断的优先度，取值范围：1~3	─┤├──── DI │(s) ──
IMASK	中断禁止/允许设定。(s) 为存储了中断屏蔽数据的软元件起始编号，可用到(s)+15	─┤├── IMASK │(s) ──
SIMASK	(I) 指定的中断指针的禁止/允许设定。(I) 为中断指针号，范围：I0~I177；(s) 为指定的中断指针号的允许/禁止值，0 表示禁止，1 表示允许	─┤├── SIMASK │(I)│(s) ──
IRET	从中断恢复为顺控程序	──── IRET ──────
WDT(P)	在程序中进行 WDT（看门狗定时器）复位	─┤├──── WDT(P) ──

表 6-10　中断源类型

中断源类别	中断编号	内　容
输入（包含高速计数器）	I0~I23	CPU 模块的内置功能（输入中断、高速计数器数值比较中断）中使用的中断指针
通过内部定时器执行中断	I28~I31	通过内部定时器设定中断所使用的指针
来自模块的中断	I50~I177	具有中断功能的模块中使用的中断指针

2. 指令说明

1) 电源投入时或进行了 CPU 模块复位的情况下，将变为执行 DI 指令后的状态。

2) 在执行 DI~EI 之间时，指令即使发生中断，也需要等待该段指令执行完成后，中断程序才能执行。

3) DI 指令优先级的使用说明如图 6-40 所示。

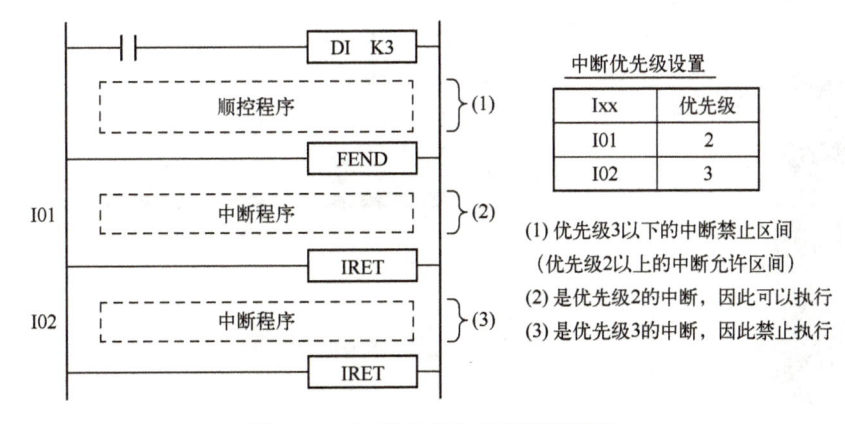

图 6-40　DI 指令优先级的使用说明

4) 在 IMASK 指令中，可以将 I0~I177 的中断指针批量置为执行允许状态或执行禁止状态。

3. 指令应用

1) I0 中断的设置：将输入 X0 设为输入中断，设置步骤按照图 6-41 所示顺序进行，将 X0 设置为上升沿触发中断，然后单击"输入确认"按钮。

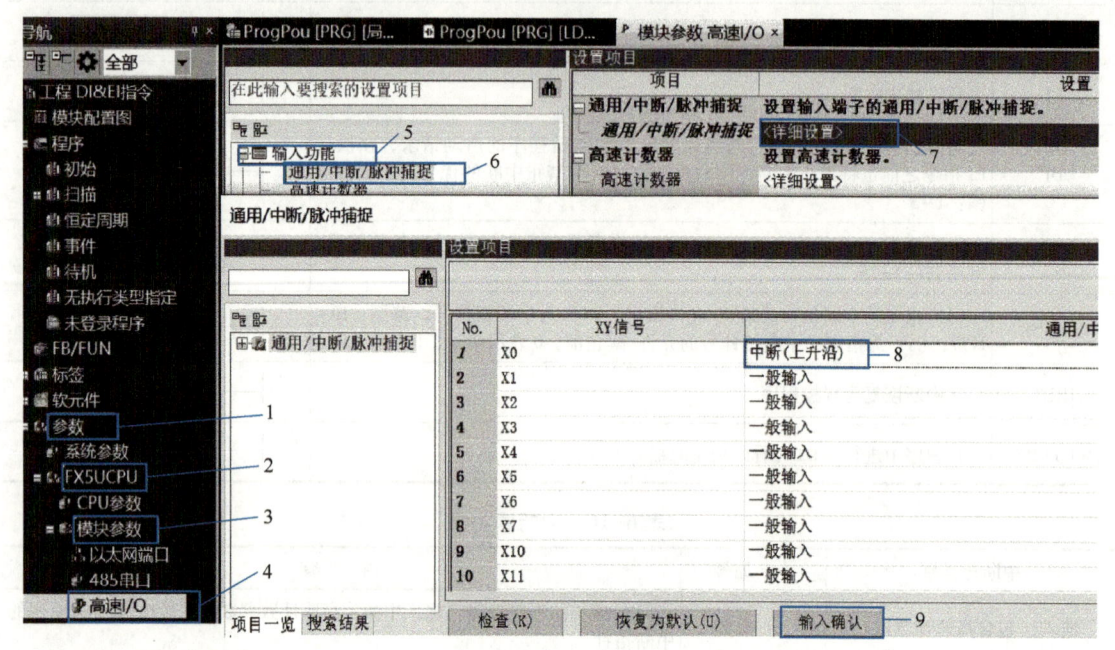

图 6-41 输入中断设置

2) I30 中断的设置：通过内部定时器执行中断，设置步骤按照图 6-42 所示顺序进行，将 I30 触发周期设定为 30 ms。

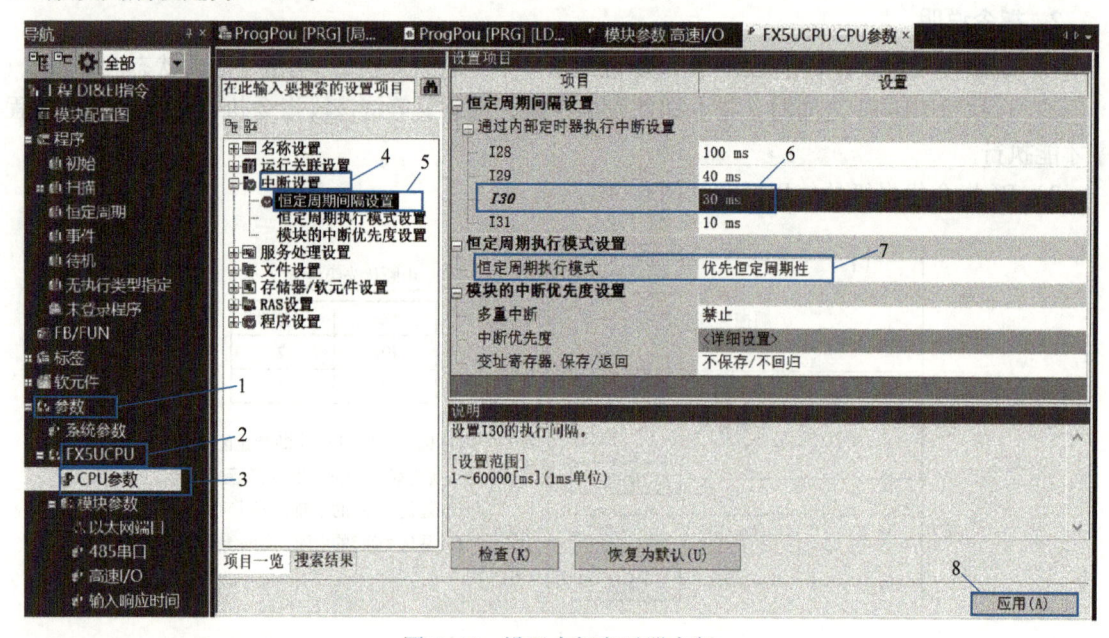

图 6-42 设置内部定时器中断

中断应用程序示例如图 6-43a 所示。指令应用程序释义如下。

1) 当 PLC 为 RUN 状态时，由于 SM400 一直为 ON，因此 Y3 = 1；当 X3 为 OFF 时，不执

行 I0 和 I30 所指向的中断程序。

2）当 X3 为 ON 时允许中断，当中断条件发生时执行中断程序。

3）接通 X0，触发输入中断 I0，执行输入中断子程序，每触发一次执行一次子程序，每次 D0 的当前值加 1。

4）ALT 指令驱动输出状态交替变化，I30 中断周期为 30 ms，因此每隔 30 ms，Y4 状态改变一次。如图 6-43b 中，Y4＝1；图 6-43c 中，Y4＝0。

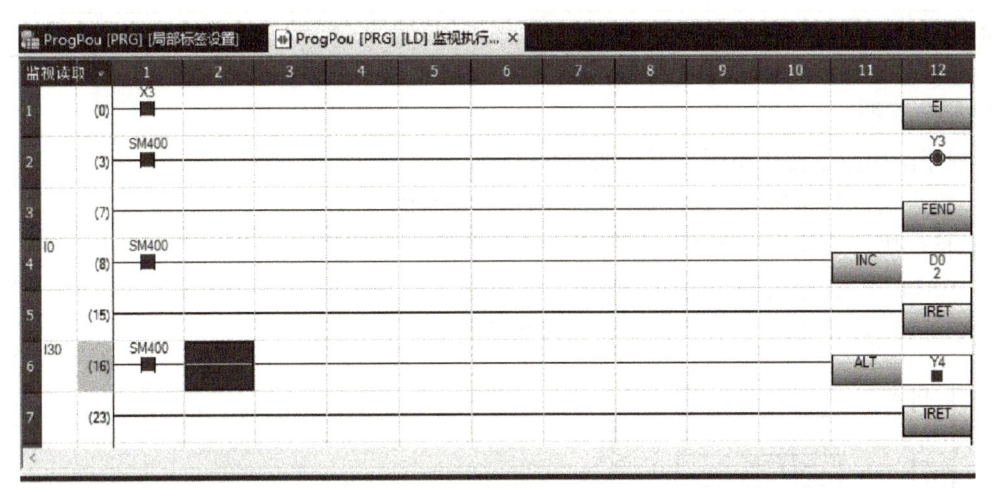

a）梯形图

b）Y4=1

c）Y4=0

图 6-43　中断应用程序示例

6.4.3　子程序调用指令

1. 指令格式

子程序调用指令格式如图 6-44 所示，该类指令用于执行指针所指定的子程序，其中 CALL 为调用子程序的指令助记符，Pn 为子程序所在位置的指针编号；RET 也可以标记为 SRET，表示子程序的结束；子程序调用指令类型及功能

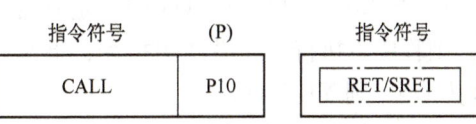

指令符号	(P)	指令符号
CALL	P10	RET/SRET

图 6-44　子程序调用指令格式

见表 6-11。

表 6-11 子程序调用指令类型及功能

指令符号		处理内容
CALL	CALLP	输入条件满足时，调用标签 Pn 的子程序
XCALL		输入条件成立时，执行标签 Pn 的子程序 输入条件不成立时，子程序进行 OFF 处理
RET	SRET	子程序结束返回

2. 指令说明

子程序调用指令使用说明如下，如图 6-45 所示。

1）指令执行条件为 ON 时，执行指定的指针编号的子程序。

2）指令执行条件为 OFF 时，执行下一步的程序。

3）CALL(P) 指令可嵌套使用，且最多可达 16 层，嵌套的 16 层是 CALL(P) 指令、XCALL 指令嵌套层数的合计值。子程序调用指令嵌套结构如图 6-46 所示。

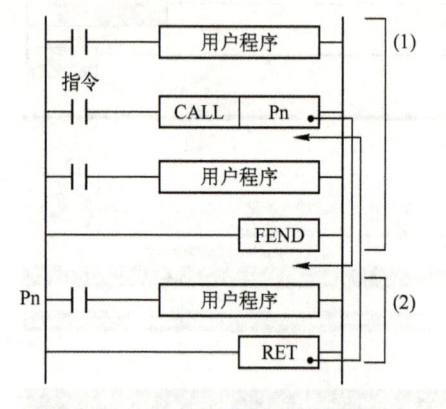

图 6-45 子程序调用指令使用说明
注：主程序，从步 0~FEND 指令为止的程序；
子程序，从标签 Pn 到 RET 指令为止的程序。

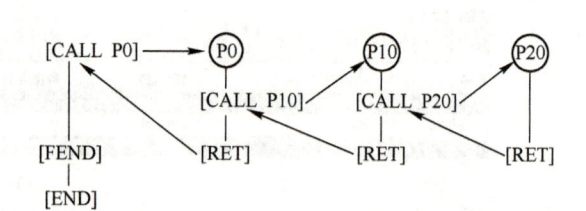

图 6-46 子程序调用指令嵌套结构

4）允许 CALL(P) 指令在操作数（Pn）中的编号重复，但不能与 CJ(P) 指令使用的标签（P）的编号重复。

5）指令使用时，应将子程序放在主程序结束指令 FEND 之后，同时子程序也必须用子程序返回指令 RET 或 SRET 作为结束指令。

3. 指令应用

子程序调用指令梯形图程序示例如图 6-47 所示。指令应用程序释义如下。

1）当 X0 从 OFF 变为 ON 时，定时器 T0 开始计时，计时时间设定为 5s，如果计时时间未到，则程序不执行子程序调用指令，继续扫描下一行指令，如 X1 为 ON，则 Y0 被置位，如 M0 为 ON，则 Y1 为 ON。

2）如果 T0 计时时间到 5s，则 T0 动作，其常开触点闭合，执行子程序调用指令，子程序入口标记为 P2。

3）在调用子程序期间，如果 X2 接通，则 Y0 被复位。

4）子程序执行完返回主程序，继续下一行程序扫描，如果 X1 为 ON，则 Y0 被置位；如 M0 为 ON，则 Y1 为 ON。

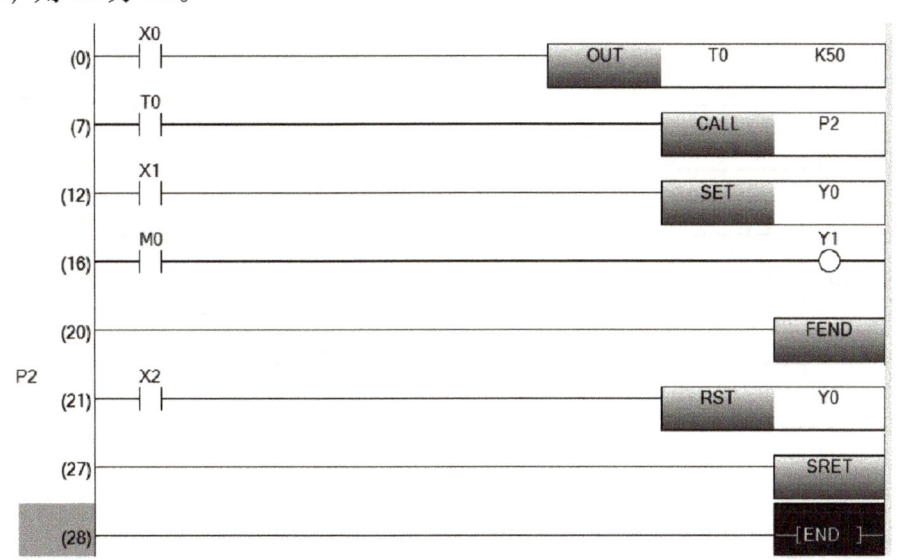

图 6-47　子程序调用指令梯形图程序示例

6.4.4　应用：开关状态监控

1. 控制要求

用 X0、X1 控制 Y0 输出，当 X1X0＝00 时，Y0 为 OFF；当 X1X0＝01 时，Y0 以 1.2 s 周期闪烁；当 X1X0＝10 时，Y0 以 3 s 的周期闪烁；当 X1X0＝11 时，Y0 为 ON。

2. 程序设计

根据控制要求，可将 X1X0 的不同状态采用子程序编写，当条件满足时调用子程序，这样编写的优点是程序结构清晰，不用考虑双线圈出现的问题。设计程序可参考如图 6-48 所示。

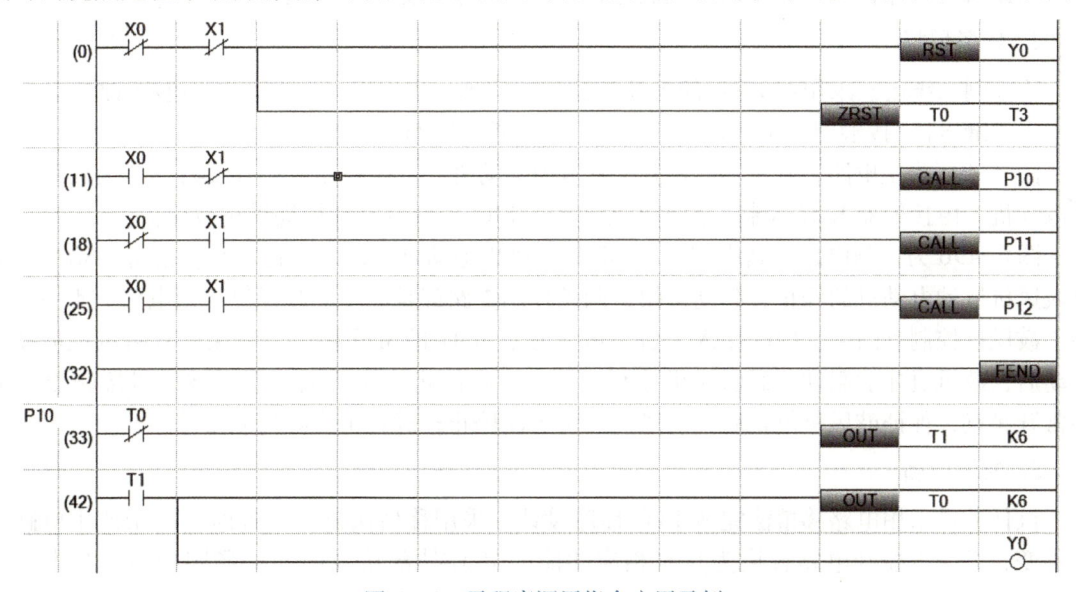

图 6-48　子程序调用指令应用示例

```
                                                                    ┤SRET├
  P11    T2
  ─(52)──┤/├─────────────────────────────────────────┤OUT  T3   K15├
         T3
  ─(61)──┤ ├─────────────────────────────────────────┤OUT  T2   K15├
                                                                    ( Y0 )

  (70)                                                              ┤RET├
  P12   SM8000
  ─(71)──┤ ├──────────────────────────────────────────────────────( Y0 )

  (77)                                                              ┤SRET├
  (78)                                                              ┤END├
```

图 6-48 子程序调用指令应用示例（续）

6.5 程序设计方法及应用

6.5.1 电路移植法

1. 任务描述

完成两台电动机的顺序起动、逆序停止的控制。

以锅炉鼓风机和引风机的电气控制为例。锅炉的鼓风机和引风机的作用是用来保障燃料充分燃烧，并维持锅炉房卫生环境，因此鼓风机和引风机需相互配合以确保锅炉炉膛为微负压。

对锅炉鼓风机和引风机的电气控制提出如下要求：两台电动机起动时，必须先起动引风机再起动鼓风机；停止时，必须在鼓风机停止后，方可手动停止引风机。

2. 任务目标

原控制系统已经采用继电器-接触器控制方式实现，现要求采用 PLC 进行技术改造。

采用继电器-接触器控制方式设计的主电路、控制电路如图 6-49 所示。

图 6-49a 为主电路，其中 M1 为引风机拖动电动机，由接触器 KM1 控制；M2 为鼓风机拖动电动机，由接触器 KM2 控制；热继电器 FR1、FR2 为两台电动机提供过载保护。

图 6-49b 为控制电路，其中 SB1、SB2 是引风机拖动电动机的停止、起动按钮；SB3、SB4是鼓风机拖动电动机的停止、起动按钮；两条控制支路都是简单的起保停控制电路，不同之处在于鼓风机控制支路中，串联接入了引风机接触器 KM1 的常开触点，确保只有引风机电动机起动后，鼓风机才能起动；而引风机控制支路中，在停止按钮两端并联了鼓风机接触器 KM2的常开触点，保证鼓风机停止后，引风机才可手动停止；满足了实际控制要求。

3. 知识储备

该任务可采用电路移植法完成 PLC 程序设计。采用移植法进行设计时，原系统主电路保持不变，只需将控制电路替换为具有相应功能的 PLC 外部接线图和梯形图即可。基本步骤如下：

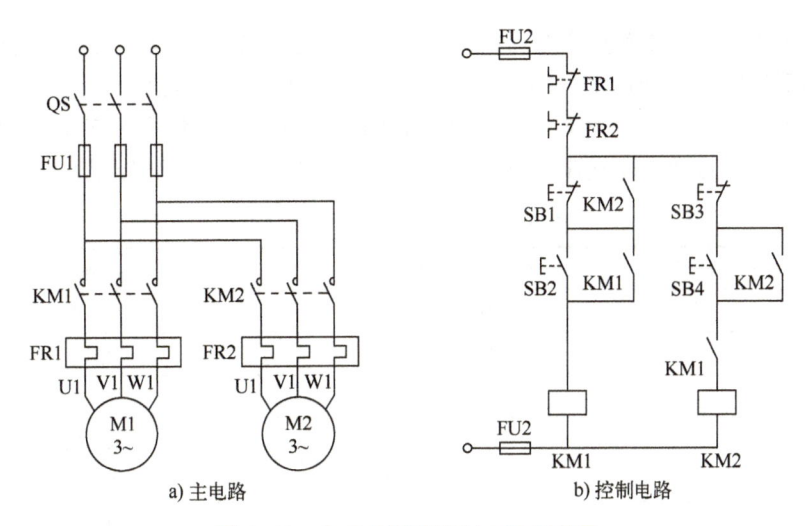

图 6-49　电动机顺序控制电路原理图

1）熟悉被控设备生产工艺和动作顺序，掌握电气控制系统工作原理。
2）统计系统输入/输出点数，完成 PLC 选型和 I/O 点的分配。
3）绘制 PLC 外部接线图，并将原有控制电路转化为梯形图。
4）验证并确保系统正常工作。

4. 任务实施

（1）PLC 的选型和 I/O 点的分配

随着 PLC 技术的发展，PLC 产品的种类也越来越多。不同型号的 PLC，其结构形式、性能、容量、指令系统、编程方式、价格等也各有不同，适用的场合也各有侧重。因此，合理选用 PLC，对于提高 PLC 控制系统的技术、经济指标有着重要的意义。

PLC 的选择主要从 PLC 的机型、容量、I/O 模块、电源模块、特殊功能模块、联网通信能力等方面加以综合考虑。

1）机型的选择。

前已述及，PLC 按结构分为整体式和模块式两类。整体式 PLC 体积小、价格便宜，一般用于系统工艺过程较为固定的小型控制系统中；模块式 PLC 配置灵活，可根据需要选配不同功能模块组成一个系统，在 I/O 点数等方面选择余地大，而且装配方便，便于扩展和维修，一般用于较复杂的中大型控制系统。

2）输入/输出点数（I/O）的估算。

I/O 点数越多，PLC 价格也越高，因此在满足控制要求的前提下应尽量减少 I/O 点数，但 I/O 点数估算时还必须考虑适当的余量，以备今后系统改进或扩展时使用。通常根据统计后需使用的输入/输出点数，再增加 10%~20% 的裕量。

3）控制功能的选择。

该选择包括对运算功能、控制功能、通信功能、编程功能、诊断功能和处理速度等特性的选择。

根据以上 PLC 选型原则及对控制系统的分析，这个控制系统的输入有热继电器 FR1、FR2 触点，引风机电动机的停止、起动按钮 SB1、SB2，鼓风机电动机的停止、起动按钮 SB3、SB4，共 6 个开关量信号。为节省输入点数，实际接线时，在满足控制要求的前提下，将热继电器 FR1、FR2 的两个常闭触点串联后接入 PLC，节省了一个输入点；共计 5 点输入。输出有驱动鼓风机和引风机的电动机工作的交流接触器线圈，共 2 个输出信号。

根据 I/O 点数，可选择三菱 FX_{5U}-32MR/ES CPU 模块，该模块采用交流 220 V 供电，提供 16 点数字量输入/16 点数字量输出，满足项目要求。PLC 的 I/O 地址分配见表 6-12。

表 6-12 PLC 的 I/O 地址分配

PLC 的 I/O 地址	连接的外部设备	在控制系统中的作用
X0	SB1(NC)	引风电动机停止
X1	SB2(NO)	引风电动机起动
X2	SB3(NC)	鼓风电动机停止
X3	SB4(NO)	鼓风电动机起动
X4	FR1(NC)、FR2(NC)串联	电动机过载保护
Y0	引风机电机接触器线圈	引风机电机控制
Y1	鼓风机电机接触器线圈	鼓风机电机控制

注意：在 I/O 地址分配时，从安全角度考虑，停止按钮、热继电器控制触点等应该使用常闭触点接入，这是因为这些安全系数较高的触点，如果选择常开触点连接，会影响到系统的安全运行。如停止按钮以常开触点形式接入时，当连接线因意外断开时，系统将无法正常停止。

另外，如果两台电动机任何一台过载时，系统都会停止运行，所以设计外部接线时，还将 FR1、FR2 两个常闭触点串接后接入 PLC，这种接法可节省输入点。

（2）PLC I/O 外部接线图

根据表 6-11，将 PLC 与外部设备连接起来，其接线图如图 6-50 所示。

（3）程序的实现

采用电路移植法设计程序时，只需根据 I/O 分配情况将控制电路替换为梯形图即可。替换后的梯形图程序如图 6-51a 所示；为了优化程序，减少程序步数，按照梯形图的编写规则，可将图 6-51a 整理为图 6-51b 的形式。

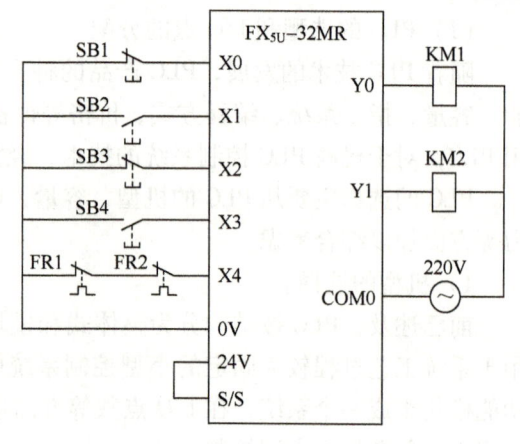

图 6-50 电动机顺序控制的 PLC I/O 外部接线图

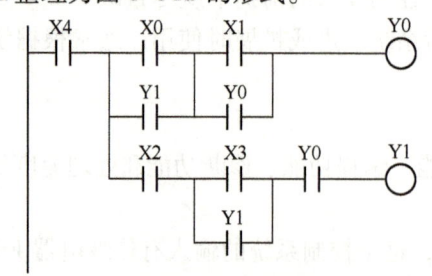

a) 采用移植法生成的程序　　b) 整理后的程序

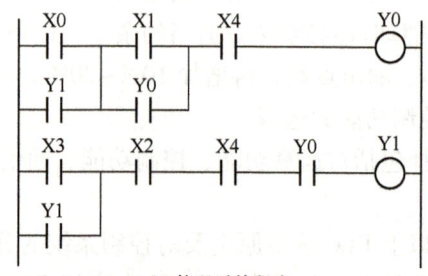

图 6-51 电动机顺序控制梯形图

6.5.2 经验设计法

经验设计法是沿用继电器-接触器控制电路的设计方法来设计梯形图的，即在一些典型控制电路的基础上，根据被控对象对控制系统的要求，不断地修改和完善梯形图，直至完全满足各项控制要求。经验设计法一般需经过多次反复的调试和修改，最终才能得到一个较为满意的结果。这种设计方法没有普遍的规律可以遵循，设计所用的时间、质量与设计者的经验有很大的关系，它主要用于逻辑关系较为简单的梯形图程序设计。

用经验设计法设计 PLC 程序时大致可以按下面几步来进行：第一，分析控制要求，确定控制原则；第二，统计主令电器和检测元器件数量，确定输入/输出设备；第三，分配 PLC 的 I/O 点及内部软元件资源；第四，设计执行元件的控制程序；第五，对照控制要求，检查、修改和完善程序。

1. 控制要求

某车间排风系统，由 3 台风机组成，采用 FX_{5U} CPU 模块控制。其中风机工作状态需要进行监控，并通过指示灯进行显示，具体控制要求如下。

1）当系统中没有风机工作时，指示灯以 2 Hz 频率闪烁。
2）当系统中只有 1 台风机工作时，指示灯以 0.5 Hz 频率闪烁。
3）当系统中有 2 台以上风机工作时，指示灯常亮。
现根据以上控制要求编写风机运行状态监控程序。

2. PLC 的 I/O 地址分配

通过对控制要求的分析，指示灯监控系统的输入有 3 种信号：第一台风机运行信号、第二台风机运行信号、第三台风机运行信号，共 3 个输入点；输出只有指示灯一个负载，占一个输出点。PLC 的 I/O 地址分配见表 6-13。

表 6-13 PLC 的 I/O 地址分配

PLC 的 I/O 地址	连接的外部设备
X0	1 号风机运行辅助触点
X1	2 号风机运行辅助触点
X2	3 号风机运行辅助触点
Y0	指示灯显示

3. 程序编写

（1）风机工作状态检测程序的编写

风机工作的监视状态分为没有风机运行、只有 1 台风机运行和 2 台以上风机运行 3 种情况，可以通过 3 个辅助继电器（M0、M2、M1）分别保存这 3 种状态，实现的程序如图 6-52 所示。

（2）闪烁功能的实现

根据控制要求，需要产生 2 Hz 和 0.5 Hz 两种频率的闪烁信号，2 Hz 对应周期是 500 ms，可考虑采用 10 ms 定时基准的普通定时器。实现的程序如图 6-53 所示：当 3 台风机均未工作时，M0 为 ON，启动定时器 T0、T1，形成周期 500 ms、2 Hz 的振荡信号，并通过 M3 输出；只有 1 台风机工作时，M2 为 ON，启动定时器 T2、T3，形成周期 2000 ms、0.5 Hz 的振荡信号，并通过 M4 输出。

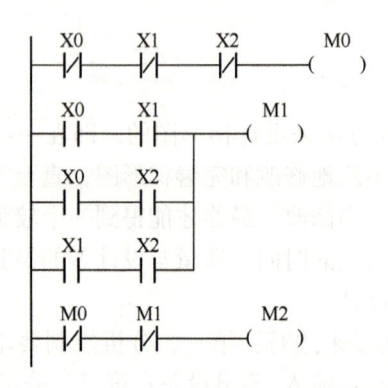

图 6-52 风机工作状态检测程序

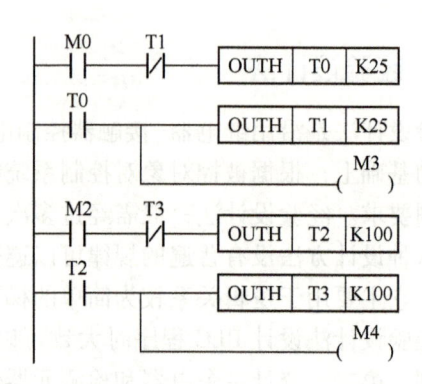

图 6-53 闪烁功能的实现

(3) 指示灯输出程序的编写

指示灯输出程序的编写需要考虑风机运行状态与对应指示灯状态的要求。当没有风机运行时（M0 得电），指示灯按照 2 Hz 的频率闪烁（M3 的状态），输出指示灯起动的条件是 M0 的常开触点与 M3 的常开触点串联。同理，当只有一台风机运行时，输出指示灯起动的条件是 M2 的常开触点与 M4 的常开触点串联。由于两台以上风机运行时指示灯常亮，所以只需要用其状态显示继电器 M1 的常开触点驱动输出 Y0 就可以了，程序如图 6-54 所示。

(4) 程序调试

为满足整个控制要求，需将以上 3 部分程序合并即可构成整个监控系统的程序。将程序下载至 PLC 并在线调试，调试界面如图 6-55 所示。

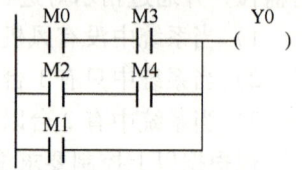

图 6-54 指示灯输出程序

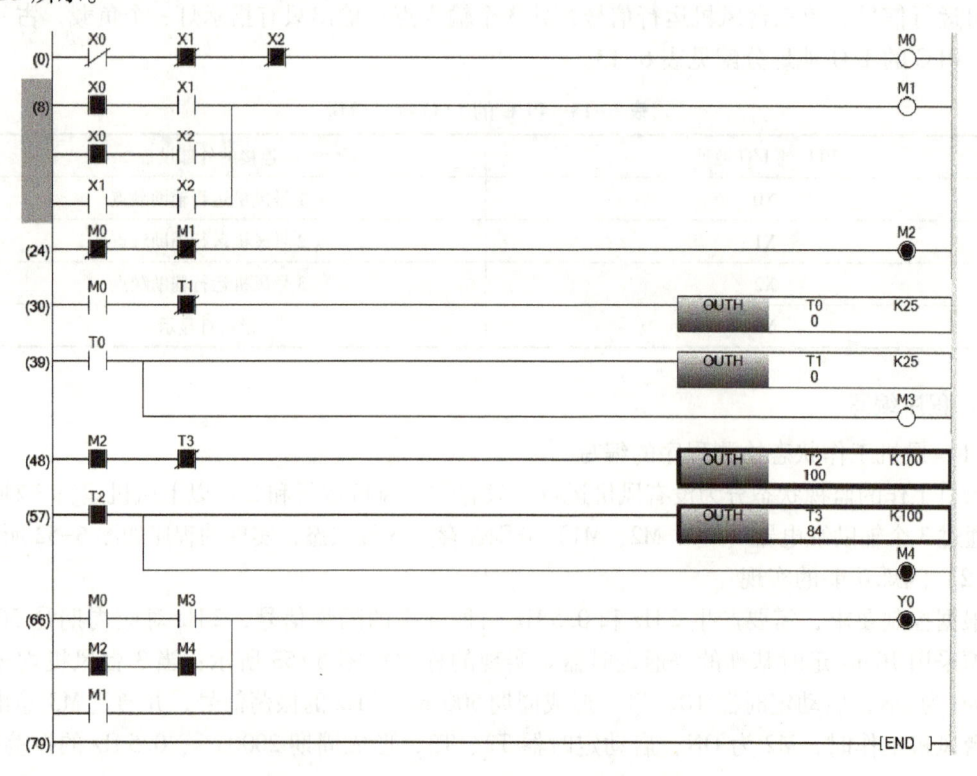

图 6-55 3 台风机运行状态监控程序的实现

6.5.3 顺序控制设计法

经验设计法对于一些比较简单的程序设计还是比较见效的，但用经验设计法设计的梯形图，是按照设计者的经验和思维习惯进行设计的，因此没有一套固定的方法和步骤可以遵循，具有很大的试探性和随意性，一个程序往往需经多次的反复修改和完善才能满足控制要求，所以设计的结果也因人而异。对一些复杂的且经验法难以奏效的程序设计，就需要考虑采用其他的设计方法。

顺序控制设计法又称为顺序功能图法（Sequential Function Chart，SFC），它是按照生产工艺预先规定的顺序，在各个输入信号的作用下，根据内部状态和时间的顺序，使生产过程中各个执行机构自动有序地进行操作。顺序功能图（简称功能图）也叫状态流程图或状态转移图。它是专门用于工业顺序控制程序设计的一种功能说明性表达，能完整地描述控制系统的工作过程、功能和特性，是分析、设计电气控制系统控制程序的重要工具。这种方法能够清晰地表示出控制系统的逻辑关系，从而可以大大提高编程的效率。

1. 液压动力滑台控制功能的实现（通用指令）

（1）任务描述

液压动力滑台是组合机床用来实现进给运动的通用部件，动力滑台通过液压传动可以方便地进行换向和调速的工作。其电气控制系统原先多采用继电器-接触器控制，但接线复杂，可靠性低，目前多采用 PLC 控制。

（2）任务目标

该任务是采用 PLC 完成液压动力滑台在三位置间的运动控制。在实际工作时的运动过程一般是：快进→工进→快退。这 3 个运动过程由快进、工进、快退 3 个电磁阀控制。

图 6-56 为滑台运动示意图，在原点（SQ1）处按下起动按钮，滑台按照预定的顺序周而复始地运行。

（3）任务实施

1）I/O 点的分配。

液压动力滑台 PLC 控制系统中，输入点 4 个，输出点 3 个。PLC 的 I/O 地址分配见表 6-14。

图 6-56 滑台运动示意图

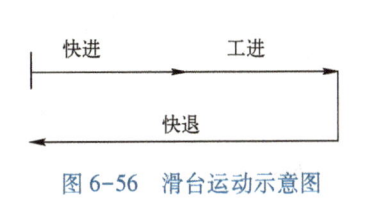

表 6-14 PLC 的 I/O 地址分配

PLC 的 I/O 地址	连接的外部设备	在控制系统中的作用
X1	SB1	起动滑台工作
X2	SQ1	滑台在原点位置
X3	SQ2	滑台运动到工进起点位置
X4	SQ3	滑台运动到工进终点位置
Y0	YV1	滑台快进/滑台工进
Y1	YV2	滑台工进
Y2	YV3	滑台快退

2)顺序功能图的绘制。

如果一个控制系统可以分解为几个独立的动作或工序,而且这些动作或工序按照预先设定的顺序自动执行,称为顺序控制系统,其特点就在于一步一步按照顺序进行。对这种控制系统在进行 PLC 程序设计时,可采用顺序控制设计法,根据系统工艺流程,绘制出顺序功能图,再根据顺序功能图画出梯形图。

顺序功能图很容易被初学者接受。顺序功能图主要由步、动作、转换条件组成,也称为顺序功能图的三要素。

① 功能图的组成。

a. 步。

将系统的工作过程分为若干个顺序相连的阶段,每个阶段均称为"步"。每一步可用不同编号的辅助继电器 M 或步进继电器 S 进行标注和区分。

步可以根据输出量的状态变化来划分,如图 6-57 所示。步在控制系统中具有相对不变的性质,其特点在于每一步的输出状态都是相对不变的。

步的图形符号如图 6-58a 所示,用矩形框表示,框中的数字是该步的编号,可采用 PLC 内部的通用辅助继电器 M、步进继电器 S 来区分。其中初始步对应于控制系统的初始状态,是系统运行的起点。一个控制系统至少有一个初始步,初始步可用双线框来区分,如图 6-58b 所示。

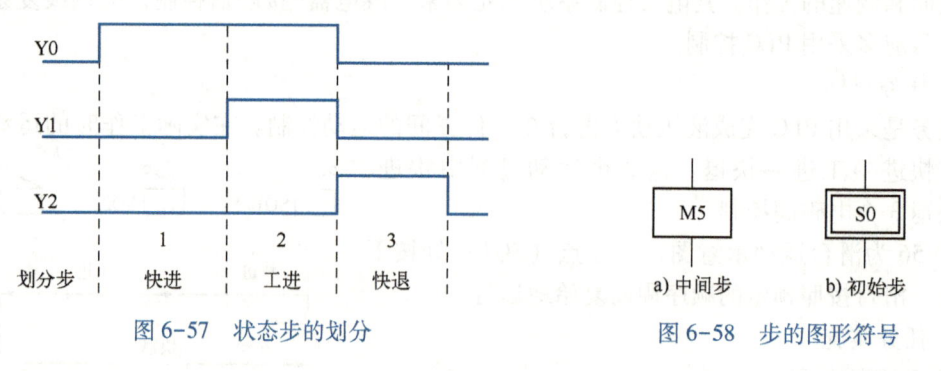

图 6-57 状态步的划分

图 6-58 步的图形符号
a) 中间步 b) 初始步

b. 动作。

一个步表示控制过程中的稳定状态,它可以对应一个或多个动作,可以在步右边加一个矩形框,在框中用简明的文字说明该步对应的动作,如图 6-59 所示。当该步被激活时(称其为活动步),相应的动作开始执行。

图 6-59a 表示一个步对应一个动作;图 6-59b 和图 6-59c 表示一个步对应多个动作,可任选一种方法表示。

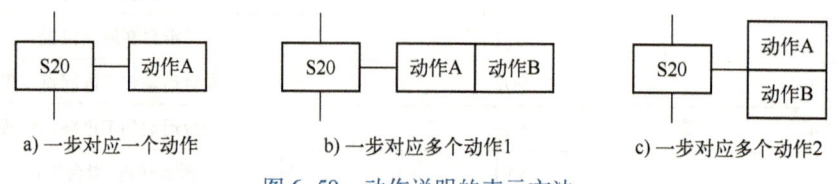

图 6-59 动作说明的表示方法
a) 一步对应一个动作 b) 一步对应多个动作1 c) 一步对应多个动作2

c. 转换条件。

步与步之间用一个有向线段连接,表示从一个步转换到另一个步。如果表示方向的箭头是从上指向下(或从左到右),此箭头可以忽略。系统当前活动步切换到下一步,所需要满足的信号条件，称为转换条件。转换条件可以用文字、逻辑表达式、编程软元件等表示。转换条件放置在短线的旁边，如图6-60所示。

② 功能图的绘制。

绘制功能图时需要注意以下几点：

a. 步与步之间不能直接相连，必须用一个转换条件将它们隔开。

b. 转换条件与转换条件之间也不能直接相连，必须用一个步将它们隔开。

c. 初始步一般对应于系统等待起动的初始状态，这一步可能没有输出，只是做好预备状态。

图6-60 转换条件和有向线段的图形符号

d. 自动控制系统应能多次重复执行同一工艺过程，因此在顺序功能图中一般应有由步和有向线段组成的闭环，即在完成一次工艺过程的全部操作之后，应可以从最后一步返回初始步，重复执行或停止在初始状态。

e. 可以用初始化脉冲SM402（或SM8002）的常开触点作为转换条件，将初始步预置为活动步，也可以外加一个转换条件来激活初始步；否则，因顺序功能图中没有活动步系统将无法工作。

根据以上原则和被控对象的工作内容、运行步骤和控制要求，可将液压滑台工作过程划分为3步，这3步状态可以用辅助继电器M表示，如图6-61所示。当某一步为活动步时，对应的辅助继电器状态为1，某一转换条件实现时，该转换的后续步变为活动步（即工作步），同时该步转为不活动步（辅助继电器状态为0）。步与步之间按照有向线段确定的路线进行转换。

绘制顺序功能图的目的是寻找某种规律或方法进行程序的编写，因此绘制功能图是顺序控制设计法最为关键的一个步骤。

3) 程序的实现。

根据顺序功能图，就可以按照某种编程方式编写梯形图

图6-61 液压滑台运动顺序功能图

程序，图6-62是采用SET/RST指令编写的梯形图程序，图6-63是采用通用逻辑指令（起保停）来改写的梯形图程序。

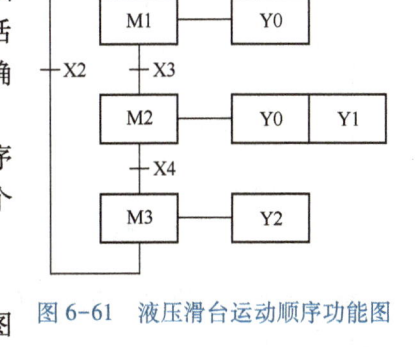

用SET/RST指令编写实际上是一种以转换条件为中心的编程方法。例如，根据图6-61所示的功能图，M2状态要想成为活动步，必须满足两个条件，一是它的前级步（即M1）为活动步，二是转换条件（即X3）满足。所以在图6-62所示的梯形图中，采用M1和X3的常开触点串联电路来表示上述条件。当这两个条件同时满足时，电路接通，此时完成两个操作，该转换的后续步M2通过SET M2指令置位而变为活动步，前级步M1通过RST M1指令复位而变为不活动步。每一步的编程都与转换实现的基本规则有着严格的对应关系，程序编写简单，调试时也很方便、直观。

起保停指令是PLC中最基本的与触点和线圈有关的指令，如LD、AND、OR、OUT等。任何一种PLC的指令系统都有这一类指令，所以这是一种通用的编程方法，可以用于任意型号的PLC。使用这种编程方法，关键是找出每一步的起动条件和停止条件，同时由于转换条件大多是短信号，需要使用具有保持功能的电路，如图6-63所示，因此这种编程方法又称为使

用起保停电路的编程方法。

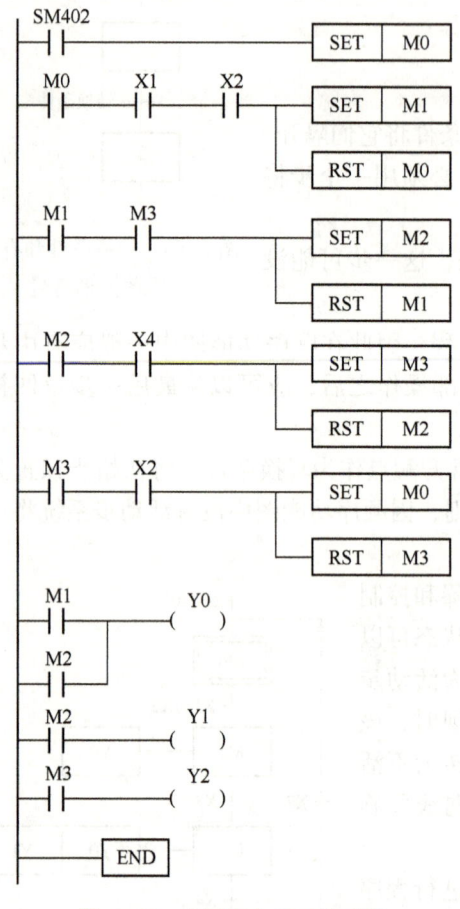

图 6-62　液压滑台运动梯形图
（使用 SET/RST 指令编写程序）

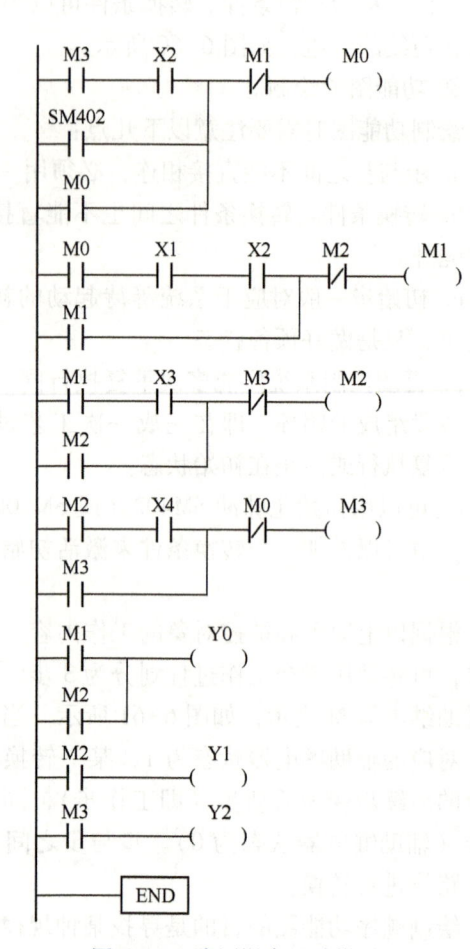

图 6-63　液压滑台运动梯形图
（使用起保停指令编写程序）

编写复杂顺序功能图的梯形图时，由于触点太多，采用这两种方法，调试和查找故障时也显得较为烦琐。

2. 3 台电动机顺序起停控制功能的实现（步进指令）

（1）任务目标

设计一个顺序控制系统，要求如下：3 台电动机，按下起动按钮时，M1 先起动；运行 2 s 后 M2 起动，再运行 3 s 后 M3 起动；按下停止按钮时，M3 先停止，3 s 后 M2 停止，2 s 后 M1 停止。在起动过程中也能完成逆序停止，如在 M2 起动后和 M3 起动前按下停止按钮，M2 停止，2 s 后 M1 停止。

（2）任务实施

1）电气主电路的接线。

根据控制要求完成电气主电路接线，如图 6-64 所示。

2）PLC 的 I/O 地址分配及接线图。

PLC 的 I/O 地址分配见表 6-15，PLC 的 I/O 外部接线图如图 6-65 所示。注意：热继电器触点若按图 6-65 的连接，则热继电器 FR1~FR3 应选择手动复位方式。

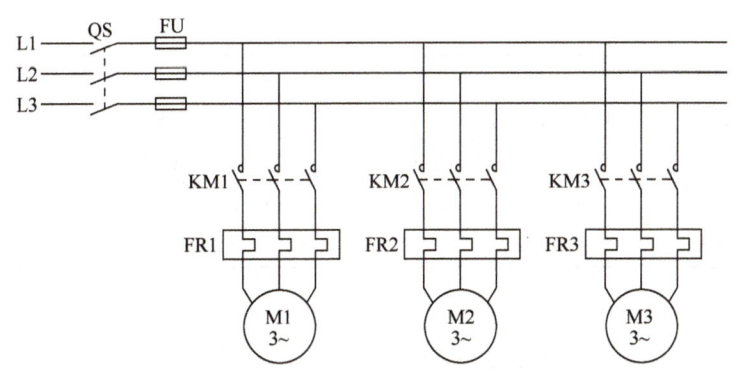

图 6-64 电气主电路接线图

表 6-15 PLC 的 I/O 地址分配

PLC 的 I/O 地址	连接的外部设备	在控制系统中的作用
X0	SB1	起动命令
X1	SB2	停止命令
Y1	KM1	第一台电动机运行
Y2	KM2	第二台电动机运行
Y3	KM3	第三台电动机运行

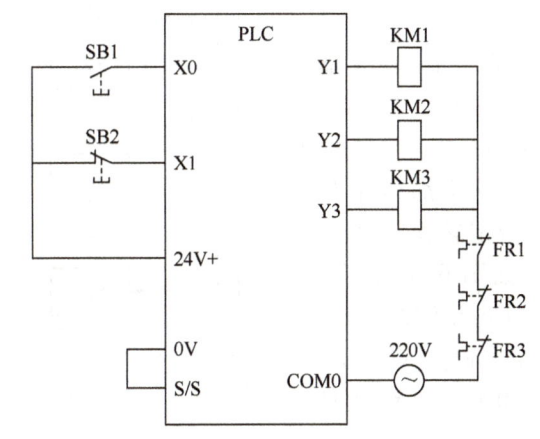

图 6-65 PLC 的 I/O 外部接线图（输入回路为源型接线方式）

3) 画出顺序功能图。

绘制顺序功能图时，除了采用上面所提到的辅助继电器 M，也可以用步进继电器 S 来表示，采用的继电器类型不同，编写相应梯形图的方法就不同。在使用步进继电器时可使用的步进继电器 S 的范围是：S0~S4095。

按照控制要求，可以将 3 台电动机顺序起停控制系统划分为 7 步，见表 6-16。

表 6-16 3 台电动机顺序起停的步骤划分

动作顺序	步号	动作	转换条件
0	S0	初始状态	X0 置 1（SB1 按下）→S20
1	S20	1#电动机起动并计时 2 s	T1 = 1 且 X1 = 1（SB2 未按动）→S21 X1 = 0 SB2 按下）→S25
2	S21	2#电动机起动并计时 3 s	T2 = 1 且 X1 = 1（SB2 未按动）→S22 X1 = 0（SB2 按下）→S24

(续)

动作顺序	步号	动　作	转 换 条 件
3	S22	3#电动机起动	X1＝0（SB2按下）→S23
4	S23	3#电动机停止并计时3s	T3＝1（计时到）→S24
5	S24	2#电动机停止并计时2s	T4＝1（计时到）→S25
6	S25	1#电动机停止	Y1＝0→S0

根据以上划分，绘制的顺序功能图如图6-66所示。这个顺序功能图既包含循环序列又包含跳步序列，它们都是选择序列的特殊形式。

4）程序的实现。

PLC大都有专用于编制顺控程序的步进梯形指令及编程软元件。

FX$_{5U}$系列PLC使用步进梯形图指令STL及复位指令RETSTL这两条指令，就可以根据顺序功能图方便地编制对应的梯形图程序。

步进梯形图指令STL只有与步进继电器S配合才具有步进功能。使用STL指令的状态继电器的常开触点称为STL触点，用步进继电器代表功能图的各步，每一步都具有3种功能：负载的驱动处理、指定转换条件、指定转换目标。顺序功能图如图6-67a所示，梯形图如图6-67b所示。当进入S20状态时，输出Y0；如果X1条件满足，置位S21，进入S21状态，系统自动退出S20状态，Y0复位。

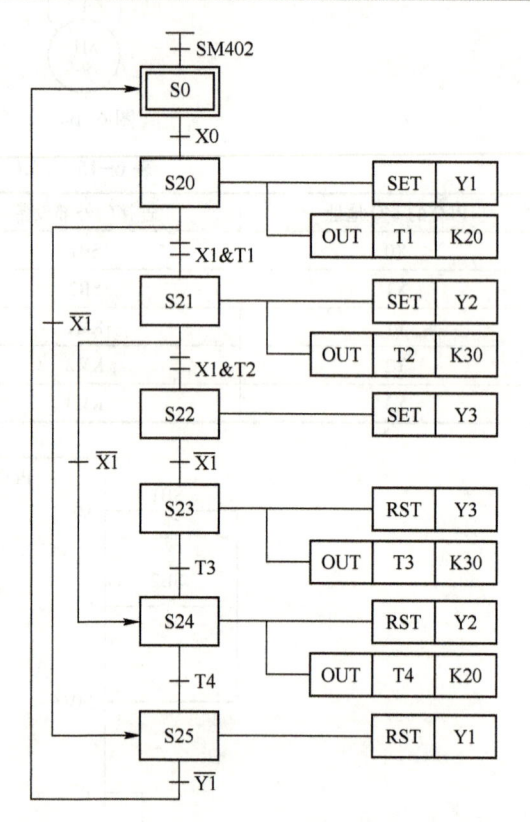

图6-66　3台电动机顺序起停控制系统顺序功能图

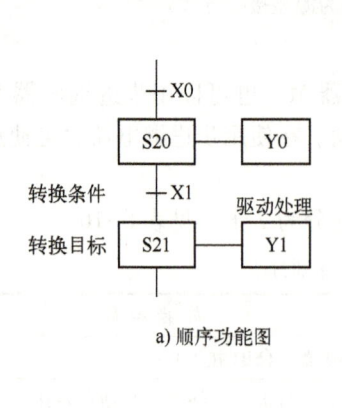

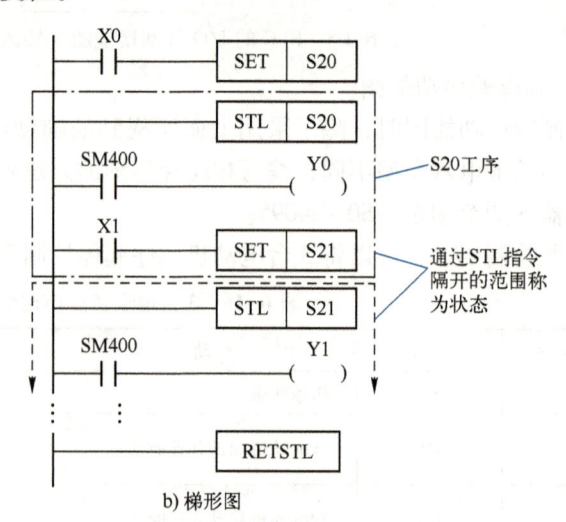

图6-67　STL/RETSTL指令的表示

根据控制要求和顺序功能图，按照 STL 指令编程方式编写的梯形图程序如图 6-68 所示。

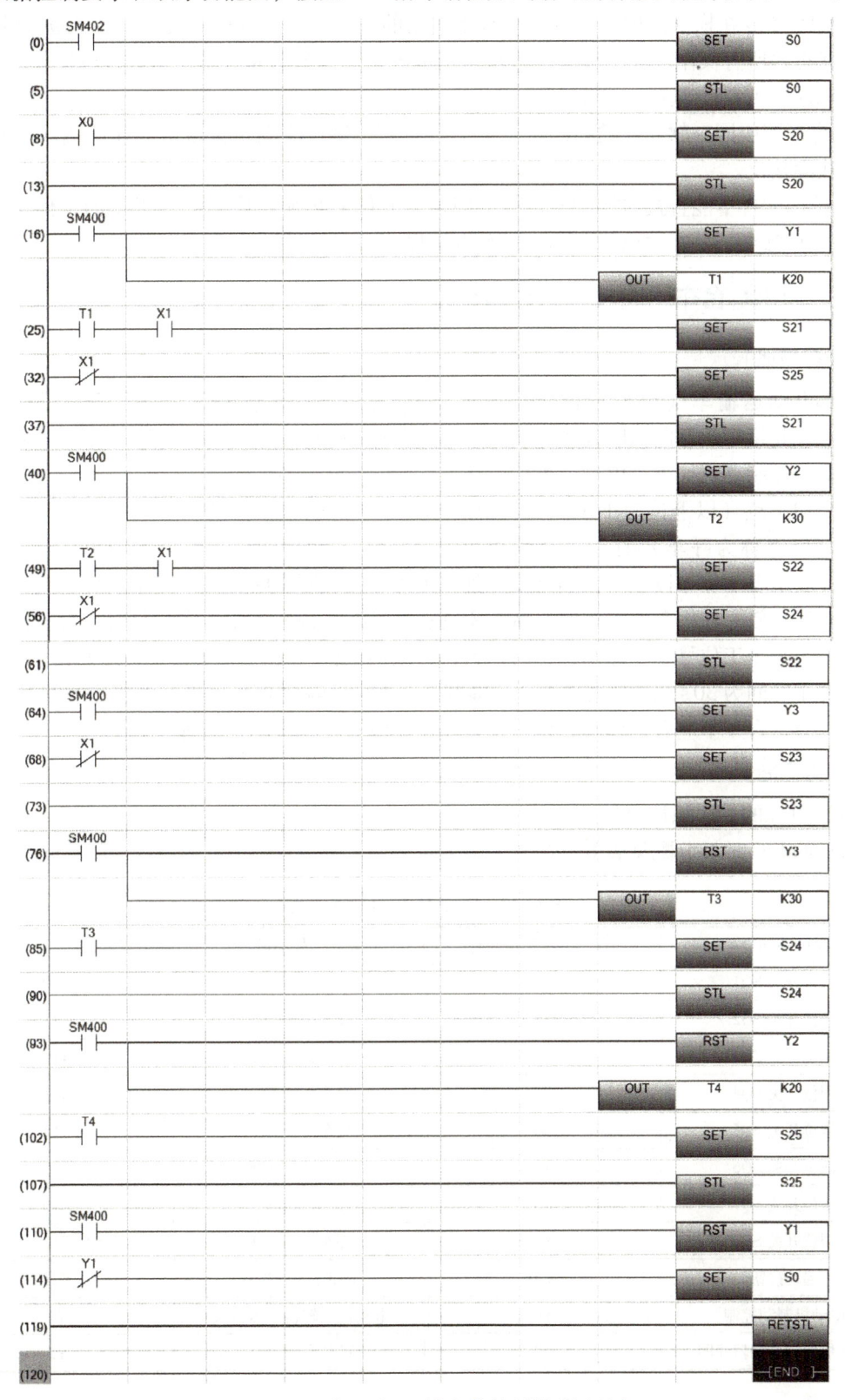

```
(0)   SM402 ──────────────────────────────── [SET  S0]
(5)   ─────────────────────────────────────── [STL  S0]
(8)   X0 ──────────────────────────────────── [SET  S20]
(13)  ─────────────────────────────────────── [STL  S20]
(16)  SM400 ──────────────────────────────── [SET  Y1]
                                             [OUT  T1  K20]
(25)  T1── X1 ───────────────────────────── [SET  S21]
(32)  X1/ ──────────────────────────────── [SET  S25]
(37)  ─────────────────────────────────────── [STL  S21]
(40)  SM400 ──────────────────────────────── [SET  Y2]
                                             [OUT  T2  K30]
(49)  T2── X1 ───────────────────────────── [SET  S22]
(56)  X1/ ──────────────────────────────── [SET  S24]
(61)  ─────────────────────────────────────── [STL  S22]
(64)  SM400 ──────────────────────────────── [SET  Y3]
(68)  X1/ ──────────────────────────────── [SET  S23]
(73)  ─────────────────────────────────────── [STL  S23]
(76)  SM400 ──────────────────────────────── [RST  Y3]
                                             [OUT  T3  K30]
(85)  T3 ───────────────────────────────── [SET  S24]
(90)  ─────────────────────────────────────── [STL  S24]
(93)  SM400 ──────────────────────────────── [RST  Y2]
                                             [OUT  T4  K20]
(102) T4 ───────────────────────────────── [SET  S25]
(107) ─────────────────────────────────────── [STL  S25]
(110) SM400 ──────────────────────────────── [RST  Y1]
(114) Y1/ ──────────────────────────────── [SET  S0]
(119) ─────────────────────────────────────── [RETSTL]
(120) ─────────────────────────────────────── [END]
```

图 6-68　3 台电动机顺序起停控制梯形图程序

从该梯形图程序可以看出：

① STL 指令在梯形图中表现为从母线上引出的状态接点，该指令具有建立子母线的功能，以便该状态的所有操作均在子母线上进行。当步进顺控指令完成后需要用 RETSTL 指令将状态从子母线返回到主母线上。

② 梯形图中同一软元件的线圈可以被不同的 STL 触点驱动，也就是说在使用 STL 指令时允许双线圈输出。

③ 输出元件不能直接连接到左母线，即输出元件前必须连接触点（无驱动条件时，需要连接 SM400 触点）并在输出的驱动中对触点编程。

6.5.4 应用：台车呼叫控制系统设计

[任务描述]

一部电动运输车（台车）位置对应 8 个加工点，其运行示意图如图 6-69 所示。

台车的控制要求如下：PLC 上电后，车停在某个加工点（以下称为工位），若无用车呼叫（以下称为呼车）时，可呼车指示灯点亮，表示各工位可以呼车。当某工位处按下呼车按钮呼车时，可呼车指示灯熄灭，此时其

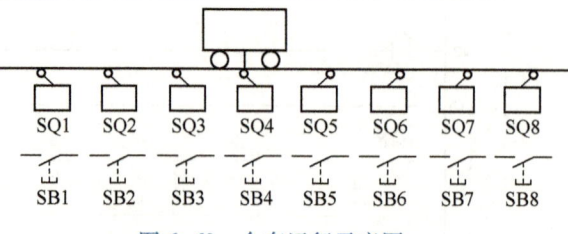

图 6-69 台车运行示意图

他工位呼车无效。如停车位呼车时，台车不动；当呼车工位号大于停车位号时，台车自动向高位行驶；当呼车工位号小于停车位号时，台车自动向低位行驶；当台车运行到呼车工位时自动停车。停车时间为 30 s，此时其他工位不能呼车，30 s 后恢复呼车功能。从安全角度出发，停电再来电时，台车不应自行起动，试采用合适指令编写台车呼叫控制程序。

[任务实施]

（1）PLC 的 I/O 地址分配

PLC 的 I/O 地址分配见表 6-17。

表 6-17 PLC 的 I/O 地址分配

连接的外部设备	PLC 输入/输出地址	连接的外部设备	PLC 输入/输出地址
限位开关 SQ1	X0	呼车按钮 SB1	X10
限位开关 SQ2	X1	呼车按钮 SB2	X11
限位开关 SQ3	X2	呼车按钮 SB3	X12
限位开关 SQ4	X3	呼车按钮 SB4	X13
限位开关 SQ5	X4	呼车按钮 SB5	X14
限位开关 SQ6	X5	呼车按钮 SB6	X15
限位开关 SQ7	X6	呼车按钮 SB7	X16
限位开关 SQ8	X7	呼车按钮 SB8	X17
起动按钮	X20	停止按钮 SB10	X21
电动机制动控制	Y0	电动机正转接触器线圈	Y1
电动机反转接触器线圈	Y2	可呼车指示灯	Y3

（2）PLC 接线图

根据 IO 分配，绘制 PLC 接线图如图 6-70 所示。

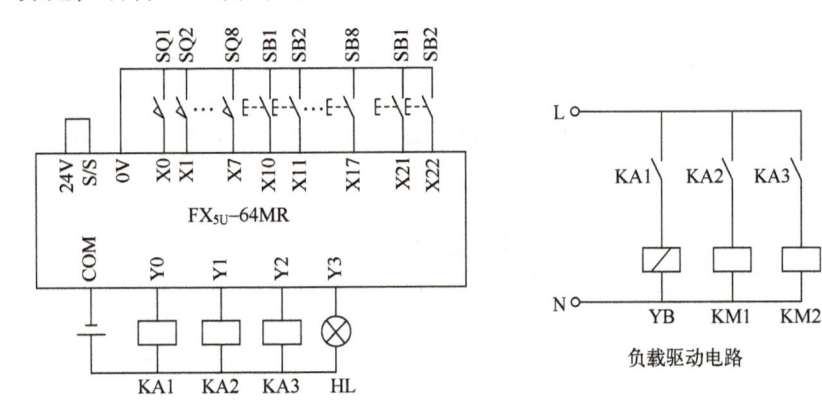

图 6-70　台车呼叫控制系统 PLC 接线图

需要注意，图中电动机的制动电磁铁、接触器线圈等负载，在实际应用时，需要较高的电压和较大的驱动电流，其功率已超出了 PLC 的负载能力（PLC 输出点的驱动能力，一般情况下，继电器输出型最大电流不超过 2 A，晶体管输出型最大电流不超过 0.5 A）。为保证系统安全可靠运行，可采用中间继电器转接，即 PLC 先驱动中间继电器，然后通过继电器触点驱动负载工作。

（3）控制程序参考

台车呼叫控制梯形图程序如图 6-71 所示。

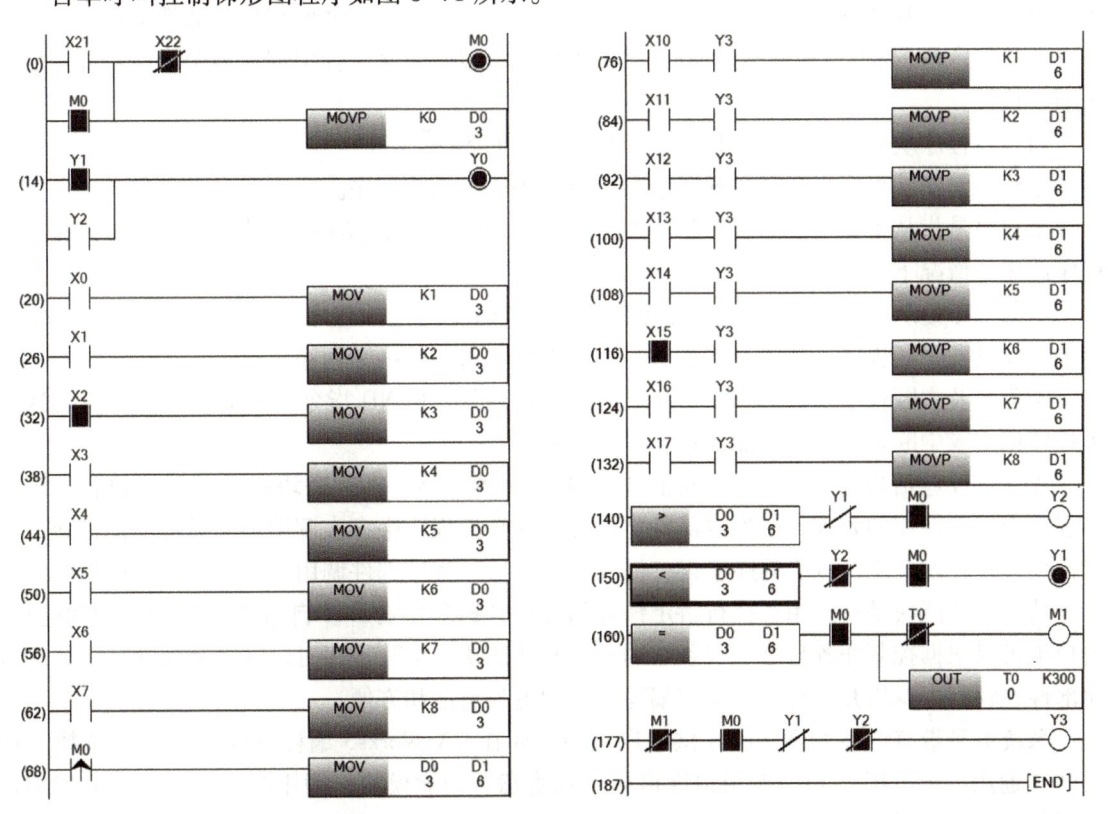

图 6-71　台车呼叫控制梯形图程序

6.6 程序结构及程序部件

6.6.1 程序结构介绍

PLC 的程序（工程）中可以根据需要创建多个程序文件及多个程序部件，CPU 程序结构如图 6-72 所示。

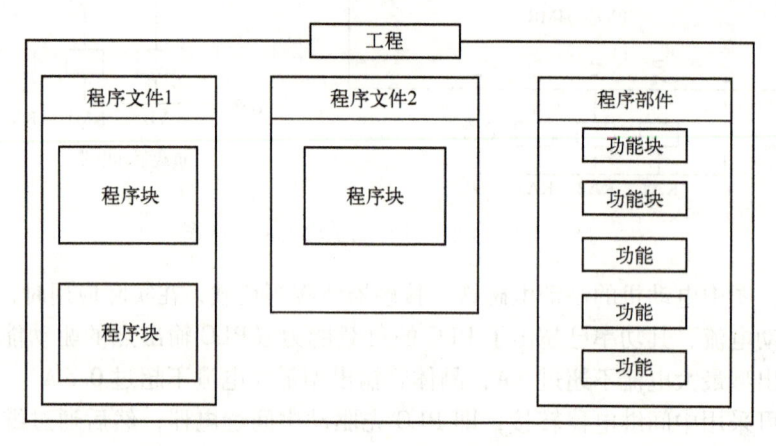

图 6-72 CPU 程序结构

工程是指在 CPU 模块中执行的数据（程序、参数等）的集合，每一个 CPU 模块中只可写入一个工程，工程中可以创建一个以上的程序文件。工程是程序文件与程序部件的集合，由一个以上的程序块构成。程序块为构成程序的单位，可以在程序文件中创建多个程序块并按照登录顺序执行。

通过各程序块可分别创建主程序、子程序、中断程序。

主程序是指从程序步 0 到主程序结束指令 FEND 为止的程序。

子程序是指从指针（P）到子程序结束指令（S）RET 为止的一段程序。子程序只在被主程序调用的情况下执行。

中断程序是从中断指针（I）到中断返回指令 IRET 为止的程序，如果程序执行过程中发生中断而触发中断程序，则执行与该中断指针编号相对应的中断程序。

子程序及中断程序是在 FEND 指令之后进行创建的，FEND 指令之后的程序步，只有通过子程序调用或中断条件触发才能执行。

程序部件包括功能（FUN）和功能块（FB）两种类型，在程序块中被调用后执行。可以将程序内反复使用的处理程序加以部件化，方便在顺控程序中多次调用。通过程序部件化，可以提高程序开发效率，减少程序错误，提升程序品质。程序部件调用示意如图 6-73 所示。

功能和功能块是一段用于执行特定任务的程序，PLC 中有许多自带的系统功能和功能块，用户也可以根据控制任务自己编写独立的功能和功能块。编写程序时，功能和功能块可作为程序部件在程序中调用并执行，使程序编写、维护更为灵活和方便。

系统本身带有许多 FUN 和 FB 供用户调用，如在 GX Works3 编程软件的"部件选择"中展开"通用函数/FB"，可以调用边缘检测、双稳态等功能模块，调用时模块的功能和使用可查阅相关手册。用户也可根据使用需求编写经常调用的 FUN 或 FB，这里主要介绍 FUN、FB

的建立和调用方法。

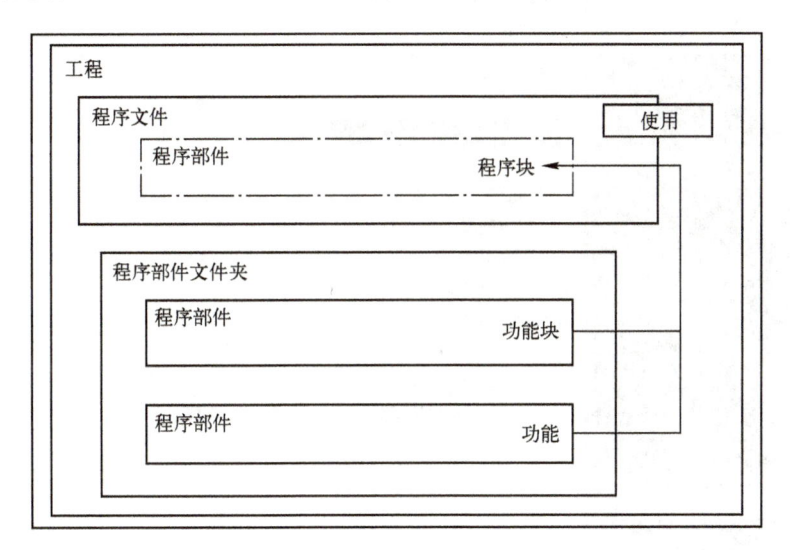

图 6-73　程序部件调用示意图

6.6.2　功能（FUN）及应用

如图 6-74 所示，功能（FUN）是一段程序，可被程序块、功能块以及其他功能使用，功能（FUN）执行完成后将执行结果返回至调用源，该值称为返回值。功能（FUN）可以定义输入变量与输出变量，输出变量可与返回值不同。功能（FUN）中定义的变量在每次被调用时被覆盖，如果每次调用时需要保持变量值，则应该通过功能块（FB）或将输出变量保存至不同的变量进行编程。

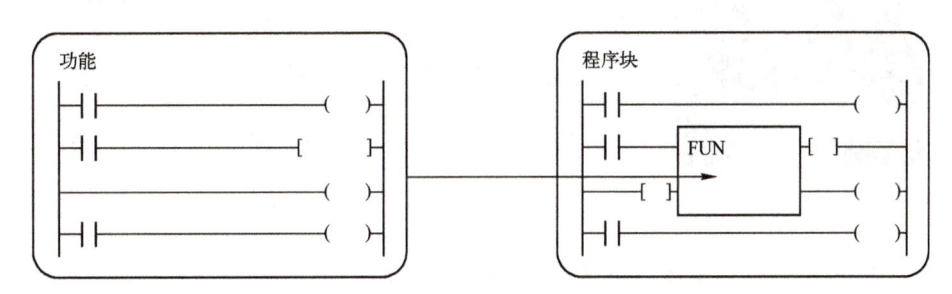

图 6-74　FUN 的调用

例如，系统有 3 台电动机，编号分别为 1#、2#、3#，起动的顺序是 1#起动后 2#才能起动，2#起动后 3#才能起动，按下停止按钮时，3 台电动机同时停止。

1. 采用 FUN 模块实现 3 台电动机的手动顺序起动（将 FUN 模块作为子程序调用）

1）新建项目，进入"导航"中的"FB/FUN"，右击，选择"新建数据"命令，弹出如图 6-75 所示窗口，选择"数据类型"为"函数"，设置"数据名"为"handrun"。

2）定义 FUN 的局部标签。局部标签数据类型包括位、字、时间、定时器等，类包括 VAR_INPUT、VAR_OUTPUT、VAR 等类型。根据 3 台电动机顺序起动的控制要求建立一个局部标签，如图 6-76 所示，用于作为 FUN 块使用时导通的条件。

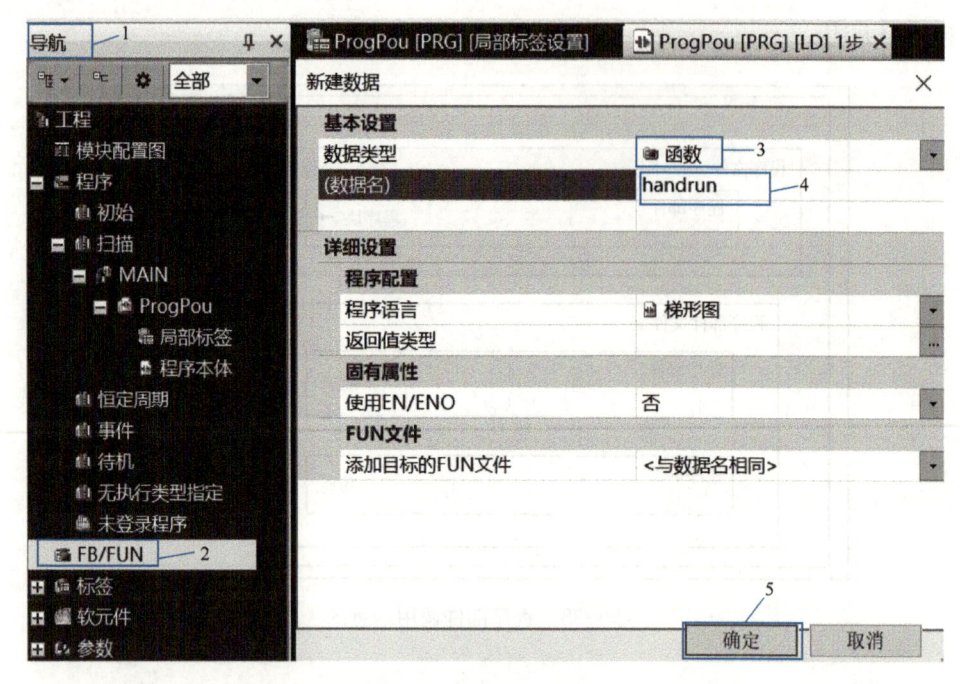

图 6-75　新建数据界面

图 6-76　定义 FUN 模块（handrun）的局部标签

3）编写 FUN 模块程序本体，参考程序如图 6-77 所示。

图 6-77　FUN 模块（handrun）程序

4）在 MAIN 的程序本体中调用 FUN 模块，调用操作如图 6-78 所示。

图 6-78　MAIN 的程序本体中调用 FUN 模块（handrun）

5）如图 6-79 所示，设置 FUN 模块的输入条件，调试运行程序。

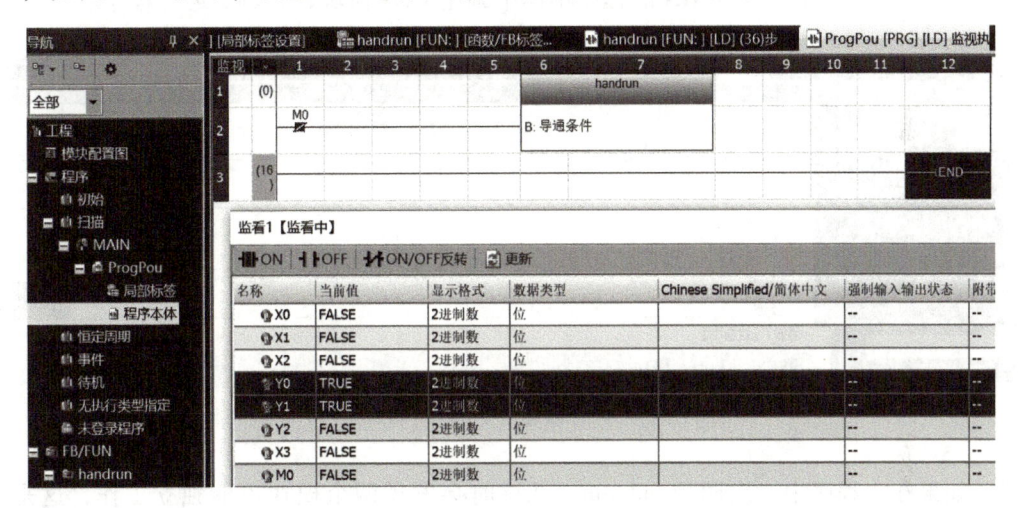

图 6-79　FUN 模块（handrun）的运行

2. 采用 FUN 模块实现 3 台电动机的自动顺序起动（将 FUN 模块作为函数调用）

1）新建项目，建立 FUN 模块，数据名为 autorun。

2）定义 FUN 的局部标签，根据 3 台电动机自动顺序起动的控制要求按照 10 s 的间隔依次起动建立一个局部标签，如图 6-80 所示。

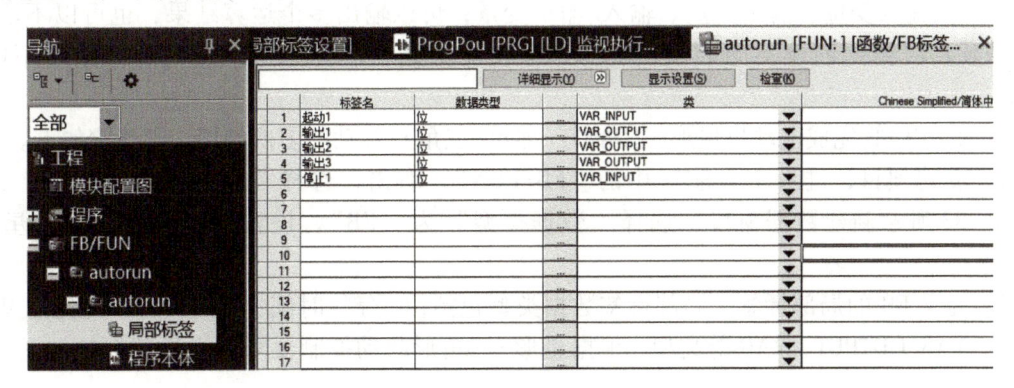

图 6-80　定义 FUN 模块（autorun）的局部标签

3)编写 FUN 模块程序本体,参考程序如图 6-81 所示。

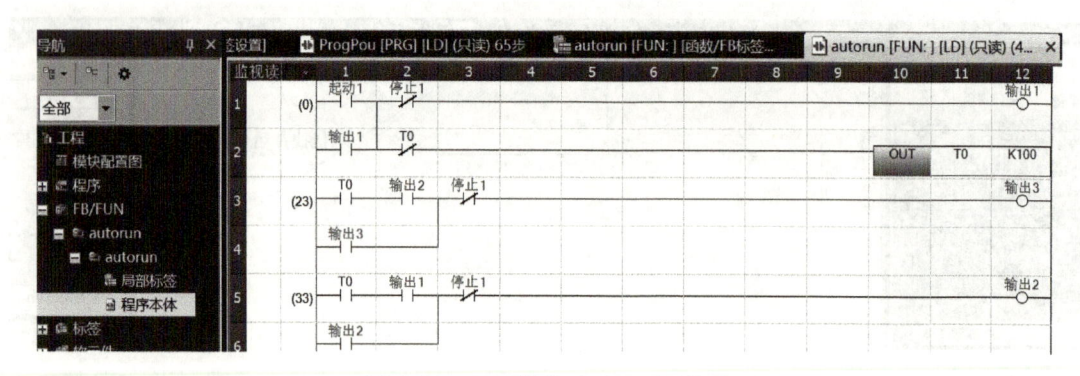

图 6-81　FUN 模块(autorun)程序

4)如图 6-82 所示,在 MAIN 的程序本体中调用 FUN 模块,并调试运行程序。

图 6-82　FUN 模块(autorun)在线运行

5)如果在主程序中二次调用 autorun,调试时会发现两个模块不能独立工作,这是由于 FUN 不具有变量保持功能,为满足多次重复调用可采用带有变量保持功能的 FB。

6.6.3　功能块(FB)及应用

同功能一样,功能块(FB)也是一段程序,可被程序块、功能以及其他的功能块反复调用,但其不能保持返回值。功能块具有变量保持功能,因此能保持输入状态及处理结果。功能块可以定义输入变量、输出变量、输入/输出变量,可以输出多个运算结果,也可以不输出。功能块使用时需要创建不同的实例名称,即功能块被不同的应用调用时需要采用不同的名称。

例如,用 FB 完成电动机星形-三角形(即星-三角)起动的多次调用,其步骤如下。

1)新建项目,进入"导航"中的"FB/FUN",右击,选择"新建数据"命令,弹出如图 6-83 所示新建数据窗口,选择"数据类型"为"FB",设置"数据名"为"星-三角起动"。

2)定义 FB 的局部标签。局部标签数据类型包括位、字、时间、定时器等,类包括 VAR_INPUT、VAR_OUTPUT、VAR 等类型。根据星形-三角形起动控制要求建立局部标签如图 6-84 所示。

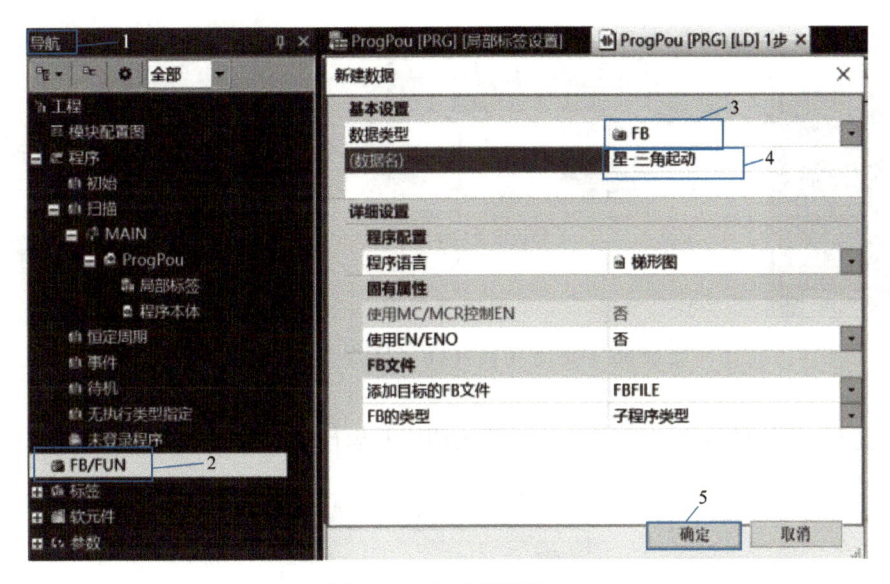

图 6-83　新建数据窗口

图 6-84　定义 FB 的局部标签

3) 编写 FB 程序本体，如图 6-85 所示。

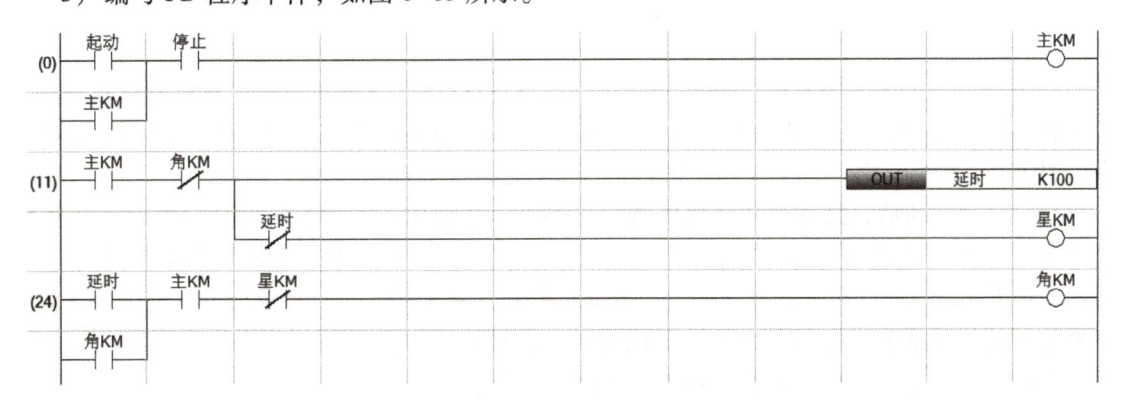

图 6-85　FB（星形-三角形起动）程序

4) 在 MAIN 的程序本体中调用"星形-三角形起动"FB，调用操作步骤如图 6-86 所示。

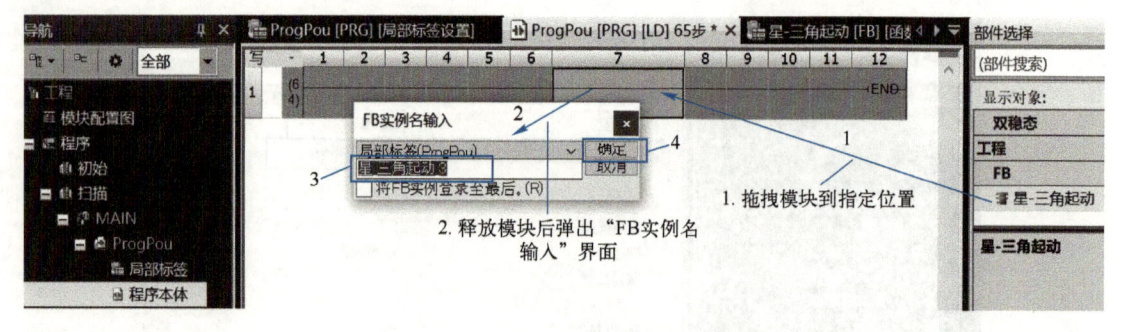

图 6-86　MAIN 中调用 FB（星形-三角形起动）

5）设置 FB 模块的输入、输出参数，模块调用及运行情况如图 6-87 所示。

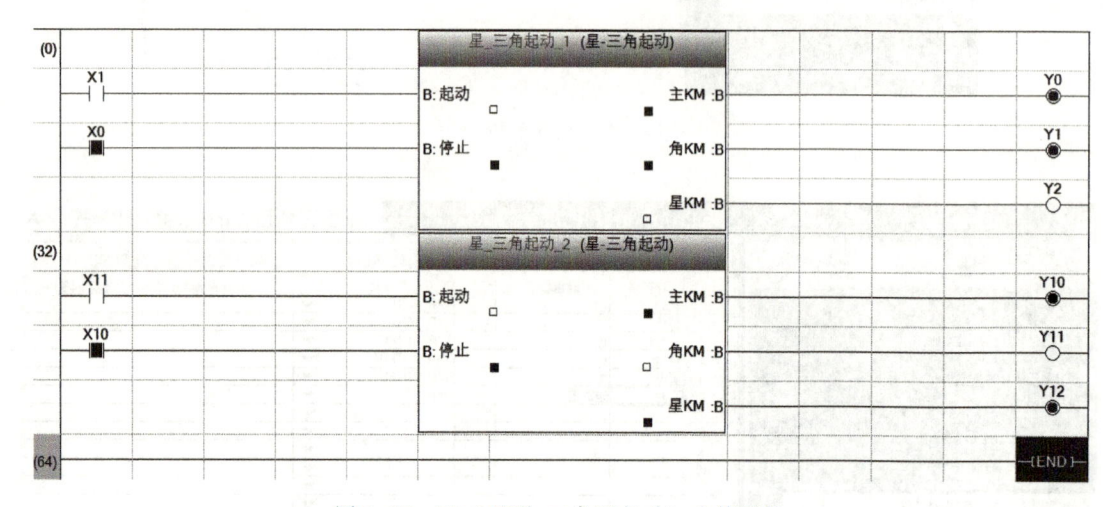

图 6-87　FB（星形-三角形起动）在线运行

6.7　技能训练——液体混合搅拌器控制系统程序设计

[任务描述]

液体混合搅拌器结构示意图如图 6-88 所示。上限位、下限位和中限位液位开关被液体淹没时状态为 ON，阀 A、阀 B 和阀 C 为电磁阀，线圈通电时阀门打开，线圈断电时阀门关闭。开始时容器是空的，各阀门均关闭，各限位开关状态均为 OFF。

按下起动按钮后，阀 A 开启，液体 A 流入容器，中液位开关状态变为 ON 时，阀 A 关闭；阀 B 开启，液体 B 流入容器，当液面到达上液位开关时，关闭阀 B；这时电动机 M 开始运行，带动搅拌器搅动液体，60 s 后混合均匀，电动机停止；打开阀 C，放出混合液，当液面下降至下液位开关之后延时 5 s，容器放空，关闭阀 C；如此循环运行。

当按下停止按钮，在当前工作周期结束后，系统停止工作。

[任务实施]

1）分配 I/O 地址（见表 6-11）。

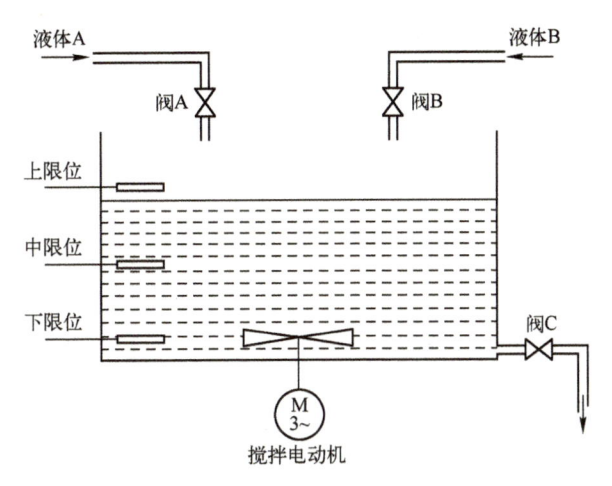

图 6-88 液体混合搅拌器结构示意图

控制系统的输入有上、中、下限位传感器，搅拌器起动和停止按钮，共 5 个输入点；输出有阀 A、阀 B 和阀 C 三个电磁阀线圈，以及驱动电动机搅拌的交流接触器线圈，共 4 个负载。PLC 的 I/O 地址分配见表 6-18。

表 6-18　PLC 的 I/O 地址分配

I/O 地址	连接的外部设备	作用
X0	限位开关 SQ1	上液位测量
X1	限位开关 SQ2	中液位测量
X2	限位开关 SQ3	下液位测量
X3	起动 SB1	系统起动命令
X4	停止 SB2	系统停止命令
Y0	电磁阀线圈 YV1	控制阀 A
Y1	电磁阀线圈 YV2	控制阀 B
Y2	电磁阀线圈 YV3	控制阀 C
Y3	接触器线圈 KM	控制电动机 M

2）编写顺序功能图。

3）采用 STL 指令编写梯形图程序。

4）程序调试与运行，总结调试中遇见的问题及解决办法。

职 业 素 养

职业素养是人类在社会活动中需要遵守的行为规范。个体行为的总合构成了自身的职业素养，职业素养是内涵，个体行为是外在表现。职业素养包含职业信念、职业知识和技能、职业行为和习惯三大核心内容。

思考与练习

1）分析图 6-89 所示梯形图的功能。

2）如图 6-90 所示，如果 X0 接入的是按钮（常开触点），在 D0 当前值等于 3 的情况下，按钮再被按下 3 次，D0 中的值是多少？

3）编写一段程序，当 PLC 从 STOP 转换为 RUN 时，存储器 D0~D9 中的内容清零。

4）编写一段程序，如果定时器的当前值大于等于 K50，则指示灯 1 点亮；如果定时器的当前值等于 K100，则指示灯复位熄灭。

5）编写一段程序，当起动按钮（X0）按下时，对 3 个计数器（C0/C1/C2）的累计计数值清零。

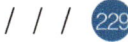

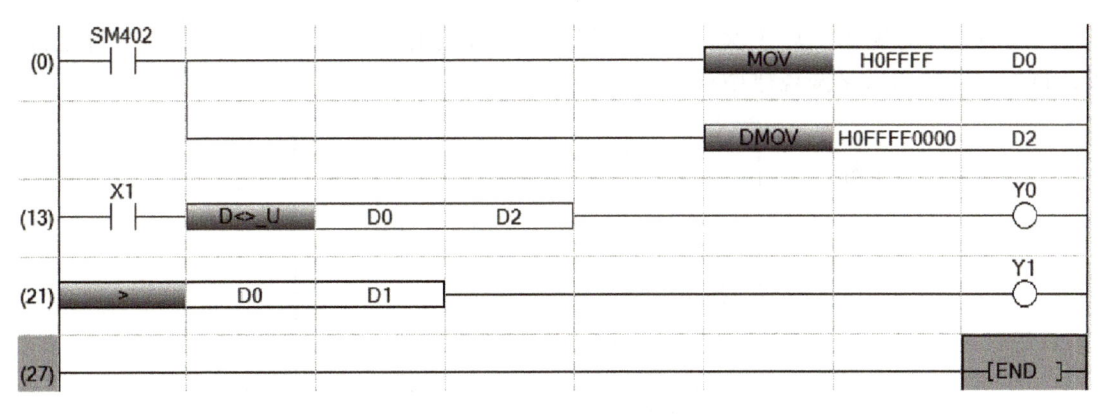

```
        SM402
(0)     ─┤├──────────────────────────────[MOV    H0FFFF     D0 ]

                                         [DMOV   H0FFFF0000 D2 ]

         X1                                                     Y0
(13)    ─┤├──[D<>_U    D0      D2 ]──────────────────────────( )

                                                                Y1
(21)    ─[ >    D0      D1 ]─────────────────────────────────( )

(27)                                                         [END]
```

图 6-89 题 1 梯形图

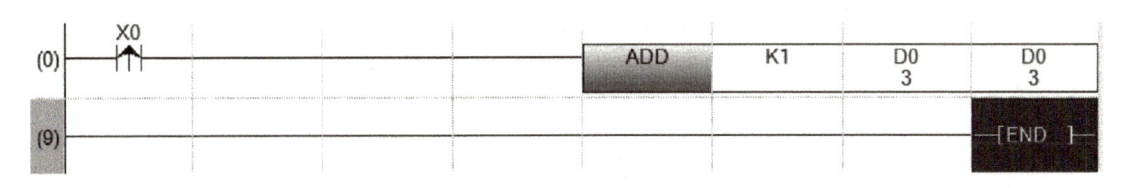

```
         X0
(0)     ─┤↑├─────────────────────────[ADD  K1   D0    D0 ]
                                                 3     3

(9)                                                       [END]
```

图 6-90 题 2 梯形图

6）编写一段程序，当计数器累计计数值在 K10~K20 之间时，Y3 得电。

7）根据图 6-91 所示顺序功能图编写梯形图程序。

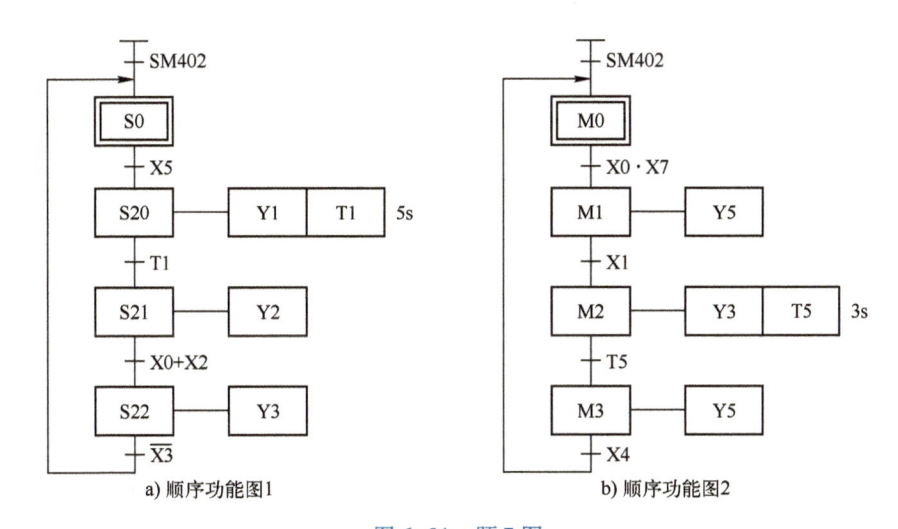

a) 顺序功能图1　　　b) 顺序功能图2

图 6-91 题 7 图

8）某零件加工过程分 3 道工序，共需 20 s，其时序要求如图 6-92 所示。控制开关用于控制加工过程的起动和停止，且每次起动皆从第一道工序开始。试编制完成控制要求的梯形图。

9）有 8 个彩灯排成一行，从左至右依次每秒有一个灯点亮（只有一个灯亮），循环 3 次后，全部灯同时点亮，3 s 后全部灯熄灭。如此不断重复进行，试编写 PLC 程序实现上述控制要求。

10）A、B、C 3 个灯，要求上电后全亮，按下起动按钮后按照 A(2 s)→BC(3 s)→ABC

(2 s)→BC(1 s)的规律循环 3 次，然后全部熄灭；任何时刻按下停止按钮后 3 个灯全部熄灭；再按起动按钮后又按规律循环。

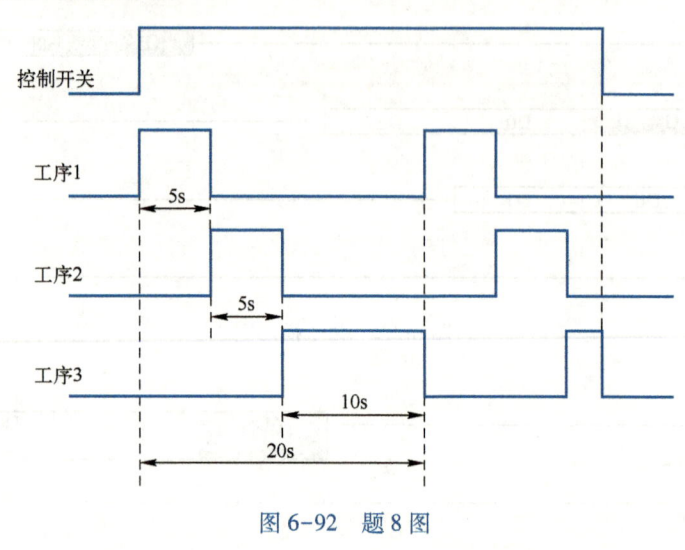

图 6-92　题 8 图

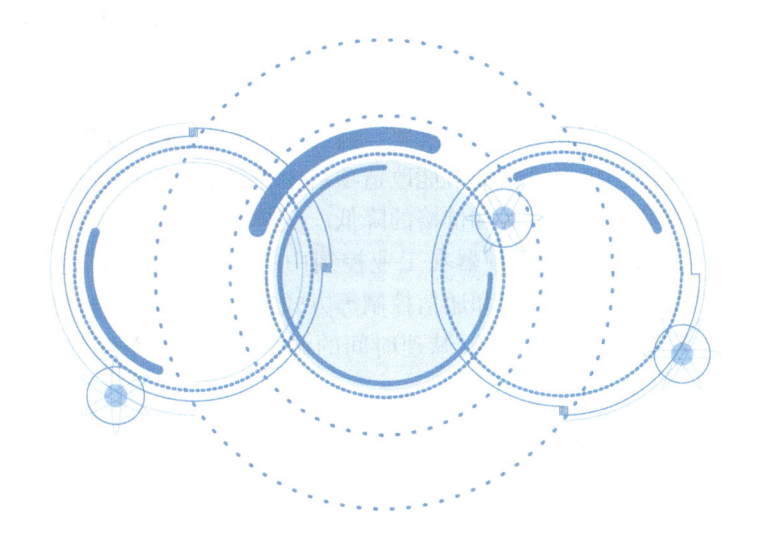

第 3 篇 电气控制系统应用案例

PLC 广泛应用于工业控制领域，在各种自动化应用中扮演着关键角色，从简单的设备控制到复杂的系统管理，PLC 的灵活性和可靠性使其成为工业自动化领域的首选。

本篇基于 PLC 的拓展应用，介绍电气控制系统的设计和应用，主要涉及变频器控制、步进电动机控制、伺服电动机控制、模拟量和 PID 的控制，进行硬件系统搭建、相关参数设置、指令的应用和调试。

第 7 章　变频器多段速控制系统设计

变频调速以其优异的调速和起/制动性能，以及高效率、高功率因数和显著的节能效果，广泛应用于异步电动机调速系统和风机、泵类负载的节能改造项目中，目前是国内外公认的交流电动机最理想的调速方案。随着变频技术的发展和价格的降低，变频调速成为提高产品质量和改善环境、推动技术进步的一种主要手段，变频器在工业控制中的应用也日益广泛。PLC控制的变频调速可以采用开关量控制、模拟量控制和通信控制等方式来实现，本章选择以PLC开关量控制方式，实现对电动机的转向、速度及加速/减速时间的调整，以满足系统的实际控制要求。

7.1　PLC 控制系统设计思路

7.1.1　PLC 控制系统设计的基本原则

在设计 PLC 控制系统时，应遵循以下基本原则。

1. 最大限度地满足被控对象的控制要求

深入现场进行调查研究、了解工艺、收集资料，最大限度地满足被控对象的控制要求，以充分发挥 PLC 功能；同时要注意与现场的工程管理人员、技术人员及操作人员紧密配合，共同拟定控制方案，解决设计中的重点问题和疑难问题。

2. 保证系统的安全可靠

保证 PLC 控制系统能够长期安全、可靠、稳定地运行，也是设计控制系统的重要原则。这就要求设计者在系统设计、元器件选择、程序编写上要全面考虑，以确保控制系统安全可靠。例如，从功能上实现防错、防呆，从硬件上实现互锁、限位等。

防呆是一种预防和矫正的行为约束手段，运用避免产生错误的限制方法，让操作者不需要花费注意力，也不需要经验与专业知识即可正确无误完成操作。在工业设计上，为了避免使用者的操作失误造成机器或人身伤害，会有针对这些可能发生的情况来制定的预防措施，即防呆。

3. 力求简单、经济，使用与维护方便

在满足控制要求的前提下，一方面要力促工程效益的最大化，另一方面也要尽可能降低工程的成本。既要考虑控制系统的先进性，也要从工艺要求、制造成本、易于使用和维护等方面综合考虑。

4. 适应发展的需要

由于技术的不断发展，对控制系统的控制要求、使用性能也在不断提高，设计时要适当考虑控制系统的发展需求。在选择 PLC 类型、内存容量、通信功能等方面留有裕量和扩展能力，以满足今后生产发展、工艺改进和系统联网的需要。

7.1.2 PLC 控制系统设计的步骤和内容

PLC 控制系统是由用户输入设备、PLC 及输出设备连接而成，PLC 控制系统设计的一般步骤如下，如图 7-1 所示。

1. 分析被控对象，明确控制要求

详细分析被控对象的工艺过程及工作特点，了解被控对象与机械、电气、气动和液压装置之间的配合，提出基于被控对象对 PLC 控制系统的控制要求，确定具体的控制方式和实施方案、总体的技术性指标和经济性指标，拟定设计任务书。对较复杂的控制系统，还可以将控制任务分解成若干个子任务，既可化繁为简又有利于编程、调试和后期维护。

2. 确定输入/输出设备

根据被控对象对 PLC 控制系统的功能要求及生产设备现场的需要，确定系统所需的全部输入设备和输出设备的型号、规格和数量等。输入设备如按钮、位置开关、转换开关及各种传感器等，输出设备如继电器/接触器线圈、电磁阀、信号指示灯及其他执行器等。

3. 选择 PLC 类型、配置 PLC 系统

根据已确定的用户输入/输出设备，统计所需的输入/输出信号的点数和所需的功能，选择合适的 PLC 类型和功能模块。选择时需考虑 PLC 的机型、容量、I/O 模块、电源模块、通信功能等方面。

图 7-1 PLC 控制系统设计的一般步骤

4. 分配 I/O 点并设计 PLC 外围硬件线路

1）分配 PLC 的 I/O 点。列出输入/输出设备与 PLC 的 I/O 端子之间的分配表，绘制 PLC 的输入/输出端子与用户输入/输出设备的外部接线图。

2）设计 PLC 外围硬件线路。设计并画出系统外围的电气线路图，包括主电路和控制电路等。

3）根据 PLC 的 I/O 外部接线图和 PLC 外围电气线路图组成的系统电气原理图，确定系统的硬件电气线路实施方案。

5. 程序设计

根据经验法、顺序功能图法、逻辑流程图等设计方法编写程序，包括控制程序、初始化程序、检测及故障诊断、显示、保护及联锁等程序的设计。这是整个应用系统设计的核心部分，要设计好程序，不但要非常熟悉控制要求，而且要有一定的电气设计的实践经验。

6. 硬件实施

硬件实施主要是进行控制柜（台）等硬件的设计及现场施工，主要内容有：

1）设计控制柜和操作台等部分的电器布置图及安装接线图。
2）设计系统各部分之间的电气互连图。
3）根据施工图纸进行现场接线，并进行详细检查。

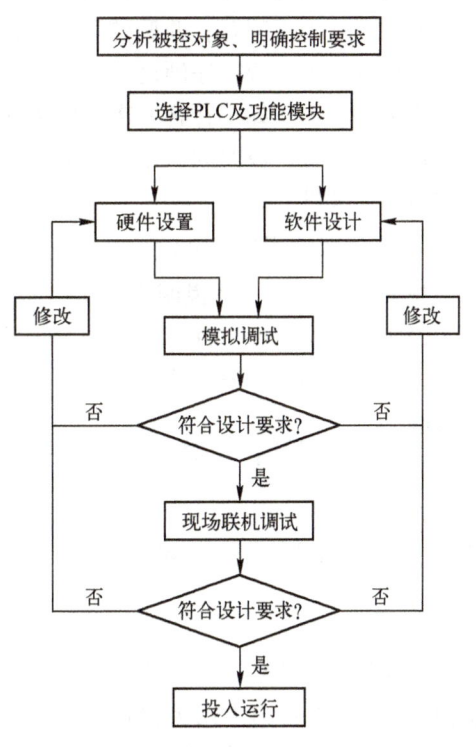

由于程序设计与硬件实施可同时进行，因此 PLC 控制系统的设计周期可大大缩短。

7. 联机调试

联机调试是将已通过模拟调试的程序与硬件配合进行进一步的现场调试，只有进行现场调试才能发现软硬件问题，并调整和优化控制电路和控制程序，以适应控制系统的要求。

联机调试过程应循序渐进，按 PLC 只连接输入设备—连接输出设备—连接实际负载的顺序逐步进行调试。如不符合要求，则需对硬件和程序进行相应调整。全部调试完毕后，即可交付试运行。经过一段时间试运行，如果工作正常，控制电路和控制程序基本确定，可全面整理和编写技术文件。

8. 整理和编写技术文件

技术文件包括设计说明书、电气原理图、安装接线图、电气元器件明细表、PLC 程序、使用说明书以及帮助文件等。其中 PLC 程序是控制系统的软件部分，向用户提供程序有利于用户根据生产和技术发展改进程序，方便用户在维护、维修时分析和排除故障。

7.2 系统硬件设计

7.2.1 设备及系统控制要求

1. 设备介绍

本应用基于 SX-815Q 机电一体化赛项平台（全国职业院校技能大赛机电一体化赛项指定设备）。该平台第 1 站为颗粒上料库单元，单元中用于颗粒筛分识别的循环传送带机构采用变频器控制，实现拖动电动机的正/反转和多段速度运行。循环传送带机构外观如图 7-2 所示。

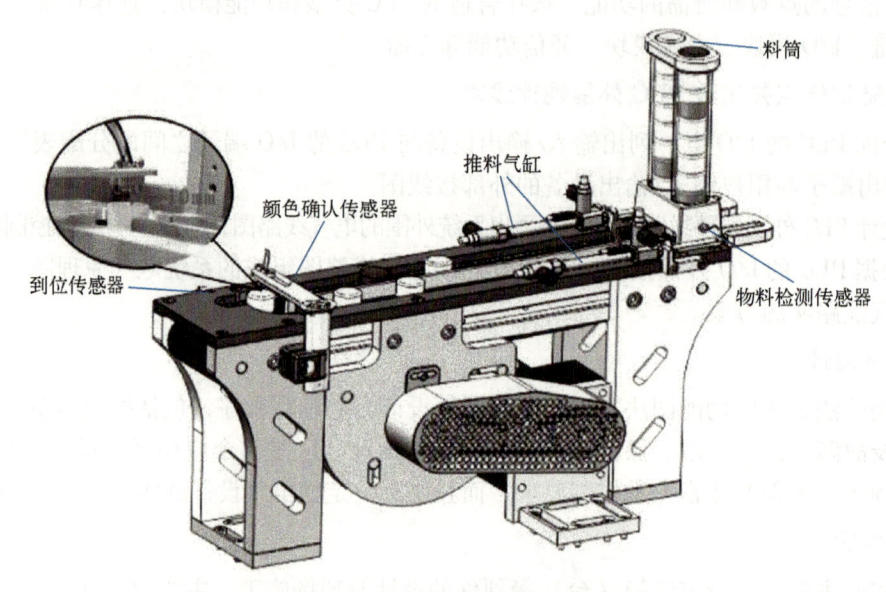

图 7-2 循环传送带机构外观图

循环传送带的主要功能是把装于料筒内的两种颜色的颗粒元件（白色、蓝色），由推料气缸推送到传送带。传送带实现环形循环传动运行，在颗粒通过位于传送轨道上方的颜色确认传感器时，根据检测识别信号，确认某种颜色的元件可以通过。当确认是需要抓取的元件时，电动机停止，然后进行反向低速运行，将元件传送到抓取位，经颗粒到位传感器确认后，由气动抓取机构在抓取位抓取元件并完成装瓶动作。

本装置中的变频器采用三菱公司的 FR-D700 系列通用变频器，型号为 FR-D720S-0.4K-CHK，电源采用单相交流 220 V，适用的三相异步电动机为三相 200 V，四极，额定功率不大于 0.4 kW。

2. 控制要求

对循环传送带拖动电动机的控制要求如下。

当推料气缸将白色和蓝色物料推送到循环传送带后，手动起动系统，电动机拖动循环传送带以正转高速运行（变频器频率为 45 Hz）。当循环传送带机构上的颜色确认传感器检测到有物料通过时（X2 为 ON），变频器转为中速运行（变频器频率为 30 Hz），进入筛选阶段。如筛选出蓝色物料，即当循环传送带机构上的颜色确认传感器检测到有蓝色物料通过时，变频器调整电动机反转，并以低速运行（变频器频率为 20 Hz）。当蓝色物料到达取料位后，颗粒到位传感器动作（X4 为 ON），循环传送带停止，等待抓取机构抓取。颜色确认传感器和到位传感器的安装位置示意如图 7-3 所示。

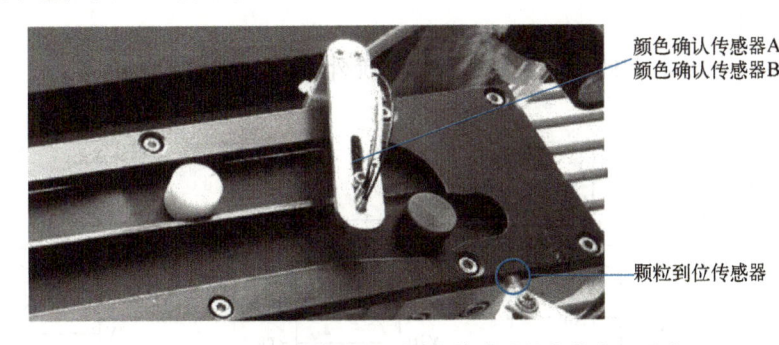

图 7-3　颜色确认传感器和到位传感器的安装位置示意

系统中，颜色确认是通过并排安装的两个智能型数字光纤传感器实现的，如图 7-3 中的 A 和 B，光纤传感器型号为 FM-E31。适当调整两个光纤传感器的预设值（阈值），当为白色物料时，两个颜色确认传感器均有输出（X2 为 ON，X3 为 ON）；为蓝色物料时，两个颜色确认传感器只有 X2 有输出（X2 为 ON，X3 为 OFF），即通过 X2 和 X3 状态的组合方式可鉴别出物料的蓝色和白色。

物料颗粒到位传感器安装在颜色确认传感器后方的取料位上，当颜色确认传感器确认到所需选择的物料颗粒后，传送带停止，之后又开始反向低速运行，将物料颗粒送到抓取位置，到位传感器检测到物料后，传送带停止并起动抓取装置抓取物料。

7.2.2　PLC 选型及控制电路设计

1. PLC 选型及 I/O 分配表

根据对控制要求的分析，控制系统的输入有控制系统的起动按钮、停止按钮、颜色确认传感器 A、颜色确认传感器 B、颗粒到位传感器，共 5 个输入点。变频器的控制采用外部开关量控制方式，通过外部开关量（PLC 输出）连接变频器输入端子进行调速控制，输出有电动机正转、电动机反转、多段速度选择（3 个点），共 5 个点。

可选用型号为 FX$_{5U}$-32MR/ES 的 PLC，该模块采用交流 220 V 供电，I/O 点数各为 16 点，可满足控制要求，且留有一定的裕量。PLC 的 I/O 地址分配见表 7-1。

表 7-1　PLC 的 I/O 地址分配

I/O 地址	连接的外部设备	作　用
X2	SQ1	颜色确认检测 A
X3	SQ2	颜色确认检测 B
X4	SQ3	物料颗粒到位检测
X6	SB1	停止
X7	SB2	起动
Y12	RL	多段速度输入选择端
Y13	RM	
Y14	RH	
Y10	STF（正向）	电动机的转动方向控制端
Y11	STR（反向）	

（变频器输入端子）

2. 控制电路设计

根据 PLC 的 I/O 地址分配表，绘制的控制系统外部接线图如图 7-4 所示。图中，光纤传感器均为 NPN 型。

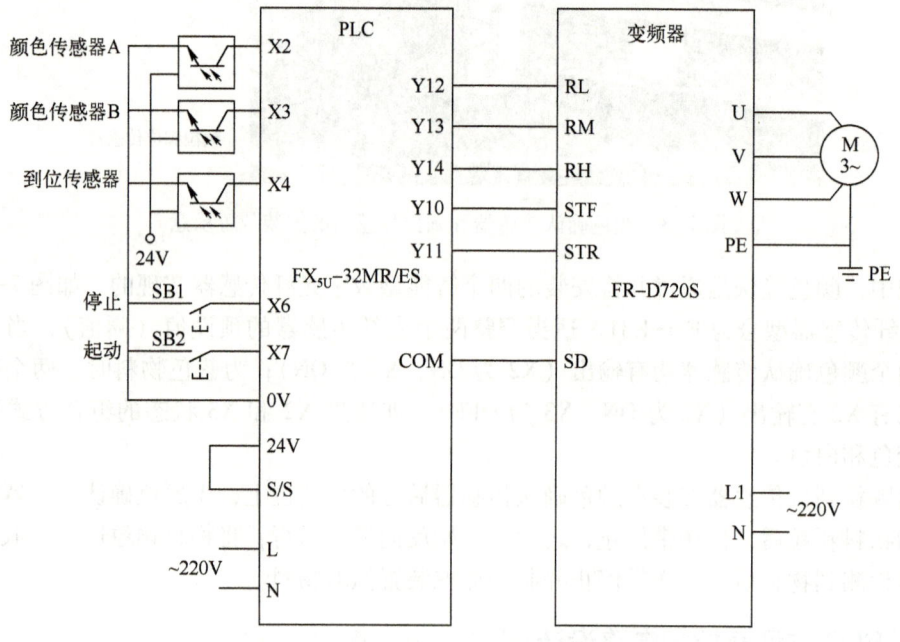

图 7-4　控制系统外部接线图

7.2.3　FR-D720S 变频器接线及参数设置

1. 变频器性能及接线

选用三菱通用变频器 FR-D720S-0.4K-CHT，变频器容量为 0.4 kW。变频器的电源端子 L1、N 接入 220 V 交流电，U、V、W 接三相异步电动机（四极，同步转速为 1500 r/min）。主电路接线示意图如图 7-5 所示。

> **注意**：变频器接地时必须使用专用接地端子接地；因变频器有漏电流，为防止触电和使用安全，变频器和电动机必须可靠接地。

控制电路接线示意图如图 7-6 所示。其中，S1、S2、SC 端子是生产厂家设定用的端子，已经将 S1 与 SC、S2 与 SC 端子进行了短接，使用时请勿拆除，否则变频器将无法运行；下排端子中 SD 端子为输入信号的公共端。控制电路接线推荐使用 0.3~0.75mm² 导线，采用棒状接线端子接线。

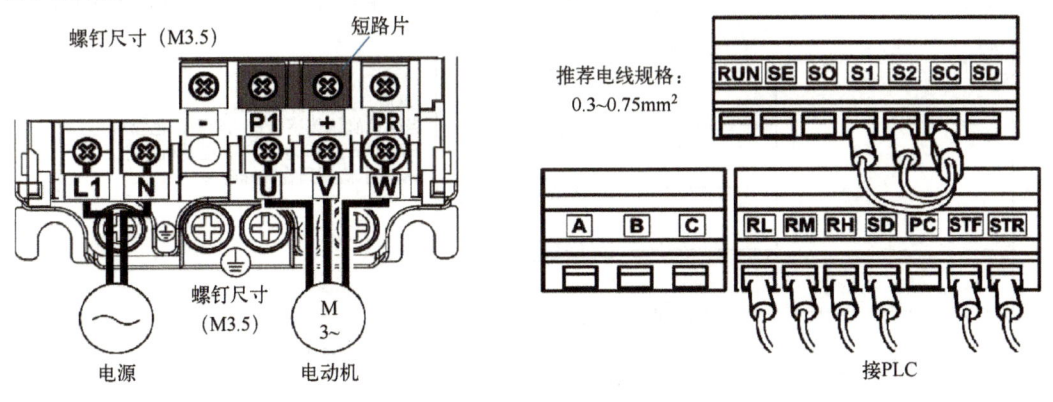

图 7-5 主电路接线示意图

图 7-6 控制电路接线示意图

2. 变频器参数设置

由于系统要求采用外部开关量实现电动机的正、反转及多段速度控制，因此需要将变频器正、反转输入端 STF、STR 及多段速度控制端 RH、RM、RL 分别与 PLC 各输出端口相连，如图 7-6 所示，然后根据调速控制要求，进行变频器参数的相应设置。

变频器主要参数设置内容如下：将变频器设置为外部运行模式（Pr.79=2），或组合运行模式（参数 Pr.79 设为 3 或 4）；通过各参数设定运行频率，设置速度的相关参数 Pr.4（高速）、Pr.5（中速）、Pr.6（低速），分别设为 45 Hz、30 Hz、20 Hz；加、减速时间参数 Pr.7、Pr.8 分别设为 0.5 s、0.5 s；其他参数保持默认值（出厂值）。多段速度设定见表 7-2。

表 7-2 多段速度设定

| 速度 | 端子输入 ||||| 设定频率/Hz | 电动机转速/(r/min) |
	STF	STR	RH	RM	RL		
高速	1	0	1	0	0	45	1300
中速	1	0	0	1	0	30	850
低速	0	1	0	0	1	20	-550

7.3 变频调速系统程序设计

打开 GX Works3 编程软件，新建一个项目，在程序编辑界面中，根据项目的控制要求，按照工作流程进行程序的编写，参考程序如图 7-7 所示，本示例程序功能是将传送带上的蓝色物料筛选出来。

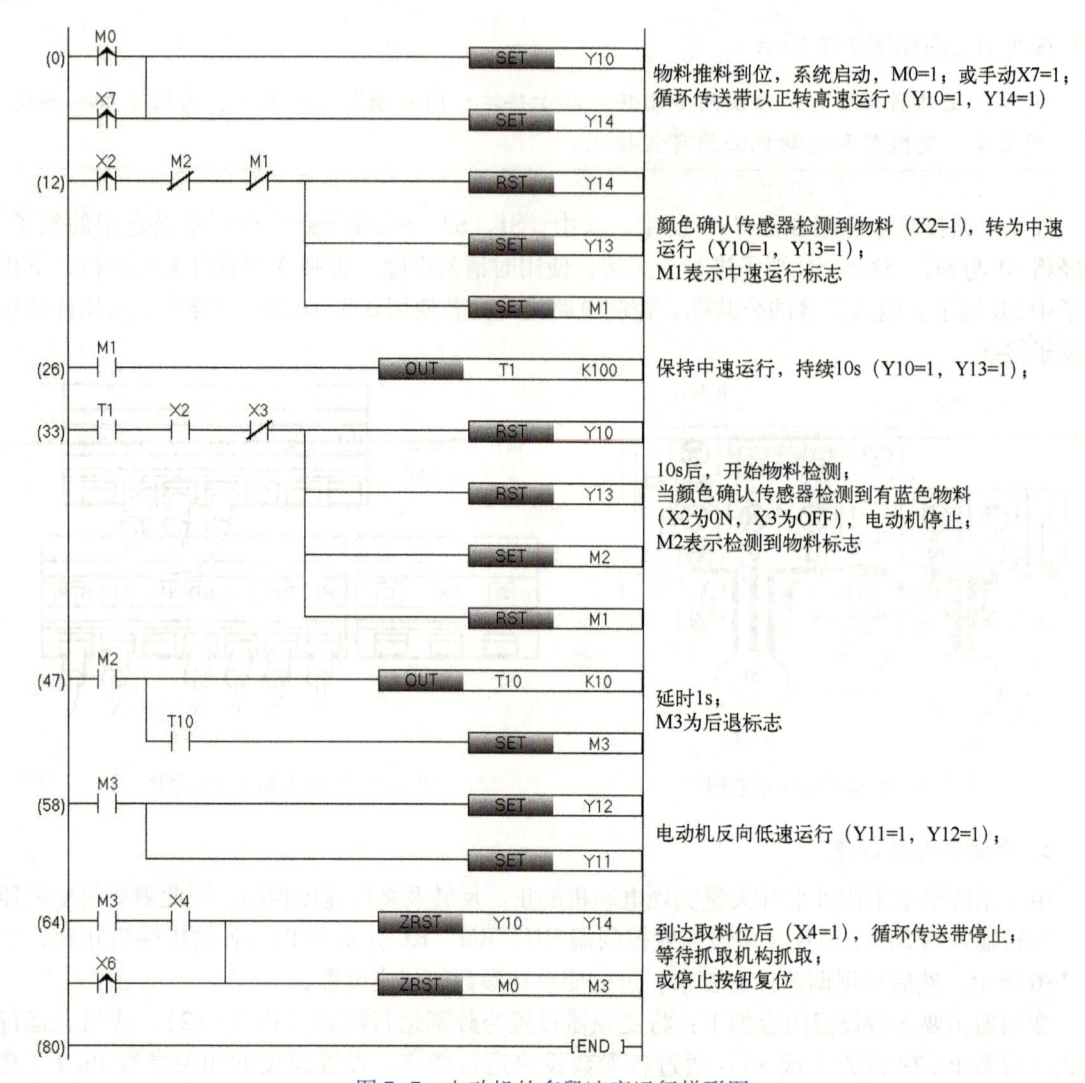

```
        M0
(0)     ├┤────────────────────────────[SET  Y10]
        X7
        ├┤
                                       [SET  Y14]

        X2  M2  M1
(12)    ├┤──┤/├──┤/├───────────────────[RST  Y14]
                                       [SET  Y13]
                                       [SET  M1]

        M1
(26)    ├┤────────────────────────[OUT  T1  K100]

        T1  X2  X3
(33)    ├┤──┤├──┤/├───────────────────[RST  Y10]
                                       [RST  Y13]
                                       [SET  M2]
                                       [RST  M1]

        M2
(47)    ├┤───────────────────────[OUT  T10  K10]
        T10
        ├┤
                                       [SET  M3]

        M3
(58)    ├┤────────────────────────────[SET  Y12]
                                       [SET  Y11]

        M3  X4
(64)    ├┤──┤├──────────────────[ZRST  Y10  Y14]
        X6
        ├┤
                                 [ZRST  M0   M3]

(80)                                        [END]
```

图 7-7 电动机的多段速度运行梯形图

物料推料到位，系统启动，M0=1；或手动X7=1；循环传送带以正转高速运行（Y10=1，Y14=1）

颜色确认传感器检测到物料（X2=1），转为中速运行（Y10=1，Y13=1）；M1表示中速运行标志

保持中速运行，持续10s（Y10=1，Y13=1）；

10s后，开始物料检测；当颜色确认传感器检测到有蓝色物料（X2为ON，X3为OFF），电动机停止；M2表示检测到物料标志

延时1s；M3为后退标志

电动机反向低速运行（Y11=1，Y12=1）；

到达取料位后（X4=1），循环传送带停止，等待抓取机构抓取；或停止按钮复位

程序中，可通过外部手动起动按钮（X7）、停止按钮（X6）对系统进行手动控制操作，或自动模式下通过推料气缸的推送完成信号 M0 对系统的起动。

系统起动后，循环传送带立即以正向高速运行，即将 Y10、Y14 置 ON。当颜色确认传感器检测到有物料通过时，即 X2 为 ON，则循环传送带由高速转为中速运行，即复位 Y14，置位 Y13，并保持中速运行 10 s。10 s 后开始进行物料的筛选，当颜色确认传感器检测到有蓝色物料通过时，即 X2 为 ON，X3 为 OFF，复位 Y10、Y13，传送带立即停止，同时复位中速运行标志位 M1，置位检测到物料标志位 M2。M2 为 ON 后，定时器 T10 开始计时，1 s 后，后退标志位 M3 置 ON，使 Y11、Y12 为 ON，将物料送入抓取位，到位后到位传感器动作（X4 为 ON），循环传送带停止，等待抓取机构抓取。

7.4 技能训练——基于外部开关控制的变频调速系统设计

[任务描述]

该控制系统外部接线电路如图 7-8 所示，输入开关 SA1~SA4 通过 PLC 和变频器实现电动

机的四段转速控制。当任意一个输入开关处于闭合状态时，变频器处于第一段速度运行；当任意两个开关处于闭合状态时，变频器处于第二段速度运行；以此类推，可以实现电动机的四段速度运行。变频器四段速度的设定见表7-3。

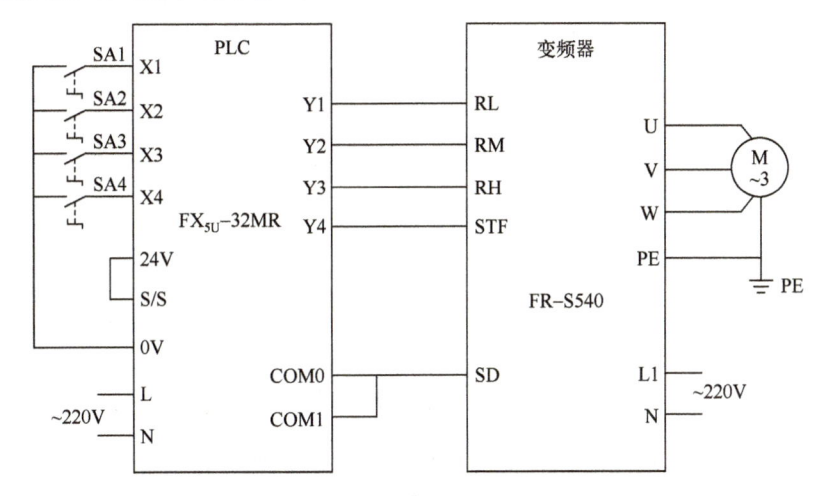

图7-8 控制系统外部接线电路

表7-3 变频器四段速度的设定

速 度	端子输入				设定频率/Hz
	STF	RH	RM	RL	
1速	1	0	0	1	15
2速	1	0	1	0	30
3速	1	1	0	0	45
4速	1	0	1	1	50

[任务实施]

1）编写梯形图程序。

2）程序编写完成后，在编程软件中进行程序的调试和运行，请写出系统调试步骤，并分析调试中遇见的问题。

何为"工匠精神"

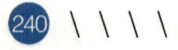

"工匠精神"是社会文明进步的重要尺度,是中国制造前行的精神源泉,是企业竞争发展的品牌资本,是员工个人成长的道德指引。"工匠精神"就是追求卓越的创造精神、精益求精的品质精神、用户至上的服务精神。

思考与练习

1) PLC 控制系统设计的原则是什么?
2) 简述 PLC 控制系统设计的步骤和基本内容。
3) 变频器的组成可分为主电路和_____电路。
4) 控制变频器输出频率的方法有_____、_____和_____等。
5) 变频器的加速时间是指从_____Hz 上升到_____所需的时间。

第8章 步进电动机 PLC 控制系统设计

步进电动机是一种将电脉冲转化为角位移的执行机构。当步进驱动器接收到一个脉冲信号，步进电动机就转动一个固定的角度（即步进角），通过改变发送脉冲的频率和数量，即可实现步进电动机的速度和位置控制。步进电动机具有较高的定位精度，利用 PLC 和步进驱动器配合，可以控制步进电动机实现高精度的位置控制。

8.1 系统介绍

8.1.1 系统硬件配置

1. 系统控制要求

位置控制系统的控制要求如下：在一个控制系统中，要求对某种线材按设定好的固定长度进行裁切。裁切的长度可在上位机的触摸屏页面中进行设定（1~500 mm），长度通过安装在步进电动机上的滚轴的运行角度来确定，滚轴的周长是 50 mm，即滚轴转动一周，线材伸出 50 mm。切刀由气动装置构成，通过 PLC 进行时间控制，切割时间为 1 s。

系统可通过外部按钮起动或停止，也可以通过触摸屏进行起动和停止。该控制系统构成如图 8-1 所示。

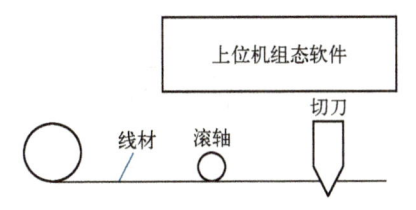

图 8-1 步进电动机位置控制系统示意图

2. 控制元器件的选型

根据对控制系统的分析，系统由步进电动机来拖动滚轴运转，根据触摸屏设定的裁切线材的长度，计算出 PLC 输出的脉冲个数，控制步进电动机的角位移。

（1）步进电动机及步进驱动器的选择

步进电动机和步进驱动器在选择时需要考虑两个方面：一是步进电动机的功率要能拖动负载；二是步进电动机步进角和步进驱动器的细分步能够满足控制精度的要求。

在这里选择 42BYG004 永磁感应子式步进电动机，步进角为 1.8°；选择 SH2034D 步进电动机驱动器，设置为 5 细分，即每发一个脉冲电动机转动 (1.8/5)°。因此电动机每转一周，PLC 要发出 1000 个脉冲，因滚轴的周长是 50 mm，所以每个脉冲线材移动 0.05 mm。

（2）PLC 的选型与接线

在这个控制系统中，需要 3 个输入信号，对应是起动按钮、停止按钮和脱机切换开关；另外需要 4 个输出信号，对应是脉冲输出、脉冲方向、脱机信号和切刀信号。要输出高速脉冲，需要选用晶体管输出的 PLC，可以选择 FX_{5U}-32MT。PLC 的 I/O 地址分配见表 8-1。

表 8-1 PLC 的 I/O 地址分配

I/O 地址	连接的外部设备		在控制系统中的作用
X0	SB1		起动按钮
X1	SB2		停止按钮
X2	SA1		脱机按钮
Y6	KA1		切刀信号
Y0	CP-	步进驱动器的输入端子	脉冲输出
Y4	DIR-		控制方向
Y5	FREE-		脱机信号

（3）触摸屏的选型

触摸屏选用昆仑通态（MCGS）嵌入版组态软件，其型号为 TPC7062Ti 的触摸屏，该产品采用了 7 in 高亮度 TFT 液晶显示屏（分辨率为 800 像素×480 像素），提供了以太网、USB、COM（RS-232/RS-485）等多种外部接口。

8.1.2 系统接线

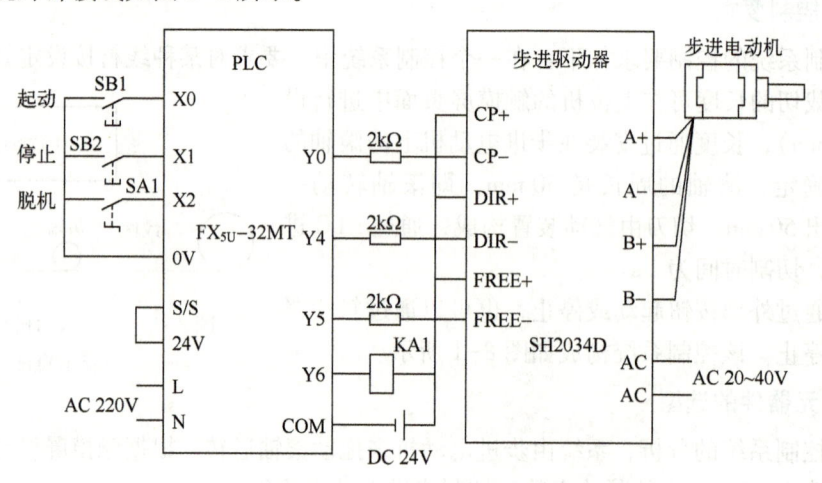

1. 控制系统外部接线图

控制系统外部接线如图 8-2 所示。

图 8-2 控制系统外部接线图

2. PLC 与触摸屏的通信连接

本例中，FX_{5U} PLC 与 MCGS 触摸屏的通信采用 RS485 串口方式实现。用通信电缆连接 PLC 本体上的 RS485 串口与 MCGS 触摸屏的 COM 端口。通信电缆连接如图 8-3 所示。

8.2 触摸屏画面设计

触摸屏主要用于完成现场数据的采集与监测、

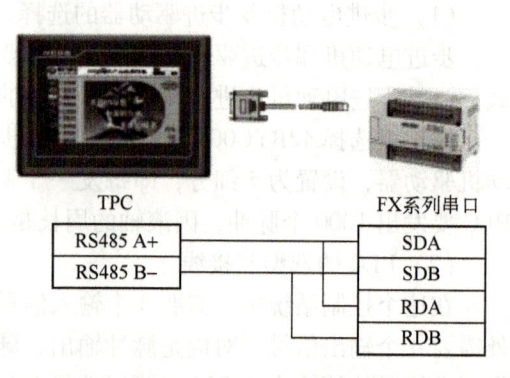

图 8-3 PLC 与触摸屏的串口通信

前端数据的处理与控制，可运行于 Microsoft Windows 7/8/10 及以上的操作系统。

8.2.1 组态软件中串口设备的配置

打开 MCGS 嵌入版组态环境软件，新建工程，选择正确的 TPC 类型，单击"确定"按钮；完成后，在"工作台"窗口中选择"设备窗口"标签，然后单击"设备组态"按钮，出现"设备组态：设备管理"对话框，如图 8-4 所示。

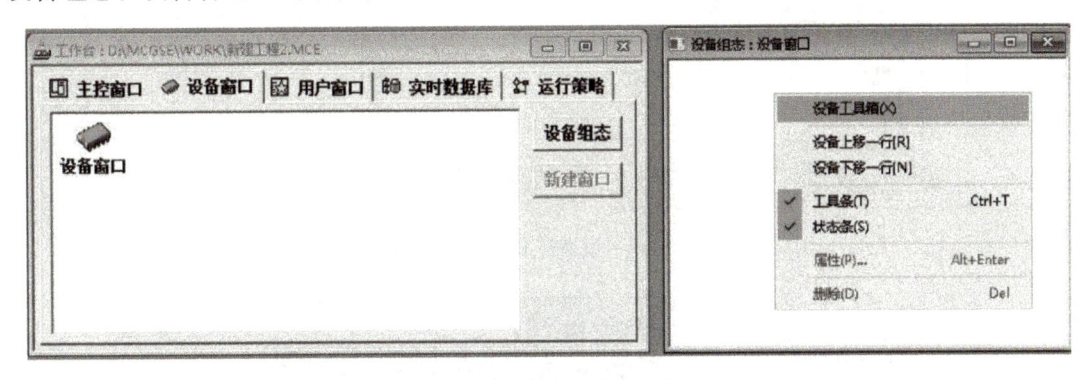

图 8-4 设备组态：设备窗口

在"设备组态：设备对话框"中，右击并选择"设备工具箱"选项；单击"设备工具箱"对话框中的"设备管理"按钮，进入"设备管理"对话框，如图 8-5 所示。

图 8-5 "设备管理"对话框

如图 8-5 所示，在"可选设备"中的"通用设备"中找到"通用串口父设备"选项，双击后将"通用串口父设备"加到右边的"选定设备"中；再单击"所有设备"中的"PLC"选项，选择"三菱"下的"三菱_FX 系列串口"选项，双击后将"三菱_FX 系列串口"加到右边的"选定设备"中，如图 8-6 所示。单击"确认"按钮后，返回到"设备工具箱"对话框。

如图 8-7 所示，双击"设备工具箱"对话框中已添加的"通用串口父设备"选项，再双击"三菱_FX 系列串口"选项，将两个设备添加到"设备组态：设备窗口"对话框中。

在"设备组态：设备窗口"对话框中，双击"通用串口父设备 0--[通用串口父设备]"选项，弹出"通用串口设备属性编辑"对话框，如图 8-8 所示。"串口端口号"选择"1-COM2"；设定波特率为 9600 bit/s，数据位位数为 7 位，停止位位数为 1 位，无校验方式，单击"确认"按钮退出。

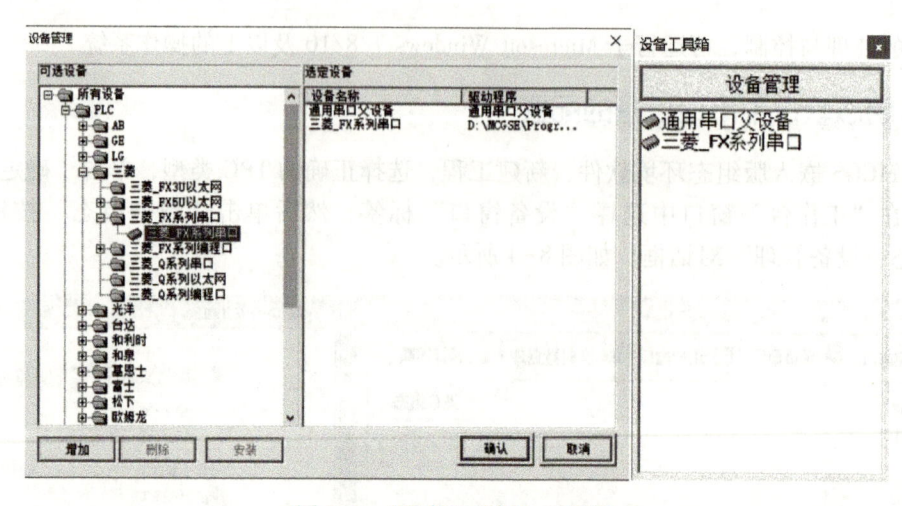

图 8-6 "设备工具箱"对话框

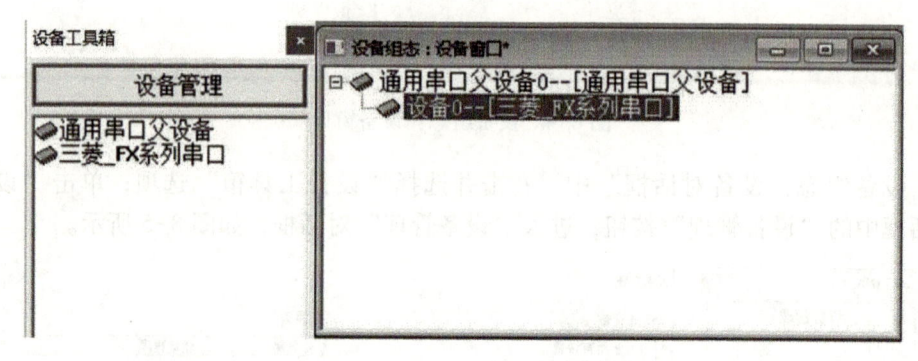

图 8-7 添加两个设备

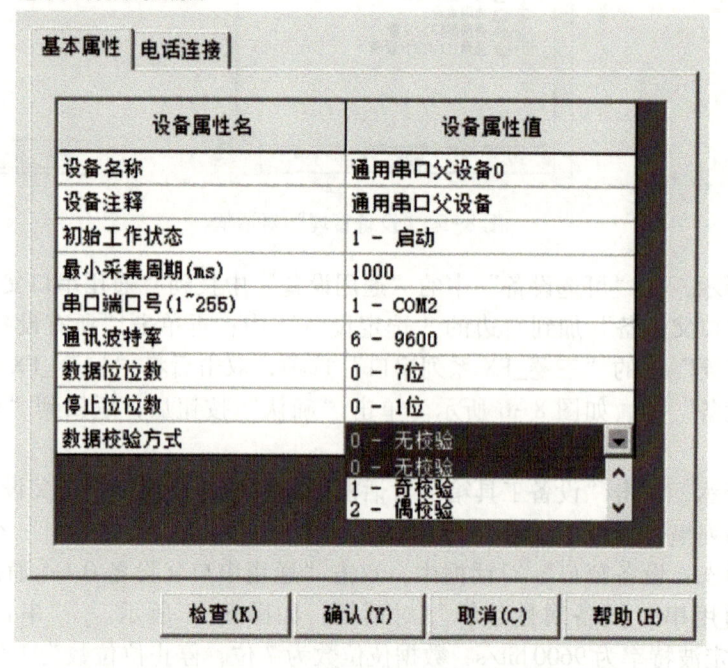

图 8-8 通用串口父设备参数设置

在"设备组态：设备窗口"对话框中双击"设备0-[三菱_FX系列编程口]"选项，弹出"设备属性设置：—[设备0]"对话框，如图8-9所示，"协议格式"设为"0-协议1"，"是否校验"设为"0-不求校验"，确认并保存设置。

设备属性名	设备属性值
[内部属性]	设置设备内部属性
采集优化	1-优化
设备名称	设备0
设备注释	三菱_FX系列串口
初始工作状态	1 — 启动
最小采集周期(ms)	100
设备地址	0
通讯等待时间	200
快速采集次数	0
协议格式	0 — 协议1
是否校验	0 — 不求校验
PLC类型	0 — FX0N

图8-9　三菱_FX系列编程口基本属性设置

8.2.2　组态软件界面的设计

界面的制作过程如下。

1）新建一个窗口。在MCGS的"工作台"窗口中，选择"用户窗口"标签，单击"新建窗口"按钮，新建一个窗口0，如图8-10所示。

2）双击"窗口0"图标，进入窗口绘制界面，通过"工具箱"和"常用图符"来绘制界面。首先在"工具箱"中选择一个"输入框"，用于输入线材的切割长度，并绑定变量为设备0（PLC）的数据寄存器D0（16位整型），单位设为mm，文字可通过工具箱中的"标签"录入，如图8-11所示。

3）根据控制要求，触摸屏还需要设置一个起动信号、一个停止信号和一个脱机信号，根据监控需要可自行添加一些其他信号，如增加一个系统运行状态指示灯。

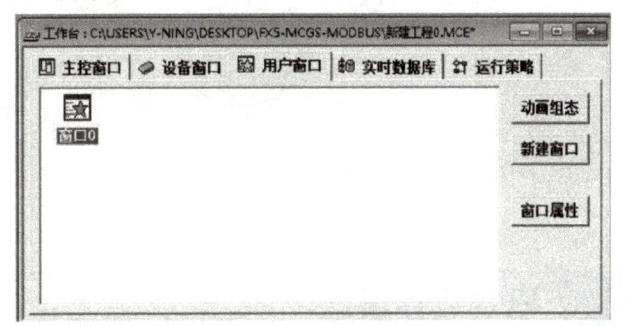

图8-10　MCGS的"工作台"窗口对话框

在"工具箱"中选择"按钮"，并绘制在组态窗口中，然后在属性设置中选择并调整相关属性，并与PLC变量进行绑定。本例需要设置3个按钮，分别命名为"起动""停止"和"脱机"，对PLC变量的辅助继电器M0、M1、M2进行绑定。

在"工具箱"中选择"对象元件库"，选择一个指示灯，对PLC变量的辅助继电器M9进行绑定，作为系统运行指示灯。完成后的界面如图8-12所示。

界面设计完成后，保存工程，然后单击工具栏中的"下载工程并进入运行环境"按钮，打开"下载配置"对话框，如图8-13所示。单击"联机运行"按钮，连接方式选择"USB

通信",然后进行通信测试,成功后单击"工程下载"按钮。工程下载成功后,单击"起动运行"按钮,就可以在触摸屏上进行操作了。

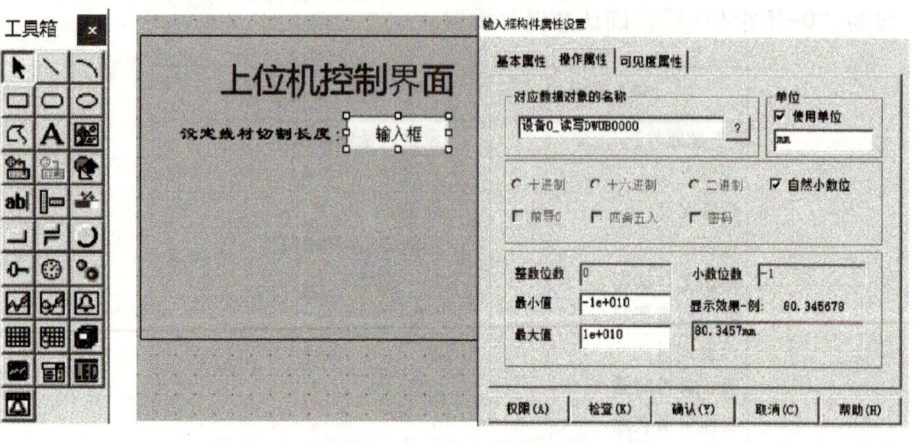

图 8-11 输入框设置

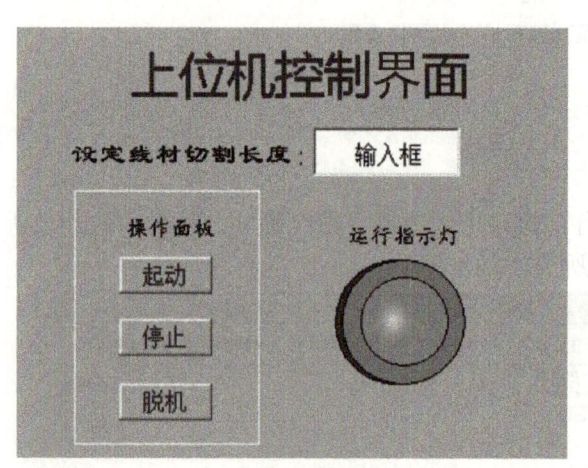

图 8-12 上位机控制界面

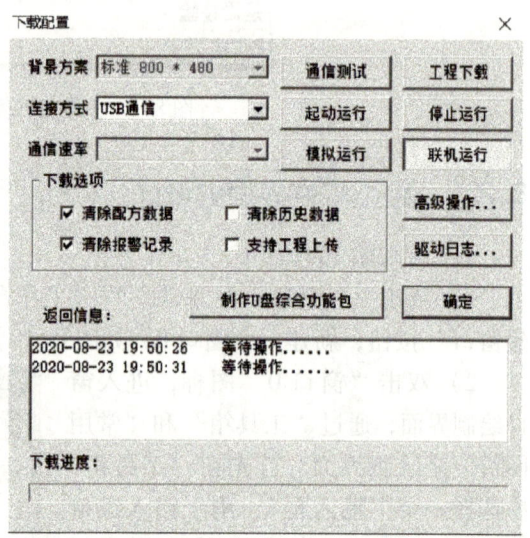

图 8-13 下载并运行工程

8.3 PLC 程序设计

8.3.1 脉冲输出指令介绍

1. 指令格式

(D)PLSY 为恒定周期脉冲输出指令,其梯形图中格式如图 8-14 所示。该类指令用于产生指定输出脉冲的速度和数量,只支持 CPU 模块;(s)为指定脉冲速度,通过该数值设置每秒发送的脉冲个数以确定轴转速,数据类型是无符号 16 位(或有符号 32 位)数据,范围为 0~65535(或 0~2147483647);(n)为指定输出脉冲的个数,用以确定轴的运动位置,数据类型是无符号 BIN 16 位(或有符号 BIN 32 位)数据,范围为

| (D)PLSY | (S) | (n) | (d) |

图 8-14 恒定周期脉冲输出指令梯形图中的格式

0~65535（或0~2147483647）；(d) 为输出脉冲的轴编号，数据类型是无符号BIN 16位数据，对于FX$_{5U}$、FX$_{5UC}$ CPU模块，其值为轴编号K1~K4（只能使用Y0~Y3）。

2. 指令说明

恒定周期脉冲输出指令操作数之间的关系如图8-15所示。其说明如下。

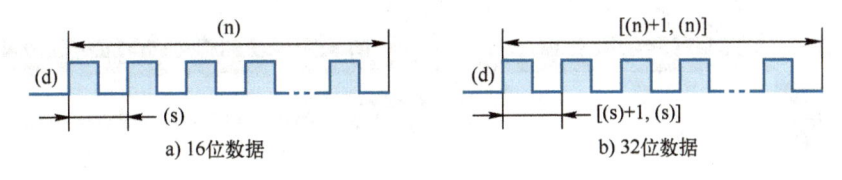

图8-15 恒定周期脉冲输出指令操作数之间的关系

1)（s）的脉冲速度换算成频率时应确保其在200 kPPS（Pulse Per Second，每秒脉冲数）以下。

2)（D)PLSY指令驱动时，如果（s）为0，则显示异常，异常结束标志位SM8329置为ON，脉冲不输出。如果输出脉冲数（n）为0，则脉冲将无限制输出。

3) 通过(D)PLSY指令的输出，不能使用与定位指令、PWM输出、通用输出相同的软元件地址。

4) 与（D）PLSY指令相关的特殊继电器及性能见表8-2。与(D)PLSY指令相关的特殊寄存器及性能见表8-3。

表8-2 与(D)PLSY指令相关的特殊继电器及性能

轴编号				名 称	内 容
1	2	3	4		
SM5500	SM5501	SM5502	SM5503	定位指令驱动中	ON：驱动中，OFF：未驱动
SM5516	SM5517	SM5518	SM5519	脉冲输出中监控	ON：输出中，OFF：停止中
SM5532	SM5533	SM5534	SM5535	定位发生出错	ON：发生出错，OFF：未发生出错
SM5628	SM5629	SM5630	SM5631	脉冲停止指令	ON：停止指令ON，OFF：停止指令OFF
SM5644	SM5645	SM5646	SM5647	脉冲减速停止指令①	ON：减速停止指令ON，OFF：减速停止指令OFF
SM5660	SM5661	SM5662	SM5663	正转极限	ON：正转极限ON，OFF：正转极限OFF
SM5676	SM5677	SM5678	SM5679	反转极限	ON：反转极限ON，OFF：反转极限OFF

① PLSY指令没有加减速功能，因此即使脉冲减速停止指令置为ON，也将立即停止。

表8-3 与(D)PLSY指令相关的特殊寄存器及性能

轴编号				名 称
1	2	3	4	
SD5500,SD5501	SD5540,SD5541	SD5580,SD5581	SD5620,SD5621	当前地址（用户单位）
SD5502,SD5503	SD5542,SD5543	SD5582,SD5583	SD5622,SD5623	当前地址（脉冲单位）
SD5504,SD5505	SD5544,SD5545	SD5584,SD5585	SD5624,SD5625	当前速度（用户单位）
SD5510	SD5550	SD5590	SD5630	定位出错代码

5)（D)PLSY指令正常结束后，其结束标志位SM8029将置ON。如果指令无法正常执行，其异常结束标志位SM8329将置ON。在指令驱动触点为OFF时，标志位同时为OFF。

3. 指令应用

1）如果选取 Y0 作为 PLSY 指令的输出脉冲端口，则其高速脉冲输出参数设置可参考图 8-16。

图 8-16 Y0 端口脉冲输出参数设置界面

2）PLSY 指令应用示例如图 8-17a 所示，脉冲输出速度为 2kPPS，每次输出脉冲的个数为 50000 个。图 8-17b 的变量表中，SM5500 用于监控当前指令的运行状态，（SD5501,SD5500）用于存储用户设置的脉冲数，（SD5503,SD5502）用于存储输出的脉冲数，（SD5505,SD5504）用于存储当前触发脉冲的速度。

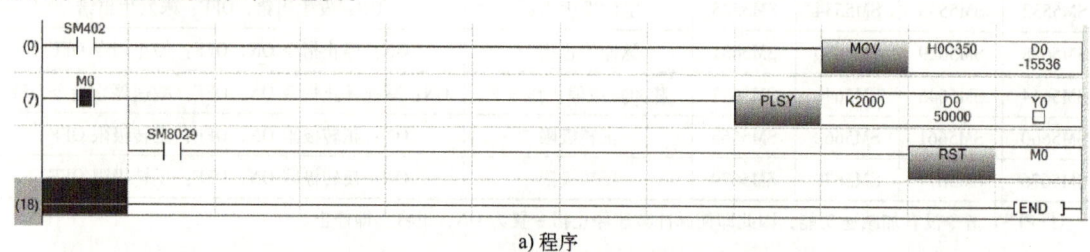

a) 程序

b) 变量表

图 8-17 PLSY 指令应用示例

3）图 8-18 为指令执行后及再次执行的在线监控图，读者可根据 PLSY/DPLSY 指令相关的特殊寄存器、特殊继电器的状态，对照表 8-2、表 8-3 及运行数值自行分析。

第 8 章 步进电动机 PLC 控制系统设计

a) 脉冲发送完成

b) 指令再次执行完毕

图 8-18 (D)PLSY 指令执行的在线监控图

8.3.2 基本参数设置

1. PLC 的 485 串口参数设置

对 PLC 的串口参数进行设置时，需要保证通信参数与触摸屏的通信参数一致，否则无法与触摸屏通信。在 GX Works3 编程软件中，选择"导航"窗口下的"工程"→"参数"→"FX$_{5U}$CPU"→"模块参数"→"485 串口"选项，如图 8-19 所示，设置协议格式为 MC 协议。详细设置中，数据长度为 7bit，停止位为 1bit，无校验，波特率为 9600bit/s，完成后单击"应用"按钮。

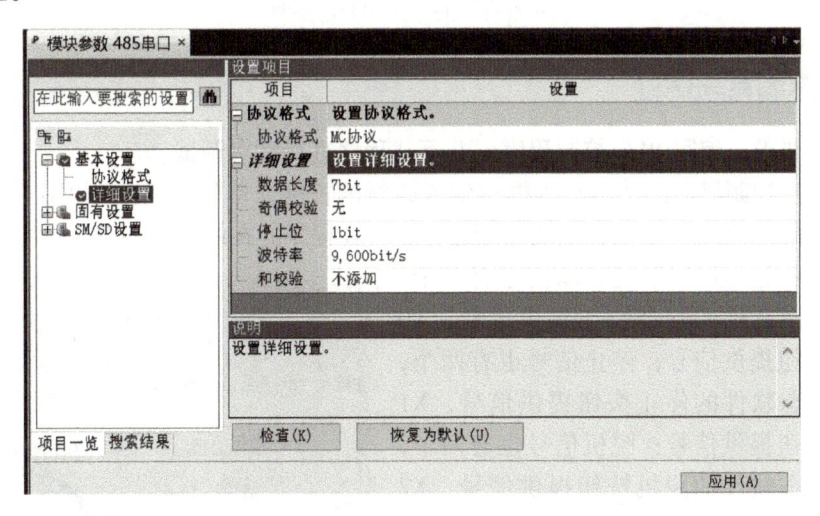

图 8-19 PLC 的 485 串口设置

2. 脉冲输出指令参数设置

步进电动机采用高速脉冲进行控制，可使用恒定周期脉冲输出指令(D)PLSY/DPLSY 或变速脉冲输出指令(D)PLSV 输出高速脉冲，控制步进电动机运动。

本例采用恒定周期脉冲输出指令 DPLSY（32 位指令），工作轴为轴 1（Y0 端口），可设定脉冲速度范围为 0~200 kPPS。脉冲数量设定范围为 1~2147483647，可根据任务要求，计算合适的脉冲数量，当设为 0 时，表示无限制输出脉冲。

DPLSY 指令使用时，需要进行运动轴 1 的参数设置，完成后方可在程序中正常使用。运动轴的主要设置内容及步骤如下。

打开 GX Works3 编程软件，新建项目，然后选择"导航"窗口下的"工程"→"参数"→"FX$_{5U}$CPU"→"模块参数"→"高速 I/O"→"输出功能"→"定位"→"详细设置"→"基本设置"选项，在表格中对轴 1 的脉冲输出模式（设为脉冲+方向模式）、输出软元件（Y0 输出脉冲、Y4 控制方向）、旋转方向（可根据现场情况调整）、每转脉冲数（1000 p/r）等参数进行设置，其他参数保持默认值。完成后，单击"确认"和"应用"按钮后退出，如图 8-20 所示。

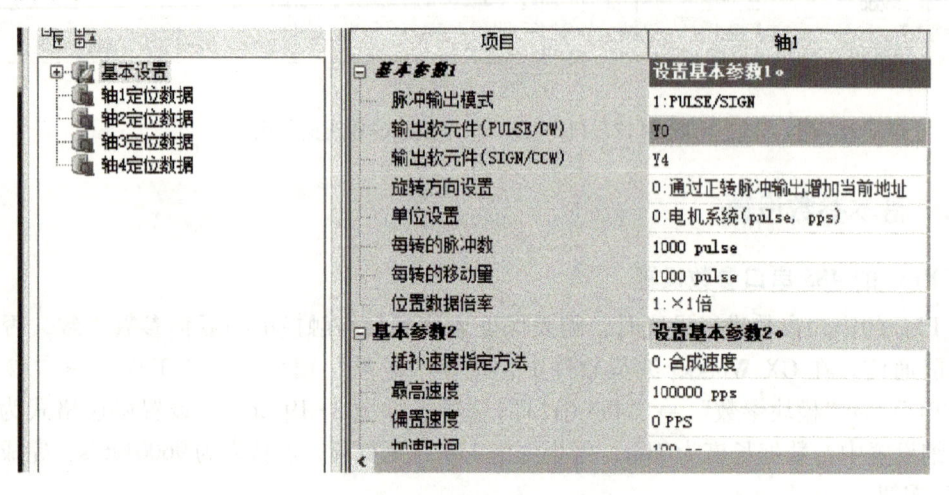

图 8-20　轴 1 基本参数设置

8.3.3　程序编写与调试

按照控制要求，编写 PLC 控制程序，并下载程序进行联机调试。

可在上位机控制界面的文本输入框中输入线材的长度，单位是 mm，如图 8-21 所示，然后按下界面上的"起动"按钮，系统开始运行。PLC 程序的在线监控如图 8-22 所示。

从程序中可见，控制系统起动信号有两个，其中 M0 由组态软件的起动按钮提供信号，X0 由外部输入按钮提供信号；停止信号也有两个，其中 M1 由组态软件的停止按钮提供信号，X1 由外部输入按钮提供信号；脱机信号也有两个，其中 M2 由组态软件的脱机按钮提供信号，X2 由外部输入转换开关提供信号。

D0 中的数据由组态软件提供，为设定好的线材长度，因为 PLC 发送一个脉冲时线材移动 0.05 mm，所以需要将 D0 中的数据除以 0.05 便是 PLC 所需要发出的脉冲数，即 D0 中的数据乘以 20 放在 D10 中。脉冲发送结束后，SM8029 产生一个上升沿，置位 M10，同时复位 M9，

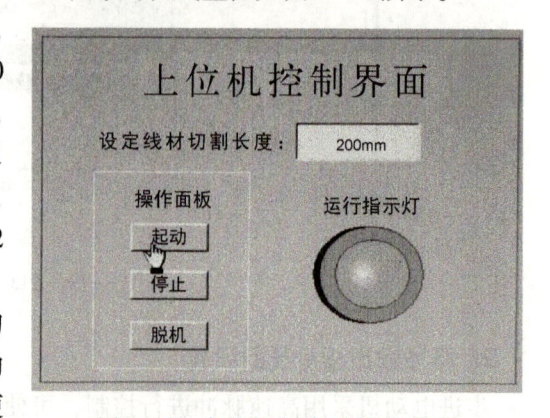

图 8-21　步进电动机运行控制界面

M10 置位且延时 1 s 后，Y6 得电，开始线材切割，1 s 后切割完毕。

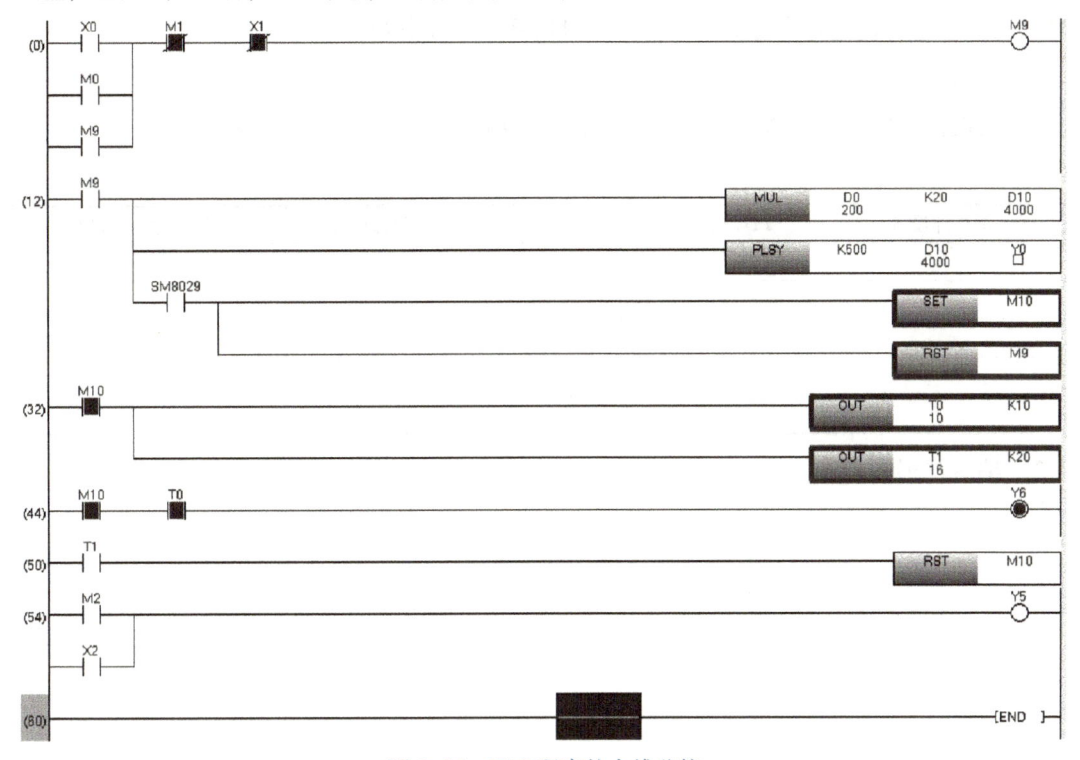

图 8-22　PLC 程序的在线监控

8.4　技能训练——基于 HMI 监控的交通信号灯控制系统设计

[任务描述]

有一交通灯控制系统，采用 PLC 进行控制，具体控制要求如下。
1) 假设东西方向车流量比南北方向多一倍，因此东西方向绿灯点亮时间要比南北方向多一倍。
2) 该系统控制时序要求如图 8-23 所示。

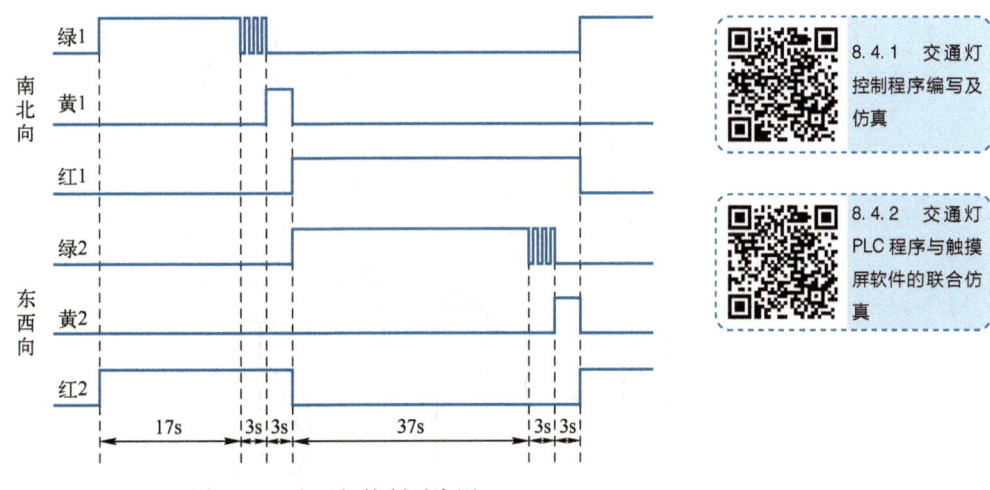

8.4.1　交通灯控制程序编写及仿真

8.4.2　交通灯 PLC 程序与触摸屏软件的联合仿真

图 8-23　交通灯控制时序图

3）按下"起动"按钮开始工作，按下"停止"按钮停止工作，"白天/黑夜"开关闭合时为黑夜工作状态，这时只有黄灯闪烁，断开时按白天工作状态。

[任务实施]

1）请根据系统控制要求，统计输入/输出点数并分配I/O地址（见表8-4）。

表 8-4 I/O 地址分配

连接的外部设备	PLC 输入/输出地址	连接的外部设备	PLC 输入/输出地址

2）编写梯形图程序。

3）在触摸屏上制作监控画面。要求监控界面能模拟东西方向和南北方向红绿灯工作状态，且能在监控界面上实现系统起动、停止、白天/黑夜功能的切换，交通灯显示的参考监控界面如图8-24所示。

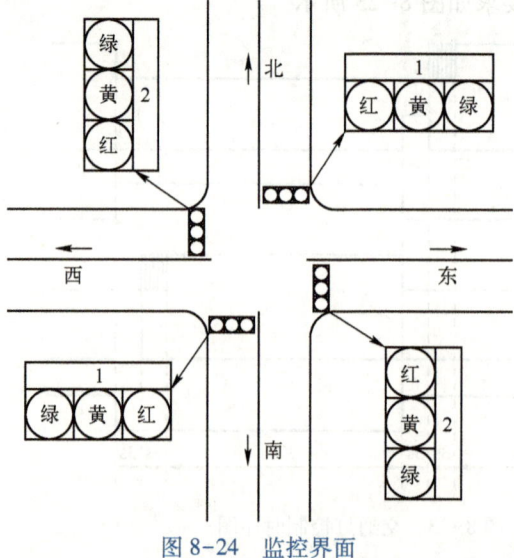

图 8-24 监控界面

4）进行程序调试与运行，总结调试中遇见的问题及解决办法。

敬　　业

敬业是从业者基于对职业的敬畏和热爱而产生的一种全身心投入的认认真真、尽职尽责的精神状态。中华民族历来有"敬业乐群""忠于职守"的传统。敬业是中国人的传统美德，也是当今社会主义核心价值观的基本要求之一。

思考与练习

1）步进电动机是利用电磁原理将电脉冲信号转换成_____信号。
2）在步进电动机驱动电路中，脉冲信号经_____放大器后控制步进电动机励磁绕组。
3）步进电动机的步距角是由_____和_____决定的。
4）步进电动机在转子齿数不变的条件下，若拍数变为原来的 2 倍，则步距角为原来的_____倍。
5）在自动控制系统中，步进电动机通常用于控制系统的_____。

第 9 章 基于 PID 的吹浮乒乓球位置控制系统设计

模拟量的概念与数字量相对应。模拟量是指在时间和数量上都连续的物理量,其表示的信号称为模拟信号。模拟量在连续的变化过程中任何一个取值都是一个有具体意义的物理量,如温度、压力、流量、液位、速度、频率、位置、电压和电流等。

在工业控制系统中,需要进行检测和控制的大多是模拟量,并要求其按照一定的规律进行调节,以满足生产需求。可以进行人工控制的系统称为可控系统。可控系统由控制装置和控制对象组成,如果受控对象为模拟量,则为模拟量控制系统,由于连续的生产过程多为模拟量,故模拟量控制也称过程控制。

PLC 可以方便、可靠地实现数字量控制,而模拟量是连续量,PLC 可通过采样和量化的方式对模拟量进行实时测量。因此,要将 PLC 应用于模拟量控制系统中,首先要求 PLC 必须具有模拟量和数字量的转换功能,即 A/D(模/数)和 D/A(数/模)转换,实现对现场的模拟量信号与 PLC 内部的数字量信号进行相互转换,其次 PLC 必须具有数据处理能力,特别是应具有较强的算术运算功能,能根据控制算法对数据进行处理,以实现控制要求,同时还要求 PLC 有较高的运行速度和较大的用户程序存储容量。现在的 PLC 一般都有 A/D 和 D/A 功能或模拟量模块,并配合模拟量控制设有专门的 PID 功能指令,在大、中型 PLC 中还配有专门的 PID 过程控制模块。

9.1 PLC 模拟量输入(A/D)

9.1.1 模拟量输入(A/D)介绍

模拟量输入的作用就是将工业现场标准的模拟量信号转换为 PLC 可以处理的数字量信号。模拟量一般需用传感器、变送器等元件,把模拟量转换成标准的电信号,一般标准电流信号为 4~20mA、0~20mA;标准电压信号为 0~10V、0~5V 或 -10~+10V 等。

FX_{5U} PLC 可以通过 PLC 本体内置的模拟量输入通道,或通过增添模拟量输入适配器、模拟量输入扩展模块等方式实现将模拟量传送到 PLC 中进行数据处理。

模拟量经过 A/D 转换后的数字量,可以用 2 进制 8 位、10 位、12 位、16 位或更高位来表示,位数越高,表明分辨率越高,精度也越高。一般大、中型机多为 12 位或更高,小型机多为 8 位或 12 位。

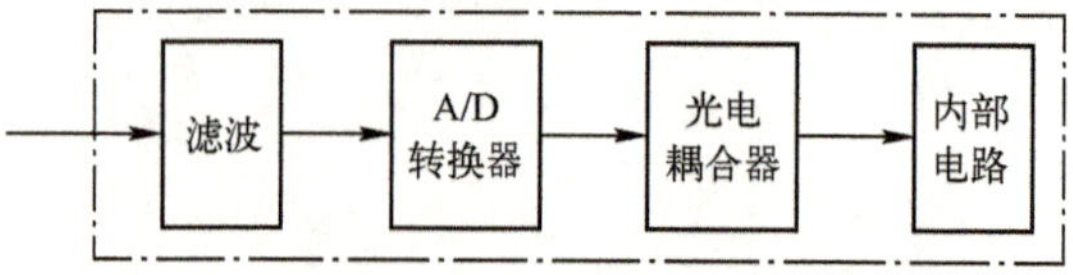

如图 9-1 所示,A/D(模/数转换)转换电路由滤波、模/数转换器(A/D)、光电耦合器等部分组成。它可以处理电流信号,

图 9-1 A/D 转换电路的组成

也可以处理电压信号。

使用 A/D 转换电路时，要了解它的主要性能。

1) 模拟量规格：可输入或可输出的标准电流或标准电压的规格，规格多些更便于选用。

2) 数字量位数：转换后的数字量，用多少位 2 进制数表示。

3) 转换路数（通道数）：可实现多少路的模拟量转换。路数越多，可处理的信号越多。常用的 A/D 单元有 2 路、4 路、8 路，还有多达 16 路的。

4) 转换时间：实现一次模拟量转换的时间，一般转换时间越短越好。

使用 AD 单元时步骤如下：

1) 选用。要选性能合适的单元，既要与 PLC 的型号相当，规格、功能也要一致，而且配套的附件或装置也要选好。

2) 接线。要按要求接线，端子上都有标明。用电压信号只能接电压端，用电流信号只能接电流端。接线时应采用屏蔽线或屏蔽布线方式，以减少干扰。

3) 设定。有硬设定及软设定两种。硬设定用 DIP 开关，软设定则用存储区或运行相应的初始化程序。通过设定，才能确定要使用哪些功能，选定什么样的数据转换，数据存储于什么单元等。

9.1.2 A/D 参数设置与应用

1. 模拟量输入方式

模拟量输入方式有如下 3 种：

1) FX_{5U} PLC 本体上集成了两路模拟量输入通道，其主要参数见表 9-1。

表 9-1 FX_{5U} PLC 模拟量输入通道主要参数

输入点数	模拟量输入参数		数字量参数			软元件分配	
	输入值	范围/V	数字输出	数字输出值	分辨率/mV	通道1	通道2
2	电压	DC 0~10	12 位无符号二进制	0~4000	2.5	SD6020	SD6060

2) FX_{5U} PLC 可通过选取模拟量适配器模块进行模拟量输入，目前可选取的适配器模块有：FX_5-4AD-ADP（4 路模拟量输入）、FX_5-4AD-PT-ADP（4 路热电阻温度模拟量输入）、FX_5-4AD-TC-ADP（4 路热电偶温度模拟量输入），相关介绍见表 9-2。

表 9-2 FX_{5U} PLC 模拟量适配器模块简介

项 目	概 要
FX_5-4AD-ADP （模拟量输入）	是连接至 FX_5 CPU 模块并读取 4 点模拟量输入（电压/电流）的模拟量适配器 A/D 转换的值，将按每个通道被写入特殊寄存器 所有类型的模拟适配器最多可连接 4 台
FX_5-4AD-PT-ADP （温度模拟量输入）	是连接至 FX_5 CPU 模块并读取 4 点测温电阻温度（模拟量输入）的模拟量适配器 温度转换的值，将按每个通道被写入特殊寄存器 所有类型的模拟适配器最多可连接 4 台
FX_5-4AD-TC-ADP （温度模拟量输入）	是连接至 FX_5 CPU 模块并读取 4 点热电偶温度（模拟量输入）的模拟量适配器 温度转换的值，将按每个通道被写入特殊寄存器 所有类型的模拟适配器最多可连接 4 台

3) FX$_{5U}$ PLC 通过选取扩展模块进行模拟量输入，目前可选取的扩展模块有：FX$_5$-4AD（4 路模拟量输入）、FX$_5$-8AD（8 路模拟量输入），还可以通过总线转换模块 FX$_5$-CNV-BUS 的方式连接并使用 FX3 的模拟量输入扩展模块。

2. A/D 的端子接线和参数设置

FX$_{5U}$ PLC 内置有两点 A/D 电压输入、1 点 D/A 电压输出，下面以内置模拟量电压输入为例讲述模拟量输入（A/D）的使用方法。

FX$_{5U}$ PLC 内置的模拟量输入通道有两个，均为电压 0~10 V 输入，对应数字输出值为 0~4000（12 位无符号二进制）。各通道对应转换的数字量地址为 SD6020(CH1)、SD6060(CH2)。

（1）端子接线方法

FX$_{5U}$ PLC 内置的模拟量输入/输出端子，位于左侧盖板下方。打开后，可以看到模拟量端子排列如图 9-2 所示，具有 2 路模拟量输入通道，输入信号为电压 0~10 V，端子编号为 V1+、V2+、V-，接线时应使用双芯的屏蔽双绞线电缆，且配线时与其他动力线及容易受电感影响的导线要隔离。

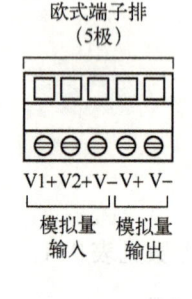

信号名称		功能
模拟量输入	V1+	CH1	电压输入 (+)
	V2+	CH2	电压输入 (+)
	V-	CH1/CH2	电压输入 (-)

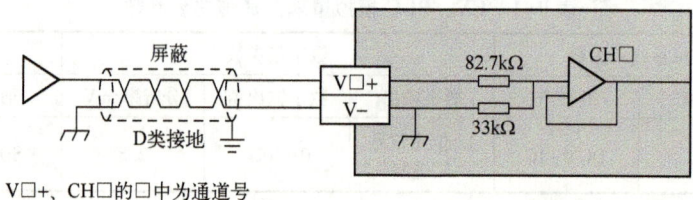

V□+、CH□ 的 □ 中为通道号

图 9-2　模拟量输入端子排列

（2）参数设置

FX$_{5U}$ PLC 内置的模拟量输入通道可以通过参数设置的方式启用相应功能，通过设置参数，就无须进行基于程序的参数设置。

参数设置分为基本参数设置和应用参数设置。

1) 基本设置：主要用于通道是否启用、A/D 转换方式的设置。

打开 GX Works3 编程软件，新建项目，然后在"导航"窗口中选择"参数"→"FX$_{5U}$ CPU"→"模块参数"→"模拟输入"选项，弹出"模块参数模拟输入"设置窗口，选择窗口左边的"基本设置"选项，可进行通道 CH1、CH2 的启用操作，如在"CH1"下选择"允许"启用 CH1。A/D 转换方式可选择"采样处理"和"平均处理"，采样处理即直接使用瞬时值，平均处理是将多次采样值进行平均后再使用，数值平均处理的方式有时间平均、次数平均、移动平均三种，如设置 CH1 为时间平均，时间为 100 ms，即设置为将每 100 ms A/D 转换的合计值进行平均处理，并将平均值存储到数字输出值寄存器中，设置时间段内的处理次数因扫描时间长短而异。时间平均值的范围为 1~10000 ms。设置界面如图 9-3 所示。

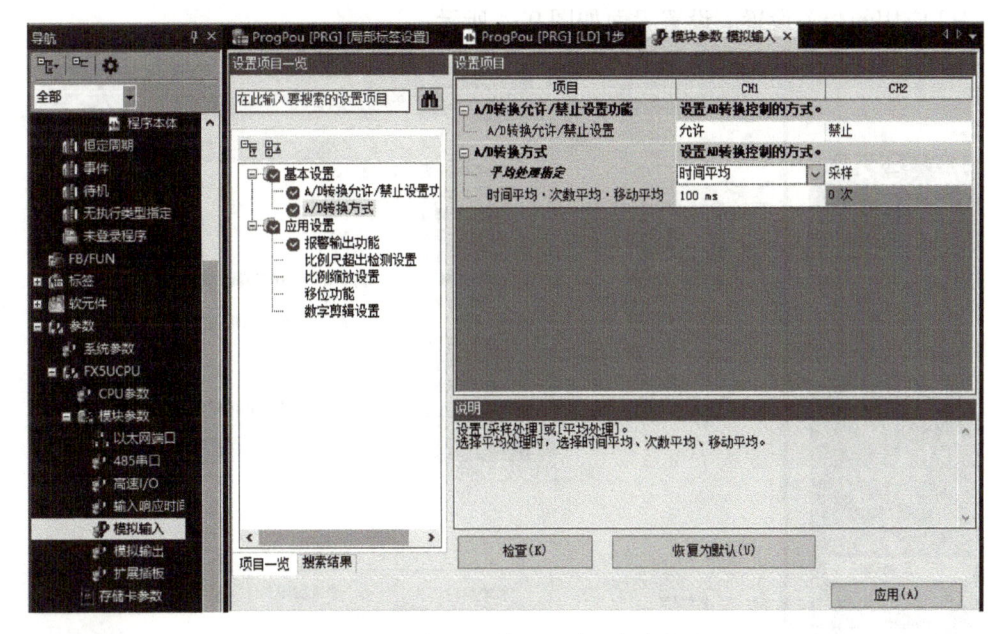

图 9-3 内置模拟量输入通道基本参数设置

如无特殊需求，内置模拟量输入通道在基本参数设置完成后即可正常使用。

2) 应用参数设置：主要用于设置报警输出（输入值上限超出时的上上限报警、上下限解除；输入值下限超出时的下下限报警、下上限解除）、比例尺超出检测范围（模拟量输入值超出正常范围）、比例缩放设置（将输出数字量比例转换为新的数值范围）、移位功能（将所设置的转换值移位量加到数字输出值上）、数字剪辑功能（可将超出输入范围的电压或电流，固定为数字运算值输出的最大值、最小值），见表 9-3。

表 9-3 FX$_{5U}$ PLC 内置模拟量输入通道应用参数设置

项　　目	内　　容	设置范围	默　　认
过程报警报警设置	设置是"允许"还是"禁止"过程报警	• 允许 • 禁止	禁止
过程报警上上限值	设置数字量输出值的上上限值	−32768~+32767	0
过程报警上下限值	设置数字量输出值的上下限值	−32768~+32767	0
过程报警下上限值	设置数字量输出值的下上限值	−32768~+32767	0
过程报警下下限值	设置数字量输出值的下下限值	−32768~+32767	0
比例尺超出检测启用/禁用	设置是"启用"还是"禁用"比例尺超出检测	• 启用 • 禁用	启用
比例缩放启用/禁用	设置是"启用"还是"禁用"比例缩放	• 启用 • 禁用	禁用
比例缩放上限值	设置比例缩放换算的上限值	−32768~+32767	0
比例缩放下限值	设置比例缩放换算的下限值	−32768~+32767	0
转换值移位量	通过移位功能设置移位的量	−32768~+32767	0
数字剪辑启用/禁用	设置是"启用"还是"禁用"数字剪辑	• 启用 • 禁用	禁用

在"模块参数模拟输入"设置窗口，选择窗口左边的"应用设置"选项，即可进行通道 CH1、CH2 应用的相关设置。设置界面如图 9-4 所示。

图 9-4 内置模拟量输入通道应用参数的设置

(3) A/D 的使用

在完成外部接线、内置模拟量输入通道的基本参数设置和应用参数设置后，就可以正常使用模拟量输入通道了，可以通过读取特殊数据寄存器的内容得到模拟量的转换值，见表 9-4。

表 9-4 特殊寄存器性能

特殊寄存器		内容	R/W
CH1	CH2		
SD6020	SD6060	数字量输出值	R
SD6021	SD6061	数字量运算值	R
SD6022	SD6062	电压模拟量输入监视值	R

两个通道（CH1、CH2）对应的电压模拟量转换值可分别对特殊数据寄存器 SD6020、SD6060（数字输出值）的数值进行读取。SD6021、SD6061 保存 CH1、CH2 的数字运算值，该值是指通过已设置的比例缩放功能、移位功能对数字值进行相应运算处理后的值，如果未设置各功能，其值与数字输出值相同。SD6022、SD6062 保存 CH1、CH2 的电压模拟量输入的监视值，该值为输入电压模拟量的数值，单位为 mV。

9.1.3 A/D 应用举例

1. 控制要求

采用 FX_{5U} CPU 内置的 A/D 转换通道，通过对外部 0~10V 电压模拟量进行监测，并实现以下功能。

通过滑动变阻器 R，调节外部电压模拟量输入值，并通过 5 盏指示灯显示输入值的范围，即当电压模拟量输入值≥2 V 时，HL1（Y0）点亮；当电压模拟量输入值≥4 V 时，HL1、HL2（Y0、Y1）点亮；当电压模拟量输入值≥6 V 时，HL1~HL3（Y0、Y1、Y2）点亮；当电压模拟量输入值≥8 V 时，HL1~HL4（Y0、Y1、Y2、Y3）点亮；当电压模拟量输入值≥10 V，5 盏灯全部点亮。

2. PLC 外部接线图

根据控制要求，可选择 PLC 型号为 FX_{5U}-32MR/ES，内置电压模拟量输入；外部 0~10 V 电压模拟量信号送至通道 1（CH1）。其接线图如图 9-5 所示。

3. 程序的实现

（1）参数设置

打开 GX Works3 编程软件，新建一个项目，系列选择"FX5CPU"，机型选择"FX_{5U}"；程序语言选择"梯形图"。

在新建项目下，选择左侧"导航"窗口下的"模块配置图"选项，在工作窗口中，将光标移到 CPU 模块后右击，在弹出的快捷菜单中选择"CPU 型号更改"命令，更改为实际的 CPU 型号，本例采用的是"FX_{5U}-32MR/ES"，如图 9-6 所示。

图 9-5 控制系统外部接线图

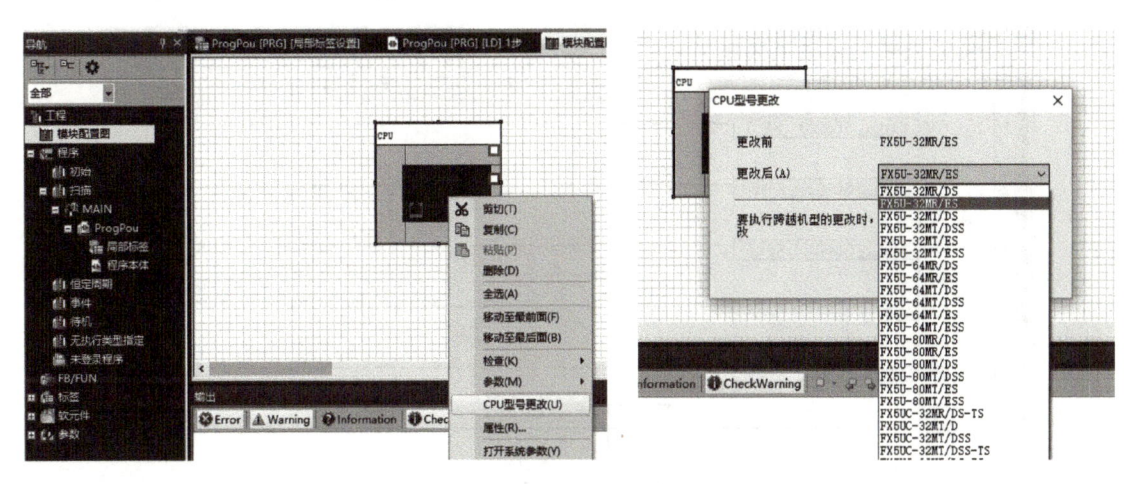

图 9-6 CPU 型号更改

然后设置内置的模拟量模块的参数：选择左侧"导航"窗口下的"参数"→"FX_{5U}CPU"→"模块参数"→"模拟输入"选项，在弹出的"模块参数模拟输出"窗口中，将通道 1（CH1）的"A/D 转换允许/禁止设置"修改为"允许"，"A/D 转换方式"可按需要自行设置。完成后，单击"应用"按钮退出，如图 9-7 所示。其他参数不用设置。

（2）程序编写

编程思路：FX_{5U} 内置模拟量的规格为 DC 0~10 V 的电压输入，对应数字量输出值范围为 0~4000。则输入电压值 U_i 和数字量 D_i 的对应关系为：$D_i = (4000/10) \times U_i$；那么电压输入为 0~2 V 时，对应数字量为 0~800；2~4 V 时，对应数字量为 800~1600，依此类推。本例采用将电压模拟量信号送至 CH1，其数字量输出值的读取寄存器为 SD6020。

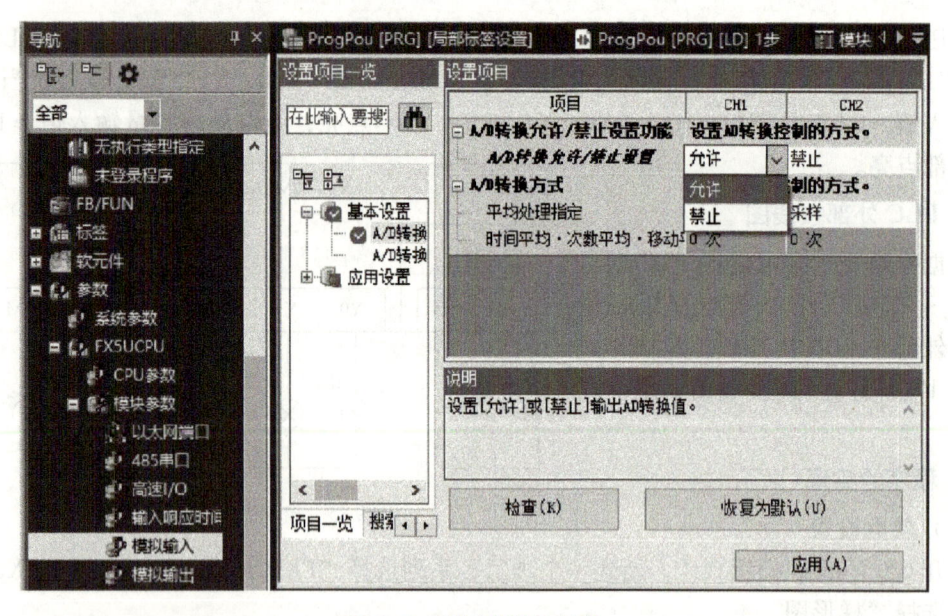

图 9-7 启用模拟量通道

打开程序编辑界面，可直接从特殊数据寄存器 SD6020 读取 CH1 的数字量输出值，通过比较指令编写的程序如图 9-8 所示。

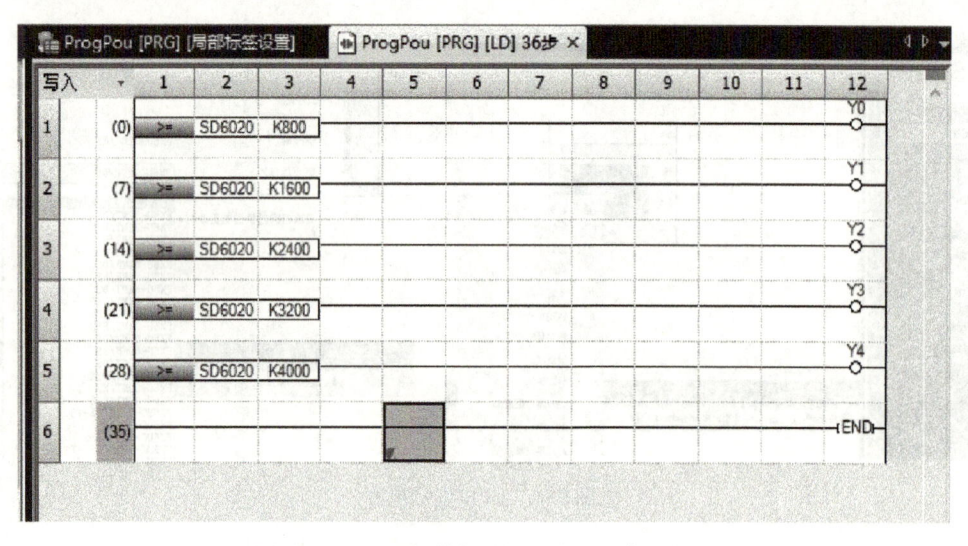

图 9-8 PLC 的模拟量输入应用程序示例

9.2 PLC 模拟量输出（D/A）

9.2.1 模拟量输出（D/A）介绍

模拟量输出单元是把 PLC 内部的数字量转换成模拟量输出的工作单元，简称 D/A（数模转换）单元或 D/A 模块。

FX_{5U} PLC 可以通过本体上的模拟量输出通道，也可以通过模拟量扩展适配器（连接在

CPU 模块左侧），还可以模拟量扩展模块（连接在 CPU 模块右侧）的方式实现 PLC 的模拟量输出。

转换前的数字量可以为二进制 8 位、10 位、12 位、16 位或更高位，数位越高，分辨率越高，精度也越高。转换后的模拟量都是标准电压或电流信号。

在 PLC I/O 刷新时，模拟量输出单元通过 I/O 总线接口，从总线上读出 PLC I/O 继电器或内部继电器指定通道的内容，并存于自身的内存中，经光电耦合器传送到各输出电路的存储区，再分别经 D/A 转换向外输出电压或电流。

图 9-9 所示的 D/A 转换电路由光电耦合器、数/模转换器（D/A）和信号驱动等环节组成，由于使用了光电耦合器，其抗干扰能力也很强。

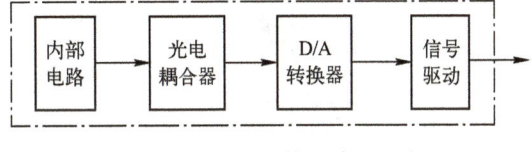

图 9-9 D/A 转换电路的组成

D/A 转换电路有两路的，还有 4 路、8 路的，少的只有 1 路。D/A 单元的选用、接线要求及参数设定说明模拟量输入（A/D）介绍部分。

9.2.2 D/A 参数设置与应用

1. 模拟量输出方式

模拟量输出方式有如下 3 种：

1) FX_{5U} PLC 本体上集成了 1 路模拟量输出通道，其主要参数见表 9-5。

表 9-5 FX_{5U} CPU 模拟量输出通道主要参数

输出点数	数字量参数		模拟量输出参数			软元件分配
	数字输入值	数值范围	输出	范围/V	分辨率/mV	通道 1
1	12 位无符号二进制	0~4000	电压	DC 0~10	2.5	SD6180

2) FX_{5U} PLC 可选取的模拟量输出适配器模块目前有：FX_{5U}-4DA-ADP（4 路电压/电流模拟量输出）FX5-4A-ADP（2 路模拟量输入、2 路模拟量输出）。其具体使用方法可参阅《FX_5 用户手册（模拟量篇）》。

3) FX_{5U} PLC 还可通过相应扩展模块进行模拟量输出，目前可选取的扩展模块有 FX_5-4DA（4 路电压/电流模拟量输出），还可以通过总线转换模块 FX_5-CNV-BUS 的方式连接并使用 FX_3 的模拟量输出扩展模块。

2. D/A 的参数设置

FX_{5U} PLC 本体上内置 1 点 D/A 电压输出，下面以内置电压模拟量输出为例讲述模拟量输出（D/A）的使用方法。

FX_{5U} PLC 内置的模拟量输出通道有 1 路，其数字量输入范围为 0~4000（12 位无符号二进制），对应 0~10 V 电压输出，对应数字量地址为 SD6180。

（1）端子接线方法

FX_{5U} PLC 内置的模拟量输入/输出端子，位于左侧盖板下方。打开后，可以看到模拟量端子排列如图 9-10a 所示，具有 1 路模拟量输出通道。其将 PLC 内部存储器 SD6180 中 0~4000 的数字量对应转换为 0~10 V 的电压模拟量输出，模拟量输出端子编号为 V+和 V-，接线时应使用双芯的屏蔽双绞线电缆，且注意配线时与其他动力线及容易受电感影响的导线隔离，如图 9-10b 所示。

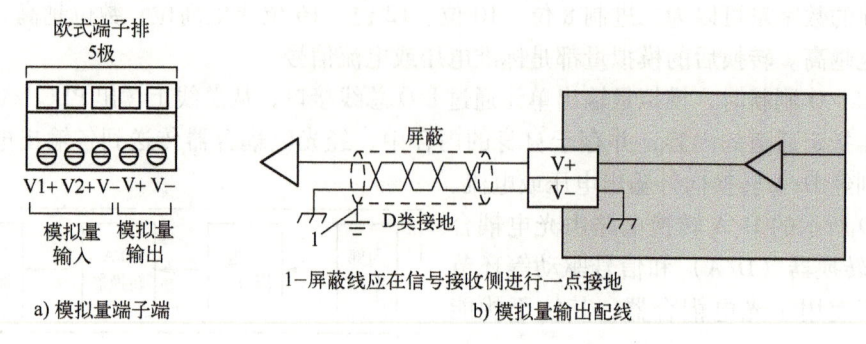

图 9-10　模拟量输出端子排列

（2）参数设置

FX$_{5U}$ PLC 内置模拟量输出通道可以通过参数设置的方式启用相应功能，通过设置参数，可不再进行基于程序的参数设置。

参数设置分为基本参数设置和应用参数设置。

1）基本参数设置：主要用于输出通道是否启用、D/A 输出是否允许的设置。在"导航"窗口中选择"参数"→"FX$_{5U}$CPU"→"模块参数"→"模拟输出"选项，弹出"模块参数 模拟输出"设置窗口，选择窗口左边的"基本设置"选项，可进行模拟输出通道的基本设置，将"D/A 转换允许/禁止设置"为"允许"、"D/A 输出允许/禁止设置"为"允许"，即可启用输出通道，并通过输出端子输出 0~10 V 的模拟量电压值。其设置窗口如图 9-11 所示。

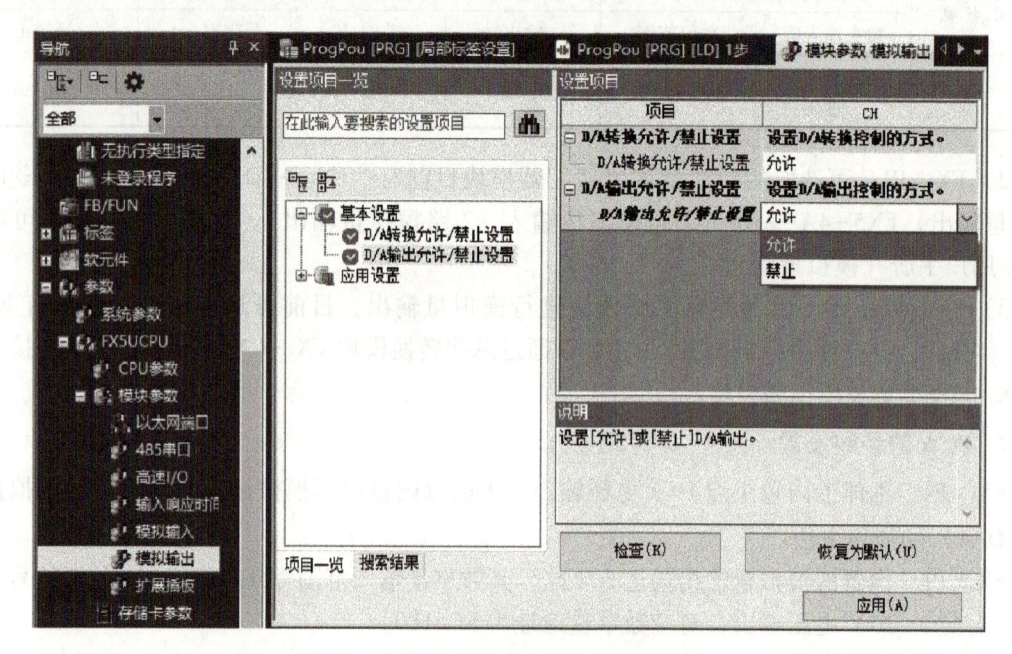

图 9-11　模拟量输出通道基本参数设置

内置模拟量输出通道如无特殊需求，在基本设置完成后即可正常使用。

2）应用参数设置：主要用于报警输出设置（设置报警输出数字值的上限值与下限值，超出上限值或下限值时给出报警信号）；比例缩放设置（将数字值按比例转换为新的数值范围）、移位功能（将所设置的转换值移位量加到数字量输出值上）；保持/清除功能［当CPU模块的动作状态为RUN、STOP或ERROR时，是保持（HOLD）还是清除（CLEAR）已输出的模拟量输出值］，见表9-6。

表9-6 FX$_{5U}$ PLC 内置模拟量输出通道应用参数设置

项　目	内　容	设置范围	默　认
报警输出设置	设置是"允许"还是"禁止"报警输出	• 允许 • 禁止	禁止
报警上限值	设置报警输出所需的数字量输入值的上限值	−32768~+32767	0
报警下限值	设置报警输出所需的数字量输入值的下限值	−32768~+32767	0
比例缩放启用/禁用	设置是"启用"还是"禁用"比例缩放	• 启用 • 禁用	禁用
比例缩放上限值	设置比例缩放换算的上限值	−32768~+32767	0
比例缩放下限值	设置比例缩放换算的下限值	−32768~+32767	0
转换值移位值	通过移位功能设置移位的量	−32768~+32767	0
HOLD/CLEAR 设置	保持/清除的已输出的模拟量输出值	• CLEAR • 上次值（保持） • 设置值	CLEAR
HOLD 设定值	"HOLD/CLEAR 设置"中选择了"设置值"时，设置HOLD时输出的数字量值	−32768~+32767	0

在"模块参数模拟输出"设置窗口，选择窗口左侧"应用设置"，即可选择对输出通道进行应用参数设置，其设置窗口如图9-12所示。

图9-12 模拟量输出通道应用参数设置

(3) D/A 的使用

在完成外部接线和内置模拟量输出通道的基本参数设置和应用参数设置后，就可以正常使用模拟量输出通道了，只需将数值（INT,0~4000）写入指定的特殊数据寄存器中，就可在模拟量输出端子上得到对应的输出电压。

模拟量输出通道对应的数字值需要写入到特殊寄存器 SD6180 中。

SD6181 为数字运算值，该值是指通过已设置的比例缩放功能、移位功能对数字值进行运算处理后的值，如果未使用各功能时，其值与数字量输入值相同。

SD6182 为模拟量输出电压监视值，该值为输出的模拟量电压的数值，单位为 mV。模拟量输出常用的特殊寄存器见表 9-7。

表 9-7　模拟量输出常用的特殊寄存器性能

特殊寄存器	内　　容	R/W	特殊寄存器	内　　容	R/W
SD6180	数字量值	R/W	SD6189	比例缩放下限值	R/W
SD6181	数字量运算值	R	SD6190	输入值移位量	R/W
SD6182	模拟量输出电压监视	R	SD6191	报警输出上限值	R/W
SD6183	HOLD/CLEAR 功能设置	R/W	SD6192	报警输出下限值	R/W
SD6184	HOLD 时输出设置	R/W	SD6218	D/A 转换最新报警代码	R
SD6188	比例缩放上限值	R/W	SD6219	D/A 转换最新错误代码	R

9.2.3　D/A 应用举例

1. 控制要求

采用 FX$_{5U}$ CPU 本体的 D/A 转换通道，输出周期为 10 s、幅值为 10 V 的三角波，波形如图 9-13 所示。

2. PLC 外部接线图

根据控制要求，可选择 PLC 型号为 FX$_{5U}$-32MR/ES，内置 1 路模拟量输出，转换后的模拟量信号通过模拟量输出端子 V+、V-接到外部的直流电压表进行测量和显示，也可接至示波器观察波形，接线图如图 9-14 所示。

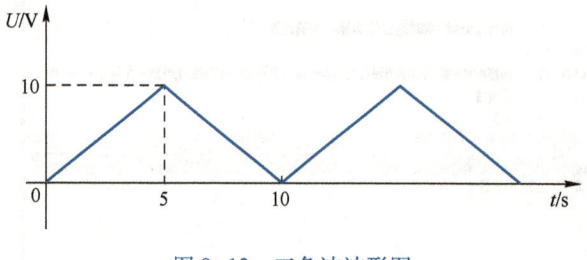

图 9-13　三角波波形图

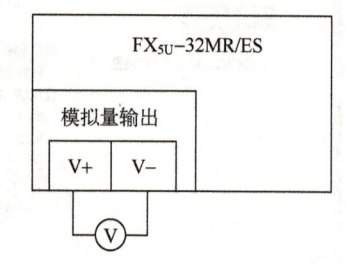

图 9-14　控制系统外部接线图

3. 程序的实现

(1) 参数设置

打开 GX Works3 编程软件，新建一个项目，系列选择"FX5CPU"，机型选择"FX$_{5U}$"，程序语言选择"梯形图"。

在新建项目下,选择左侧"导航"窗口下的"模块配置图"选项。在工作窗口中,将光标移到 CPU 模块后右击,在弹出的快捷菜单中选择"CPU 型号更改"命令,更改为实际的CPU 型号,本例采用的是"FX$_{5U}$-32MR/ES"。

然后设置内置模拟量输出通道的参数:选择左侧"导航"窗口下的"参数"→"FX$_{5U}$ CPU"→"模块参数"→"模拟输出",在弹出的"模块参数模拟输出"窗口中,将"D/A 转换允许/禁止设置"修改为"允许"、"D/A 输出允许/禁止设置"修改为"允许"。应用设置如有需要,可继续调整。本例中应用设置保持默认,不需要调整,基本设置完成后单击"应用"按钮后退出即可,如图 9-15 所示。

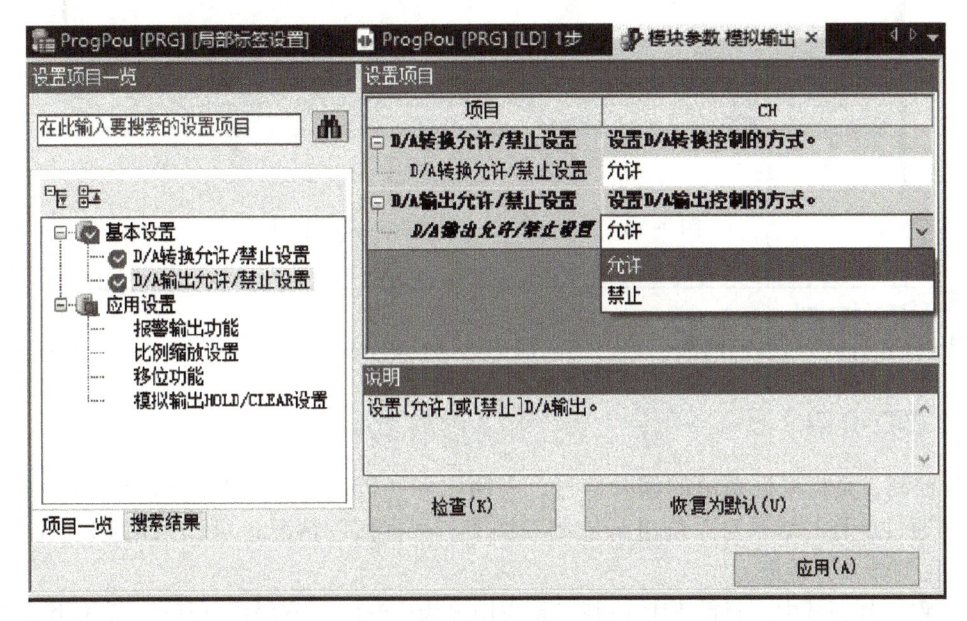

图 9-15 模拟量输出通道参数设置

(2) 程序编写

FX$_{5U}$ 本体的模拟量输出通道设定为 0~10V 的电压输出,对应数值范围为 0~4000,则输出电压值 U_i 和数字量 D_i 的对应关系为:$U_i = (D_i/4000) \times 10$。

要连续产生周期为 10s 的三角波信号,一是需要设计一个 10s 的周期脉冲信号,选用时基为 10ms 的普通定时器 T0 实现,计时当前值为 T_i;二是计算各个时间点实际的输出电压,0~5s 时,信号从 0V 上升到 10V,对应 PLC 内部数值 D_i 为 0~4000,计算公式为 $D_i = T_i/500 \times 4000 = T_i \times 8$;5~10s 时,信号从 10V 下降到 0V,对应 PLC 内部数值 D_i 为 4000~0,计算公式 $D_i = 4000 - (T_i - 500) \times 8 = 8000 - 8T_i$。

本例采用 PLC 内置的模拟量输出通道,其输出值对应的数字寄存器为 SD6180。

打开程序编辑窗口,采用定时器指令 OUTH(10ms 时基)建立一个 10s 周期信号。根据 T0 数值,分别计算上升和下降段输出数字量的数值,并传送到特殊寄存器 SD6180 中,则可在模拟量输出端子 V+和 V-上得到对应的输出电压,并通过直流电压表显示出来,如图 9-16 所示。

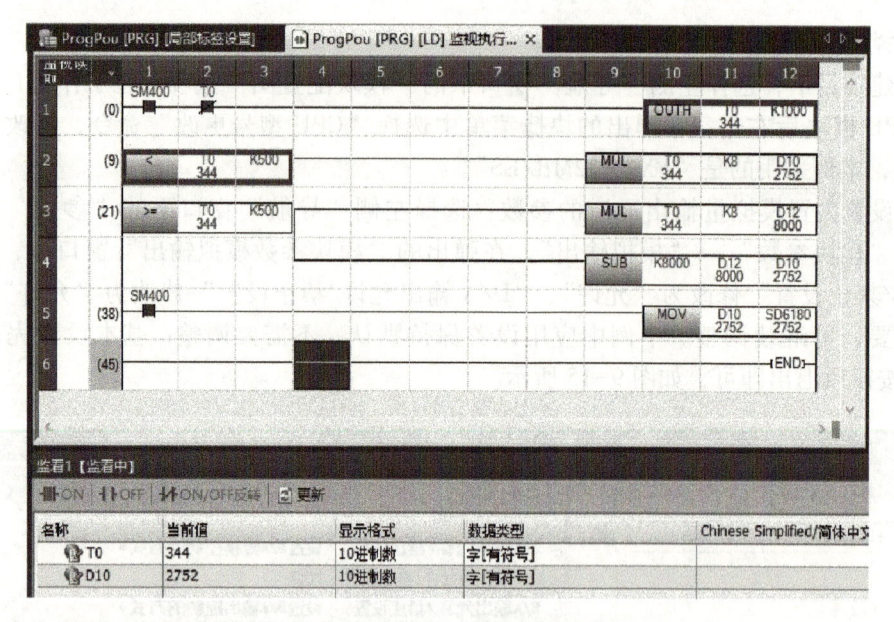

图 9-16　PLC 的模拟量输出应用程序示例

9.3　PID 控制

9.3.1　PID 介绍

PID 控制，是指根据系统的偏差信号，利用比例（P）、积分（I）、微分（D）来计算控制量，再通过计算的结果对系统进行控制和调节。根据实际情况也可以采用 PI（比例积分）或 PD（比例微分）控制。

在工程控制领域中，目前 PID 控制仍是应用最为广泛的调节器控制规律。PID 控制以结构简单、稳定性好、工作可靠、调整方便的特点成为工业控制的主要技术之一。其适用于温度、压力、流量、液位等模拟量控制现场，通过 PID 参数的合理设置，就可以达到很好的控制效果。

PID 是闭环控制系统的比例-积分-微分控制算法。通常闭环控制系统由控制器（点画线框部分）、执行元件、被控对象以及检测/反馈元件几部分组成，原理如图 9-17 所示。

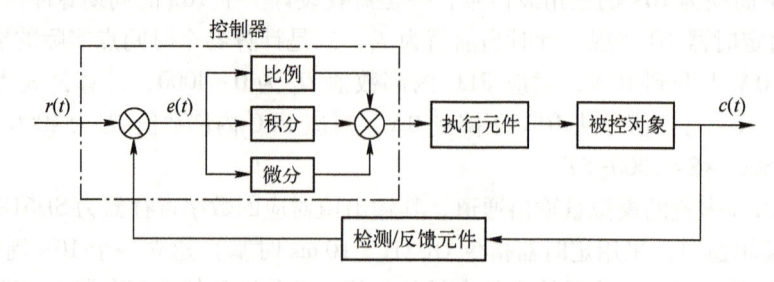

图 9-17　闭环 PID 控制系统原理图

在闭环控制系统中，控制器是系统的核心，其控制算法决定了系统的控制特性和控制效果。控制器常用的控制规律是 PID 控制。PID 控制器是一种线性控制器，它根据给定值 $r(t)$ 与

实际输出值 $c(t)$ 的反馈值构成控制偏差 $e(t)$，再将偏差 $e(t)$ 的比例（P）、积分（I）和微分（D）通过线性组合构成控制量，实现对被控对象进行控制，故称为 PID 控制器。

在工业控制中，PID 控制得到了广泛的应用，PID 控制具有以下优点。

1）不需要知道被控对象的数学模型。实际上大多数工业对象准确的数学模型也是很难获取的，对于这一类系统，使用 PID 控制往往可以得到比较满意的效果。

2）PID 控制器结构简单、稳定性好、工作可靠、调整方便。

3）有较强的灵活性和适应性，根据被控对象的具体情况，可以采用各种 PID 控制变化和改进后的控制方式，如 PI、PD、带死区的 PID、积分分离式 PID、变速积分 PID 等。

随着智能控制技术的发展，PID 控制与模糊控制、神经网络控制等现代控制方法相结合，可以实现 PID 控制器的参数自整定，使 PID 控制器具有经久不衰的生命力。

PID 控制在 PLC 中既可用 PID 硬件模块实现，也可用软件实现。

使用硬件模块时，PID 控制程序是由 PLC 生产厂家设计并存放在模块中，用户在使用时只需要设置一些参数，使用起来非常方便，一个模块可以控制几路甚至几十路闭环回路。但是这种模块的价格昂贵，一般在大型控制系统中使用，如三菱的 A 系列、Q 系列 PLC 的 PID 控制模块。

软件方法就是根据 PID 算法编制控制程序或直接调用 PID 指令，后者较方便，但不是所有 PLC 都支持。FX$_{5U}$ PLC 提供了 PID 控制指令，且其参数设置灵活，使用方便。

9.3.2 PID 指令及应用

PID 指令用来调用 PID 运算程序，指令格式如图 9-18 所示，其中，[s1] 用来存放目标值（或给定值）SV，[s2] 用来存放当前测量到的反馈值 PV，[s3]~[s3]+6 用来存放控制参数的值，运算结果（输出值）MV 存放在 [d] 中。指令中参数设置见表 9-8。

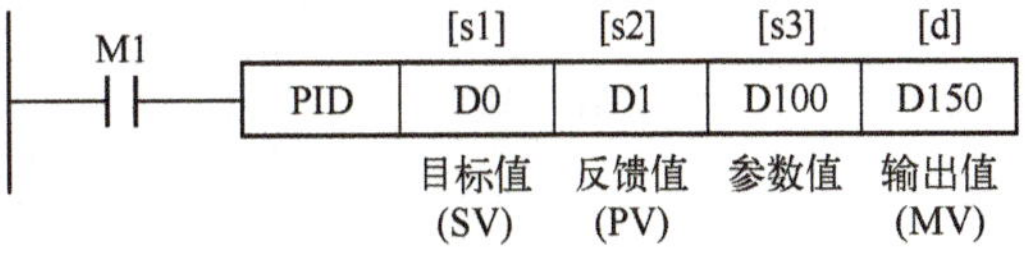

图 9-18 PID 指令格式

表 9-8 PID 指令中各参数设置

设置项目		内容	占用点数
(s1)	目标值（SV）	设置目标值（SV） PID 指令不更改设置内容 [使用自动调谐（极限循环法）时的注意事项] 自动调谐用的目标值与进行 PID 控制时的目标值不同的情况下，需要设置加上偏置值的值，在自动调谐标志变为 OFF 的时刻存储实际的目标值	1 点
(s2)	测定值（PV）	PID 运算的输入值 对于 PID 的测定值（PV）需要在 PID 运算执行前读取正常的测定数据，对模拟量输入的输入值进行 PID 运算时，应注意其转换时间	1 点
(s3)	参数	PID 控制时 占用从指定为（s3）的起始软元件起 25 点的软元件	25 点
		自动调谐，极限循环法时 占用从指定为（s3）的起始软元件起 29 点的软元件	29 点
		自动调谐，阶跃响应法时 [(s3)×1:b8 为 OFF 时] 占用从指定为（s3）的起始软元件起 25 点的软元件	25 点
		自动调谐，阶跃响应法时 [(s3)×1:b8 为 ON 时] 占用从指定为（s3）的起始软元件起 28 点的软元件	28 点

（续）

设置项目		内　　容	占用点数
(d)	输出值（MV）	PID 控制时（通常处理时） 指令驱动前，在用户侧设置初始输出值，之后运算结果将被存储	1 点
		自动调谐：极限循环法时 自动调谐中 ULV 值或 LLV 值将被自动输出。自动调谐结束后指定的 MV 值将被设置	
		自动调谐，阶跃响应法时 指令驱动前应在用户侧设置阶跃输出值。自动调谐中，在 PID 指令侧不会更改 MV 输出	

在完成目标值 [s1]、反馈值 [s2] 和参数 [s3] 的设置，开始执行 PID 指令后，将会在每个采样时间根据以上参数计算运算结果，并输出到 [d] 中。

PID 指令使用时，需要根据给定值（SV）和反馈值（PV）的差值变化，按照预先设置到 PLC 中的 PID 参数值进行运算，得出输出值（MV），并通过输出值控制系统进行调节。

所以，在 PID 运算开始之前，应使用 MOV 指令将各参数的设定值预先写入到对应的数据寄存器中。PID 参数被放置在 [s3] 起始的寄存器中，各寄存器的内容及说明见表 9-9。

表 9-9　PID 参数对应寄存器的内容及说明

源操作数	参　数	设 定 说 明	备　　注
[s3]	采样周期（T_s）	1~32767 ms	不能小于扫描周期
[s3]+1	动作设置（ACT）	b0: 0 为正动作，1 为反动作；b1: 0 为无输入变化量报警，1 为有输入变化量报警；b2: 0 为无输出变化量报警，1 为有输出变化量报警；b4: 1 为执行自动调谐；b5: 0 为输出值无上下限设定，1 为输出值上下限设定有效	请勿将 b2 和 b5 同时置为 ON
[s3]+2	输入滤波常数（α）	0%~99%	
[s3]+3	比例增益（K_P）	1%~32767%	
[s3]+4	积分时间（T_I）	(1~32767)×100 ms	
[s3]+5	微分增益（K_D）	0%~100%	
[S3]+6	微分时间（T_D）	(1~32767)×10 ms	
[s3]+7 ~ [s3]+19		PID 运算的内部处理占用	
[s3]+20	输入变化量（增侧）报警设定值	0~32767	[S3]+1(ACT): bit1=1
[s3]+21	输入变化量（减侧）报警设定值	0~32767	[S3]+1(ACT): bit1=1
[s3]+22	输出变化量（增侧）报警设定值	0~32767	[S3]+1(ACT): bit2=1; bit5=0
		-32768~32767	[S3]+1(ACT): bit2=0; bit5=1
[s3]+23	输出变化量（减侧）报警设定值	0~32767	[S3]+1(ACT): bit2=1; bit5=0
		-32768~32767	[S3]+1(ACT): bit2=0; bit5=1

(续)

源操作数	参 数	设 定 说 明	备 注
[s3]+24	报警输出	bit0：输入变化量（增侧）溢出； bit1：输入变化量（减侧）溢出； bit2：输出变化量（增侧）溢出； bit3：输出变化量（减侧）溢出	[S3]+1（ACT）： bit1 = 1 或 bit2 = 1

PID 指令不是用中断方式来处理的。它依赖于扫描工作方式，所以采样周期 T_s 不能小于 PLC 的扫描周期。为使采样值能及时反映模拟量的变化，T_s 应越小越好，但是 T_s 太小会增加 CPU 的运算工作量，而且相邻两次采样的差值变化不大，所以也不宜将 T_s 取得过小。

比例增益 K_P 越大，比例调节作用越强，系统的稳态精度越高，但是对于大多数系统，KP 过大会使系统的输出量振荡加剧，稳定性降低。

积分部分可以消除稳态误差，提高控制精度，但是积分作用会导致系统响应变慢，动态性能变差。积分时间常数 TI 增大时，积分作用减弱，系统的动态性能可能有所改善，但是消除稳态误差的速度减慢。

微分部分是根据误差变化的速度，提前给出较大的调节作用。微分部分反映了系统变化的趋势，它较比例调节更为及时，所以微分部分具有超前和预测的特点。微分时间常数 TD 增大时，稳定裕量增加，超调量减小，动态性能得到改善，但是抑制高频干扰的能力下降。

9.4 乒乓球位置控制系统设计

9.4.1 系统介绍

设计并实现一个乒乓球位置控制系统。要求将内置于玻璃筒内的乒乓球，通过底部的轴流风机将其吹浮并保持到一个固定的高度，控制系统组成如图 9-19 所示。控制系统由玻璃筒、乒乓球、激光测距仪、轴流风机、PWM 调压板、PLC 及人机界面 HMI 等构成。

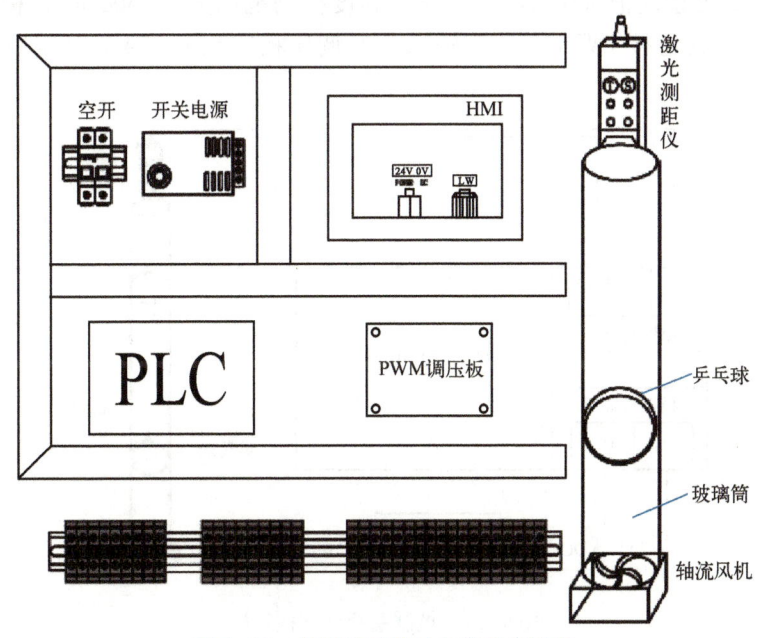

图 9-19 控制系统设计方案及布置图

控制系统以玻璃筒内乒乓球为控制对象，乒乓球高度为受控量。根据系统功能要求，选用 FX$_{5U}$ CPU 为控制器，人机界面 HMI 作为信息交互设备，PWM 调压板（模拟量 0~5 V 输入）用于调节拖动轴流风机的直流电动机的电压（0~24 V 输出）以改变风量，通过轴流风机风量的变化去改变玻璃管内乒乓球的高度，选用激光测距仪检测乒乓球实际高度并反馈至 CPU，构成闭环位置负反馈控制系统。

本例为恒值自动调节系统，要求乒乓球的高度维持在设定的位置，轴流风机的风量为控制变量，激光测距仪的输出值为反馈量，采用 PID 控制器，选取合适的控制器参数 K_P、T_I、T_D 的值，使得系统能控制乒乓球达到设定高度并能快速趋于稳定。

9.4.2 系统接线

FX$_{5U}$ PLC 内置的两路模拟量输入和 1 路模拟量输出，因此本例中，不需要增添模拟量模块，通过 FX$_{5U}$ PLC 内置的模拟量输入/输出通道即可实现模拟量采集输入与模拟量输出控制。

根据控制系统功能要求，选用 FX$_{5U}$ PLC 为控制器，通过轴流风机风量的变化去改变玻璃管内乒乓球的高度，选用激光测距仪检测乒乓球实际高度并反馈至 PLC，控制系统原理图如图 9-20 所示。

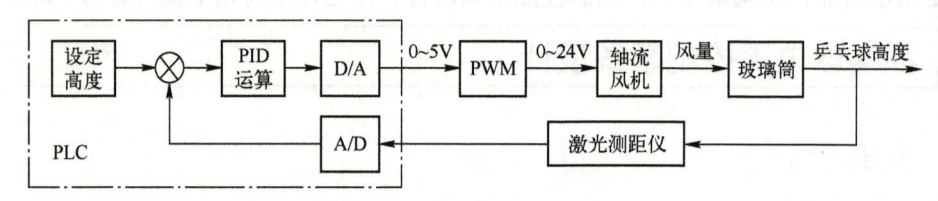

图 9-20 控制系统原理图

控制系统外部接线如图 9-21 所示，模拟量输入通道 CH1（V1+、V-端子）通过激光测距仪输入乒乓球高度检测值（0~10 V），对应高度检测范围为 0~600 mm，模拟量输出通道输出 0~5 V 电压，它连接 PWM 调压板输入，经调压板输出 0~24 V 电压以调节轴流风机风量。

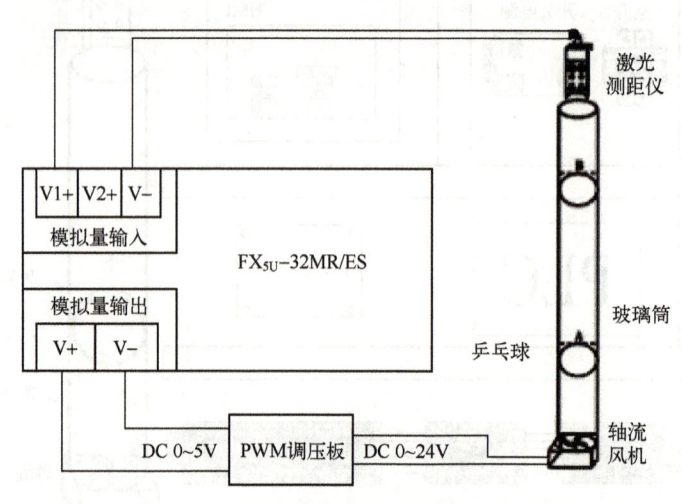

图 9-21 控制系统外部接线图

9.5 程序设计与调试

9.5.1 PLC 程序设计

根据控制要求及硬件配置，编写 PID 控制程序，如图 9-22 所示。

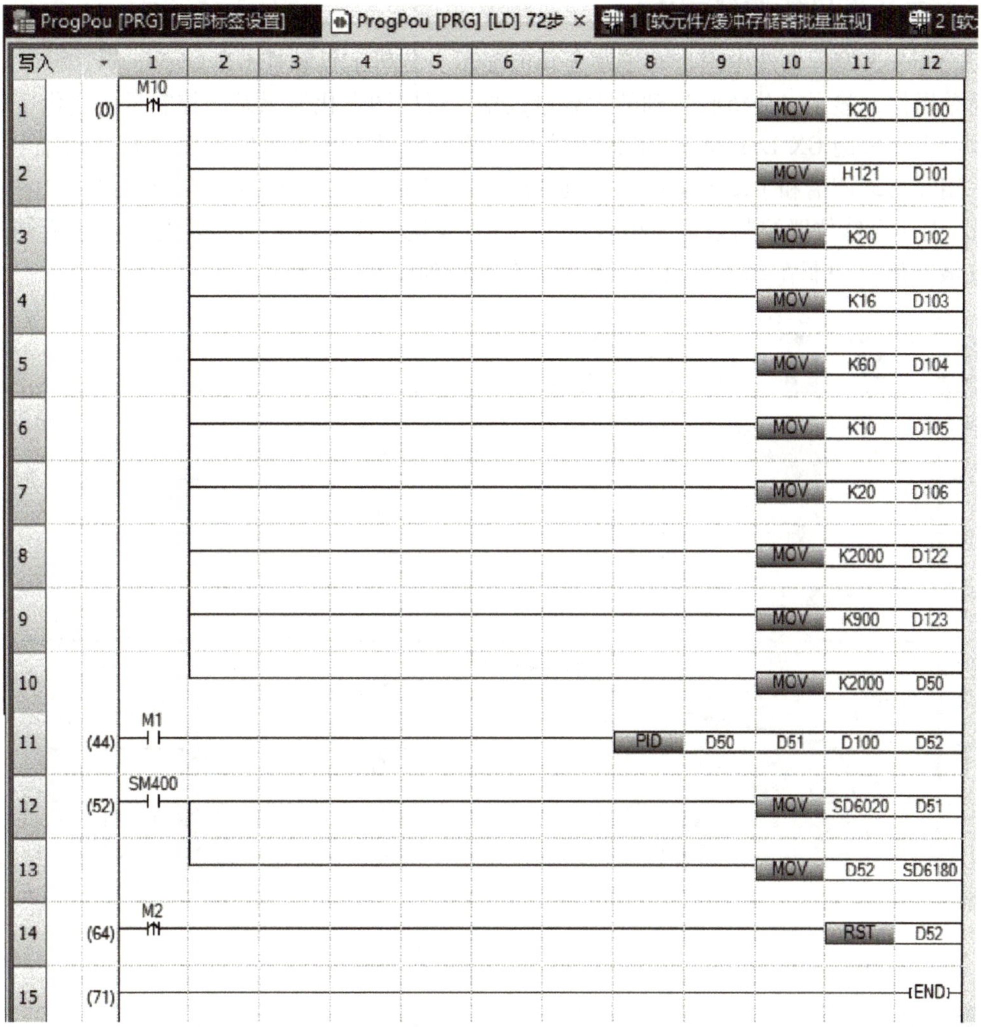

图 9-22 PID 控制程序

程序中，当 M10 为 ON，其上升沿写入 PID 参数。本例中，PID 参数值放入 D100 起始的寄存器中，其中，采样时间（D100）设为 20 ms；动作设置（D101）设为 H121，即动作方向为反动作（b0=1）；使用输出值上/下限设置（b5=1），用于设定输出值变化范围；输入滤波常数 α（D102）设为 20%。

PID 参数，比例增益 K_P（D103），设定为 16%；积分时间 TI（D104），设为 60×100 ms = 6 s；微分增益 K_D（D105），设定为 10%；微分时间 T_D（D106），设定为 20×10 ms = 0.2 s。

系统输出值为轴流风机风量，为保证乒乓球吹浮高度，轴流风机需要达到一定风量克服乒乓球重量时，才能将其吹浮起来，其上/下限设定值放置在 D122、D123，下限值为 900（2.25 V），上限值为 2000（5 V）。

本例中，设定系统给定值（D50）为 2000，即乒乓球高度设定值为 200 mm；高度反馈值（D51）由模拟量输入通道（CH1）对应的寄存器 SD6020 提供，经 PID 运算后的输出值（D52）传送到模拟量输出通道寄存器 SD6180 中，转换为 0~5 V 电压以控制 PWM 调压板的电压输出，进而控制轴流风机电压来进行调速，改变风量。

9.5.2 系统调试和参数整定

GX Works3 编程软件中附带有三菱公司的显示、分析工具软件 GX LogViewer，该软件可以通过简单操作，显示、分析收集到的大容量数据，可以图形化显示系统控制量的变化情况。

本例中，采用 GX LogViewer 工程软件对系统控制量——乒乓球高度进行实时监控。PID 参数采用经自动调谐和手动调整综合得到的较优调节参数（$K_P=0.16$，$T_I=6\,\text{s}$，$K_D=10\%$，$T_D=0.2\,\text{s}$）。因乒乓球位置控制系统为小时延、小惯性系统，波动较大，需要通过参数调整，将其误差（波动值）限制在±5%以内。其实际调节曲线如图 9-23 所示。

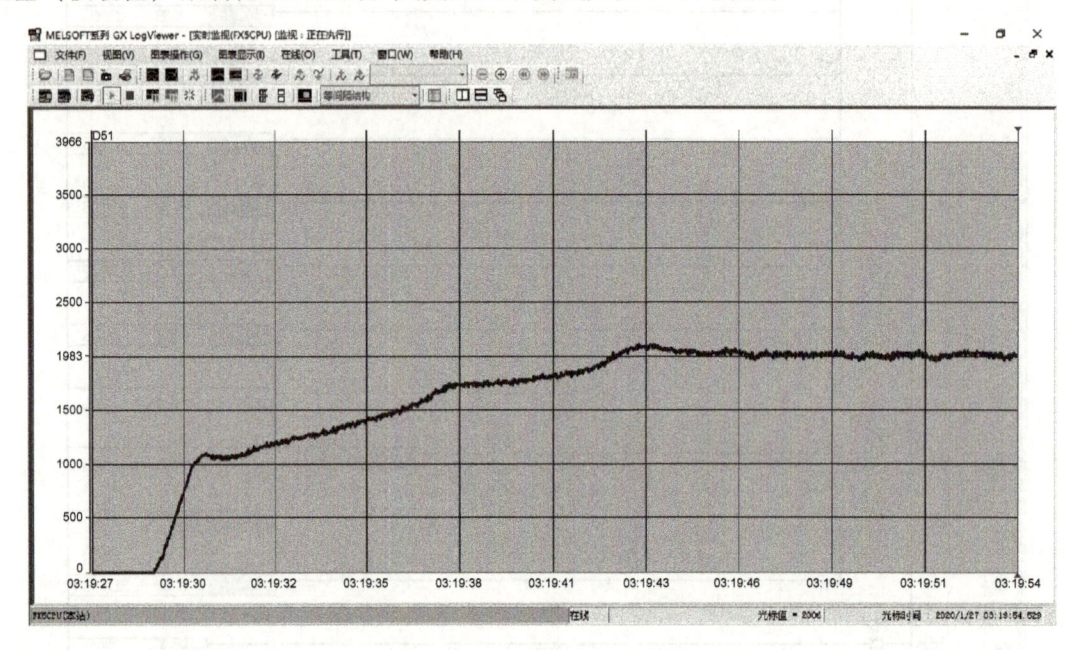

图 9-23　系统输出调节曲线

9.6 技能训练——基于 PLC 的 PID 温度控制系统设计

[任务描述]

系统对水箱温度进行实时监控，控制水箱温度，使其保持在预设值 45~47℃，设计要求如下：

1）按下起动按钮 SB1，系统起动，加热器开始工作。
2）按下停止按钮 SB2，加热器停止工作。

[任务实施]

1）分配 I/O 地址（见表 9-10）。

表 9-10 水箱温度控制 I/O 地址分配

连接的外部设备	输入地址（X）	连接的外部设备	输出地址（Y）
起动按钮 SB1		加热器 （0~10 V）	
停止按钮 SB2			
温度传感器 （0~10 V）			

2）绘制 PLC 外部接线图。

3）编写水箱温度控制程序。

4）程序调试与运行，总结调试中遇见的问题及解决办法。

> **专　注**
>
> 　　专注就是内心笃定、着眼于细节的耐心、执着、坚持，这是一切"大国工匠"所必须具备的精神特质。从中外实践经验来看，工匠精神都意味着一种执着，即一种几十年如一日的坚持与韧性。

思考与练习

1）变送器起什么作用？

2）FX_{5U}模拟量输入通道可以连接哪些外部输入？其转换位数与分辨率各为多少？

3）采用 PID 控制器有哪些优点？

4）在比例控制中，表达正确的选项是_____。

① 当负荷变化后达到稳定时，比例控制通常为零误差

② 当负荷变化后达到稳定时，比例控制通常会有误差

5）如果选用电流传感器（检测电流为 4~20 mA）对水槽水位进行实时检测，4~20 mA 电流对应水位高度为 10~1300 m，使用一个 12 位分辨率（0~4000）的模拟量输入通道获取水位信号，如果 CPU 获得的是 K1000 数字，则对应的水位高度是多少？

6）如果 D/A 转换器的分辨率为 12 位（0~4000），参考电压范围为 0~10 V，当数字量输出为 K3456 时，D/A 转换后的模拟量输出电压是多少？如果 D/A 转换后的模拟量输出电压是 7 V，则 CPU 模块输出的数字值是多少？

参 考 文 献

[1] 中国航空工业规划设计研究院. 工业与民用配电设计手册 [M]. 4版. 北京：中国电力出版社，2017.
[2] 天津电气传动设计研究所. 电气传动自动化技术手册 [M]. 3版. 北京：机械工业出版社，2011.
[3] 郭琼. PLC应用技术 [M]. 2版. 北京：机械工业出版社，2014.
[4] 卡梅尔. PLC工业控制. [M]. 朱永强，等译. 北京：机械工业出版社，2015.
[5] 郭琼，姚晓宁. 现场总线技术及其应用 [M]. 3版. 北京：机械工业出版社，2021.
[6] 姚晓宁，郭琼. S7-200/S7-300 PLC基础及系统集成 [M]. 北京：机械工业出版社，2015.
[7] 三菱电机（中国）有限公司. MELSEC iQ-F FX$_{5U}$用户手册：硬件篇 [Z]. 2017.
[8] 三菱电机（中国）有限公司. MELSEC iQ-F FX$_5$编程手册：程序设计篇 [Z]. 2015.
[9] 三菱电机（中国）有限公司. MELSEC iQ-F FX$_5$用户手册：应用篇 [Z]. 2015.
[10] 三菱电机（中国）有限公司. GX Works3操作手册 [Z]. 2015.